U0337189

世界传世藏书

【图文珍藏版】

动植物知识大博览

赵然⊙主编

第一册

线装书局

图书在版编目（CIP）数据

动植物知识大博览：全6册 / 赵然主编. —— 北京：
线装书局, 2016.3
ISBN 978-7-5120-2153-2

Ⅰ.①动… Ⅱ.①赵… Ⅲ.①动物－普及读物②植物
－普及读物 Ⅳ.①Q95-49②Q94-49

中国版本图书馆CIP数据核字(2016)第019512号

动植物知识大博览

主　　编：赵　然
责任编辑：高晓彬
装帧设计：博雅圣轩藏书馆　Boyashengxuan Cangshuguan
出版发行：线装书局
　　　　　　地　址：北京市西城区鼓楼西大街41号（100009）
　　　　　　电　话：010-64045283（发行部）　64045583（总编室）
　　　　　　网　址：www.zgxzsj.com
经　　销：新华书店
印　　制：北京彩虹伟业印刷有限公司
开　　本：787mm×1092mm　1/16
印　　张：150
字　　数：1826千字
版　　次：2016年3月第1版第1次印刷
印　　数：0001－3000套

定　　价：1580.00元（全六册）

陆地上最大的食肉兽——洞熊

体形最大的猫科动物——洞狮

杰出的飞行家——海燕

飞行冠军——军舰鸟

"穿着燕尾服的绅士"——企鹅

冰上霸王——北极熊

南非国鸟——蓝鹤

高原之舟——牦牛

现实中的"辛巴"——非洲狮

顶端的猎食者——海豹

海洋杀手——大白鲨

名如其物——黑寡妇蜘蛛

水中君子——荷花

荷兰国花——郁金香

原始的被子植物——睡莲

植物界的"大熊猫"——银杏

沙漠里的"人参"——肉苁蓉

蓝色毒蝴蝶——鸢尾

花中"酒鬼"——君子兰

驱蚊植物——艾草

产糖的植物——甘蔗

沙漠里的"忍者"——仙人掌

长在树上的"羊毛"——棉花

美丽却危险的植物——罂粟

前　言

　　动植物是生态系统的重要组成部分。它不仅对人类的生存和发展起着重要作用,同时也造就了多姿多彩的大自然。动植物不仅具有重要的经济、科学、生态、文化及美学等方面的价值,也大大丰富了人类的文化生活。

　　本书的上篇是"动物百科",从浩瀚的海洋到广阔的天空,从葱翠的平原到荒芜的沙漠,从烈日炎炎的非洲内陆到冰雪覆盖的南极大陆……地球上的每一个角落都遍布着动物的足迹。在号称"世界屋脊"的青藏高原上,一群藏羚羊正在飞奔;在一望无际的非洲大草原上,数以百万计的角马正浩浩荡荡地前行;在广阔的天空中,一只雄鹰正展翅翱翔,它锐利的双眼机警地搜寻着地面的猎物;在大海的深处,凶猛的鲨鱼正在用它敏锐的嗅觉搜寻海洋里的猎物……

　　形形色色的迷人的动物与我们人类一起共享着家园。它们分布广泛,甚至可以说无处不在。它们有的庞大,有的弱小;有的凶猛,有的友善;有的奔跑如飞,有的缓慢蠕动;有的能展翅翱翔,有的会自由游弋……它们同样面对着弱肉强食的残酷,也同样享受着生活的美好,并都在以自己独特的方式演绎着生命的传奇。正是因为有了这些多姿多彩的生命,我们的星球才显得如此富有生机。

　　"动物百科"将会带你步入动物的世界,与豹驰骋于草原,与大猩猩穿梭于森林,与鹰翱翔于天空,与鱼嬉戏于大海……这里也有各种各样的动物表情——大熊猫的憨态可掬、黑猩猩的聪明伶俐、丹顶鹤的婀娜多姿、狮和虎的威风凛凛……你还可以欣赏到它们巧妙的捕食方式,或深居简出的生存之法,或三五成群的栖息生活……一切适者生存、弱肉强食的生存法则都在你眼前真实上演。

　　可是,世界上到底有多少种动物呢?它们各以怎样的姿态占据着生存的领地?又是怎样繁衍生息的呢?……相信每个充满好奇心的青少年都迫不及待地想解开这一个又一个的谜团。而且,随着社会经济生活的发展,生态环境遭到前所未有的破坏,加之人类的过度捕杀,许多动物已濒临灭绝。动物同样也是地球的生灵,同样需要我们以博爱之心去对待它们。要善待它们,首先必须了解它们,这就是《动植物知识大博览》上篇"动物百科"的出版宗旨。

　　《动植物知识大博览》的下篇是"植物百科",在创世纪神话中,上帝造了亚当和夏娃,又为他们在东方造了伊甸园,一个植物繁茂的世界。日升月落,沧海桑田,在生命诞生后的数十亿年间,植物经历不断的生长、进化,像一件绿色的大衣覆盖了我们的地球。据统计,在人类居住的地球上,生存着50多万种植物,千姿百态,丰富多彩,自成一个生机盎然的植物王国。植物王国的成员们各有特点,有的历经沧桑,弥足珍贵;有的身处劣境,却能随遇而安;有的鲜香能食,奉献美味;有的专做寄生者,危害四邻;有的善舞翩然,讨人喜爱;有的巧设机关,诱虫上当;有的刁钻古怪,与众不同;有的独一无二,成为世界之最。可以说,无论是绚烂的夏花,还是静美的秋叶,都用深奥幽玄的密码编写着生命的奇迹。

植物是大自然赋予人类最宝贵的财富,堪称生命之源。人们的衣、食、住、行都离不开植物。植物世界是公开的,也是封闭的。植物世界千姿百态,让人们难以理解,植物究竟有没有一个特定的共性? 现在,对植物感兴趣的人越来越多了,对植物的研究也开始不仅限于一个方面了,而是从方方面面综合考虑。

"植物百科"根据植物本身的特点及人类认识植物的规律,囊括了植物的生活、植物的种类、植物的文化等各方面的内容,以详尽的资料、简洁的文字、生动的图片向读者展示了一个栩栩如生的植物世界。植物是地球生态圈中的一个庞大群体,与我们人类的生存与生活息息相关。读者不仅可以清晰地看到植物从简单到复杂的进化脚印,而且可以获得对各类植物的崭新认识,从而给爱好植物的读者朋友带来不一样的感受。

总之,相较于人类,动植物的世界是最真实的,它们只会遵循自然的安排去走完自己的生命历程,力争在各自所处的生物圈中占据有利地位,使自己的基因更好地传承下去,免于被自然淘汰。在这一目标的推动下,动植物们充分利用了自己的"天赋异禀",并逐步进化出了异彩纷呈的生命特质,将造化的神奇与伟大体现得淋漓尽致。

人类对其他生命形式的亲近感是一种与生俱来的天性,从动植物身上甚至能寻求到心灵的慰藉乃至生命的意义。本套丛书,让你可以从容走进动植物的世界,零距离观察,你会惊异于动植物那令人叹为观止的各种"武器"、本领、习性、模样、繁殖、策略等。衷心希望这套《动植物知识大博览》的出版能让越来越多的人更了解动植物,然后去充分体味人与自然和谐相处的奇妙感受。

目　录

上篇　动物百科

下篇 植物百科

动植物知识大博览

上篇

动物百科

线装书局

第一章　走进动物王国

动物的种类与分类法

动物是自然界的重要组成部分之一。据统计,现在全世界约有 150 万种动物。人们在谈到动物的时候,通常想到的仅仅是哺乳动物,其实,动物还应包括鸟类、爬行动物、两栖动物、鱼类以及种类繁多、数量庞大的无脊椎动物。事实上,无脊椎动物占了动物总数的 90% 以上。有些科学家认为,自然界中可能还存在着大约 1500 万种未被发现的无脊椎动物。

面对庞大的动物家族,人们有必要按照一定的尺度将它们分门别类。科学家按照动物的形态结构,先把动物分成两大类:脊椎动物和无脊椎动物。然后将具有最基本、最显著的共同特征的生物分成若干群,每一群叫一门。目前动物界一共有 20 余门,主要包括原生动物门、海绵动物门、腔肠动物门、扇形动物门、线形动物门、环节动物门、脊椎动物门等。门以下为纲,它是把同一门的生物按照彼此相似的特性和亲缘关系所分成的群体。比如

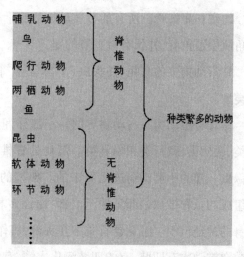

动物的分类

脊椎动物亚门中又分为鱼、鸟、哺乳等纲。同一纲的生物按照彼此相似的特征分为几个群,叫作目,如鸟纲中有雁形目、鸡形目、鹤形目等。目以下为科,是同一目的生物按照彼此相似的特性所形成的群体,如鸡形目有雉科、松鸡科等。再往下分便是属,是同一科的生物按照彼此相似的程度结合形成的群体,如猫科有猫属、虎属等。属下面是种,又叫物

种，是最小的类群，也是动物分类最基本的单元，如猫是猫属中的一种。此外，随着科学技术的发展，人们还运用胚胎学、生物化学、数学等方法对动物进行分类，以便更好地研究自然界。

动物是按照从低等到高等的顺序逐步进化的。相对于高等的脊椎动物而言，无脊椎动物是低等的，但却形成了一个令人难以置信的多样化的物种体系。它们没有什么共同特征，仅仅靠一点血缘关系互相结合。有些无脊椎动物是为人们所熟知的，如昆虫、蜗牛等；有些则是难以觉察的，生物学家甚至无法给它们命名。理论上讲，世界上的任何地方都生活着无脊椎动物，但是无脊椎动物通常集中在海洋里。它们有的十分微小，随洋流漂泊；有些则具有庞大的躯体，如巨型枪乌贼有 18 米长。除海绵外，几乎所有的无脊椎动物的躯体都具有对称性，有的呈辐射对称，有的呈双边对称。另外，许多无脊椎动物的躯体是由一些分离的环节构成的，这就使得它们能改变自己的形状，并以复杂的方式运动。如蚯蚓在每一环节里都有分离的肌肉，它可以通过协调肌肉的收缩使自己在土壤里自由蠕动。

节肢动物是动物界中最大的群系，主要包括昆虫、千足虫、蜘蛛、螨、甲壳类以及造型古怪的鲎和海蜘蛛。所有的节肢动物的躯干都是由一排节环构成，外面由一层外生骨骼或角质层覆盖着，并长有带关节的腿。

脊索动物中的海鞘、柱头虫、文昌鱼等，兼有无脊椎动物和脊椎动物的特点，属于中间类型。

尽管脊椎动物只占动物界的一小部分，但却是最高等的一个类群，主要包括圆口类、鱼类、两栖类、爬行类和哺乳类。最初的脊椎动物是从 5 亿年前生活在海底泥层中的一种像虫一样的小型动物进化而来的。典型的脊椎动物都是由脊柱、四肢、感觉器官和大脑组成的。脊椎从颈部延伸至尾部，由许多相互连接的块状椎骨组成，可以保护从脑至全身的神经组织。感觉器官集中在头部，其作用是帮助动物察觉危险，寻找食物和配偶。多数脊椎动物有四肢，有的四肢演化成鳍，有的则演化成腿、上肢或翅膀。包括蛇类在内的许多脊椎动物已经没有了外肢的痕迹。脊椎动物的大脑一般都比较发达，尤其是哺乳类动物，如大象的脑高度发达，具有类似于人类大脑的思考和记忆能力。

脊椎动物按照不同的标准，可以分成不同的类别。如以变温和恒温来区分，鸟类和哺乳类等恒温动物属于高等动物，爬行类以下的变温动物属于低等动物；如果以在胚胎发育中有无羊膜来看，则圆口类、鱼类和两栖类为低等动物，其他的为高等动物。在大多数情况下,高等动物专指哺乳动物,鸟类以下的为低等动物。

将动物按照一定的特性划分为不同的门类,反映了动物发展演化的漫长历史。一般而言,同一类群的动物具有比较近的血缘关系;而不同类群之间的动物,有的亲缘关系比较近,有的则比较远。例如海绵这种最简单的有机生物,它们的躯体是由两层细胞构成的,变形细胞很多,体壁细胞具有多种功能。虽然它属于多细胞生物,却有着与单细胞生物相似的行为特征,因此可以说它们具有较近的亲缘关系。而那些形态差异比较大的生物,其亲缘关系就比较远。动物的亲缘关系,实际上就是动物的演化关系。有人曾根据亲缘关系的远近,将各门动物的关系排列成"系统树",树的上方是高级的哺乳类动物,下方则是原生的单细胞生物,从这棵"树"上人们可以清楚地看到物种进化的历史步伐,有助于我们了解自然界的奥秘。

生态学

生物就像是一个不断变化的拼图玩具中的小板块。生态学家们就这些板块是怎样适应彼此和整个周边世界的问题进行研究。

自然界到处都存在着联系,比如,猫头鹰吃老鼠,大黄蜂使用旧的老鼠洞,因此,如果猫头鹰数量少,老鼠数量就多,大黄蜂找一个旧鼠洞安家的机会也就多了。斑马吃草,但是因为它们也啃其他植物,所以同时也帮助了草种子的传播。像上述的这些联系使得整个自然界得以运作起来。

1.什么是生态学

当科学家最早开始研究自然的时候,他们的注意力都放在各个生物种类上。他们遍访世界各地,把标本带回博物馆,这样各个物种就可以被分类并确定下来。今天,这项工作还在继续。但是,科学家同时也在研究生物之间的相互作用关系,这项研究是非常重要的,因为可以帮助我们理解人类带来的变化——污染和森林采伐等——是怎样影响整个生物世界的。

生态学即是对这种联系的研究,它涉及生物本身,以及它们使用的原材料和营养物质。能量也是生态环境学中一个重要的研究方面,因为它是生物生命存活的动力所在。

2.聚集在一起

调查野生动物的研究人员通常对野生动物了解得非常透彻。有经验的研究人员可以根据黑猩猩的脸以及驼背鲸的尾部造型而直接将它们辨认出来。研究生物种类是很有意思的,但是生态环境学家对于从更大范围内研究生命的运作情况更感兴趣。

从个体引申出去,首先最重要的级别是"种群",这是在同一时间生活在同一地方的同一种生物的集合。有些种群的成员很少,而有些却达到上千之多。不同的种群有着不同的变化方式。一个大象种群或者橡树种群的数量变化很慢,因为它们的繁殖速度很慢,而且寿命很长。而蚱蜢的种群数量变化就快了,因为它们繁殖很快、寿命很短。

在有些种群中,生物个体是随意分布的,不过更常见的情况是,它们以分散的群的方式生活。这对于试图监控野生动物的科学家来说是个麻烦,因为这使得种群的数量很难数清。而且,有些动物比如老虎和鲸之类一直处于迁移当中,就使得这项工作更难了。

3.群落生活

在种群之上的便是"群落",其中包括了几个不同生物的种群,就像是小镇上生活在一起的几户邻居。在自然界中,群落生活总是很繁忙的,并不像其看上去那么平静,那是因为各个种群的生活方式大不相同——有些可以与邻居和睦相处,有些则是将邻居作为自己的囊中猎物。

不同地区的生物群落各不相同,在热带,群落中常常包含了数千种关系复杂的生物。在世界上生活环境最恶劣的栖息地中,生物种类甚至还列不满一页。比如,深海底的火山口布满了细菌,但是没有任何一种植物生活在那里,因为没有阳光。在这样的艰苦条件下,基本没有生物愿意将海底火山口作为自己的长久生活之地。

4.栖息地和生态系统

一个群落是多种生物的集合,不再包含别的东西。但是下一步要提到的生态系统,则还要包括这些生物的家,也即栖息地。生态系统包括生物和其所处的栖息地,从针叶林和冻原到珊瑚礁和洞穴。

生态系统需要能量才能运作,而这种能量通常来自太阳。植物在陆地上收集阳光,而藻类从海洋表面获取阳光。一旦它们收集起这种最为重要的能量后,就将之用于自身的生长,这也就为其他生物提供了食物。一种生物被吃后,它所含有的能量就被传给了食用者。深海火山口是生物以不同于上述方式获取能量的极少数地方之一——在这里,细菌通过溶解在水中的矿物质获取能量,而这些细菌则为动物提供了食物。

世界上所有的生态系统构成了生物圈,也是生态学分级中的最高级别。这个变化多样的舞台,承载了丰富多样的定居者,涵盖了有生物居住的所有地方。

家和栖息地

得益于现代科技,人类可以生活在地球上几乎任何地方。与我们相比,地球上的野生动植物对于自己的生活环境比较挑剔。

在自然界中,每一个物种都有自己的栖息地或者家,一个栖息地可以为动植物提供生活的处所,以及其所需的所有东西。大部分物种都只喜好一类栖息地,但是有些可以在其生命的不同时期使用两类或者三类不同的栖息地。物种能够习惯于它们的栖息地是因为几千年甚至几百万年来的适应过程,如果它们的栖息地发生变化或者消失,它们的生存就会变得困难了。

栖息地就像是地址,因为它们会告诉你哪些物种生活在哪些地方。比如,大熊猫生活在中国中部地区的大山里,它们几乎完全是以竹子为食的。在地球上的其他地方,这些大熊猫都不可能长久地生存下去,因为熊猫以竹子为生,没有了竹子,它们别无所食。

与大熊猫相比,豹对于生活的环境和所吃的食物不是那么挑剔。它们可以生活在空旷的草原上和热带丛林中,甚至可以生活在靠近村镇的田地里。世界上一些分布很广的动物甚至还生活在根本不为人类所知的环境里。一种被称为"水熊"的微生物生活在池塘、水坑、水沟甚至两层泥土之间薄薄的含水层中,这种栖息地在世界上到处都是,所以水熊可以在世界范围内分布。

食物链和食物网

在自然界中,食物总是一直处于流动当中。当一只蝴蝶食用一朵花时或者当一条蛇吞下一只青蛙时,食物就在食物链中又向前推进了一步,同时,食物中含有的能量也向前传递了一步。

食物链不是你看得见摸得着的,但是它是生物世界中的重要组成部分。当一种生物食用了另一种生物时,食物就被传递了一步,而食用者最终也总是成为另一种生物的口中美食,这样一来,食物就又被传递了一步。如此往下便形成了食物链。大部分生物是多种食物链中的组成部分。把所有的食物链加起来,便形成了食物网,其中可能涉及几百种甚至几千种不同的物种。

1.食物链是怎样运作的

现在,你将可以看到一条热带生物的食物链。像所有的陆上食物链一样,它从植物开始。植物直接从阳光中获取能量,因此它们不需要食用其他生物,但是它们却为别的生物制造食物,当它们被草食动物吃掉后,这种食物便开始被传递了。

很多草食动物都以植物的根、叶或者种子为食。但是在本条食物链中,草食动物是一只停在花上吸食花蜜的蝴蝶。花蜜富含能量,因此是很好的营养物质。不幸的是,这只蝴蝶被

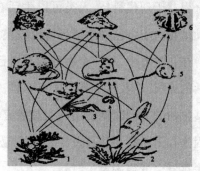

简化的食物网

一只绿色猫蛛捕食了。绿色猫蛛也就是本条食物链中涉及的第3个物种。像所有其他蜘蛛一样,这种蜘蛛是绝对的食肉生物,非常善于捕捉昆虫。但是为了抓住蝴蝶,这只蜘蛛需要冒险在白天行动,这会吸引草蛉的注意。草蛉吞食蜘蛛,成为该食物链的第4个物种。草蛉有很多天敌,其中之一是睫毛蝰蛇———一种体形小但有剧毒的蛇类,通常隐藏在花丛中。当它将草蛉吞下时,它便成了本条食物链中涉及的第5个物种。但是蛇也很容易受到攻击,如果被一只目光锐利的角雕看到,它的生命也就结束了。角雕正是本条食物链中涉及的第6个物种,它没有天敌,因此食物链便到此结束了。

2.食物链和能量

6个物种,听起来可能并不算多,尤其是在一个满是生物的栖息地中。但是这事实上已经超过食物链的平均长度了。一般的食物链中都只有三四个环节。那么,为什么食物链那么快就结束了呢? 这个问题与能量有关。

当动物进食后,它们把获得的能量用在两个方面。一方面用于身体的生长,另一方面用于机体的运作。被固定在身体中的能量可以通过食物链传递,但是用于机体运作的能量在每次使用中就被消耗掉了。一些活跃的动物,比如鸟类和哺乳动物,被消耗掉的能量约占所有能量的90%,因此只有大约10%左右的能量被留下来成为潜在食物。当食物链走到第4或者第5种生物时,所含的能量便因为逐级减少而所剩不多了。当走到第6个环节时,能量几乎已经消耗殆尽。

3.金字塔

这种能量的递减显示了食物链的另一个特征——越是接近食物链开端的物种数量越丰富。如果按照层叠的方式把食物链表示出来,结果便形成金字塔形状。

比如淡水环境中一条食物链可以形成一个典型的金字塔——从下而上,数量较大的生物是蝌蚪和水甲虫;再往上,食肉鱼类数量相对减少,而食鱼鸟类的数量则是最少。在所有的生物栖息地包括草地到极地冻原,都适用上述这种金字塔结构。这就解释了为什么像苍鹭、狮子和角雕那样位于金字塔顶端的肉食动物需要如此之大的生活空间了。

4.世界范围的食物网

食物网比食物链要复杂得多,因为它涉及大量不同种类的生物。除了捕食者和被捕食者,其中还包括那些通过分解尸体残骸生存的生物。

食物网越精细越能证明该栖息地拥有健康的环境,因为这显示了有很多生物融洽地生活在一起。如果一个栖息地被污染或者因森林采伐而被破坏了,食物网就会断开甚至瓦解,因为其中的一些物种消失了。

海洋动物

所谓海洋动物是指生活在海洋中的各种动物的总称。据统计,海洋中大约有16万~20万种动物,其中最小的是单细胞原生动物,最大的是长达30米、重约190吨的蓝鲸。海洋动物的活动范围也很广,从海面到海底,从海岸或潮间带到最深的海沟底部,都能发现它们的身影。

过去人们认为,海洋深处是一个高压、无光、缺氧少食的险恶世界,不可能有生命存在。后来，随着科学技术的发展，人们可以进入深海探险考察后，才惊奇地发现，在大洋深处生活着多种鱼类、甲壳类和软体动物。在这"暗无天日"的深海世界中，这些动物依靠什么生活呢？唯一的可能是：各种硫杆菌利用极高的地温使硫氢化合物、二氧化碳和氧气产生代谢变化，形成了能够维持这些动物生存的低级食物链。

海洋动物通常以海洋植物、微生物、动物碎屑为生。由于海水深度、温度等条件的不同，海洋中浮游生物和底栖生物在分布上存在着很大的差异和变化。这种差异和变化又直接影响了以浮游生物为食的其他海洋动物的活动与分布。

为了便于研究，科学家将种类繁多的海洋动物划分为三大类：海洋无脊椎动物、海洋原索动物和海洋脊椎动物。它们在结构形态和生理特点上具有很大的不同。

海洋无脊椎动物是海洋世界中的"名门望族"，在种类和数量上都占据统治地位。主要包括原生动物、海绵动物、腔肠动物、扁形动物、纽形动物、线形动物、环节动物、软体动物、节肢动物、腕足动物、毛颚动物、须腕动物、棘皮动物及半索动物等。

海星和海胆大概是人类最熟悉的海生无脊椎动物了。它们属于棘皮动物，外表呈刺状，由一层白垩板保护着。它们的躯体由 5 个对称的部分组成，从中间向周围辐射开来，就像装了车辐的车轮一样。它们没有头，也没有脑，更没有"前""后"之分，可以自由地向任何一个方向运动。它们的嘴长在下边，叫作口面；肛门长在上边，叫作反口面。海星和海胆的体内是一个充满了水的管道水压系统，它们就是靠这个系统运动、吃食和呼吸的。

珊瑚是另一种常见的海生无脊椎动物，属于腔肠动物类。自古以来，很多人都把珊瑚看作植物，其实它是一种低等的海生动物。珊瑚的身体由内外两个胚层组成，就像一个双层口袋，只有很少的明晰的器官。它有一个口，没有肛门。食物从口里进去，不消化的残渣也从口里排出。口的四周是许多像花一样的触手，用来捕捉食物或振动引起水流将食物吸进口和腔肠中，帮助消化水中的小生物。珊瑚有许多种，但它们都喜欢生活在水流快、温度高、干净、温暖的浅海地区。大多数珊瑚都是靠出芽繁殖的，每一个单体叫作"珊瑚虫"。"珊瑚虫"成熟后并不离开母体，于是便成为一个相互联结、共生共息的群体，这就是珊瑚呈树枝状的主要原因。在清澈的热带浅海里，珊瑚繁殖得非常迅速，往往会形成巨大的珊瑚礁，成为海洋动物的栖息地。

海洋原索动物是介于脊椎动物与无脊椎动物之间的过渡类型，包括尾索动物和头索动物等。

海洋动物中另一重要的门类是海洋脊椎动物，主要包括依靠海洋而生存的鱼类、爬行类、鸟类和哺乳类动物。

鱼是最重要的海洋动物之一，最早的鱼出现在 5 亿多年前，那时的鱼既没有颚，也没有鳍。现在世界上大约有 2.5 万多种鱼，是脊椎动物中种类最多的动物。绝大部分的鱼类，体表覆盖着一层具有保护作用的鳞片，内部器官与其他脊椎动物相似。它们的身体一般呈流线型，用鳃呼吸，用鳍游动。鱼鳍包括尾鳍、背鳍、臀鳍等，其中胸鳍和腹鳍与脊椎动物的四肢相对应。

科学家们根据鱼的个性特征，将它们分为三大类。一类叫作无颚鱼，如七鳃鳗、八目鳗等，它们没有鳃，身体就像一节烟囱。第二类叫作硬骨鱼，如鳟鱼、鳕鱼等。它们的脊椎、头骨、肋骨、下腭等都是由硬骨组成的。鳞片叫作骨鳞，一部分重叠，呈覆瓦状排列在表皮下面。多数的硬骨鱼都有一个可以控制沉浮的气囊，叫作鳔。鳔如同一个可变的气泡，当它变大时，浮力增加，鱼就能够浮起来；当它变小时，浮力减小，鱼就会沉下去。95%的鱼类属于硬骨鱼。最后一类叫软骨鱼，其特点为骨骼柔软；鳞片呈盾状，嵌在皮肤里，形成砂纸一样的表面；无鳔。鲨鱼就属于这一类。为了适应水中生活，鲨鱼长有上边大、下边小的尾鳍，可以帮助它快速游动，并在慢游时形成浮力。目前，世界上共有 3000 多种鲨鱼，其中生活在热带温暖海域的鲨鱼，如大青鲨、双髻鲨、大白鲨等，是具有攻击性的食肉鱼类，人称"海洋猎手"。

鱼类也需要氧气来维持生存。通常，鱼用嘴吸进含氧的水，然后由鳃抽吸水中的氧气，氧便经过鳃膜进到鱼的血液里。氧气通过血管被输送至身体各部分，二氧化碳等废物则被排出体外。鱼的游动姿势和游动速度与鱼的体形有关。一般而言，鱼体修长，呈流线型，长有半月形尾鳍的鱼，游动速度都很快。如世界上游动速度最快的鱼——箭鱼就具有这些特征。

鱼的视觉都不太发达，它们主要依靠听觉和嗅觉来寻找食物、配偶，躲避捕食者。除此之外，鱼还有一种特殊的感觉器官——侧线感受器，分布在鱼体两侧。水的流动能够引起侧线管内黏液的变化，鱼就是依靠这些变化来预测水流、捕获猎物的。

生命起源于海洋。从原生动物到哺乳动物的海洋动物系统，不仅展现了生命发展的历史，而且为人类提供了丰富的食物和资源，海洋是我们赖以生存的家园。

陆地动物

所谓陆地动物,就是指那些主要在陆地上生活、繁殖的动物。陆地上最兴旺的动物应该是属于节肢动物门下的昆虫、蜘蛛、多足纲和脊椎动物中的爬行类、鸟类和哺乳类中的大多数动物。

昆虫几乎遍布于除大海以外的任何地方。地表是它们最普遍的栖息地,但还有许多昆虫生活在植物中或泥土的下面,甚至是动物的体表或体内。比如寄生在人或动物身上的臭虫就是一种半翅目的昆虫。它白天藏在人的衣服里或动物的皮毛里,晚上出来用嘴部的吸管吸人或动物身上的血。

蝎子是大型蛛形纲动物,是首批出现在地球上的节肢动物,迄今已有 4.25 亿年左右的历史了。蝎子的祖先是巨水蝎,出现于古生代,身长从 10 厘米到 2 米不等,已具备了螯肢和口钳。那时的蝎子是海生动物,到了大约 3.5 亿年前,蝎子开始向陆生转变,直到3500 万年前,才完全变为陆生动物。蝎子的进化与地球的发展息息相关,它们随地表的变化而不断进化,很能适应环境的变迁。

蜈蚣是蠕虫形的陆生节肢动物,属节肢动物门多足纲。蜈蚣的身体是由许多体节组成的,每一节上有一对足,所以叫作多足动物。白天它们隐藏在暗处,晚上出去活动,以蚯蚓、昆虫等动物为食。蜈蚣与蛇、蝎、壁虎、蟾蜍并称"五毒",并位居五毒首位。

两栖类动物是最早开始陆地生活的脊椎动物,早期的两栖动物是从能呼吸空气的总鳍鱼或肺鱼进化而来的。它们离开水可能是因为陆地上没有什么敌害并有充足的食物来源。早期的水陆两栖动物为了更适应陆地生活而长出强有力的四肢。但是,由于两栖动物没有皮毛、羽毛或鳞片的保护,它们的体表极易失去水分,因而它们不能在过于干燥的地区生活,而且大多数种类要回到水中去交配和产卵,只有一小部分能够完全脱离水而生存下来。

蟾蜍和蛙是同类,它们同属于两栖动物,既能在陆地上生活,又能在水中生活。与蛙类相比,蟾蜍的后肢较短小,不会跳跃,只会爬行;皮肤比较干燥,长了许多疣状的东西;趾间没有或几乎没有蹼;更喜欢在陆地上生活,平时在草丛、山地或平地上活动,只有到了产卵期才会爬到水塘边产卵。冬天,蟾蜍就在干燥的山坡或草丛中,挖掘洞穴进行冬眠，直到春暖花开时再出来活动。

爬行类动物的体表都有保护性的鳞片或坚硬的外壳，这可使它们不会因过快失去水分而死去，因而能更加适应陆地生活。当然它们当中还是有一部分更喜欢水里的生活。

蛇是一种比较特殊的爬行动物，是由蜥蜴进化而来的，遍布于除南极洲以外的所有大陆。

蛇的全身布满鳞片，没有皮腺，不具有呼吸功能。蛇的骨骼是由脑骨和背骨组成的，背骨的每一节脊柱都连着一对肋骨。蛇没有脚，它依靠脊柱上的肌肉向前运动。当它移动时，腹鳞稍稍翘起，翘起的鳞片尖端像脚一样踩住地面或其他物体，推动身体前进。不同种类的蛇，其前进时的样子也不尽相同。有的是靠身体扭动呈"S"形前进；有的则是一拱一伏地前行。身体较重的蛇是直线前进，身体的前半部分先向前拱，然后后半部分的身体再跟上来，移动十分缓慢。

蛇的大小差别很大，最小的蛇长不到15厘米，最大的蛇——水蟒则有10多米长。尽管有长有短，但它们的外形都差不多，都是又长又细。但是由于生活环境不一样，蛇的形体也会有一些差异，以便它们能更好地适应环境。生活在树上的蛇有长长的尾巴，这可以使它们牢牢地缠住树，如树王蛇；穴居在地下的蛇都有圆滑的身体，这可以使它们更好地在地下前进，如缅甸大蟒蛇；生活在陆地上的蛇，腹部都有大的鳞片，这可以使它们更好地附着在土壤和岩石上，如草原响尾蛇等。

鸟都是生活在陆地上的，但有些鸟却离不开海或江河，如海鸟、水禽等，它们也可以在陆地上生活，因而我们也把它们归为陆地动物。

哺乳动物是陆地动物中最庞大、最高等的一类动物。哺乳动物与其他动物的不同之处就在于幼体是由母体乳房分泌的乳汁喂养的。哺乳动物广泛地分布于陆地、空中和水中，这里我们只讨论生活在陆地和空中的陆生哺乳动物。

豹是一种中型食肉哺乳动物，属猫科。豹给人的第一印象就是优雅：匀称的身躯、带花斑的皮毛和纤细的腰身。它头部浑圆、布满黑色斑纹；背毛有玫瑰状的环纹，根据生存环境的不同而多有变化；爪子洁净；尾巴在走动时高高竖起，俨然一位贵族。豹主要分布在亚、非、欧三大洲。它们对环境并不挑剔，只要有足够的水与猎物，它们就能生活得很好。同时它们的游泳技术绝佳，所以热带森林与河流旁的灌木丛是它们最喜欢的地方。

刺猬属于哺乳纲食虫目猬科。它是世界上最原始的哺乳动物之一，早在1500万年前就已经是现在这副模样了。刺猬身长22~32厘米，体重450~700克。它的四肢相当长,颈部却非常短小,这样易于将身体蜷成球形。它行走时四肢弯曲,看上去就像贴地滑动或滚动,样子非常可爱。

树袋熊又叫"考拉",属哺乳纲有袋目,仅分布于澳大利亚的新南威尔士、维多利亚和昆士兰等地。它是一种栖居于树上的动物,常年以桉树为家,以桉树叶为食。它的鼻子扁平,耳朵很大,四肢粗壮,爪子尖利,没有尾巴。它的身长约80厘米,重约15千克,毛呈灰褐色,胸部、腹部、四肢内侧和内耳处均长有灰白色短毛。它们憨态可掬、性情温顺,样子酷似小熊,所以又叫"树熊""保姆熊""玩具熊"等。

蝙蝠是仅有的一种会飞的哺乳动物,大约有925种,都属于翼手目动物。翼手目又分成两个亚目:大翼手亚目,包括飞狐类和旧大陆果蝠;小翼手亚目,在世界各地都有分布。蝙蝠的翼是在进化过程中由前肢演化而来的。第一个指头(拇指)短,末端有爪,其余各指极度伸长,有一片飞膜从前臂、上臂向下与体侧相连,直达下肢的踝部。多数蝙蝠的两腿之前还有一片两层的膜,由裸露的深色皮肤构成。蝙蝠的颈部非常短,胸部和肩部则很宽大,胸肌发达,髋和腿部细长。除翼膜外,蝙蝠全身都长着毛,背部呈浓淡不同的灰色、棕黄色、褐色或黑色,而腹侧颜色较浅。栖息于空旷地带的蝙蝠,皮毛上常有斑点或杂色斑块,颜色也有差别。

猴是除树鼩、狐猴、类人猿和人以外的所有灵长目动物的统称。猴类多生活在热带森林中,除体型庞大的种类外,绝大多数栖息于树枝上,行动时凭借四肢在树枝间跳跃,在地面上则采用跖行(整个足底接触地面)的方式前进。猴子行动灵活敏捷,长有长长的手臂,身体很强壮,大多数猴子都长有一条长尾巴,可以帮助它们在攀援树枝时保持平衡。猴子的鼻子较小,脸部没有毛发,眼部朝前突出。它们能腰背挺直地坐着,有时也会直体而立,可以腾出双手完成许多其他的动作,如寻找、采摘食物、捕获飞来的小昆虫、清洁毛发等。猴子的大脑发达,目光敏锐,其行为常常与人类相似,是一种非常可爱的动物。

类人猿是灵长目中除了人以外最为高等的动物。包括猩猩科和长臂猿科的无尾、类人灵长类动物,栖息于非洲和东南亚热带森林中。类人猿是非常聪明的动物,过着群居的生活。非洲黑猩猩也是类人猿,是人类最近的亲戚。

黑猩猩主要分布于非洲中部和西部,栖息于高大茂密的落叶林中。黑猩猩有1.2~1.5米高,重45~75千克。除脸部外,浑身长满了黑色的毛。它的脑袋比较圆,耳朵很大,并向两边直立起来。它的眉骨比较高,眼睛深深地凹陷下去,鼻子很小,嘴唇又薄又长,没有颊囊。手脚比较粗大，腿比臂短，站着的时候，臂可以垂到膝盖以下。黑猩猩有很高的智商，并且常受好奇心的驱使制作和使用工具。如为捕食白蚁，黑猩猩会将树枝上的叶子清除，小心地将细枝插入蚁巢，然后将爬满白蚁的细枝取出，用舌头舔食。此外，它们还会用嚼树叶的方法吸水，用石头敲碎硬的果实等。

无论是陆地动物，还是海洋动物，都是地球上不可缺少的一部分，它们共同构成了我们这个美丽的世界。

恒温动物与冷血动物

体温即机体的温度，通常指身体内部的温度。一般来说，过高或过低的体温都会致动物于死命，为了生存，动物必须具有保持体温相对恒定的能力。这也是动物在长期进化过程中获得的一种较高级的调节功能。

进化至较高等的脊椎动物，如鸟类和哺乳类动物，具有比较完善的体温调节机制，能够在不同的温度环境下保持相对稳定的体温，这些动物叫恒温动物或温血动物。

恒温动物的体温是恒定的。一般来说，鸟类的体温大约在37℃~44.6℃之间，哺乳类动物的体温则介于25℃~37℃之间。恒定的体温使这些动物大大减少了对环境的依赖程度。恒温动物具有比较完善的体温调节机制，如厚厚的皮毛，发达的汗腺和呼吸循环系统等。恒温动物对自身体温的调节通常都是自主性的，即通过调节其产热和散热的生理活动，如出汗、打冷战、血管收缩与扩张等，来保持相对恒定的体温。

每种动物都有自己独特的保持体温恒定的"绝招"。这些"绝招"因动物的身体结构、生活习性和生存环境的不同而显得丰富多彩。

比如素有"南极居民"美称的企鹅，它们的全身覆盖着又密又厚的羽毛，皮下又有一层厚厚的脂肪层，所以企鹅不怕严寒与冰冻，即使在极端寒冷的环境中，它们也能保持正常体温。这就是它们能够在南极冰原上生活的原因。又如水生哺乳动物海豹也靠皮下那层厚厚的脂肪保暖，因此能在寒冷的南北两极活动自如。

生活在热带的大象却是通过皮肤辐射来散热的，有时也通过皮肤渗透水分或通过4只面积巨大的脚掌与温度较低的地面相接触的办法来散发热量，以保持体温恒定。在炎炎夏日，大象喜欢在清晨和日落的时候出来活动，中午则躲在阴凉的地方避暑。同时大象还非常爱洗澡，一有机会便跑到河边，用鼻子往身上喷水来巧妙降温，就像人类洗澡一样。但生活在热带的猴子，则是利用长长的尾巴来调节体温。当温度比较高的时候，猴子会通过尾巴增大与空气接触的面积来散热；当温度降低时，它又会用尾巴来减少体内热量的散失。

大多数哺乳动物都是通过身体表面的汗腺来散发热量、降低体温的。

较低等的脊椎动物如爬行类、两栖类和鱼类以及所有的无脊椎动物，其体温随环境温度的改变而变化，不能保持相对恒定，因而叫作变温动物或冷血动物。冷血动物对环境温度变化的适应能力较差，到了寒冷的冬季，其体温非常低，各种生理活动也都降至最低的水平，进入冬眠状态。虽然冷血动物体内没有完善的体温调节机制，但它们还是有办法来对付过低或过高的气温，即通过改变自己的行为来适应环境温度的变化。这种调节体温的方式叫作行为性体温调节。

蛇是一种典型的冷血动物，因此它们不得不想办法依靠外部环境将自己的体温维持在一个可以正常发挥机体功能的温度。在寒冷的天气里，它们通常是白天出来活动，暴露在阳光下，尽可能多地吸收太阳的热量，并贮存在体内。夏天，蛇的体温在清晨是25℃，可到了中午就会骤然升至40℃。在这种情况下，它们就躲在石头底下或钻进阴暗潮湿的洞里，直到晚上才溜出来透透气。在长期严寒的气候条件下，例如北方地区的冬季，它们会冬眠一段时间，等到气温回升、春暖花开的时候再出来。与蛇相近的蜥蜴，全身覆盖着一层坚硬的鳞片状皮肤，其主要功能就是防水和保持身体的温度。

鱼类、两栖类动物通常是以冬眠的方式来摆脱寒冷环境的影响。有些动物则是通过夏眠来躲避高温环境的影响。如生活在热带河流和沼泽中的蟾蜍、陆生龟等动物，当夏季来临时，它们就钻进阴凉的淤泥下或石洞中，"睡"上两三个月。这是因为当夏季来临时，这些地区的温度可高达40℃以上，使得沼泽干涸，植被减少，这些冷血动物只有依靠夏眠才能度过夏季。蜗牛也是一种冷血动物，为了适应环境温度的变化，它不仅要冬眠，而且要夏眠。冬天，蜗牛会把自己封闭在壳里，一直睡到春天大地复苏时再出来。夏天，它会用夏眠来抵抗干旱和酷热。特别是生活在非洲热带草原地区的蜗牛，每当干旱到来的时候，植物全因缺水而变得枯萎，蜗牛只好用夏眠的方法来减少对食物的需求，以度过食物匮乏的夏季。蜗牛的耐饥能力十分惊人，在热带沙漠地区，蜗牛能在壳里睡上3～4年。

还有一小部分动物介于恒温动物与冷血动物之间。在暖和的时候，它们的体温能保持相对恒定；到了寒冷的季节，其体温会随着气温的下降而下降，蛰伏而进入冬眠。刺猬便是这类动物的典型代表。刺猬的活跃期是 4～10 月。进入 11 月，它就开始冬眠了。冬眠时，它的新陈代谢极为缓慢，体温从 36℃ 降至 10℃，有时甚至会下降到 1℃，但绝对不会降到 0℃ 以下，因为如果这样它就会冻僵。此时，它的心跳从每分钟 190 次降至 20 次，每隔两三分钟才呼吸一次。在这段时间里，它一直靠消耗体内储存的脂肪来维持生命。大约到了 4 月份，冬眠的刺猬才会苏醒过来。这时它们都非常瘦弱，体重不会超过350 克。

肉食动物

当一只肉食动物向其猎物靠近时，不由得会让人产生一种紧张感。但是肉食动物是自然界的重要组成部分，连人类有时也是肉食动物。

与草食动物相比，肉食动物总有失算的时候，因为猎物可能会逃跑。作为补偿，自然界使得肉具有很高的营养价值。为了成功捕获猎物，肉食动物通常都有敏锐的感官和快速的反应能力。它们通过特殊的武器——比如有毒刺、有力的爪子或者锋利的牙齿——来制伏猎物。

1.慢动作的捕猎者

当人类提到肉食动物时总会最先想到像猎豹那样的运动速度很快的动物。但是很多肉食动物并非如此，比如海星，它的运动速度比蜗牛还慢，但是它们专门捕食那些不会逃跑的猎物——一般是把猎物的外壳撬开，然后享用里面的美餐。

在水中和陆上，很多肉食动物根本不追捕任何东西，相反，这些猎手只是埋伏着，等待猎物进入自己的抓捕范围。它们常常伪装得很好，有些甚至通过设置陷阱或者诱饵来增加捕获猎物的几率。"埋伏"的猎手有琵琶鱼、螳螂、蜘蛛和很多蛇类等。很多"埋伏"型猎手都是冷血动物，即使几天甚至几个星期不进食，它们也可以存活下来。

2.狩猎的哺乳动物

鸟类和哺乳动物都是热血动物，因此它们需要很多能量来保持身体正常运作。对于一头棕熊而言，能量来自各种各样的食物，包括昆虫、鱼，有时也包括其他的熊。棕熊的体重可以达到 1000 千克,它是陆地上最大的肉食动物。一般情况下,它对人类很谨慎,但是如果真正开始攻击,结果将是致命的。

哺乳动物中的肉食者有着特殊的牙齿来处理它们的食物。靠近它们嘴的前方位置有两颗突出的犬齿,这可以帮助它们把猎物紧紧咬住。一旦将猎物杀死后,它们的食肉齿就开始发挥功用了——这些牙齿长在颚的靠后位置,有着长长的、锋利的边缘,可以像剪刀一样将猎物剪碎。有些食肉哺乳动物,比如狼,还常用食肉齿来将猎物的骨头咬碎,从而吃到里面的骨髓。

3.空袭

鸟类没有牙齿,它们用爪子捕猎。一旦它们将猎物杀死后,就会将其带到栖枝上或者自己的巢中。有些大型鸟类可以抓起很大重量的猎物——1932 年,一只白尾海雕抓走了一个 4 岁的小女孩。神奇的是,这个小女孩存活了下来。

爪子很适合用来抓住猎物,但是鸟类通常使用其弯曲的喙部来将猎物撕碎。捕食小型动物的鸟类有一套特殊的技术,它们可以将猎物的头先塞进自己喉咙,然后将其整个吞下去。

4.大规模杀戮者

世界上最高效的捕猎者通常食用比其自身小很多的猎物。在南部海域,鲸通过过滤海水来食用一种被称为磷虾的甲壳动物。它们的这种捕食方式是所有肉食动物中杀戮量最大的,每次都可以超过 1 吨以上。灰鲸在海床上挖食贝类,而驼背鲸则通过张起"泡沫网"等待鱼群的到来——这种网可以将鱼群逼入较小的空间,使其更容易捕捉。但是最厉害的捕鱼高手应该是人类,我们每年都要捕得几百万吨的鱼。

草食动物

草食动物与肉食动物的数量比至少是 10:1。从最大的陆生哺乳动物到可以舒服地生活在一片叶子上的小昆虫,草食动物多种多样。

植物性食物有两大优势,一方面它们很容易被找到,另一方面它们不会逃跑。对于小型动物来说,还有另一个好处——植物是很好的藏身之所。但是食用植物也有其弊端,因为这种食物吃起来比较慢,而且不容易被消化。

1.秘密部队

一只大象每天可以吃掉1/3吨的食物,它们常常将树推倒来食用树枝上的叶子。野猪则采用不同的方法——从泥土中挖掘出美味多汁的树根来食用。虽然这些动物的体型都比较大,但是它们并不是世界上最为主要的草食动物。相反,昆虫和其他无脊椎动物的食用量要远远超过它们。

在热带草原上,蚂蚁和白蚁的数量常常超过其他所有草食动物的总数。它们收集种子和叶子,把它们搬到地下。在树林和森林中,很多昆虫以活的树木为食,而毛虫则直接躺在叶子中啃食。毛虫的胃口很大,如果进入到公园或者植物园的话,可以造成非常严重的虫灾。

哺乳动物、鼻涕虫和蜗牛食用的植物种类范围很广。但是,小型草食动物通常对它们的食物比较挑剔。比如,榛子象鼻虫只是以榛子为食,而赤蛱蝶毛虫只食用荨麻叶。如果这些毛虫遇到的是其他植物,它们宁可饿死也不会吃。对食物如此挑剔看似奇怪,但对于草食动物而言,有时候这是值得的,因为这样在处理它们的专门食物时效率会额外高。

2.种子和存储

爬行动物中的植食者比较少,鸟类中则比较多。其中,只有很少一部分鸟以树叶为食,更多的是食用花、果实或种子。

蜂鸟在花朵中穿梭采集花蜜,有些鹦鹉则用它们刷子般的舌头舔食花粉。食用果实和种子的鸟类更为常见。不像蜂鸟和鹦鹉,它们在全世界都有分布。

种子是十分理想的食物,它们富含各种营养性的油类和淀粉,这也是为什么这么多鸟类和啮齿类动物将种子作为食物的原因。在一些干燥的地方,寻找食物比较困难,食用种子的啮齿类动物就格外多。

啮齿类动物和鸟类不同,它们在困难时期可以通过收集食物并在地下存储食物而幸存下去。在中亚,有的沙鼠可以储存60千克种子和根,这些存粮足够它们生活几个月。

3.食草

种子消化很方便,所以它们也是人类食物的一部分。不过草和其他植物对于动物而言就不是那么容易被分解了。因为它们含有纤维素这种坚硬的物质,人类是消化不了的。不单单是人类,食草的哺乳动物也不能消化,尽管这些是它们食物的主要组成部分。

那么,这些动物如何解决这个问题呢?答案是:它们利用微生物帮助它们完成这项消化工作。这些微生物包括细菌和原生动物,它们拥有特殊的酶,可以将纤维素分解。

微生物在哺乳动物的消化系统中安营扎寨,那里温暖湿润的环境为它们提供了一个理想的工作场所。许多草食动物将微生物安排在称为"瘤胃"的特殊地带,瘤胃工作起来就像一个发酵罐。这些草食动物被称为反刍动物,包括羚羊、牛和鹿。它们都会将经过第一轮消化的食物再次咀嚼,进而吞咽后再消化。这一过程使得微生物更容易分解食物。

4.全职进食者

反刍对于消化而言十分有效,但是会占用很长时间。进食草木也很费时间,因为每一口都要咬下来,彻底咀嚼。因此,草食动物没有太多的休息时间,它们总是忙于采集食物和消化食物。

对于植食昆虫而言,情况也大同小异,尽管变为成虫后它们的食性通常会发生变化。毛虫是繁忙的进食者,不过成虫的蝴蝶或者蛾的大多数时间都用于寻找配偶和产卵,它们会在花丛中穿梭,很多根本不食用任何东西。飞蝼蛄做得更绝,它们的成虫压根就没有活动的嘴。

家禽与家畜

家禽和家畜是与人类生活最为密切的动物群体。家禽就是指那些经过人类长期的驯化培育而生存繁衍,并具有一定经济价值或赏玩价值的鸟类,如鸡、鸭、鹅、火鸡、鸽子、鹌鹑等。

人类最早驯养的鸟类是鸡。殷商时期的甲骨文中已有"鸡"这个字;在距今4000多年前的龙山文化遗址上,就有家鸡的骨骼出土,这些都说明中国人在很早以前就将鸡纳入自己的生活中了。

家鸡的祖先叫原鸡,也叫红色野鸡,现在多分布在南亚地区的丛林中。原鸡主要栖息于海拔约1000米以下的森林中,也喜欢到稀疏的树林或灌木丛中活动。雄原鸡的啼声很洪亮,但与家鸡的啼声有很大的不同。

人们根据自身的需要,已培育出多种家鸡,现在世界上公认的鸡种有 70 多种,且各具特点。肉用鸡常常被喂得又肥又胖,体重都在 4.5 千克以上,它们的肉质肥嫩,鲜美可口。专门用来下蛋的鸡,一年最多可以产下 300 多个蛋,平均一天一个,为人类提供了充足的鸡蛋。乌骨鸡的骨头是黑色的,而体表的羽毛却是雪白雪白的,它具有很大的药用价值。斗鸡骨骼结实,行动灵活,是专门供人

鸡

进行游戏的。还有重达十几千克的火鸡,肉质鲜美,非常有韧性。在日本有一种全身素白的长尾鸡,尾羽长达 7 米,就像姑娘的长头发,十分美丽。缅甸人饲养的一种矮腿鸡,它的腿短得几乎看不到,身体似乎已经贴到了地面上,走起路来一跳一跳的,所以又叫"跳鸡"或"爬鸡"。

家鸽是由原鸽驯化而成的,几千年前,原鸽就被用来为人类服务。经过人工选择,现在的鸽子主要分为信鸽、肉鸽和观赏鸽三种。信鸽的飞翔能力很强,能进行长途飞行,而且有强烈的归巢感,可以从几千米外迅速返回自己的"家"。自古以来,人们就利用它的这一特性,让它担负起通信工作,尤其是在通信手段不发达的古代,信鸽在人们的生活中占有极为重要的地位。即使在通信技术高度发达的今天,利用信鸽传递军事情报仍是非常普遍的事。肉鸽生长迅速,一个月就可以长到 500 克重,肉味鲜美,具有很高的营养价值。观赏鸽的羽毛千姿百态,是人工选择学的主要佐证。

鸭子也是人们经常饲养的一种家禽。家鸭是由野鸭(绿头鸭)驯化而来的。绿头鸭肉质好,卵期长。人类将它们驯养后,为了获得更多的鸭蛋,便不让它们自己孵蛋,同时又给以充足的光照和食物,让它们产更多的蛋。另一方面,人类还将产蛋量最多的鸭选为种鸭。这样,经过人工选择和培育的卵用鸭,一年能产二三百个鸭蛋,比它的祖先——绿头鸭要多得多。然而,由于人类长期不让它们自己孵蛋,它们便逐渐丧失了这种本能。

可见,家禽能够提供营养丰富的禽蛋、禽肉,其中富含易被人体吸收的蛋白质、氨基酸、维生素和矿物质,以及一定的微量元素等。家禽的羽、绒具有很强的保暖性,轻便耐用,可以用来制作羽绒服等。家禽粪便中含有丰富的氮、磷、钾等,是优质肥料。同时,家禽的生长期短,繁殖能力强,饲料转化率高,因而是很好的经济动物。

家畜就是那些经过人类长期的驯化培育，可提供肉、蛋、乳、毛、皮等畜产品或供役用的各种动物，主要包括马、牛、驴、骡、骆驼、猪、羊、狗、猫、家兔等兽类。家畜都来源于野生动物，然后经过长期的驯化，它们在外貌、体形、生理机能等各方面都与野生动物有了很大的不同，而且性情比较温顺，生产能力也大大提高。

马是一种善于奔跑的家畜，最早是被用作交通工具的。马跑的时候，我们经常可以听到"哒哒……"的声音，那是因为人类给它穿上了铁鞋——马掌的缘故。现代的马，四肢的趾端只有一个趾，其他的趾则在长期的岁月中退化掉了。在这个趾上，有一层像趾甲似的蹄保护着。蹄实际上是一种角质化的坚硬皮肤，又是身体重量的支点。由于经常在坚硬的地面上摩擦，时间长了，马蹄就容易被磨损，影响了马的奔跑速度和负重能力。为了防止马蹄被过分磨损，人类就想出了一个好办法——给它穿上"铁鞋"，使它能跑得更快。

马是人类的亲密伙伴，它不仅可以将人们带到很远的地方去，而且可以帮助人们耕地运货。马肉可以食用，骨可以制胶，皮可以制革，马鬃可以做小提琴的琴弦，马粪可以培养蘑菇，马的血清还可以制破伤风抗毒素。因此可以说马的浑身都是宝，为人类立下了汗"马"功劳。

家猪是由野猪驯化而来的。早在8000～10000年前，人类就开始驯化并饲养野猪了。野猪浑身长着硬毛，性情凶悍强暴。它跑得很快，发起怒来连被称为"兽中之王"的老虎都要让它三分。然而经过几千年来的驯养，家猪不仅性情温和，而且逐渐形成了发育快、繁殖能力强的特点。因此不仅能够供人们食肉，而且猪皮还是制革的原料，就连猪粪也是上等的肥料。然而，我们还是能在家猪的身上看到野猪的生活习性，其中最具代表性的便是猪喜欢拱泥土和墙壁的习惯。猪在野生时代是没人去喂它们的，它们只有依靠自己去寻找食物，尤其是要吃生长在地里的植物块根和块茎，它们必须依靠突出的鼻、嘴和强硬的鼻骨将土拱开，将土里的食物挖出来，连食物带泥土一块吃到肚子里。另一方面，野猪在泥土中可以获取自己所需要的磷、钙、铁、铜等矿物质，以保持身体营养的均衡。

一提到猪，人们便会认为猪很馋，总是在不停地吃东西。其实，猪吃食有很强的选择性，凡是不爱吃的东西，一口也不吃。它吃食是少吃多餐，细嚼慢咽的，非常有利于消化和吸收，也许这正是它长得胖的原因。一家畜既是进行畜牧业生产的生产资料，也是人类的生活资料，与人们的生活密切相关。中国是最早开始畜养家畜的国家之一，现在人们仍然在利用各种科学方法加速驯养各种野生动物，使之变为家畜，为人类服务。

鸟类

鸟是由爬行动物进化而来的,能够在空中飞行的高等脊椎动物。鸟的祖先是始祖鸟。始祖鸟既具有鸟类的特征,又与爬行类动物有许多相似之处,所以它作为爬行类向鸟类进化的一个强有力的证据而备受科学家们的重视。

由于鸟类能飞,所以在世界各地都可以看见它们的身影。从冰天雪地的两极到世界屋脊,从波涛汹涌的大海到茂密的丛林,从寸草不生的沙漠到人烟稠密的城市,都有鸟的踪迹。现在世界上大约有9000多种鸟。

鸟之所以能飞,主要是由于它的骨骼轻盈、羽毛有力的缘故。鸟的骨骼很坚实,里边没有骨髓,只有蜂窝一样的空隙,空隙里面充满了空气。这种骨骼可以增加鸟的浮力。鸟的颈部、腹部和胸部各有一个气囊,气囊里可以储存大量的新鲜空气,以适应高空新陈代谢的需要,并且与肺脏组成了一个相互关联的扩张系统。同时,气囊还可以帮助鸟儿在激烈运动后迅速地恢复平静。鸟儿的翅膀和腿骨尤为有力,胸骨上的龙骨脊和大而长的翅骨上附着了强有力的飞行肌肉。这种骨与既轻巧又完美的骨架结构,是鸟类飞行的基础。

鸟是世界上唯一长有羽毛的动物,羽毛不仅能够帮助鸟飞翔,同时也可起保暖作用。大小和种类不同的鸟,身上披覆的羽毛的多少也不同。据统计,少的大概有1300根,多的可超过1万根。通常鸟的翅膀上的羽毛较少。从功能上说,鸟的羽毛可以分为3类:尾巴和翅膀上的羽毛较粗较长,是用于飞翔的;覆盖全身的呈流线型的羽毛,是用来防止水渗入的;体表绒毛状的短羽毛,则是用来保暖的。鸟的羽毛还有不同的颜色,它既有伪装保护的作用,也有吸引异性的功能。鸟类中最漂亮的羽毛莫过于孔雀的羽毛了。孔雀的羽毛有亮绿、翠绿、青蓝、紫褐等颜色。雄孔雀的头上长着6~7厘米长的冠羽,面部呈天蓝或金黄色,其头、颈、胸部的绿色羽毛上,镶嵌着黄褐色的斑纹。尾羽更加华丽,多而长,依次向后延伸。覆羽的末端有一个十分美丽的蛋形彩图。每当交配的季节,雄孔雀便会张开它那美丽的尾羽以吸引雌孔雀。每一根有飞行功能的羽毛都有一根羽毛管,上面有成百的倒刺,它们连接在一起便组成了光滑的表面。飞行羽毛的末端可以为鸟提供飞行时所需要的浮力,并能改变飞行方向。

鸟的飞行方式一般可分为3类:滑翔、鼓翼和翱翔。滑翔是一种最简单、最原始的飞行方式。滑翔时,翅膀不动,靠已有的飞行速度和翅膀受到的浮力向前飞行。鼓翼则是一种最普通的飞行方式。方法是翅膀上下运动,以最小的能量获得最大的速度。一般小型鸟类都采用鼓翼方式。大型鸟类则善于翱翔,此时翅膀伸展开并保持不动,能在空中长时间飞行。

鸟类的前肢已演变成用于飞翔的翅膀,而后肢则形成了支持体重的双脚。不同类型的鸟的脚差异很大。生活在浅水中的鸟一般是腿细长,脚上有蹼,便于在水上游行;飞得较高的鸟的脚却很小,以减轻体重,更适合飞行;鸭子、海鸥的脚上也长有蹼,以利于划水;而一些猛禽却有尖利的爪子,为的是更好地抓捕猎物。

鸟嘴的学名叫作喙。与其他动物一样,为了方便捕食,鸟喙有多种形状。例如啄木鸟的喙像一个长镊子,便于捉到树缝里的虫子;食虫鸟的喙一般像钢针一样又细又尖,适合吃幼小的虫子。鸟类都没有牙齿,吃进的食物直接进入砂囊,被磨碎后再进行消化。

鸟的目光锐利,视野广阔,一般鸟的眼睛长在头的两侧,后视的双目扩大了它们的视力范围,帮助它们更好地捕食、飞翔和发现敌情。如丘鹬的双眼在头的两侧分得很开,极宽的视野使其很容易极早发现敌情。

鸟类的听觉十分灵敏,尤其对低频和中频的声音更敏感,这有利于它们发现食物和躲避敌情。有些鸟类动物还有高度发达的回声定位系统,如雨燕能检测并避开直径小于6毫米的圆导线;猫头鹰能靠声音定位和捕食猎物。许多鸟还会发出声音信号来传递信息。如群体迁徙的候鸟利用声音信号在夜晚的天空中通报各自的位置,使群体中的每个个体修正其航行偏差,或者在穿越森林时,靠声音信号来保持群体的密切关系。鸟类的发声既是一种重要的行为,也是鸟类进化的明证。

鸟是恒温动物,体温一般在42℃左右。所有的鸟都是通过产卵的方式进行繁殖的。鸟产下蛋后一般用体温进行孵化。在恒定的温度下,受精卵发育成胚胎,后逐渐发育成鸟,最后破壳而出。

鸟的种类非常多,在脊椎动物中仅次于鱼类。这些鸟在体积、形状、颜色、生活习性等方面,都存在着很大的差异。为了便于介绍,这里暂且把它们分成七大类。

1.第一类——鸣禽

世界上大约有4000多种鸣禽,大部分栖木鸟都属于这一类。它们有非常发达的鸣管,能发出很美妙的声音。但有一些鸣禽的叫声则非常难听。一般而言,主要的鸣叫者是雄鸟,它们的鸣叫一方面是为了吸引雌鸟的注意,另一方面是警告入侵者赶快离开它们的领地。

2.第二类——猎鸟

大部分猎鸟生活在陆地上,它们不太会飞,但多为奔跑健将。猎鸟的双腿强壮有力,支撑着丰满的身体;爪子坚硬锋利,一般都是3趾,可以抓取地面上的食物。它们的喙呈钩状,可以挖出树根和地下昆虫。虽然猎鸟不会飞,但它们发达的胸肌和巨大的胸骨可以帮助它们在遇到危险时,迅速飞离地面,但只是很短的一段时间而已。大部分雉目鸟都属于这一类。

3.第三类——猛禽

猛禽是世界上最凶猛的肉食动物之一,主要包括鹰、隼、秃鹫、秃鹰等。大多数猛禽都长有巨大的翅膀、强壮的腿、尖利的爪子以及一只钩状的喙,这些都是它们捕食猎物的有力工具。

4.第四类——涉水禽鸟

涉水禽鸟是指那些生活在河湖、河岸、沼泽地或湿地等地区的鸟,如鹬类、鹳类等。涉水禽鸟大多长着细长的腿和脖颈,不论是亭亭玉立之时,还是徐徐踱步之际,总是给人以文静高贵的感觉。它们还长着长长的喙,用来捕食水中的猎物。由于喙的形状不完全相同,捕食的方法也各不相同。如苍鹭的喙像刺刀一样,可以很容易地"刺"死水中的鱼;火烈鸟喙部有独特的过滤器,可以滤出水中的海藻和小动物;蛎鹬的喙像刀片,能够割开牡蛎的硬壳,吃里面的嫩肉。

5.第五类——水生鸟类

包括鸭、鹅和天鹅等。它们都是游泳高手,身体像船一样,腹部平坦可以增加浮力;皮肤上的厚厚的绒毛,可以帮助它们保持体温;强壮的腿和生有蹼的脚则是优良的划水工具。

6.第六类——海鸟

顾名思义,海鸟大部分的时间都待在海里,只在繁殖和哺育后代的时候才到岸上来。

在所有的海鸟中,企鹅是最适合于水上生活的。它的双翅经过长期演化变成了鳍脚,短小扁平,像船桨一样,因而早已丧失了飞翔的能力,更适应水中的生活。平时企鹅只能跳跃着行走,或是借用嘴巴和鳍脚爬行。如果遇到危险,它也只能连滚带爬的,显得十分笨拙。然而一旦到了水里,它却能游得比普通的水艇还快。

7.第七类——不会飞的鸟

鸟由于骨骼轻盈,才拥有了飞翔的能力。然而一些鸟在进化过程中逐渐失去了飞行的能力,只会走或游泳。除刚才所说的企鹅外,还有鸸鹋、鹬鸵、食火鸡和鸵鸟等40多种。由于不需要飞行,这些鸟的一部分肌肉和骨骼逐渐变小,翅骨和胸骨不再那么发达,而胸骨上的龙骨脊则更是小得多。但它们的腿则强劲有力,大多数都能跑得飞快。鸵鸟是世界上跑得最快的鸟,时速最高可达72千米/小时,甚至比狮子跑得还快。

留鸟与候鸟

有些鸟类人们可以常年见到,而有些鸟类则像客人一样,每年在一定的季节来"串门",住上一段日子便又飞走了。一年之中,全世界任何一个地区的鸟的种类都会随季节而发生变化。每到换季的时候,有些鸟就会回来,有些鸟却要飞走。鸟类所具有的这种随季节的,变化而变更生活地区的习性,是一种迁徙现象,是鸟类为适应自然环境而产生的行为。但并不是所有的鸟类都具有迁徙的习性,于是人们便根据鸟类有无迁徙习性将鸟类分为候鸟和留鸟两大类。

所谓留鸟,就是指那些终年生活在其出生、繁殖区内,不依季节的不同而迁徙的鸟类。世界各地的留鸟很多,而且南方的要比北方的多。北方的留鸟一般都能抵御寒冷的冬天。常见的喜鹊、画眉、麻雀、乌鸦等,都是留鸟。

喜鹊是一种惹人爱怜的鸟,民间常常把它看作是吉祥的象征。其实,喜鹊是雀形目鸦科中多种长尾鸟类的总称,与乌鸦是近亲。

喜鹊一身漂亮的羽毛,不光好看,而且实用。它可以帮助喜鹊抵御寒冷的冬天。喜鹊之所以不必每年辛苦地飞来飞去,正是凭借这身厚厚的羽毛度过寒冬,等待春天的到来。

喜鹊的家是用树枝在高大的树梢附近筑成的足球般大小的圆球状的巢。喜鹊作为留鸟，每年都会筑巢过冬。它们有的是在旧巢址上逐年整修加高来营建新巢；有的则另选新址建巢。喜鹊还喜欢闪闪发光的东西，例如玻璃、镜子、剪刀之类的东西，只要搬得动，它都会搬回家去，用来装饰它的家。

喜鹊的分布很广泛，除南极洲外，其他地区都可以看见它那美丽的身影。它与人的关系很融洽，可以帮助人类消灭蝗虫、蝼蛄、象蚜、夜蛾幼虫等危害农作物的害虫，因而很受人们的喜爱。

有一些种类的留鸟，因为具有追寻食饵、进行较短距离漂泊的习性，所以被称为"漂鸟"，如"森林医生"啄木鸟、山斑鸠等。

啄木鸟属于䴕形目啄木鸟科，共有180多种，分布于除澳大利亚和新几内亚之外的世界各地，以南美洲和东南亚数量最多。由于它常常在树皮中寻找食物，在枯木中凿洞做巢，因而人们便叫它"啄木鸟"。大多数啄木鸟终生都在树林中度过，在树干上活动觅食，但有个别种类的啄木鸟能像雀形目鸟类一样栖息在树枝上，在地上寻找食物。它们通常在春夏季节生活在山林里，而到了秋冬时节，便迁徙到平原、旷野中寻觅食物了。

有些鸟类每年随着季节的不同而定时变更栖息地，它们常常是在一个地区产卵、育雏，到另一个地区过冬，这类鸟叫作候鸟。根据候鸟迁徙时间的不同，又可将它们分成夏候鸟和冬候鸟两大类。有些候鸟总是在秋天的时候，从北方高纬度地区飞到某些低纬度地区过冬，对这一地区来说，它们便是"冬候鸟"。如在中国境内过冬的多种雁鸭类。冬候鸟通常在第二年的春天，飞回北方的繁殖区进行繁殖，抚育后代。而有的候鸟则喜欢在春夏时节飞到北方筑巢、孵卵、哺育雏鸟，到了秋冬时节再飞到温暖的南方地区过冬，就这一地区来说，它们便是"夏候鸟"。

在我国最常见的夏候鸟主要是家燕、杜鹃、黄鹂、白鹭等。还有一些种类的鸟，在某一地区的北方繁殖，而在南方过冬，在南迁北徙的途中经过这一地区，对这一地区来说，它们便是"旅鸟"。

候鸟的迁徙是极其有规律的，通常是一年2次，一次在春天，另一次在秋天。雨燕是最著名的候鸟，它在迁徙的时候，可以在空中连续飞行好几个星期而不落地。丹顶鹤也是候鸟，它们通常在每年3月的时候，成群结队地飞到北方的沼泽地带，在那里筑巢产卵，繁殖后代。到了10月份，大丹顶鹤便带着刚刚学会飞行的小丹顶鹤向南方迁徙。

大雁是最常见的冬候鸟。古人曾云："塞下秋来风景异，衡阳雁去无留意"，"雁阵惊寒，声断衡阳之浦"等，可见古人对于大雁迁徙的这一习性早已有所关注了。

事实上，由于雁的种类和繁殖地点的不同，生活习性的差异，它们的迁徙路线也有所不同。老家在西伯利亚一带的雁，每年秋冬时节，它们便会成群结队地向南迁徙，飞行的路线主要有两条：一条是由我国东北地区，经过黄河、长江流域，到达福建、广东沿海，甚至可以飞到南海群岛。另一条路线是由我国内蒙古、青海，到达四川、云南省，最远到达缅甸、印度。第二年春天，它们又会长途跋涉地飞回西伯利亚。虽然雁的飞行速度很快，但是这漫漫几千里的长路，它们也要飞上一两个月。

雁群在飞行时，常常会排成"一"字或"人"字的队形，每只雁都伸直头颈，足部紧紧贴在腹部，扇动双翅，缓缓前进。据说这种队形在飞行时最为省力。在前面领队的大雁，拍动翅膀时会使气流上升，紧随其后的小雁就可以凭借这股气流滑翔，从而跟上大部队。雁群边飞行边鸣叫，数里之外都可以听见它们的鸣叫声，声势异常壮观。

燕子是雀形目燕科鸟类的俗称，是最常见的鸟类之一。燕子有很多种，在我国最常见的是家燕。家燕姿态轻盈优美，有黑色的翅膀、白色的肚皮，红色的咽喉下有一条明显的黑线，它身后还拖着一条剪刀般的长黑又尾。家燕是典型的夏候鸟。每年春天，家燕要从印度半岛、南洋群岛和澳大利亚等越冬地飞回来。大约在2月份的时候开始北迁；3月份前后到达福建、浙江和长江三角洲一带；4月份到达山海关一带；最后到达我国东北、内蒙古等地。燕子每年总是能够准确地找到原先的栖居地。它们回来后的第一个任务，就是筑造新巢或者修补旧窝，然后开始产卵、孵卵，繁殖后代。几个月后，幼燕长到能够飞翔的时候（在八九月间），成年燕子便带领成群的雏鸟飞到南方过冬去了。

卵生动物与卵胎生动物

众所周知，受精卵在母体子宫内安居下来，依靠母体提供的营养完成胚胎的发育过程，最终形成一个新的生命个体的生殖方式，叫作胎生。人和绝大多数哺乳动物都是胎生动物。如果动物是由脱离母体的卵孵化而来的，则叫作卵生动物。

所有的鸟都是通过产蛋的方式繁殖后代的。有的鸟一年只产一窝，有的鸟一年能产好几窝。鸟通常把蛋直接生在地上或鸟巢里。鸟蛋蛋壳比较坚硬，既能保护正在发育的小鸟，又为小鸟的发育提供了丰富的营养品。这是因为，在小小的蛋壳里，集中了蛋白质、脂肪、维生素、无机盐、糖、酶等所有生命发育所必需的营养物质。小鸟正是靠这些营养品慢慢长大,最终破壳而出的。同时,鸟蛋被生下之前,蛋壳上附着一层保护色。蛋壳的结构也很特殊,它不是密闭封死的,而是上面有许多细小的、肉眼难以发现的小孔。小鸟正是透过这些小孔得到氧气,才不至于被闷死。鸡是最常见的卵生动物,一只受过精的鸡蛋,在适当的孵化条件下,可以变成一只小鸡。

鸵鸟是世界上现存鸟类中最大的一种。有趣的是,雄性鸵鸟担负着孵蛋的任务。在繁殖季节,雄鸵鸟先在地上挖个坑,再铺上草,当作孵蛋用的鸟巢。一般情况下,一只雄鸵鸟配 3~5 只雌鸵鸟,雌鸵鸟把蛋产在同一个巢内,每只雌鸵鸟能产蛋 6~8 枚,一个巢可放 15~20 枚,多的可达 50 枚。蛋生下来后,雄鸵鸟便会趴在窝里一心一意地孵蛋,同时还承担着保护蛋的任务。此时若有动物或人来侵犯,它便会无所畏惧地挺身而出,猛扑上去,直到把侵犯者赶走为止。小鸵鸟在六七个星期之后破壳而出。在破壳之前,它们会在壳内鸣叫,大鸟则在外应答。刚出壳的幼雏就已具备了觅食的能力,1 个月后,小鸵鸟的奔跑时速可达 35 千米。

除了鸟类外,还有一些爬行类动物也是靠卵生来繁殖后代的。它们通常在沙滩或软土上挖洞作为产蛋的小窝。有的爬行动物会一直守护着这些蛋,直到它们的孩子孵化出来。大多数爬行类动物的蛋都是由软壳包着的,蛋内的动物胚胎被一种叫作羊膜的液囊很好地保护起来。

在长达几十亿年的生命长河中,有些动物为了保护自己的幼崽,维护种族的繁衍,会演化出一些巧妙的生殖方式。虽然这些动物不具备胎生的条件,可它们却能够把本该排出体外的受精卵留在体内,最后像哺乳动物那样把"小宝宝"生出来。但这种生育方式与哺乳动物的胎生方式又有很大不同,最突出的特点是:受精卵在母体内并不能得到母亲供给的营养,胚胎发育同样受制于蛋壳内的营养物质。这种表面上看起来是胎生,实质上却是卵生的生殖方式叫卵胎生。

卵胎生最突出的好处就是:母体为受精卵的发育提供了一个安全的场所,母亲不必再为受精卵将会受到其他动物的攻击而发愁,有利于后代的存活。

一些爬行动物采用卵胎生的方式生育后代,特别是生活在较寒冷地区的爬行动物更乐于使用这种生育方式,因为蛋在母体内会比埋在土壤中更加温暖。生活在水中的爬行动物也是通过卵胎生的方式直接生育下一代的,因为太多的水会对蛋产生破坏作用。

鲨鱼有 3 种繁殖方式:卵生、卵胎生和胎生。卵生鲨鱼将卵直接产在水中,经过一段时间的孵育,一头幼鲨便会破壳而出。采用卵胎生的鲨鱼将卵保留在母体内,幼鲨在母体内发育完全后,由母鲨生下。卵生和卵胎生的鲨鱼一般都生活在大海深处,而在大海中上层生活的鲨鱼则通常采用胎生的方式繁殖后代。因种类不同,胎生鲨鱼的产崽数也不相等,一般为 2～10 条,妊娠期都在 1 年以上。胎生鲨鱼的胚胎在母体的子宫里发育,营养由卵黄囊胎盘供给,直到幼鲨完全成形时才产出。

蛇是一种典型的既是卵生又是卵胎生的爬行动物。大部分种类的蛇采用卵生。蛇蛋被放在湿度、温度相对理想的场所,然后自行孵化。有些蛇则采用卵胎生的方式繁殖后代。母蛇将蛇蛋保留在体内,直到幼蛇完全成形了,母蛇才将蛇蛋生出来,而且这些蛇蛋是没有壳的。水生蛇和树生蛇因为很少到地面上来,因而大部分都趋向于卵胎生。

鸭嘴兽也是一种典型的既是卵生又是卵胎生的爬行动物。1843 年,恩格斯在英国看到一只鸭嘴兽的蛋。人们告诉他:这是生活在澳大利亚的一种哺乳动物。恩格斯听后哈哈大笑:哺乳动物都是胎生的,而鸭嘴兽是卵生的,怎么能是哺乳动物呢?后来,恩格斯认识到自己的错误时,"不得不请求鸭嘴兽原谅自己的傲慢与无知"。

鸭嘴兽

鸭嘴兽是现存最原始的哺乳动物。鸭嘴兽的大小和家兔差不多,身体肥胖,长着像鸭嘴似的角质喙,是一种很独特的动物。它生殖、繁衍后代的方式非常有趣。它既下蛋,又哺乳。鸭嘴兽被称为"单孔类"动物,卵、尿、粪都由肛门排出体外,雌兽受精后发育成卵。卵排出后,由母兽孵化,10 天后,小兽就会破壳而出。母兽没有乳房和乳头,只在腹部有一片乳区,可以分泌乳汁,就像出汗一样,小兽就爬到母亲的腹部舔食乳汁。两个月后,幼兽才睁开眼睛,但活动能力还很弱,四个月后,小兽才能独立游泳、觅食。

一般而言,采用卵生方式的动物,每次产卵的数量都很大,因而即便有所损失,总还会有一部分卵保存下来,对种族的繁衍影响并不太大。而采用卵胎生的动物,产卵数量相对要少得多,因为母体内没有那么大的地方来孵育幼崽,但是它们不易被敌人攻击,存活的可能性也相对大得多。不管是卵生,还是卵胎生,都是动物在长期的发展中,为适应环境而形成的适于自身的生育方式。

两栖动物

顾名思义,两栖动物就是指那些既可以在水中生活,又可以在陆地上生活的动物。两栖动物属于脊椎动物亚门的一纲,通常没有鳞或甲,皮肤裸露而湿润,透气性强,在湿润的情况下可以帮助肺呼吸。两栖动物的四肢没有爪,只有趾,体温随着外界温度的变化而变化,是典型的冷血动物。两栖动物既有从鱼类继承下来的适合于水生的特性,如卵的形态和产卵方式、幼体用鳃呼吸等;又具有新发展而来的适应于陆地生活的特性,如感觉器官、运动装置和呼吸循环系统等。

科学家认为两栖动物可能是从会呼吸空气的总鳍鱼或肺鱼进化而来的,它们离开水是因为陆地上没有什么敌人,并且食物来源比较充足。早期的两栖动物在长期的进化中为了更好地适应陆地生活,发育出了强壮的四肢。

两栖动物通常属卵生。成体一次会产下数量繁多的小卵。这些卵生活在水里,除卵胶膜外,没有别的护卵装置。幼体发育为成体要经历一系列的变态。一般来说,成体与幼体在形态上差别越显著,变态也就越剧烈,也更有利于后代的繁衍。这种变态既是一种对环境的适应,同时也生动地再现了由水生到陆生动物主要器官系统变化的过程。

现在世界上大约有 5000 多种两栖动物,除南极洲、海洋和大沙漠以外,其他地区都会看到它们的身影,其中以热带、亚热带的湿热地区最为常见,种类也最多。我国共有 270 多种两栖动物,主要分布于秦岭以南、华南和西南山区一带。

两栖动物又可分为 3 个亚纲:一是迷齿亚纲。这是古代两栖动物中最主要的一类,包括鱼石螈目、离片椎目和石炭螈目。第二类是壳椎亚纲。这是一个古老而又奇特的类群,包括游螈目、缺肢目、小鲵目。第三类是滑体两栖亚纲。包括现在所有的两栖动物,又可细分为无尾目、有尾目和无足目。可见,两栖动物的家族也是非常兴旺的。

娃娃鱼是一种著名的低等两栖动物。它的学名叫"大鲵",因叫声像婴儿的啼哭声,人们便亲切地叫它"娃娃鱼"。

娃娃鱼是鱼类向爬行动物过渡的中间类型,它们的祖先生活在大约 3 亿年前,因而被称为"活化石",在生物进化史上具有重要的价值。娃娃鱼是世界上最大的两栖动物,身长一般在 60~100 厘米之间,头大、嘴大、眼睛却很小,没有眼皮,因而也不会眨眼,身后还拖着一条扁扁的大尾巴。它的身体呈棕褐色,皮肤湿滑无鳞,长着4只又短又胖的脚,前肢很像婴儿的手臂,真是名副其实的"娃娃鱼"。

娃娃鱼喜欢在清澈湍急的溪流中生活。白天,它会在岩洞、石穴中睡大觉,晚上才出来活动,喜欢吃蛙、鱼、蟹、螺等水栖生物。它的捕食方法十分奇特。它不像别的动物那样为食物去奔波,而是坐在洞口,等着食物自己送上门来。捕到食物后,它通常是将食物整个吞下,然后在胃里慢慢消化。娃娃鱼还像骆驼一样可以几个月不吃东西。

娃娃鱼在古代是很兴旺的,但是由于长期大量的捕杀,娃娃鱼的数量显著减少,加之它的生长期很长,因此它现在已成为濒危动物中的极危动物了。

蚓螈是一种像虫子一样的两栖类动物。它没有腿,身上长有细小的、环状的鳞片。它们多数生活在热带地区,以蠕虫、白蚁、蜥蜴为食。它们有尖利的牙齿,但视觉很不发达,几乎可以算得上是瞎子。有些蚓螈以卵生方式繁殖后代,有的则直接生下活的幼崽。

蝾螈是一种极小的两栖动物。有些蝾螈长期居住在水中,称为水栖蝾螈;而完全居住在陆地上的蝾螈,则叫作陆栖蝾螈。大多数蝾螈是靠肺和皮肤呼吸的,但也有少数蝾螈根本没有肺,只能通过皮肤和口腔呼吸。

青蛙是最常见的两栖类动物。夏日的雨后,在池塘边、草丛中,处处可以听到群蛙齐鸣的声音。"黄梅时节家家雨,青草池塘处处蛙"便是这一景象的生动写照。青蛙的长相相当特别。首先,它有一张宽大的嘴巴,雄蛙的口角两旁还长有一对气囊,其作用就像音箱一样,有增大声音的功能,因而雄蛙的叫声十分响亮。有的青蛙喉部长有气囊,叫起来的时候,喉部就会显得很肿胀。青蛙的嘴里有一个能活动的舌头,舌头尖端分叉,能够分泌黏液。当捕捉昆虫时,青蛙会张开大嘴,舌头迅速翻射出口外,粘住小虫,然后用舌尖将猎物送入口中。

青蛙还长有一双"美丽"的大眼睛。青蛙的眼眶底部没有骨头,眼球近似于圆球,向外凸出。这双眼睛是由极其复杂的视网膜构成的,可帮助青蛙获取外部世界的信息。然而青蛙的眼睛具有很大的局限性,它只对运动的物体敏感,能迅速发现飞动的虫子,对静止不动的物体则"视而不见"。

此外,青蛙还有一双造型优美的后腿,帮助它在水里游,地上跳。青蛙的后腿平时是折叠起来的,当它在水中游泳时,双腿有力地蹬夹水而产生推力,使身体向前运动。在地上跳跃时,双腿又像弹簧一样产生反弹力,所以青蛙跳得又高又远。

青蛙的种类很多,大多数生活在水里,因而水对它们是至关重要的。淡水既可以让青蛙的皮肤保持湿润,同时又是青蛙繁殖的媒介。而生活在沙漠地区的蛙,则通过穴居地下来防止水分散失。澳洲贮水蛙则褪下外皮,形成茧状,裹住身体,大大减少了水分流失。

青蛙主要捕食稻苞虫、蝼蛄、蚜虫、金龟子、螟蛾等农业害虫,因而有"庄稼的保护者""绿色卫士"等荣誉称号。

两栖动物一般都是皮肤裸露,体内的体液和血液里的盐分比海水的含盐度要低得多,如果它们进入海水里,就会因体内大量失水而死亡,所以在广阔的海洋中很难见到两栖动物的身影。然而在蛙科动物的大家族里,有一种海蛙,却生活在沿海咸水或半咸水地带。它之所以能生活在海中,是因为它有与众不同的生理功能。海蛙的肾脏对代谢产物——尿素的过滤效率很低,因而血液中含有大量的尿素,使海蛙体内能维持比周围环境高的渗透压,从而使它能在海水里活动自如。海蛙也是目前所知的唯一能在海水中生活的两栖类动物。然而,海蛙却不在海里产卵,而是产在涨潮时倒灌入陆地的临时性水洼内。水洼中孵化的蝌蚪,能够耐盐、耐高温。

两栖类动物作为最早离开水,跑到陆地上来生活的脊椎动物群,兼具了水生动物与陆生动物的一些特性,因而在生命进化史上具有重要的研究价值。

爬行动物

爬行动物是脊椎动物演化进程中极其关键的一环。大约在上石炭纪,即2.8亿年前,地球上开始出现爬行动物。中生代是爬行动物的全盛时代,它们一度控制了海陆空各个领域。到了白垩纪后期,即8000万年前,爬行动物开始衰落,有许多分支灭绝,体型和重量也大大减小,如现在最大的蟒蛇长约12.3米,最大的棱皮龟重约865千克,而古代的恐龙有的长达50米。现在的爬行动物主要分成龟鳖类、鳄形类、蜥蜴类、蛇类和喙头类五大门类,常见的有蛇、龟、鳄鱼、壁虎等。

爬行动物的体表一般都有保护性的鳞片或坚硬的外壳。皮肤没有呼吸功能,也很少有皮肤腺,这可以使它们的身体不会因过快地失去水分而死亡。头颅上除鼻软骨囊外,全部骨化,外面更有膜成骨覆盖着。头部能灵活转动,胸椎和胸肋与胸骨围成胸廓以保护内脏,这是动物界首次出现的胸廓。除蛇类外,其他的爬行动物都有四肢,水生种类长有桨形的掌,指、趾间有蹼相连,便于游泳。爬行时腹部贴着地面,慢慢爬行前进,只有少数体形轻捷的能疾速前进。

爬行动物是用肺呼吸的,有一个心室,心室内有不完全膈膜,从而增强了供氧能力,但体温仍不恒定,属于冷血动物。它们还第一次形成骨化的口盖,使口、鼻分腔,内鼻孔移到口腔后端,咽与喉分别进入食道和气管,从而使呼吸和饮食可以同时进行。爬行动物是在两栖动物的基础上发展起来的,进一步完善了对陆地环境的适应能力,彻底摆脱了对水生环境的依赖,活动范围更加广泛,但它们仍喜欢生活在比较温暖的地方,因为它们必须借此来保持身体的温度。

爬行动物是由最初从水里爬到陆地上来的初级爬行动物演化而来的。2.5 亿至 6500万年前,是爬行动物的时代,从天上到地下,都有它们的身影,如陆上行走的是恐龙,空中飞行的是翼龙,水中游泳的则是鱼龙,形态多样,各成系统,当然称王称霸的还是恐龙。

恐龙种类繁多,体型和习性也相差很大。有的恐龙只有小鸡那么大,有的却长达数十米,重达百余吨。它们大多是长着长长的脖子,小小的脑袋,还有一条又粗又长的大尾巴。就食性而言,分为肉食、草食和杂食。肉食性恐龙又叫"食肉龙"或"食肉蜥蜴",主要以其他恐龙为食,有时也吃动物的尸体;食草性恐龙多生活在沼泽地区,以多汁的水生植物为食,在多泥沙的岸边休息和产卵。

恐龙曾经在地球上生活了 1.3 亿多年,并一直是地球上的霸主,但在中生代末期却突然全部灭绝,其灭绝的原因到现在也无法解释清楚。

蜥蜴是爬行动物中的一个庞大家族。它们大部分居住在热带或亚热带地区,从北极地区到非洲南部、南美洲以及澳大利亚都有它们的身影。有些种类的蜥蜴生活在树上,有些生活在洞穴里或地底下。

蜥蜴和蛇的外表特征很相似,都有角质鳞,雄性具有一对交接器(半阴茎),方骨可以活动。蜥蜴在成长过程中,大约 1 个月蜕一次皮。典型的蜥蜴身体略呈圆柱形,四肢发达,尾部稍长,略等于头部和身体的总和,下眼睑可以活动。蜥蜴体长 3~300 厘米不等,一般在 30 厘米左右。它们的头、背和尾巴上都有棱脊,喉部皮肤有皱褶,颜色十分鲜艳,喉部特别下垂。

蜥蜴是一种行动特别敏捷的动物,它们的脚和脚趾的构造很特别。爬行类的蜥蜴一般都长有尖利的爪子,能够牢牢地抓住攀附物。比如小型爬行动物不仅长有尖爪,更有爪垫。爪垫由无数极细的毛构成,不但能增加指、趾与光滑平面之间的摩擦力,同时还有黏附的功能，能够吸附住身体。所以，壁虎不仅可以在墙上直上直下，甚至可以倒挂在屋顶上。此外，壁虎还像许多其他蜥蜴一样，有自动切断尾巴的本领，当它们遇到危险时，会让尾巴断掉，以迷惑敌人，自己趁机逃之夭夭。过不多久，就会长出一条新尾巴来。

一些蜥蜴在逃避危险时还能够飞起来。如飞行壁虎身体两侧的皮肤可以向外伸展，能像降落伞一样帮助它降低下落的速度。"飞龙"的"翅膀"则是由它的肋骨演化而来的。平时，它的"翅膀"会收在身体的两侧，看不出来，滑翔时却能在体侧张开。

蜥蜴一般以蠕虫、昆虫、蜘蛛和软体动物为食，比如变色龙就是捕虫高手。还有极少数蜥蜴喜欢吃植物。蜥蜴大多为卵生。它们通常会把卵产在地面上，然后盖上一层厚厚的土。小蜥蜴孵化出来后，自己会推开泥土爬出来。

斑点楔齿蜥是恐龙时代唯一幸存下来的爬行类动物。现在它们主要分布在新西兰一些岛屿的海岸边，喜欢在阴冷的地方生活，其生长、移动都极其缓慢。它们在移动时，大约每7秒钟才呼吸一次，而在休息时呼吸之间的间隔长达1个小时。

龟科爬行动物包括250多种动物，主要有乌龟、海龟和鳖。龟科动物出现得很早，几乎与恐龙的历史差不多长。但几亿年来，它们的外形没有多大变化，与古代的化石没有什么不同。

龟科动物的体外长有坚硬的角质壳，用以严密地保护自身的各种重要器官。这个龟壳由两部分组成：一个是高耸的、用以保护背部的背甲；另一个则是平坦的、用以保护肚腹部的腹甲。龟壳的成分主要是角质层，由一种叫盾板的小块状的鳞甲覆盖着。盾板是由一种叫作角朊的角质物质组成的，人们可以从龟壳上的年轮来判断龟的年龄。并不是所有的龟都有坚硬的龟壳。一些软壳乌龟，由于其龟壳是由皮质组织构成的，没有角质层，所以它们的壳是软软的。龟壳的骨质层中有大量的空气，其作用是减轻海龟在水中的重量，以便游得更快。同时，龟壳能起到很好的保护作用。

大多数龟类动物都长着粗壮的四肢，行动极其缓慢，因此不容易捕取食物。于是它们只好以植物或小昆虫为食。大多数乌龟连牙齿都已退化掉了，只能靠长着尖角的上下颚来撕开食物。

像绿甲海龟、皮背海龟这样的海龟还有迁徙的特性。如绿甲海龟每年要从巴西海岸的觅食地迁徙到2250千米之外的南大西洋的复活岛上去居住。对于它们来说，这段旅程是漫长而艰辛的，因为它们游泳的速度极其缓慢，时速仅为3千米。

龟经常被人看作是长寿的动物。龟的平均寿命是100年左右。然而能活到三四百岁的龟也屡见不鲜。一般而言,那些吃植物而且个头大的龟能活得更久一些;而肉食或杂食的小个头的龟寿命就比较短。

总之,爬行动物的家族还是比较兴盛的。许多爬行动物还具有很高的实用价值。如龟的卵和肉都可以食用,而且具有很高的营养价值。龟甲又是名贵的中药材。蟒蛇、鳄、大型蜥蜴等动物的皮可做成乐器,玳瑁则可制成工艺品。壁虎、变色龙会捕吃蚊虫,一些蛇类还能捕鼠,为人类除害。

昆虫

在所有的动物中,昆虫的种类最多,分布也最广。除了海洋的水域外,昆虫几乎群集于每一个你能想象到的栖息地:陆地、水中、空中、土壤里,甚至是动植物的体表或体内。科学家们已经为上百万种的昆虫取了名字,但可能尚有 1000 多万种昆虫至今仍然默默"无名",有待于人类去发现、鉴别。

昆虫之所以能如此广泛地分布于地球上,主要是靠其飞行能力和高度的适应性。昆虫一般个头都很小,可以被气流或水流传播到遥远的地方。昆虫的繁殖能力也很强,虫卵在精心的保护下能抵抗恶劣的环境,并能在鸟类和其他动物的远距离活动中,被带到很远的地区生活。许多昆虫具有极为复杂的生命循环过程,需要经过几个界限鲜明的生长阶段才能变为成虫。

昆虫家族如此兴旺,那么什么样子的动物才算是昆虫呢?昆虫隶属于被称为节肢动物的群系,它们的外形十分独特,即身体外面通常包着一层很硬的外骨骼,躯干明显地被分为 3 个部分:头、胸、腹。头部长有一双一对一的触角(触须)和一张适用于特殊食物的嘴巴;胸部长有腿和翅膀;腹部里面有肠和生殖器官;腿部带有 6 条关节。

昆虫构造的变化主要体现在翅、足、触角、口器和消化道上。这种广泛的形态差异使得这个旺盛的家族能够通过一切可能的方法生存下来。

所有昆虫的成虫都有 6 只脚,绝大多数有 2 对翅膀,长在胸部。它的翅是由中、后胸体壁延伸而成的。少数昆虫只有 1 对翅,后翅变成 1 对细小的平衡器,在飞行时起平衡作用。还有一些昆虫的翅膀已完全退化,但若用放大镜仔细观察的话,还是可以找到翅膀的痕迹的。昆虫的骨骼长在身体的外边,叫作外骨骼。防水的外骨骼可以防止水分的蒸发,保护并支持躯干,使其适合于陆地生活。同时,昆虫还要通过外骨骼上的气孔进行呼吸,与外界进行能量交换。

昆虫还有极其发达的肌肉组织。它的肌肉不仅结构特殊,而且数量很多。一只鳞翅目昆虫竟有 2000 多块肌肉,而人类也不过有 600 多块而已。发达的肌肉不仅可以使昆虫跳得高、跳得远,还可以帮助它们进行远距离飞行,甚至举起比自身重得多的物体。如小小的跳蚤,身体扁得不能再扁,体长仅为 1～5 毫米,但它却能跳到 22 厘米高、33 厘米远的地方,是昆虫世界的跳跃冠军。跳蚤之所以有如此惊人的跳跃能力,完全是依靠它的后足及肌肉。跳蚤的后足很发达,足的长度比身子还长,又粗又壮。跳跃前,肌肉发达的胫节紧贴着腿节,用力将强大的胫节提肌收缩得紧紧地,然后再伸展开来,利用强大的反弹力跳起来。同时,跳蚤的中足和前足也可后蹲,协调整个身体的跳跃动作,这就更增强了它的跳跃力量。此外,蝗虫和蟋蟀的跳跃能力也十分出色。蚂蚁可以举起相当于自身体重 52 倍的物体。蜻蜓、蝴蝶、蜜蜂等昆虫依靠胸背之间连接翅膀的那部分肌肉,能够飞到很远很远的地方。

昆虫的视觉器官极为发达。它们的飞翔、觅食、避敌都离不开敏锐的视力。大多数昆虫都有大大的复眼,位于头部的前上方,呈圆形或卵圆形。复眼又是由许多六角形的小眼组成的,每只复眼至少有 5～6 只小眼,最多的可以达到几万只。蜻蜓、螳螂的复眼就很具有代表性。

蜻蜓成虫的个头一般在 20～150 毫米之间,头大而灵活,一对复眼占头部体积的一半左右,复眼是由 1.2 万个小眼组成的,视觉非常敏锐,可以帮助它们迅速地捕捉到食物。螳螂也有 2 个很大的复眼,其作用除了能够辨别物体外,还可以用来测定速度。

单眼结构的昆虫,只能辨别外界光线的强弱,因而它们更多依靠触觉、嗅觉和听觉来感觉外部世界。昆虫的头部有一对能灵活转动的触角,有的细长,有的短小,但都是出色的感觉器官,就像给它们装了一副多功能的天线似的。在昆虫的嘴巴下,还有两对短小的口须,其作用就像鼻子一样,可以辨别气味。在昆虫的躯干上还有一些知觉鬃毛,其作用是分辨声音。昆虫的种类不同,这些知觉鬃毛长的地方也不同。蝗虫是在腹部第一节的左右两边各长有一些知觉鬃毛,外表就像半月形的裂口,清晰可见;蚊子的知觉鬃毛则长在头部的两根触角上;蟋蟀的知觉鬃毛则长在前肢的第二节上。

昆虫的嘴巴学名叫口器。昆虫令人难以置信地进化了多种多样的口器构造,以适应它们特定的需要。昆虫口器的形式虽然很多,但人们通常将其分为咀嚼式、舐吸式、刺吸式、虹吸式、吸嚼式等几大类。

昆虫中有一些是寄生，有一些则是自己捕猎食物。其中有的是吸取植物的汁液，有的是咀嚼植物的叶片，还有一些以动物的血液为生。因而有的昆虫对人类有益，如蜜蜂、蝴蝶、螳螂、蜻蜓等。它们有的可以帮助果树传播花粉，有的能消灭害虫。而有些昆虫对农作物则十分有害，如蝗虫、棉铃虫等。我们应该根据其生长特点，对其进行有效的防治。

动物如何运动

对于大多数动物而言，运动对于生存是至关重要的。有些运动速度极慢，它们需要1个小时才能穿过十几厘米的长度，而最快的速度可以超过一辆加速行驶的汽车。

并非只有动物才会运动，但是在耐力和速度方面，他们绝对是无可匹敌的。有些鸟在一天内可以飞行超过1000千米的距离，灰鲸在其一生中游过的距离是地球和月球之间距离的2倍。动物通过肌肉运动，大脑和神经则控制肌肉。

1.游泳

地球上3/4的地方都覆盖着水，所以游泳是一种很重要的运动方式。最小的游泳者是浮游动物，它们生活在海洋的表面，有些只是简单地随水漂流，不过多数都是通过羽毛状的腿或者细小的毛像桨一样滑行。浮游动物在逆水的情况下很难前进，许多浮游动物每天会下潜到海洋深处，从而避开掠食的鱼类。

2.快行者

在水中，大部分"游泳者"都利用鳍来游。游得最快的是旗鱼，它的速度可以达到每小时100千米。它充满肌肉的身体是流线型的，它的动力来源是刚劲的刀形尾鳍，通过这个尾鳍在大海中遨游。与旗鱼相比，鲸的速度要慢得多——灰鲸一年的旅程超过12000千米，但是它的平均速度却比一个步行的人快不了多少。海豚和鼠海豚也游得很快，它们的速度可以达到每小时55千米。

利用鳍和鳍状肢并不是快速游泳的唯一方式。章鱼通过吸水，再利用墨斗向后喷出脱离险境——相反方向的逃逸动力就来自于这种水下喷流推进力。

3.陆上运动

水中的一些运动方式在陆地上也是同样有效的,比如陆地蜗牛的运动方式就和它们水中的亲戚相同,都是通过单个吸盘状的足爬行的。

为了保证它的足能够吸住,蜗牛在行进过程中会分泌出许多黏液,这样它就可以在各种物体表面爬行,也可以倒着爬行。不过这种方式的速度并不是很快,蜗牛的最快速度大约为每小时 8 米。

4.腿

腿是原先生活在水中的动物为适应陆地上的生活逐渐进化而形成的。现在,陆地上有两种大相径庭的有腿动物:第一种是脊椎动物,这种动物有脊椎骨,就如同我们人类一般;第二种就是节肢动物,包括昆虫、蜘蛛和它们的亲戚。

脊椎动物的腿从来没有超过 4 条,节肢动物有 6~8 条腿,有些则更多。腿的数量最多的是千足虫,它们有 750 条腿。另一种极端情况就是有些脊椎动物正在逐步失去它们的腿,而由身体的其他部分代替。有一种稀有的爬行动物只有两条腿,而世界上所有的蛇都根本没有腿。

5.迅速移动者

节肢动物体型较小,所以它们的运动速度并不会非常快,其中运动速度最快的是蟑螂,每小时可达 5 千米。而且因为它们都很轻,所以可以展示一些非同寻常的

猎豹

绝技——它们几乎都可以倒着跑,而且可以跳到它们体长数倍的高度。它们还有立刻启动或者停止的本领,这就是为什么人们觉得这些虫子都很警觉的原因。

比较起来,脊椎动物的启动速度较慢,不过它们的运动速度则快得多,比如红袋鼠的奔跑速度可达每小时 50 千米。世界上最快的陆地动物猎豹的速度可达每小时 100 千米,不过这个速度每次持续的时间不超过 30 秒。

滑翔和飞行

动物开始飞行始于 3.5 亿年前。今天,空中充满了各种滑翔和飞行的动物。有些体型大且强壮,还有一些则几乎用肉眼看不见。

许多动物都会滑翔,只有昆虫、鸟类和蝙蝠才能真正飞行,它们用肌肉张开翅膀、起飞和降落。昆虫的数量比其他飞行者多几百万倍,它们的小体型使得其在空中可以自如飞行。蝙蝠可以飞得很快而且很远,不过鸟类才是动物世界中最好的飞行员,有些鸟类飞行的里程从数字上说都可以环绕地球了。

1.大型滑翔者

滑翔动物包括一系列特别的种类,有啮齿动物、有袋动物甚至是蛇、蛙和鱼类。有些只能滑翔几米就着陆,也有一些专家型"滑手",比如飞鱼,可以在空中滑行 300 米以上。它们许多都利用滑翔作为紧急状况下的逃生方式。而对于某些动物,比如鼯猴,滑翔是它们的运动方式,即使是怀孕的母猴也是如此。

滑翔动物并没有真正的翅膀,它们的身体上有扁平部分,可以使它们在空中滑翔:飞鱼有 1~2 对特别大的鳍;飞蛙则用它们拉长的如降落伞般运作的腿滑翔;滑翔哺乳动物使用的是它们腿之间伸展的弹力性皮肤和尾巴——在平时,这些皮肤是折叠起来的。

2.空中的昆虫

和滑翔动物不同,飞行昆虫将大量的肌肉力量用于如何在空中支撑自己。蜻蜓一秒钟内拍打翅膀 30 下,家蝇则达 200 多下。苍蝇只有一对翅膀,而大多数昆虫都有两对。蝴蝶和蛾的前后翅膀是同方向拍打的。蜻蜓则是以相反方向拍打的,这就是蜻蜓可以盘旋在空中,甚至是反向飞行的原因。

大多数昆虫并不能飞很远,许多体型很小的昆虫十分容易被风吹走。不过,在昆虫世界中确实有一些长途"飞行者"。在北美洲,帝王蝴蝶通常要飞行 3000 千米到目的地繁殖。在欧洲,有一种"灰斑黄蝴蝶",通常在夏季穿越北极圈,以寻找一个能够产卵的地点。

3.带羽飞行者

蝙蝠的飞行速度可达每小时 40 千米,不过与某些鸟类相比,这种速度还是比较慢的:大雁在水平飞行时,时速可超过 90 千米;游隼在飞速下降捕猎时的速度可以达到每小时 200 千米。从飞机上可以看到,在超过 11000 米的高空还可以发现秃鹫,而且它们还可能飞得更高。鸟类能创造这些纪录是因为它们的骨骼是中空的,而且肺的工作效率极高。然而它们的羽毛是更重要的因素:鸟类的羽毛给予了它们流线型的身体,使它们能在空中高速穿行。

北极燕鸥每年的飞行里程数可达 50000 千米,比地球上任何一种动物都要长。乌领燕鸥给人的印象更为深刻,它们可以在空中飞行 5 年,它们史诗般的飞行历程的最终目的地是供其繁殖的某一个热带岛屿。

筑巢与做窝

大部分动物总是处于迁移和运动中,今天住这儿,明关住那儿,根本没有什么固定的、真正的"家"。但有些动物,像鸟类、昆虫为了繁殖后代,常常会搭窝或筑巢——这就是它们的"家"。这些"家"不但结实耐用,而且还各具特色,令人叹为观止。

蜜蜂的建筑才华在动物王国里可以说是首屈一指的。它们以自己独特的方式,搭建了一个个整齐的六角形房间,堪称是巧夺天工的杰作。

组成蜂巢的一个个小房间基本呈水平方向,它们大小一致,紧密排列在竖直墙架的两侧。房间的门也呈正六边形。三个菱形的蜡片对接形成房间的底部,并略微向外突起,这可以起到防止蜂蜜外流的作用。这种结构就使得两侧的房间底部恰巧能交错排列,而且与蛹尾部细尖的形状非常适应。

令人惊讶的是,每个房间的菱形都非常标准,锐角一律是 70°32′,钝角一律为 109°28′。从建筑学来讲,选择这个角度是最省材料的。

小小的蜜蜂又不是建筑师,它们在没有任何工具帮助的情况下,是怎样完成如此精细的任务的呢?

让我们来看看蜜蜂是怎样一步步地搭建房子的。建筑工作从"天花板"开始。所谓"天花板",其实是指蜂箱活动框架的顶部,也就是日后巢室的最上部。蜜蜂同时在几个地方修建巢室,每个巢室无一例外地都从底部的菱形开始搭建。

在工地旁,有一个临时的由蜜蜂聚在一起形成的"建材加工厂"。在这里,众多蜜蜂挤在一起,使得中心温度保持在35℃,这样才能保证工蜂能顺利分泌蜂蜡。工蜂从腹部挤出一点蜂蜡,然后用后足接住,传递到嘴里嚼匀,嚼匀的蜂蜡可依据建筑需要加工成形。

修建完几个起点处的菱形后,蜜蜂便以此为依托继续筑墙。之后,蜜蜂返回底部进行下一个菱形的修建,再以其为底修造两堵墙。当第三个菱形和最后两面墙修成,一个巢室就完工了。蜜蜂能迅速地把前后相邻的蜂巢接起来,连接成一片整齐的正六角形。

造一个这样的蜂巢并不是件容易的事,小小的蜜蜂精湛的建筑技艺令人叹为观止,它们真不愧是昆虫界中杰出的"建筑师"。

蚂蚁的"家"都建在地下,是一个如同地下大迷宫似的四面延伸扩展的巢。从石缝或草丛间的洞口进入弯弯曲曲的门廊,就逐渐进入漆黑的地下,到达这座令人惊叹的地下"迷宫"了。这里一条条回廊交叉迂回又互相交通。通过这些忽宽忽窄、忽弯忽直的回廊可以直达上下左右所有的房间。这些房间各有各的用途:有的是储藏粮食的"仓库";有的是工蚁休息的"宿舍";有的是哺育幼虫的"幼儿园";有的则是专门用以孵化卵的"育婴房"……

随着蚁群的发展壮大,蚁巢也会不断地延伸扩张。几年后,有的蚁巢占地可达几十平方米,甚至达几百平方米,有上下十余层,延伸到地下好几米处。虽然这些通道和房间的设置没什么规律可言,但是蚂蚁靠着熟悉的气味的引导而自由活动,丝毫不会迷路,而且越杂乱的格局越能迷惑敌手,越能保证自己的安全。

同样是生活在地下的昆虫,蝼蛄也是个筑巢的"好手"。蝼蛄的名字很多,有天蝼、土狗、拉蛄等,它和蟋蟀一样,也会靠摩擦翅膀来"鸣叫",以此来追求异性。

蝼蛄的一生大多是在地下度过的。春天,蝼蛄会钻到潮湿的地表下开始建筑"家园"。它会顺着地表一直斜着往下挖,挖到30~40厘米处就会停下来,然后再返回到地表,挖许多条可以通到老巢的隧道,以备逃生之用。在挖掘的过程中,它会边挖边吃地里的种子、幼苗或植物的根茎,如果遇到马铃薯,它就会在马铃薯的中间打个洞穿过去。夏天,蝼蛄会将这个老巢扩建、装修一番。它先是开凿出一个酒瓶般的巢穴,然后将接近地表的"瓶口"用烂草堵住,还在里面铺些杂草,作为雌蝼蛄的"产房"。雌蝼蛄在此产完卵后,用泥土把所有的通路都堵好了才离开。大约十天之后,这些卵就会依靠土地的温度孵化为幼虫，小蝼蛄便这样诞生了。它们以父母留下的杂草为食。等草都被吃光的时候，小蝼蛄也差不多长大了，便从洞中出去，开始新的生活。

鸟儿一般都是天生的"建筑师"，它们用树枝、草和泥土建造自己的"家"（但杜鹃却不会建巢，只好将蛋产在其他鸟儿的窝里，让别的鸟替它孵化自己的"宝宝"）。鸟儿的巢有的简单，有的复杂，制作材料不一样，样子也是多种多样的。有浅巢、泥巢、树洞巢、洞穴巢、枝架巢、纺织巢、缝叶巢等。

鸟类是最爱营造"家"的动物，但是它们只有在繁殖的时候才需要"家"。它们将蛋产在巢里，然后在巢中孵化。新孵出的小鸟，一般都不会飞，它们就待在巢中等待父母喂食，直到长大会飞后才离开。有时，鸟也会用"家"来贮存食物，以备不时之需。

大火烈鸟每年建一次巢，但新巢多是建在旧巢之上。大火烈鸟大多选择在三面环水的半岛形土墩或泥滩上筑巢，有时也会在水中用杂草筑成一个"小岛"。它筑巢时用喙把潮湿的泥巴滚成小球，再混入一些草茎等纤维性物质，然后用脚一层层地砌成上小下大、顶部为凹槽的"碉堡"式的巢，这样的巢坚固耐用，即使是狂风，也不能给它造成丝毫损伤。大火烈鸟群体的巢常常会整整齐齐地排列着，构成一个错落有致的"小村落"。筑巢期间，性格温顺的大火烈鸟有时会变得凶狠好斗，不时为争夺"地盘"或抢夺筑巢材料而发生冲突。

金雕一旦成双成对之后，便会建造起一个或多个巢，巢与巢之间相距数米或数千米不等。年复一年，一对金雕可能会专门栖息在某一个巢，或是交替栖息于两个备受青睐的巢中。如果雌金雕对这些巢不满意，它们便会再建几个巢。雌金雕是筑巢和修巢工作的主要"负责人"。它们的巢是由树叶和树枝筑成的，直径约1米，厚可达40厘米。金雕一般晚上栖息于某个没有用于育雏的巢中，其余的会作为存放剩余食物的储藏室。每年筑巢时，金雕会给常住的巢补充一些树枝、树叶，因此它们的巢往往非常大，有的直径甚至可达数米。

大多数蜂鸟用柔软的植物纤维、苔藓、蛛网、地衣、虫茧等东西，在树枝、灌木末端、叶片或岩石的突出部位筑巢。巢呈长布袋形，像半个鸡蛋壳或一只美丽的小酒杯，十分精巧细致。有的蜂鸟用平滑的蛛网将巢缠绕在树枝或竹子上，避免巢因风吹而摇晃。巢筑好后，许多蜂鸟还会仔细地在巢内铺上柔软的纤维物，使巢更舒适。

燕子的巢多筑在屋檐下或横梁上。它们筑巢的材料很简单：泥土、稻草、根须、残羽而已。筑巢的时候，它们会飞到河边、水潭边，啄取湿泥，弄成丸状，然后衔回来，再混以稻草、残羽等，在屋檐或房梁上筑巢。筑的时候，它们会站在巢内垒泥，由里向外挤压泥球，所以尽管巢的外部凹凸不平，但里面却很平整。最后，它们还会在里面铺上轻羽、软毛，以及细柔的杂屑等，这样便建造出一个很舒适的"产房"了。

而另外一种生活在亚洲热带海岛上的燕子——金丝燕的窝做得可不那么平整了。金丝燕属雨燕目雨燕科，与家燕的关系很远。它体长约 18 厘米，羽毛是暗褐色的，夹杂着少许金色的羽毛，因头部、尾部像燕子，故得名"金丝燕"。

金丝燕的唾液腺非常发达，能分泌出许多有黏性的唾液——这便是做窝的主要原料。筑巢开始时，它会将唾液从嘴里一口一口地吐出来，遇到空气很快就变成丝状。经过无数次的涂抹，岩壁上就会出现一个半圆形的轮廓，它们会继续往上边添加凸边，一层层地形成了一个巢，具有很高的强度和黏着力，洁白晶莹，直径 6~7 厘米，深 3~4 厘米，外观犹如一只白色的半透明的杯子。这种用纯唾液筑成的巢就是"燕窝"。它的营养价值很高，含有多种氨基酸、糖、无机盐等，是一种名贵的中药材。

哺乳动物的"妈妈"与子女之间的关系，要比鸟类和幼雏间的关系亲密得多，因此筑巢、做窝活动对哺乳动物来说也就不太重要，但是在小型的哺乳动物中，做窝筑巢的行为也很普遍。

第二章　远古动物

背甲好像三片叶子的三叶虫

　　三叶虫身体的背面是坚实的骨骼，称为背甲，腹部主要为柔软的腹膜和两排细长的脚。背甲由前向后分为头部、胸部、尾部，其中胸部又包括若干胸节；而纵向则被两条背沟分为中轴和两侧的两个肋部。由于背甲分为三个部分的特征相当非常明显，就好像三片并排的叶子，因此被称为"三叶虫"。一般认为在同一种三叶虫中，雄性的体形长一些，雌性的体形宽一些。

　　绝大部分三叶虫在近岸浅水的海底过着栖息生活，用扁平的身体贴在海底缓慢地爬行，由于需要一定的光线和足够的氧气，它们只能活动在水较浅的地方，而无法到达很深的大洋海底。三叶虫只有少数种类可以在水中浮游或游泳，游泳生活的种类都有很好的流线体形，而在海底过着栖息生活的种类则相反。

　　三叶虫雌雄异体，通过有性生殖繁衍后代。三叶虫的幼体需要通过定期蜕壳才能长大，因为背甲在保护三叶虫的同时，也限制了软躯体的长大，所以每蜕一次壳，都会形成一个较大的新背甲，而原来的背甲则被遗弃。这些不同大小的背甲都可以形成化石保存下来。

　　三叶虫个体发育过程分为三个阶段——原胎期、分节期、成虫期。在原胎期之前还应存在另两个阶段——卵、卵孵化以后到初次形成坚硬背甲之间的阶段。原胎期初期的三叶虫多半为球形或卵形，头部、胸部和尾部都还没有分化，身上只有数对向不同方向生长的粗大的刺，这种形态非常适合在水中浮游的生活方式，说明它们在发育的早期是在海中浮游生活的。球形的外形很快就变成了扁平的圆盘形，背甲也分化为头和尾两部分，这标志着新的个体发育阶段——分节期开始了，这时三叶虫的生活方式也由浮游转变为底栖。分节期的三叶虫要经历一生中最多的蜕壳次数，每蜕壳一次或几次都会长出一节新的胸节,当胸节数不再增加时,三叶虫就到了成虫期。大多数三叶虫在发育的早期阶段每脱壳一次,躯体都有明显的长大,而到分节晚期和成虫期,这种变化不再明显。

1.其他故事

如何证明三叶虫的习性有两大类?

科学家分别将在海底过着栖息生活和游泳的三叶虫模型放入水槽,当在海底过着栖息生活的三叶虫遇到水流时,水流会在它身体周围形成各种漩涡,说明这种体形对水流有很大的阻力,成为游泳的障碍,是海底爬行动物的特征。游泳的三叶虫因为其流线型体形,在遇到水流时会形成层流,所以受到的阻力就很小。

三叶虫的眼睛有什么特点?

三叶虫的眼睛非常灵敏而奇妙,也许是世界上第一双复眼,每只眼睛都是由许多精密的独立单元组成,可以把不同的光线组合成一个统一的影像,现生的螃蟹也有相似的眼睛。而有些三叶虫则拥有更加优越的复眼,每个单眼都有独立的晶体,可以把光线聚焦。这些复杂的单眼是六角形的,长在头顶的眼睛可以让三叶虫瞻前顾后。

三叶虫如何进行防卫?

在古代海洋中也有许多猎食者,例如墨鱼的祖先就捕食三叶虫。当三叶虫警觉到危险后,它有很好的自卫方法,它们背部的关节非常灵活,当发现危险时,三叶虫可以卷曲起来,保护脆弱的腹部,甚至头部有突起,尾部有孔,可以扣起来,使它们看起来像个球。所以,今天我们可以发现很多以不同卷曲程度保存的三叶虫化石。

三叶虫为什么灭绝了?

盛极一时的三叶虫为什么会在二叠纪末全部灭绝,而且没有留下任何直接的后代呢?有一种观点认为,在这个时期地球上发生了大规模火山喷发,全球气温上升,海水中氧气含量减少,海平面突然下降等事件,海水中的浮游生物总量急剧减少;而这些浮游生物正是浮游生活的原始期早期的三叶虫的食物,由于几乎找不到食物,古生代海洋中到处可见的三叶虫在二叠纪以后的海洋中终于销声匿迹了。当然,这只是一种假说,曾经是海洋生物霸主的三叶虫在古生代末期的灭绝之谜,还要通过更多的研究才能解开。

2.类群特点

三叶虫类是节肢动物中最原始的种类,现都已灭绝。从已发现的 4000 余种三叶虫化石中,知道它们均生活在古代的浅海里,从寒武纪到奥陶纪都很兴盛,志留纪开始衰退,到古生代末期(二叠纪)时已绝迹。

从已发现的化石标本中,特别是通过对它们体形大小、分区,复眼及各部分的附肢的分析,可以推断出绝大多数种是在浅海海底表面营爬行生活,但也有的为深水生活,或在海洋表面营漂浮生活。多数种类取食有机颗粒,也有的为过滤取食或是捕食,也有少数是靠体内共生的细菌制造养料生活。在古生代,三叶虫也同时是一些鱼类等大型动物的食物,所以它们的外骨骼不断增加钙质以行保护,另外,体表也常有长的刺齿等装饰物,都具有保护的功能。

"形如笔迹的化石"笔石

笔石的大小差异悬殊,形态也十分奇特,有的呈树状,有的像展翅飞翔的大雁,还有的像张开的弓,但最奇异的还要数那些表面布满各种网眼、中间围成一个空腔的"网兜状"的细网笔石。笔石的软体部分生活在杯状或者管状的几丁质的外壳里,保存成为化石的是它的外壳。

栅笔石

笔石分布于亚洲、欧洲、北美洲、南美洲、非洲和大洋洲的许多地方。它们营群体生活,有两种基本的生活方式,一种是像一棵树一样,固着在海底,然后向上生长,原始的笔石动物都采用这种方式;另一种是漂浮在海水中,这是比较先进的类型,它们除了通过笔石虫体的触手做适当的摆动前进外,大多数情况下是随波逐流。笔石是靠吃悬浮在海水中的有机质生存,通过带有纤毛的触手的摆动,口部吸入海水,把有机质过滤后再吐出来。

笔石动物主要营无性繁殖,但也可能进行有性繁殖。估计寿命较长的种类可达30年以上。

1.其他故事

笔石有什么特点?

笔石的化石乍一看来,非常像用笔在石头上写的字或画出的图案,因此被形象地称为笔石，意思是形状如笔迹的化石。笔石的化石最早发现于 18 世纪，但当时没有人知道这是什么生物，有的认为是地衣苔藓植物或藻类，也有的认为是苔藓动物、软体动物或腔肠动物。直到 1865 年才真正确认这是一种完全不同的群体动物。

在约 5 亿到 4 亿年前的奥陶纪和志留纪，笔石动物是极其繁盛的，而且遍布全球，其数量之多远远超过其他生物，有时在一块标本上就可以发现数以百计的笔石化石，可以想象，在当时的海洋中笔石动物一定多得"遮天蔽日"。

笔石为什么叫作标准化石？

笔石动物是如此绚丽多姿，多得不计其数，无疑在古海洋世界里扮演着重要的角色，但是它对我们有什么用呢？首先，大家都知道生物总是处在不停地演化中，但演化的速度有快有慢，如我们人类，从几百万年前出现到现在，已经变得如此形形色色，并遍布世界的每个角落，演化非常之快；但也有一种古老的舌形贝，5 亿年前就已出现，到现在仍然保持原来的形态，生活在海滨地带，演化极其缓慢。通过笔石学家们的研究发现，笔石动物是一种演化速度非常快的生物，通常一个新的物种产生后短短 100 万~200 万年就灭绝，因此每一个时期的类型都不一样。反过来，我们就可以通过笔石化石来确定地层的时代，如有一种奥陶纪时期的香蕉笔石从出现到灭绝只延续了约 200 万年，只要发现它，就可以知道那里的地层时代是距今 4.6 亿年。

为什么通过笔石可知当时海水的深度？

笔石动物可以生活在海水的各个深度，但在不同的深度上有不同的种类，具有深度分带现象。反推过来，通过发现地层中的笔石的种类，就可以知道当时海水的深度。在不同的纬度带栖息的笔石也不一样，有些种类就只生活在高纬度地区，而另外一些种类就只生活在赤道地区，因此，笔石动物的地理分布也存在纬度分带现象。为什么会有这种分带现象，现在还不清楚。

笔石的天敌是什么动物？

科学家曾发现了笔石被捕食后形成的粪粒，表明确实有其他生物以笔石动物为食，但无法确定是什么生物。是原始的鱼类、三叶虫，还是属于鹦鹉螺？目前还不清楚。

笔石能为人类提供哪些线索？

通过长期的研究，笔石学家们已经初步建立了笔石动物尧蚩演化序列，从而成为确定奥陶纪和志留纪地层的准确时代的主要依据。其次，我们知道笔石动物生活在海洋中,有深度分带和纬度分带现象,因此,通过发现的笔石化石,就可以推测当地当时所处的地理位置和环境特征。再次,笔石动物可以帮助找矿。研究表明,它对某些特定的矿物质有吸附作用,从而通过研究笔石的分布,可以圈定矿的范围。如澳大利亚人通过笔石研究,发现了金矿。同时,大量繁盛的笔石动物在死后,其有机质可以成为石油和天然气的来源,我国湖北等地就曾发现因笔石动物大量富集而形成的油气点。

2.类群特点

笔石动物都为海生,其生活方式有底栖固着和漂浮两种。大部分树形笔石为底栖固着生活,因为:(1)胎管始端不外露,有基盘、茎根等构造。(2)地理分布区域性很强、分布零星。(3)共生生物主要有底栖型的三叶虫、腕足动物及珊瑚等。如刺笔石和网格笔石。正笔石及少量树形笔石为漂浮生活,因为:(1)其胎管外露、有线管,末端有时可见到浮胞等漂浮构造。(2)地理分布广。(3)共生生物很少,仅与少数浮游生物共生。(4)保存的岩性大多为黑色页岩,形成笔石相,代表一种海水不通畅,海底平静缺氧的潟湖环境或深海半深海的环境,可见,笔石是很好的指相化石。

"长在石头里的菊花"菊石

菊石是由鹦鹉螺演变进化而来的,体形大小差别很大,身体外面有一个硬壳,运动的器官在头部。壳侧面平坦,形状不一,有的壳是三角形的,有的是锥形的,有的是旋转形的,但大多像一个厚厚的饼,保存完整的菊石化石形态可爱,独特的花纹让它们更像长在石头里的菊花,"菊石"也因此而得名。菊石的壳也分前后背腹,与现生的鹦鹉螺相似,开口的一方为前方,原壳处为后方。旋环外侧为腹方,腹方相对应的面为背方。

菊石是中生代时主要的海生软体动物。它是一种游速不快,而且运动连贯性很差的动物。它的壳功能复杂,既是身体的居住处所,又是容纳液体和气体的地方,而且在门的地方还有个盖,当遇到什么危险时,身体马上缩回壳里,自动盖上门盖,起保护作用。

1.其他故事

珠峰地区为什么菊石特别多?

我国西藏的珠穆朗玛峰地区有大量的菊石化石,几乎随手可得。这是因为在2亿多年前,那里曾经是古喜马拉雅海。由于造山运动,地壳上升,海底变成了高山,所以生活在海洋底层的菊石就呈现在地面上了。这些菊石化石不仅是古生态环境的有力证据,也是喜马拉雅山地壳变化的见证物。

2.类群特点

菊石是一种体外有壳的动物,形状与鹦鹉螺的形状相似,可以说与鹦鹉螺经历了相同的演化过程。

菊石在壳的表面有许多的壳饰。壳饰是生长纹和生长线的总称,与螺口平行。有与壳体的旋卷方向平行的纵纹,或者说是一种同心圆;或与壳体方向垂直的横肋。横肋的形状是最多的有疏有密还有成束的。纹也有很多的形状,有横纹与纵纹相交的网状纹,不少的菊石还有棘、刺或者瘤等突起的物。甚至有的还有收缩沟少者 3 条多者 10 条不等。

菊石亚纲由古生代鹦鹉螺演化而来,经过杆石亚纲演化为泥盆纪的棱菊石类,再由这一类演化为其他的菊石。

菊石亚纲的演化趋势是:(1)缝合线由简单到复杂;(2)壳饰由光滑经过简单壳饰到复杂;(3)壳形从不卷,松卷,正常旋卷,变成扁平或膨大,再发展成异形壳;(4)壳口在古生代时期多呈圆形或椭圆形,口盖由单盖向双盖演化;(5)个体由小到大。泥盆纪、石炭纪仅有 7.5 厘米最大的有 35~60 厘米。三叠纪个体达 20 厘米的普遍增多。侏罗纪一般个体都很大,直径在 80 厘米左右。白垩纪时直径达到 120 厘米,最大到达 255 厘米。

菊石最早出现在泥盆纪初期,繁盛于中生代,是中生代的标准化石,白垩纪末期绝迹。从出现到绝灭经历了四个繁盛时期:第一个在晚泥盆世有海神石类及无棱菊石、棱菊类的低级类型;第二个时期晚石炭世到二叠纪末,以棱石为主,其次为无棱石的高级代表;整个三叠纪是第三个时期,是齿菊石的天下;最后一个时期从早侏罗世至晚白垩世由菊石组成。

3.其他同类的现生动物

鹦鹉螺

鹦鹉螺的身体左右对称,背上生有一个与冠螺、蜗牛等腹足类动物相似的,可以把身体完全保护起来的石灰质贝壳。贝壳很大,直径可达 20 厘米,壳口长 8 厘米左右,不过不是左右卷曲,而是沿一个平面从背面向腹面卷曲,略呈螺旋形,没有螺顶。贝壳的色彩也很美丽,外表较光滑,呈灰白色或淡黄褐色,间杂有 15~30 条橙红色、褐红色或褐黄色的波状横纹,银白色的珍珠层很厚,内面有极为美丽的珍珠光泽,真是一件天然的艺术品。

鹦鹉螺是现存最古老、最低等的头足类动物,头足类在古生代志留纪地层中种类特别繁荣,多达 3500 余种,它们都有着不同形状的贝壳,但绝大多数种类都已经绝灭了,生存至今的只有鹦鹉螺、大脐鹦鹉螺和阔脐鹦鹉螺 3 种,所以称之为"活化石",是研究动物进化和古生态学、古气候学的重要材料。

鹦鹉螺是一种底栖性的动物,从水深 5 米到 400 米都有栖息,处于大陆架外缘区和大陆坡上区,以 400 米左右水深处数量最多,所以也被称为"亚深海动物"。平时伏在海底的珊瑚礁及岩石上休息,日落以后才出来活动,常用触手沿着珊瑚质海底爬行,前后左右,移动自如,大多背部朝上,偶尔也有腹面朝上的时候。它也能在水层中浮动或游泳,有时在风暴过后的风平浪静之夜晚,甚至能见到成群结队的鹦鹉螺漂浮在海面上,不过时间通常很短暂,很快又沉入底层。游泳的方式与乌贼相仿,主要是利用漏斗收缩喷射海水,以反作用力来推动身体的前进。摄食动作快速而敏捷,食物包括小鱼、甲壳类、海胆和其他小型软体动物等。

鹦鹉螺雄雌异体,交配时,雄性和雌性头部相对,腹面朝上,将触手交叉,雄性以腹面的肉穗将精子夹附于雌性漏斗后面的触手上,雌性的受精部位在口膜附近。受精后短期内即产卵,仅产几枚至几十枚,但卵较大,为 40×10 毫米。

4.本类群的小故事

鹦鹉螺的生长线有什么特点?

有趣的是,在鹦鹉螺壳室的每个壁上还生有很多条清晰的环纹,称为生长线,同一个地质年代的鹦鹉螺化石,其生长线数目是一样的。例如,距今 3.26 亿年前的鹦鹉螺化石上有 15 条生长线,距今 6950 万年前的鹦鹉螺化石上有 22 条生长线,现生的鹦鹉螺则有 30 条生长线。可见鹦鹉螺生长线的数目随着年代的不同发生变异,从远古到现代,生长线的数目越来越多。通过生物学与天文学的有关研究发现,不同年代鹦鹉螺生长线的数目与当时月亮绕地球一周所需要的天数恰相吻合,因为在距今约 3.2 亿年前,月亮离地球较近,绕地球一周需要 15 天,在距今约 7000 万年前,月亮离地球渐远,绕地球一周需要 22 天,现在月亮离地球就更远了,绕地球一周大约需要 30 天。所以,有人戏称鹦鹉螺为

尾叶如矛的矛尾鱼

矛尾鱼又叫拉蒂迈鱼或拉蒂玛尼亚鱼,体形矮粗而硕壮,显得十分凶猛。体表披有闪耀着美丽的蓝色金属光泽的大型圆鱼鳞,在鳞片上还具有很多棘状或粒状的突起。头部较大,口中成对地排列着锐利的牙齿,内鼻孔次生性地从口腔向外移,具有喷水孔,有1对喉板,没有鳃盖。肠内有螺旋瓣一样的构造,没有泄殖腔,心脏的动脉圆锥发达。上颌与头骨连合,背骨和鳍骨由软骨所组成,呈管状。两个背鳍高高竖起,背鳍条为5~18根,第一背鳍由强大的鳍棘组成,棘上还有很坚硬的刺。胸鳍、腹鳍和第二背鳍都和普通的鱼类大不相同,鳍的基部有一条又粗又长的肉质鳍柄,好似带有短柄的船桨,又与陆生动物的四肢有些相像。由于它的尾不分叉,副叶的形状很像古代士兵用的长矛,所以得名矛尾鱼。

矛尾鱼分布于非洲东南部、马达加斯加西北部和科罗摩群岛等地附近的沿海地区。通常在深度为70~400米的海水里栖息,环境的盐度为35.10%~35.25%。矛尾鱼为肉食性生活。它的胸鳍附在柄状骨的前端,能像脚一样来支撑着身体,动作方便,适于在海底爬行。与这种行为相适应,它的鳔中也充满着脂肪,已经失去了鳔本身的作用。

矛尾鱼的繁殖方式为卵胎生。它的卵上带有卵黄囊,但没有保护膜,直径为8.5~9厘米,平均重量为300克。子宫内即将产出的胚胎全长为30厘米左右。

1.其他故事

矛尾鱼有哪些重要的科学价值?

矛尾鱼的重要科学价值在于,它的祖先和其他总鳍鱼类,特别是和在脊椎动物征服陆地、由水栖到陆栖的最初阶段起重要作用的总鳍鱼——骨鳞鱼类一同生活在海水中。尽管它们的骨骼结构各有特点,但仍有许多相似之处。骨鳞鱼类在脊椎动物进化史上起到了非常重要的作用,推动了晚于鱼类的全部脊椎动物各纲的起源:两栖类、爬行类、鸟类、哺乳类以及在哺乳类中占特殊位置的灵长类,直至出现我们人类。因此,对矛尾鱼的比较解剖研究,有助于阐明鱼类的系统、分类,以及它们与脊椎动物进化之间的密切关系,进一步提供了地球上最初的两栖动物是由鱼类进化而来的证据。

矛尾鱼为什么被称为"活化石"?

总鳍鱼类在泥盆纪晚期曾经非常繁盛。它们开始在海中生活,继而活动在淡、海水中,在三叠纪又重返海洋的"老家",然后就销声匿迹了。从前,人们仅能在化石中见到它们,而在白垩纪以后的地层中,连它的化石也找不到了。所以,科学家们都认为它们早已经全部灭绝了,谁也没有想到会有现生的种类存在。因此,矛尾鱼成为经过不可想象的漫长地质年代而突然出现的"活化石",在世界上引起了极大的震动,特别是引起了古生物学家、鱼类学家的极大重视。

矛尾鱼是怎样发现和命名的?

1938 年圣诞节的前夕,一条名叫"阿里斯蒂"的南非拖网渔船,在非洲东海岸的东伦敦岛附近大约 73 米的深海中捕到一条奇怪的大鱼。渔民们谁也不认识这条鱼,就把它送到南非的东伦敦自然历史博物馆。保管员库特内·拉蒂迈小姐感到这条鱼不同寻常,便把这件事报告给一位名叫史密斯的鱼类专家。最后经过动物学家们仔细的研究,才发现这是一条古总鳍鱼类的后代,是个活着的"总鳍鱼化石",便将拉蒂迈小姐的名字作为它的学名,以资纪念。

矛尾鱼的身体结构有哪些特点?

现生的矛尾鱼的体型构造特征上既具有鱼类的典型特征:有鳃、有鳍、有尾适于水中生活,但其解剖结构上却又像两栖类动物一样具有内鼻孔和与食道相连接可进行气体交换作用的鳔,以及其他典型两栖爬行动物的某些特征;更为重要的是矛尾鱼的胸鳍、腹鳍不仅基部很长成为鳍柄并有强大的肌肉,而且在鳍内部鳍骨的数目和排列方式上都和古两栖类的四肢骨骼排列基本一致。

2.类群特点

鱼类是终生生活于水中的脊椎动物。隶属于脊索动物门、鱼纲。大约有 2.4 万种。它们的主要特点是:身体大多呈纺锤形,并常被覆保护性的鳞片;以鳍游泳,具有成对的胸鳍和腹鳍,加强了运动能力;以鳃呼吸;具有上、下颌,加强了主动捕食的能力,扩大了食物的范围;大多数种类具有鳔;心脏只有 1 个心室,1 个心房;体温不恒定;繁殖方式有卵生、卵胎生和胎生等。

总鳍鱼亚纲的特点是:背鳍 2 个;偶鳍属于原鳍型,基部为一多节的中轴骨所支持,外被鳞片,两侧有羽状排列的支鳍骨,呈叶状。具有由小型齿状鳞合并而成的硬鳞。泄殖腔位于腹鳍基部中间。通常具内鼻孔。颌为自接型。肠具螺旋瓣。心脏的动脉圆锥具数列瓣膜。在总鳍鱼亚纲中,除了矛尾鱼外,均为化石种类。

由原始硬骨鱼类分化出来的总鳍鱼类,有类似肺的气囊,作为辅助呼吸器官,有较坚固的脊椎和偶鳍。由于 3 亿多年前环境的变化,促使总鳍鱼内部结构分化。由于地球上的气候逐渐由温暖而潮湿变为炎热而干旱,许多湖泊、池沼的干涸迫使古总鳍鱼类爬过陆地去寻找它们能继续生活的河流或其他水域。经过漫长而艰巨的历程,适应陆地生活的特征不断产生和加强,肺代替了鳃,偶鳍转化为四肢,终于爬上陆地,进化为两栖动物。两栖动物的登陆成功,开拓了脊椎动物陆地生活的新天地,这在脊椎动物进化史上,起了继往开来的作用。

3.其他同类的远古动物

头甲鱼

头甲鱼又名骨甲鱼,是一类体长为 22 厘米左右的鱼形动物。它们身体的前部被包裹在拖鞋状的头甲里,露在头甲后面的身体倒和鱼类相像,只是覆在上面的鳞片是肋状的长条形。在头甲后面长有一对肉质胸鳍,没有腹鳍。此外,还有两个背鳍和上叶比下叶大的歪形尾鳍。头甲鱼的头甲和身体的腹面都是平的,因此是属于游泳能力不强的底栖动物。

头甲鱼是只有一个鼻孔的甲胄鱼类,与圆口类非常相似,此外二者还都具有小而圆形的鳃孔,保留了最原始的状态。

盾皮鱼

盾皮鱼的化石记录始于志留纪晚期,随着泥盆纪的结束,基本上已退出历史舞台,只有少数延迟到石炭纪。盾皮鱼的种类繁纷,不过正像它们的名字所表明的,其身体前部都包裹着骨质盾甲。与甲胄鱼不同,盾皮鱼的盾甲分成头甲和胸甲两节。一般这两节是靠头甲两侧的关节窝和胸甲两侧相对部位的关节突而关节在一起,这样头部就能以这对可动关节作为轴而上下活动,这对于它们的捕食活动是有重要作用的。此外,盾皮鱼已具有了两对偶鳍:前面靠近头部的一对是胸鳍,在肛门之前则是一对腹鳍,并且鳍内有骨骼支持。虽然甲胄鱼也有胸鳍,但是没有腹鳍,而且胸鳍内似乎没有内骨骼。更重要的是盾皮鱼已有了颌的装置。这三点不仅使我们从外形上很容易区分甲胄鱼和盾皮鱼,而且也是表明盾皮鱼比甲胄鱼进步的重要标志。

北票鲟

北票鲟类自中侏罗纪开始出现,繁盛于早白垩纪。这一时期的亚洲大陆是一个相对孤立的地区,西边有一狭长的海峡与欧洲分割,东边是宽阔的海域与北美洲相隔。在亚洲大陆内部,又耸立着东西走向的秦岭和大别山,将这一与世界其他地区相对隔离的陆地分为南北两部分。因此,北票鲟类目前只发现于中亚和东亚北部地区。

北票鲟于1965年首次在我国辽宁省北票市上园镇尖山沟发现。它属于软骨硬鳞鱼类,是完全淡水生活的溯河性鱼类。北票鲟也是我国最早发现的鲟形鱼类化石,个体较小,幼体体长不足5厘米,成体体长达90厘米,体长20厘米左右即可达到性成熟。身体呈梭形,背缘比较平直:头部较宽显平直。吻部呈圆钝形,口宽。牙齿已经退化。北票鲟的背鳍条数在37~40之间,臀鳍条数在34~38之间,尾鳍条数在83~89之间;尾鳍为长歪尾。北票鲟有别于其他鲟形鱼类的最显著特征是体内骨骼为软骨质,外骨组织(鳞片)已基本退化,体表完全裸露无鳞,包括尾鳍上叶的菱形硬鳞也已全部退化。它的体形与现在的鲟科鱼类相近,身体腹面较为扁平,表明它很可能也是靠近水底活动的鱼类。

燕鲟

燕鲟是近年来新发现的奇特鲟形鱼类,个体略大于北票鲟,和北票鲟一样,燕鲟也属于鲟科鱼类。最大的全长可达1米左右。燕鲟的体形侧扁,体内有不少软骨已经骨化,体表也裸露无鳞,尾鳍上叶的鳞片比软骨硬鳞鱼退化,但在鳍的末端仍残留了一些细小的硬鳞。此外,燕鲟还有一个非常醒目的特征——很长的背鳍,燕鲟的背鳍长可达鱼体全长的1/3。

狼鳍鱼

在热河生物群中,鱼类化石是研究最早、数量最为丰富的脊椎动物。其中,有一种被叫作狼鳍鱼的化石研究历史最长,最有名气,它被鱼类学家们认为是现存的舌齿鱼类的远古的祖先。在一块石板上出现几百条狼鳍鱼,不是什么少见的现象。

狼鳍鱼生活在侏罗纪晚期。头大,眼大。鳃盖系统完全,前鳃盖骨下肢较上枝宽大,下鳃盖骨小,鳃条骨纤细。椎体筒状,中部略收缩。齿骨较大,向后逐渐增高。上下颌有牙齿。一般背鳍与臀鳍相对,胸鳍大,内侧有一粗大不分节的鳍条。正型尾,尾椎骨上扬。

4.其他同类的现生动物

中华鲟

中华鲟是我国珍稀特产"活化石"鱼类,体长为 170~320 厘米。身体粗壮,全身都没有鳞。头部和身体的背部为灰褐色,腹部为白色。头较大,为三角形。腹面有口,没有牙齿。眼小,眼后有小的喷气孔。尾鳍为歪尾型,上叶大,下叶小。

中华鲟

中华鲟分布于我国长江,以及其他淡水河流中。栖息于水的底层。以水生昆虫、鱼类和软体动物等为食。具有溯河洄游的习性,成体于 7~8 月从我国东部沿海进入长江口,然后溯江而上,到上游的产卵场所繁殖后代。幼体出生以后,又同成体一起顺流而下,最后返回大海中去成长。11~14 年达到性成熟。寿命为 50 年。

5.本类群的小故事

鱼身上的黏液有什么用处?

大部分的鱼,身上都包裹着坚硬的鳞片,但也有少数鱼,如黄鳝、鲶鱼、泥鳅等,全身都布满黏糊糊的液体。这是因为,它们身上的鳞片已经退化,直接暴露在外的皮肤中,有不少特殊的黏液腺,能分泌出大量的黏液,形成一个黏液层。

鱼鳞对鱼有保护作用,黏液也有相似的功能。它虽然不能阻挡硬物的撞击,但可防止霉菌的侵袭,阻挡水中有害物质从皮肤进入体内。

其实,黏液的作用远远不止这一些。有了它的存在,鱼儿的皮肤就可以不透水,这对维持鱼体内渗透压的恒定有好处。尤其是一些江河洄游的鱼类,身上有了黏液,就能帮助它们适应水中盐液的变化。

黄鳝在被捉住时,仍然能够从容地逃脱,这也要归功于它身上的黏液。可以这样说,滑溜溜的黏液,还是这些鱼的逃生法宝之一。

由于黏液很滑,不仅能逃避人的捕捉,而且还能减少鱼儿与水的摩擦力,帮助鱼儿游得更快更省力。由此看来,黏液与鱼鳞相比,可能会对鱼儿的生存带来更多的益处。

为什么大多数鱼的背部黑,腹部白?

除了一些美丽的热带鱼类外,大多数鱼背部的颜色要比腹部深得多。生活在江河湖泊中的淡水鱼,如鲫鱼、鲤鱼、青鱼等,背部都呈灰黑色;生活在海洋中的鱼类,如马鲛鱼、鲨鱼、金枪鱼等,都有青黑色的背部。而且,不管是淡水鱼还是海水鱼,腹部几乎都是白色或很淡的颜色。

为什么鱼类背部和腹部的颜色有这么大差别呢?这种差别对鱼类的生存有什么意义呢?原来,生活在水中的鱼类,游动时通常都是背朝上,腹向下。由于天空中的阳光照射,从水中往上看,水面是白亮亮的一片,正因为如此,白色的鱼腹与水面的天空光线相似,就不容易被深水中的大鱼发现。同样的道理,从上往下看,水的颜色很深,与鱼背颜色差不多,这样,天空中的捕鱼鸟类就不容易看见接近水面游动的鱼。

总之,大多数鱼类背部深色、腹部浅色的色彩变化,是适应水里生活的结果,有助于保护自身不被敌害发现。

水陆两栖的鱼石螈

鱼石螈有扁平的头部,还具有尾部的背鳍、鳞、鳃盖等鱼类的痕迹。有壮实的肋骨支撑身体。指骨(趾骨)、肩带与头骨间已失去联系(鱼是连接在一起的,不能活动)。

鱼石螈主要仍在水中生活,也能在泥地上爬行,但由于后肢并不强壮,所以主要作用也不是支撑身体和行走,而是像一对划水的桨,用于辅助游泳。

1.其他故事

鱼石螈在动物进化史上有什么意义?

鱼石螈是最早出现的两栖动物,是从肉鳍鱼类进化而来的,产自格陵兰。它们像鱼一样的尾巴和鳞表明它们和鱼类关系密切。它们的牙齿也是如此,几乎和肉鳍鱼类的牙齿一模一样。但鱼石螈还是具有鱼类所没有的特征,包括头骨后部的耳裂。因而,它们是一类从鱼类到两栖动物的过渡型动物。

2.类群特点

与水生的鱼类相比,两栖动物已经具有一系列适应陆地生活的特征,包括具有强有力、多支点关节的五趾型附肢作为运动器官,肢带也相应地得到加固,适应在陆地上支持身体和运动,使登陆成为可能。两栖动物的皮肤裸露,富于腺体,有的腺体分泌刺激性很强或有毒的物质,有的腺体分泌浆液,可以保持皮肤湿润,能够进行气体交换,是呼吸的辅助器官。成体用肺和湿润裸露的皮肤代替鳃在大气环境中进行呼吸。与呼吸方式的改变相适应,虽然心室只有1个,但心耳分隔为左右2个,分别接纳肺静脉和体静脉的血液,以及相应的循环系统的改变。脊柱分化为颈椎、躯干椎、荐椎和尾椎,其中颈椎和荐椎是陆生动物的主要特征。颈椎又分化出寰椎,使头部可以在陆地上稍微抬起、转动,呈有局限的灵活性。大脑开始分为两个半球,眼球外有眼睑及瞬膜保护免于在陆上受到损伤,出现中耳及鼓膜,适于接受空气振动传导的声波。这些都扩大了它们的活动能力和感觉器官对外界刺激的反应范围,从而能使它们在新的多种生态环境的陆地领域中生存下来。

3.其他同类的远古动物

始螈

始螈是一种大型迷齿类动物,它是最早的两栖类动物之一,它标志着最早的两栖类动物诞生了。始螈的身子长长的像条鳗鱼,但头骨却像鳄。它既能生活在水里也能生活在陆地上。但是我们现在还不知道始螈是否有四肢和指趾。

蜥螈

蜥螈是一种特殊的两栖动物,它既像两栖动物又像爬行动物。它的骨骼和早期的爬行动物十分似,特别是脊椎骨、锁间骨和肱骨,但是它的头骨和牙齿又与两栖动物相同。因为它既有两栖动物的一些特征,又有爬行动物的一些特征,科学家认为它是两栖动物向爬行动物演变时诞生的,它说明爬行动物起源于两栖动物。

4.其他同类的现生动物

东方蝾螈

东方蝾螈体长6~9厘米,头部扁平。躯干部背面的中央有不太显著的脊沟。尾侧扁平。四肢细长，无蹼。皮肤光滑，有小的疣粒。背面和体侧均为黑色，有光泽。腹面红色，有不规则的黑斑。分布于我国华中、华东等地区，以及日本等地。栖息于水塘、稻田等水域。常匍匐于水底活动和觅食。以水生昆虫等为食。

中国林蛙

中国林蛙也叫"哈士蟆"，体长 4～7 厘米。头部扁平。皮肤较光滑，有分散的小疣粒，背侧有明显的褶。身体背面为棕黄色。四肢有横斑纹。腹面乳黄色，散布有红色斑点。趾间有蹼。

中国林蛙分布于我国长江以北的大部分地区，以及俄罗斯东部、蒙古、朝鲜和日本等地。栖息于山地森林中的水塘、溪流附近。善于跳跃。以昆虫等为食。冬季在深水中的石块下冬眠。早春产卵。卵经半个月后孵化成为在水中生活的蝌蚪，经过变态发育为成体。

牛蛙

牛蛙体长 18～20 厘米，身体粗壮。背面皮肤略粗糙，有细的肤棱或疣粒，为褐色或深绿色，有黑色斑点。腹面白色，有暗灰色细纹。雄性喉部黄色，雌性喉部灰白色。后肢较长。趾间有蹼。原产于北美洲的美国、墨西哥等地，已经在我国和世界上许多国家广泛养殖。栖息于沼泽、池塘、水田等处。有冬眠习性。夜晚活动。善于游泳。行动敏捷。单独鸣叫，叫声响亮，好像牛叫，因此得名。以昆虫、其他无脊椎动物、小型脊椎动物等为食。

花背蟾蜍

花背蟾蜍体长 5～6 厘米。体形较小。吻端较圆。四肢较短。皮肤粗糙。身体背面为浅绿色至橄榄黄色，有酱油色斑纹和红色斑点。腹面为乳白色。

分布于中国北方各地。栖息于平原、低山沼泽、草地和荒漠等环境中。常隐藏在树根下或土穴中。夜行性。以蝼蛄、椿象、叶蝉等昆虫为食。

每年 3～6 月产卵。产卵于静水坑、池塘、水沟等处，卵排列在胶质管状卵带内。呈 2～4 行，含卵 3000 粒左右。

5.本类群的小故事

为什么青蛙吞食时要眨眼？

青蛙是田园卫士，它捕食各种昆虫，保护庄稼生长。青蛙捕食有一个奇特的动作，即每吞咽一次食物,至少要眨一次眼。如果吞咽较大的昆虫,它眨眼的次数就更多了,直到将食物吞咽下去为止。

青蛙捕食时,用舌头伸出口外将食物黏住,然后再卷入口内,囫囵吞下去。由于食物未经咀嚼,在喉咙口很难咽下肚,所以一定要有个向里推的力量才能将食物吞进去,而青蛙眨眼可帮助它吞咽食物。青蛙的眼眶底部无骨,眼球近似圆球,外面有上下眼睑和能活动的瞬膜,眼球与口腔仅隔一层薄膜。当眼肌收缩时,眼球能稍向口腔突起产生一个压力,有利于口腔内食物下咽,于是便出现了吞食时不断眨眼的现象。

青蛙为什么叫得欢?

从进化的角度来说,青蛙是第一个真正用声带来鸣叫的动物。和人一样,青蛙的声带也是在喉室里,当空气急速经过时,声带振动就发出声音。除了声带外,雄蛙在咽喉两侧还有一对外声囊,鸣叫时向外鼓出成为两个大气囊,使声音更加洪亮。各种蛙的声音和调子不同。雌蛙和雄蛙都能叫,但由于雄蛙有了声囊,所以才比雌蛙叫得更响。

"龟类的鼻祖"原颚龟

原颚龟也称三叠龟,是龟类动物的原始祖系,外形与现生的龟类相似。原颚龟体形较大,牙齿已消失,两颚已形成角质状的喙,躯体已有坚硬的龟甲保护,龟甲的后部有刺,但它们的头部还不能缩入龟壳内。

原颚龟原产德国,1980~1981年间在泰国北部也有发现。目前,中国尚未有确切发现原颚龟的记录。

1.类群特点

龟鳖目动物通称为龟鳖类,有陆栖种类,也有水栖种类,特点是躯体短、宽而略扁,包含于坚固的骨质甲壳之内,具有消极的保护作用,甲壳表面被覆角质盾片或皮肤,称为龟壳,分为背甲、腹甲及其间相连的甲桥等部分。龟壳内层来源于真皮的骨质板,外层来源于表皮的角质盾片或革质皮肤。背腹甲靠甲桥与骨缝或韧带相连,躯干部的脊柱、肋骨和胸骨大都与背甲的骨质板愈合,间锁骨和锁骨参与腹甲组成。肩带转移至肋骨内侧,这是脊椎动物中独有的特征。头、四肢和尾可以从龟壳边缘伸出。

2.其他同类的远古动物

古海龟

古海龟生活在晚白垩纪,距今约7500万~6000万年前的肉食性海龟,体长可以达到4.6米,相当于现在一辆小汽车的长度。古海龟是个慢性子,它的大多数食物都漂动在海平面附近。它除了在海床上冬眠外,几乎不需要深潜。它是一种什么都吃的动物,清扫漂浮的鱼、水母、腐肉和植物。它锋利而强大的喙可以咬开有壳的动物,比如菊石。古海龟巨大的鳍暗示它是一种悠游于开阔大洋中的长距离游泳者,但它绝不会孤独,它那巨大的尺寸不仅吸引着成群的幼年鱼类,还吸引了藤壶和寄生虫。尽管古海龟尺寸巨大,但它无法把头和鳍状肢缩回骨质单外壳加以保护,因此对大型掠食者来说还是一种易得手的猎物。

满洲龟

满洲龟的甲壳比较低平,背甲8块椎板,完全骨化,椎板狭,上臀板大,腹甲十字形。它们生活在晚侏罗纪,分布在辽宁西部,范围极为狭窄。满洲龟与矢部龙一起构成了辽宁西部极具特色的矢部龙爬行动物群。

3.其他同类的现生动物

玳瑁

玳瑁又叫文甲、瑇、十三棱龟、明玳瑁等,体形比绿海龟和蠵龟小,体长为60~170厘米,体重一般大约为45千克左右。它的头部和背部有对称的大鳞,其中前额鳞为2对,比海龟多1对鼻孔位于接近吻端,吻部侧扁,嘴的形状与海龟不同,呈钩状,很像鹦鹉的嘴,颌缘呈锯齿状。玳瑁颈部的角板较短,背甲为平铺状,呈棕红色并且有浅黄色的小花斑,盾片部呈覆瓦状排列,而不像海龟的盾片那样平砌,有1对肋盾,腹部为黄色,整个身体光泽美丽,十分悦目。它的尾巴短小,四肢也呈桨状,前肢较大,具有2爪,后肢较小,仅有1爪。

玳瑁生活在亚洲东南部和印度洋等热带和亚热带海洋中,在我国分布于广东、台湾、福建、浙江、江苏、山东、海南和西沙群岛等沿海,在上海长江口外海及佘山洋附近水域也有分布。

玳瑁是海洋中较大而凶猛的肉食性动物,经常出没于珊瑚礁中,主要捕食鱼类、虾、蟹和软体动物,也吃海藻。它的活动能力较强,游泳速度较快。上下颚强而有力,不仅能弄碎蟹壳,还能嚼碎软体动物的坚硬外壳。

每年3~4月是玳瑁的产卵期,雌性在白昼上陆在海岸沙滩挖穴产卵,一个繁殖期可以产3次卵,每次产卵130~250枚,大约需要2个月左右幼体便孵化出来。

棱皮龟

棱皮龟是世界上龟类中体形最大的一种,堪称"巨龟",体长在200~230厘米之间,体重一般为100~200千克。据说最大的个体体长为250厘米,体重达300千克,也有达800千克的说法。它的头部、四肢和躯体都覆以平滑的革质皮肤,没有一般龟鳖类所具有的角质盾片,背甲的骨质壳由数百个大小不整齐的多边形小骨板镶嵌而成,其中最大的骨板形成7条规则的纵行棱起,因此得名,也有人叫它革龟。这些纵棱在它的身体后端延伸为一个尖形的臀部,体侧的两条纵棱形成不整齐的甲缘。腹甲的骨质壳没有镶嵌的小骨板,由许多牢固地嵌在致密组织中的小骨构成5条纵行,其中中央一行在脐带通过处裂开。它的嘴呈钩状,头特别大,不能缩进甲壳之内。与其他龟鳖类不同,它的四肢呈桨状,没有爪,前肢的指骨特别长。它身体的背面为暗棕色或黑色,缀以黄色或白色的白斑,腹面为灰白色。

棱皮龟主要分布于世界上的热带和亚热带海洋中,在我国分布于广东、福建、浙江、江苏、山东、辽宁、台湾、海南等附近的东海和南海海域,以及上海长江口外海域等地。

棱皮龟主要以鱼、虾、蟹、乌贼、螺、蛤、海星、海参、海蜇和海藻等,甚至包括长有毒刺细胞的水母等。它的嘴里没有牙齿,但是却在食道内壁有大而锐利的角质皮刺,可以磨碎食物,然后再进入胃、肠进行消化吸收。

每年5~6月间是棱皮龟的主要产卵季节,雌性需要从海洋中爬到海滩上进行产卵。产卵通常都在晚上进行,行动十分谨慎,如果遇到外来的干扰,就会立即返回海洋。产卵之前首先在沙滩上挖一个坑,每次产卵90~150枚,在繁殖期间也可以多次产卵,产卵之后用沙覆盖,靠自然温度进行孵化,但每个窝中也常有10多枚不能孵化成功。刚孵化出来的幼体的体长约为5.8~6厘米,本能地立即向大海爬去。

4.本类群的小故事

龟类的寿命到底有多长?

龟类的长寿远非一般动物可比。虽然它们并不像民间所传说的"千年王八万年龟"那样长寿,但最长寿的龟的确可以活到 100 年以上,有些种类可活 130～190 年,但也有些种类只能活几十年,甚至更短。人工饲养下有活 189 年的记录。

关于龟的长寿,我国古籍中记载甚多。例如,《述异记》说:"龟一千年生毛,寿五千岁谓之神龟,寿万年曰灵龟。"就是当今社会,关于捉获千年老龟的消息,也时不时地出现在各种媒体的报道之中。在我国传统文化中,龟一直就是长寿的象征,人们经常用龟龄比喻人之长寿,或与鹤龄结合称龟龄鹤寿,祝人长寿。寿联中也往往用龟鹤入对,如:"高龄稔许同龟鹤,瑞世应知有凤毛。"

科学家认为,龟的长寿,主要是因为它的行动迟缓,代谢率较低,生理机能也进行得十分缓慢,所以体内消耗的能量也很少。一般来说,以植物为食的龟类,要比以肉类为食和杂食性的龟类寿命长。龟类的生长速度一般在性成熟之前较快,性成熟后生长速度显著减慢。

"体形巨大的古鳄"恐鳄

恐鳄体形巨大,仅头骨就有 2 米多长,嘴里有两层骨质的颚,牙齿又长又尖,眼窝很大。

恐鳄生活于北美洲西部,为陆栖性,生活在沼泽地带,是当时相当凶猛的一类肉食性动物。主要以鱼类为食,也会吃一些经过水边的其他动物。由于有骨质的颚,可以使它在水下张嘴的时候,不会让水流进嘴里。

1.类群特点

鳄目是两栖或水生的巨型蜥蜴状爬行动物,具有对水栖生活的适应特征。在外形上明显地分为头、颈、躯干、尾和四肢,身体长形,头躯扁平。它们在头部鳞片附着于头骨上有坚固的构造,头骨略具有特化的双颞窝,并有不可动的方骨。颈短。皮肤革质。身体的表面都被有由中间有骨心的角质鳞片构成的大型坚甲,背面被覆数行略呈矩形的起棱大鳞。尾基厚,与躯干无明显分界;尾长于体,如桨而侧扁,鳞片棱起在尾背特别发达,形成纵行棱鳞成鬣。

它们的四肢较短而健壮,前肢5趾,后肢4趾,内侧3指、趾具爪。它们可以在陆地上靠四肢行走,步态蹒跚而笨拙。趾间具蹼,适于在水中游泳,但主要依靠尾部左右摆动在水中推动身体前进,尾巴又是攻击或自卫的有力武器。它们的耻骨退化,泄殖腔孔呈纵裂状,雄性具有单个交配器。

鳄目动物是现今生存的爬行动物中最进步的类群,进步特征主要表现在:已有真正的大脑皮层,具有分化为四室(二心房、二心室)的心脏,圆锥牙齿着生于个别的齿槽中,以及具有将胸腔与腹腔分隔开的横膈,等等。

鳄目的绝大多数种类栖息于开阔的平原、沼泽地带或缓流的江河、湖泊中,在浅水海湾地区也有发现,均营半水生生活。通常白天在陆地上晒太阳,晚上进入水中,较为活跃。性情凶猛,捕食软体动物、甲壳动物、鸟和哺乳动物等。鳄目均为卵生,产卵20~70枚于岸边巢穴内,某些种类的雌性有护卵的习性。孵化期大约为45~60天。

2.其他同类的远古动物

原鳄

原鳄是最早的陆栖性鳄类动物,是后期鳄类的祖先,大约生活在三叠纪。

原鳄的体形不大,体长1米左右,有锋利的牙齿,属肉食性动物;它还有比较强壮的四肢,适于在陆地上奔跑。

帝鳄

帝鳄是现今地球上所发现的体形最大的鳄类之一,体长约12米,体重可达1.1万千克,寿命约50~60年,生活在白垩纪。

原鳄

帝鳄最突出的特点就是它那又长又细的头部,大约有1.8米长,绝大部分被嘴占据。在帝鳄长长的嘴里,分布着上百颗锋利的牙齿,极具杀伤力。据推断,帝鳄有可能以恐龙为食,可谓是中小型恐龙及哺乳动物的"噩梦"。

3.其他同类的现生动物

扬子鳄

扬子鳄是一种小型的鳄类动物，体长一般为 1.5 米，体重 15～30 千克。它的外形扁而长，头略高起，吻部低平，比其他鳄类短。它的身体背部为暗褐色，有黄斑和黄条，腹面灰色，有黄灰色小斑和横条。它的颈部较细，有两对有纵棱的鳞片，躯干部略扁平，背部有 17 排矩形鳞片，横贯于背部的有 6 排，腹部有 26～28 排略呈矩形的鳞片，侧扁而长的尾巴上有灰、黑相间的环纹，两条纵嵴在尾后端逐渐合而为一。

扬子鳄仅分布在安徽南部和浙江长兴等地，喜欢住在河滩、湖泊、沼泽及丘陵山涧的滩地，这些地方长满了芦苇、灌丛或翠竹，既便于隐蔽，又便于捕捉食物。它在水中游动灵活而敏捷，能依靠趾间的蹼在水中划动，在大多数情况下则主要依靠尾部左右摆动在水中推动身体前进。此外，它的尾巴还是攻击或自卫的有力武器。

由于扬子鳄颈椎上生有肋骨，头不能向侧面转动，短粗的四肢还要支撑着沉重的身体，所以它在陆地上行动十分迟缓，步态蹒跚而笨拙。它平时经常趴伏数小时纹丝不动，每昼夜活动的时间，如爬行、游动、进食等，总共不过 2～4 个小时。

湾鳄

湾鳄是世界上现生最大的鳄类动物，体长一般为 2.5～7 米，最大的可达 10 米，体重可达 200～300 千克。它的头大，吻部钝而长，有一对脊从眼眶到吻中部，两侧的鳞片较圆，腹面鳞片则相对较小，呈矩形。雄性上颌表面皮肤皱纹明显。它的身体为黑色、深橄榄色或棕色，但有浅茶色或灰色区，腹部为乳黄色到白色，尾部末端灰色，两侧下部有深色带纹。与扬子鳄在形态上不同的主要特征之一是第四枚下颌齿正对着上颌的缺刻处，所以当嘴闭合时该齿就显露在外面。

湾鳄分布于澳大利亚北部和东北部、孟加拉国、缅甸、柬埔寨、印度、印度尼西亚、马来西亚、巴布亚新几内亚、菲律宾、新加坡、斯里兰卡、所罗门、泰国、越南等地。栖息于热带和亚热带地区，喜欢在开阔的海岸、河流的入海口等处活动，具有强的耐盐分的能力，但也栖息于岸边、沼泽河流的淡水中。虽然个体很大，但十分灵活，尤其在水中，游动速度相当快。湾鳄每年 5～6 月交配，7～8 月产卵。雌性每次产卵十几枚至几十枚不等，靠自然温度孵化，孵化期一般为 85 天左右。

4.本类群的小故事

鳄是近视眼,还是远视眼?

鳄的眼比较大,为卵圆形,瞳孔纵裂,突出于头的两侧。上眼睑带有几乎与眼皮一样大的鳞板,下眼睑表面粗糙,有许多颗粒状突起,并有一个薄而透明的瞬膜,潜水时瞬膜能迅速地由前向后闭合,就如同戴上了防护眼镜,既不影响视力,又能在水中保护眼睛。夜晚的时候,如果用灯光照射,它们的眼睛犹如天上的星星一样,发出闪烁的红光,相距数百米都可以清晰地看见。

由于鳄类动物主要生活在光线较弱的环境中,所以眼睛的结构和功能也出现了许多适应性的变化。例如,在感光细胞中,视杆细胞占明显优势,感光细胞与神经节细胞数的比值大约为 2.5:1,虹膜内有纵行的扩瞳肌,但没有环状的瞳孔括约肌等,这些特征都是与其相一致的。

科学家还通过把一束光线射入它们的眼睛,然后测定从眼睛后壁折射至一架照相机镜头的光量的方法,来确定其眼睛的聚焦能力。结果表明,鳄类动物在水中都是严重的远视眼。众所周知,远视是指平行光线进入眼内所结成的焦点,落在视网膜后面,因而成像不清,视力模糊,唯有远距离才可看清物体,这就是鳄类动物虽然常常潜伏在水底,却能够偷猎水面上的猎物的原因。

由于水与空气中的光线折射率不同,所以鳄类动物在水中虽然是严重的远视眼患者,但在河岸陆地上视力却很正常。

"鳄鱼的眼泪"是怎么一回事?

自古以来,大多数人都认为鳄类是异常凶猛而又十分残忍的动物,但发现它们在吞食那些弱小动物的时候,常常会假惺惺地流出一些"悲痛的泪水",然后才张开大口将猎物吃掉。所以,众所周知的谚语——"鳄鱼的眼泪"成为残忍而又虚伪的代名词,用来形容讽刺那些伪君子。

鳄类动物的确是会流"眼泪"的,而且"泪水"还很多,但这是一种生理现象,并不是它在发慈悲,也不是什么怜悯。由于它们的肾脏不完善,只能通过一个特殊的腺体来帮助排泄体内多余的盐分,而它们的盐腺正好位于它的眼睛附近,所以每当鳄类动物在吞食那些猎物的时候,同时就会在眼角附近淌下盐水来,因而被人们误认为是它们在流"眼泪"了。另一个解释是,鳄类动物的牙齿没有分化,只能撕扯食物,而不能咀嚼,这样就往往往会刺痛喉咙和胃,也使得长在眼睛上的腺体受到刺激"泪如泉涌"。

除鳄类动物外,科学家还发现海龟、海蛇、海蜥和一些海鸟身上,也具有类似的盐腺。这些海洋动物的盐腺构造几乎一样,中间是一根导管,并向四周辐射出几千根细管,跟血管交错在一起。它们把血液中的多余盐分离析出来,然后通过中央的导管排泄到身体外面,导管开口在眼睛附近。盐腺除去海水中的多余盐分,动物得到的是淡水。所以,盐腺成了这些动物的天然"海水淡化器"。

人是不能喝海水的,所以船只在海上航行,必须装上许多淡水,这样就使船只的有效负荷下降。如果装上海水淡化器,船只在海洋航行就可以少带淡水,但由于海水淡化技术复杂,费用昂贵,目前不能根本解决问题。因而,人们正在设法模拟鳄类动物的盐腺,制造出一种体积小、重量轻、效率高的海水淡化器。

"进步的飞龙"翼手龙

翼手龙是进步类型的翼龙。头很长,可达 100 厘米,有一根长长的冠状突,嘴变成了与鸟一样的喙,口内没有牙齿。它的身体很小,但两翼展开很大,尾巴却退化消失了。

翼手龙的化石曾于 20 世纪 70 年代在美国得克萨斯州发现。它们具有发达的神经系统,热血的生理机制,灵活的飞行技巧,以取食陆地动物的尸体为生。

1.其他故事

身躯庞大的翼龙为什么能在空中飞行?

当恐龙在地球上称王称霸的时候,有一类叫作翼龙的爬行动物却占据了更为广阔的空间。在我们的想象中,恐龙的个体极为庞大笨重,即使是在地面上爬行也不容易,又如何能像鸟儿一样轻盈地翱翔在天空中呢?

古生物学家认为,导致翼龙能够飞翔的最主要原因是,它们产生了翅膀。翼龙的翅膀由皮肤的膜构成,这种膜叫飞膜。飞膜由臂骨、又大又长的第四指(翼指)以及翼骨共同支撑着,前端又尖又细,从飞行设计的角度来看,这种形状对滑翔十分有利。

除此以外,翼龙的胸骨和肩部关节的构造有利于肌肉的附着,强大的肌肉使它在飞行时能得到有力的支持。大量的计算表明,大型翼龙可以像军舰鸟一样缓慢地飞行,中型翼龙则与海鸥相似,而小型翼龙差不多与小鸟一样灵活,由此可见,翼龙不仅大小各异,形状多样,而且飞行方式也各有特点。

解剖学还表明,翼龙支撑翅膀的骨骼呈中空状态,这样的骨骼不仅有强度,而且减轻了自身重量。除此以外,有些翼龙全身披有毛状物,具备了隔热的条件,因此,几乎所有的翼龙研究人员都认为,翼龙可能是一种恒温动物。

1984 年,美国和英国的科学家分别模仿制作了一具翼龙,并成功地将它送上天空飞行,这次实验证实了,翼龙虽然躯体庞大,但同样能够在空中自由翱翔。

科学家根据挖掘出的化石发现,最古老的翼龙是真双型齿龙,生存于 2 亿多年前中生代三叠纪后期,它有着长长的尾巴。到了侏罗纪中期,一类几乎没有尾巴的新型翼龙——翼手龙出现了。这两类翼龙共同生存到侏罗纪末期,真双型齿龙渐渐灭绝,随之而来的白垩纪成了翼手龙的天下。只是,翼手龙也并没有在这个世界上存在多久,到了 6500 万年前的白垩纪末期,全部的翼龙都消失得无影无踪,而把广阔的空间留给了昆虫和以后将要出现的鸟类。

2.类群特点

侏罗纪早期,有的爬行动物向空中发展,出现了脊椎动物第一次征服空中的成功类群,它们就是翼龙类。翼龙和恐龙同属双孔类,所以翼龙是恐龙的近亲。

翼龙的前肢变为翼。翼是由又长又粗壮的第四肢支撑着连接身体侧面和后肢的皮膜,具有类似鸟类翅膀的作用。第一、二、三指长在翼外,变成钩状的小爪。第五指退化消失。

翼龙骨骼轻巧,长骨中空,既轻又坚固,适于飞行生活。早期的翼龙口中有牙齿,身后有尾巴,晚期的种类已没有牙齿,尾巴也退化消失了,向着减轻体重适于飞行的方向发展。晚期种类头骨向后延伸出一根长长的冠状突。冠状有利于翼龙迎着风抬起头颈部,起着"减轻"体重的作用;同时,它还能导航,使翼龙始终处于迎风的方向,有利于滑翔飞行。这样可以弥补翼龙胸肌不发达,扇动两翼乏力,飞翔能力不强的弱点。

翼龙有一个发达的脑子。根据化石复原出的脑子模型非常像鸟和哺乳动物的脑,说明翼龙已具有较为发达的神经系经,并以此调节一身的生理机能和复杂的运动及行为。翼龙的视力极为敏锐,可以从空中发现下面水中游动的鱼、虾等小型水生动物,并且迅速俯冲下去,准确地捕食它们。

空中飞行,需要消耗大量的能量,说明翼龙具有高水平的新陈代谢,已具有内热和体温恒定的生理机制。换句话说,翼龙必须是热血的动物才能实现真正意义上的自由飞行。化石证据也证明这一点。

翼龙类成为一类最不像爬行动物的爬行动物,难怪有人叫它们是"披毛发的魔鬼"。自然选择是无情的,翼龙类在白垩纪末也与它的"堂兄弟"——恐龙一样,极不情愿地退出了生物进化的历史舞台,把广阔的蓝天让给了后来繁盛起来的鸟类。

3.其他同类的远古动物

喙嘴龙

喙嘴龙生活在侏罗纪,是较为原始的翼龙。它的头长,嘴巴很尖,里面长满尖利的牙齿;躯体后面还有一条很长的尾巴,尾巴末端有一块皮膜,在飞行时起舵的作用。它们常在湖泊、海洋上空盘旋,捕食水里的鱼类。

准噶尔翼龙

准噶尔翼龙发现于我国新疆乌尔禾地区,生活于白垩纪早期,是翼龙进化过程中的一个中间类群。两翼展开达 400 厘米;在大尖嘴里仍然有锥形的牙齿,但数目已减少,前部的牙齿已消失;头顶的冠状突已表现出向后延伸;身后还有一条小尾巴。

准噶尔翼龙生活在当时巨大的淡水湖边,常在湖泊上空盘旋,以鱼虾为食。

卵胎生的混鱼龙

混鱼龙也叫混合龙,是体形最小的鱼龙,头长、脖子短,身体像现生的海豚。它们的四肢已变成善于游泳的鳍脚。尾鳍不是鳍状,而是像丝带一样地伸展开。

混鱼龙分布于欧洲,以及我国贵州省茅台地区,生活在海洋中,以鱼类、蚌类或其他无脊椎动物为食。

混鱼龙游泳时很像现生的企鹅,用前肢做"定向舵",用大尾巴做推动器。如果它想缓慢游动时,就用两个前肢划水,如果要快速前进时,就使劲地摇动大尾巴,像箭一样,划过水面,飞驰而去。

1.其他故事

鱼龙类怎样生殖？

鱼龙的生殖方式虽然是体内受精、卵生,但与受精卵产出体外孵化的典型卵生方式已有所不同。鱼龙的受精卵不产出体外,而是留在母体生殖道内孵化,由卵内贮存的营养供给胚胎发育的需要,直到孵出小鱼龙,再产出体外。这种特殊的卵生方式,叫作卵胎生。刚出生的小鱼龙就能独立地自由生活。鱼龙的卵胎生是对水生生活的适应。鱼龙的这种生殖方式直接来源于化石证据。在法国的霍耳茨马登地区,发现了许多鱼龙化石,一些小鱼龙在雌鱼龙的腹中,特别是其中一件"母子化石",把小鱼龙即将降生时的情况永久地记录下来了:这条小鱼龙的头正处在母亲的骨盆口。多么珍贵的标本,一件标本破译了一个生殖之谜!

鱼龙是怎样被认识的？

鱼龙化石最早于18世纪(1708年)发现于瑞士苏黎世地区,只两块脊椎。当时,科学家还不认识。一百多年后(1814年),一英国12岁女孩玛丽·安宁在英吉利海边悬岩中发现一完整的鱼龙化石后,才被学者认识。

2.类群特点

在三叠纪的中期,恐龙还处在进化的摇篮中的时候,鱼龙就已经在广阔的海洋中漫游、兴风作浪了。

在中生代,它们都是海洋里的"首恶"。古生物学家推测,鱼龙的祖先可能是浅水生的、体型细长的、像鳄鱼一样的肉食动物。

后来,鱼龙的祖先体形变成了完美的流线型,与海豚十分相像。以前能在陆地上爬行的四肢、演化成海豚那样的鳍,背上长了一个三角形的鳍,尾则像鲨鱼的尾巴。

然而,尽管鱼龙的外观已是鱼模鱼样,而且一刻也不能离开水,但它的骨骼结构仍然保留着爬行类祖先的特征。

鱼龙在长期的游泳生活中,虽然形态发生了变化,但是它们的内部构造和生理特点仍然是爬行动物式的。它们用肺进行呼吸,同外界进行气体交换:吸进空气中的氧气,呼出体内的二氧化碳。它们每隔一定的时间就要游到水面换气,就像今天的水生哺乳动物鲸一样。它们的生殖方式与陆生爬行动物一样,行体内受精、卵生。

鱼龙主要繁盛于三叠纪和侏罗纪，是当时海洋、湖泊及河流中称霸的动物。白垩纪时数量大为减少，白垩纪末期绝灭。

3.其他同类的远古动物

短头鱼龙

短头鱼龙生活在海洋里。它的头短而粗，嘴里长着几排像纽扣般的牙齿，"咔吧"一下子就压碎了软体动物的壳，把里面鲜嫩的肉一口吞到肚子里。短头鱼龙头部虽然小，但身体却比较大，它的四肢比同时代的其他鱼龙都要长得多。有的短头鱼龙能长到10.14米，比起混鱼龙来，它可算"彪形大汉"了。

喜马拉雅鱼龙

20世纪70年代，我国科学家在西藏喜马拉雅山珠穆朗玛峰地区，海拔4800米的地方发现了一条巨大的鱼龙化石，身长10米，头尖嘴大，上、下颚上长有扁锥状的牙齿，是捕鱼的好猎手。眼大，椎体前、后面均微凹。身体纺锤形，四肢变为鳍足，适游泳，活像一条海豚。背部长一肉质的背鳍。尾鳍分上、下两叶，上小下大，成倒歪尾形，尾椎向下折入尾鳍下叶。鱼龙尾椎的下折构造，开始被误认为受伤所致，后经多次重复发现，才被确认系这类动物的特殊构造，且其下折的程度随其进化而加剧。即早期、原始种类的下折程度较轻，后期、进步种类的则强烈。

喜马拉雅鱼龙的发现说明现在被称为世界屋脊的喜马拉雅山脉，在1.8亿年前的三叠纪晚期，是一片汪洋大海，是为古喜马拉雅海。此海与古地中海相通，今日的大西洋和太平洋的海水，可通过古喜马拉雅海和古地中海互相连通。一群群喜马拉雅鱼龙在这万顷碧波之中嬉戏、追逐、翻波涌浪，不可一世。后来，这一地区才逐渐隆起成为世界之巅，因此喜马拉雅山是一条年轻的山脉，至今每年还在继续上升。自然界的沧桑巨变由此可见一斑。

真鱼龙

真鱼龙生活在1.5亿年前，是最为典型的鱼龙。它的身体为流线型，皮肤裸露，很适于在水中游泳。它具有长长的头部，鼻孔长在头部的上方，嘴里长满了又尖又长的牙，最多可达200颗。真鱼龙有两只大眼睛，还长着一种叫巩膜环的保护眼睛的结构，这说明真鱼龙的视力很强。它的听力也比其他爬行动物好。难怪有人夸它是"眼观六路，耳听

"最为古老的恐龙之一"埃雷拉龙

埃雷拉龙也叫黑瑞龙，是现今所发现的最为古老的恐龙之一。它的头大，颈部又短又结实，具有与鸟类相似的肩胛骨和骨盆。牙齿锐利。颌部有力，在下颌骨处有个带弹性的关节。前肢长有利爪，后肢强而有力。

埃雷拉龙的听觉极为敏锐，身体直立，活动极为灵活，奔走迅速。它是肉食性恐龙，主要以小型植食性恐龙、爬行动物以及昆虫等为食，依靠有力的下颌关节可以紧紧咬住挣扎的猎物不松口。它主要以伏击的方式来捕食，乘猎物到河边喝水的机会猛然从埋伏的地方蹿出来，用带有钩状利爪的前肢给猎物以致命的一击，然后叼着猎物迅速离开，以防止那些更加凶猛的肉食性动物前来抢夺。

1.类群特点

埃雷拉龙类主要是一类小型的攻击性恐龙，其中包括许多最早期的恐龙种类。与身体的大小相比，它们的体格显得粗壮笨重。在埃雷拉龙类的不完整化石纪录中，也发现有体长超过 10 米以上的巨大种类。

这类恐龙还具有一些很原始的特征，如支撑腰部的骨骼细弱、很多种类脖子较短等等，因此研究人员有时把它们分为独立的埃雷拉龙目。

2.其他同类的远古动物

始盗龙

始盗龙的化石发现于阿根廷的月谷。它是现今所发现的最为古老的恐龙，生活在三叠纪晚期，体长约 1 米左右，体重约 11 千克。口腔的前部长有植食性恐龙的牙齿，而后部的牙齿上则有小锯齿，很像肉食性恐龙的牙，因而始盗龙应该属于杂食性恐龙，捕食时经常会发动突然袭击，将猎物制服。

始盗龙具有尖利的爪子和锋利的牙齿，爪的形状与鹰爪相似，具有五趾。它行走时主要依靠结实的后肢，有时也会四肢并用。站立时主要依靠后肢脚掌中间的三个脚趾，第一趾只是在行走时起到一些辅助支撑的作用。

南十字龙

南十字龙也是早期出现的恐龙之一，与埃雷拉龙有亲缘关系。它是小型肉食性恐龙，出现在三叠纪的晚期，身长约2米，体重约30千克，和后来进化出的大型恐龙相比，不得不说是个小个子。

南十字龙的体形虽然不大，但却十分凶猛。它具有整齐的牙齿，由于喜欢成群结队地觅食，因而常常捕获比它们自己体形大得多的动物。南十字龙有着长而纤细的后肢，据推测可能有五个脚趾，这与后来出现的后肢只有三个脚趾的肉食性恐龙不同。南十字龙用两足行走，奔跑起来速度非常快，有着强壮的下颚和带有利爪的前肢，非常适于追逐猎物。

骨骼中空的腔骨龙

腔骨龙又叫里奥阿拉巴龙，属角冠龙类，其最大特征是肢骨的骨壁薄，中间留有较大的空隙，因此而得名。

腔骨龙的前肢骨骼已进化成中空，这样既能保持骨骼强壮，又能使体重变轻。后肢细长，但强健有力，三个脚趾着地，趾端有弯曲的爪子。它的骨盆很大，为发达的臀部肌肉的附着提供了空间。它的股骨有些向下弯曲；踝骨愈合得也很好，趾骨密集。由脊椎骨组成的荐椎愈合在一起。前脚较后肢短小，长有利爪。但手掌上的三个指头却是较长的，第一指与其他两指分离。身体以臀部为重心支撑点，后面长有长而纤细的尾巴，与身体前部保持着平衡。它的颈部细长，伸缩自如；头骨与颈部交接的关节可以活动，使头部能自由地转动。嘴狭长，下颌内有许多弯曲而带锯齿的尖利牙齿。它的眼睛很大。

腔骨龙的足迹曾遍布于世界。它们是一类行动较为敏捷的肉食性恐龙，后肢适宜于在地面上行走或奔跑，前脚不能走路，手掌有利于抓握。它们能够靠视觉捕获猎物。在三叠纪生活的蜥蜴、昆虫和由似哺乳爬行动物刚刚演化出的哺乳动物，都可能成为它捕猎的对象。

1.其他故事

腔骨龙可能是卵胎生动物吗？

在北美洲，人们曾发现过几十只腔骨龙保存在一起的埋藏情景。在有的腔骨龙化石骨架的体腔位置,还发现有恐龙幼仔的骨架。有人认为,腔骨龙可能是一种残食幼仔的邪恶动物,在饥饿难耐的时候,连自己的后代也不放过;另外一个解释是,腔骨龙可能是卵胎生动物,即受精卵在母体内依靠卵内储藏的营养,供给胚胎发育,经过一段时间后,再将孵出的幼仔产出体外。孰是孰非,还需要更多的这类化石标本来印证。

2.类群特点

角冠龙类包括从非常小型的恐龙一直到最大型的肉食性恐龙,主要繁盛于三叠纪晚期至侏罗纪时代,有一部分一直生存到白垩纪时代。在印度和南美,由于海洋阻隔了进化程度较高的恐龙的入侵,角龙类一直到白垩纪晚期仍呈增加趋势。

角冠龙类的前肢、尾巴等部位的形态较原始,另外,很多角冠龙类的头上有形似刀片的突起。它们都是肉食性的,有的大型角冠龙类后来演化为专门吃鱼的类型。

3.其他同类的远古动物

双冠龙

双冠龙有 6 米多长,头、尾及牙齿都很长,牙齿很锋利,呈刀刃状。它有大的眶前孔和有力的下颌。前肢比后肢短,有四个手指,后肢的骨骼愈合得很紧密,脚上有三只利爪。这种恐龙最独特之处,就是头部有薄如纸的头冠,共有两个,所以叫双冠龙。它为什么有如此薄的头冠呢? 很难找到确切的答案。有人认为这种头冠只是雄性的标志,可能在交配季节会起作用。也有人认为,有那样薄的头冠者,可能是幼年个体。总之,这也是一个未解之谜。

双冠龙

上游永川龙

上游永川龙是大型肉食类恐龙,体长约 8 米,站立时可达 4 米。三角形脑袋上面有 6 个大孔,其中有一对较大的眼孔,说明它的视力很好。它的脖子较短,但尾巴较长。在奔跑时,它会翘起尾巴,作为平衡器。上游永川龙的前肢比后肢短,但前肢特别灵活,它的"手"上有几个又弯又尖的爪子,这是它捕食的锐利武器。永川龙的后肢长而粗壮,它的脚很像现代的涉水禽类,有三个脚趾着地,是一种趾行式的动物,说明它善于奔跑。

上游永川龙生活在江河纵横，湖泊沼泽密布，气温温和，蕨类植物和裸子植物茂盛的地带。它的嘴里长着大而锋利的牙齿，形如匕首，可以捕食各种植食性的恐龙等猎物。

蒙受不白之冤的窃蛋龙

窃蛋龙的外形好似长有尾巴的鸵鸟，头很小，头短粗壮，在鼻骨的上方有骨质的隆起。有的窃蛋龙头骨上有顶饰，有的则没有，可能与性别有关。它具有强壮的上下颌，长着钩形的很硬的喙，嘴里没有牙齿，在鼻子上方有一个中空的嵴，四肢健壮有力，前肢上有三个手指，上面有尖锐弯曲的爪。拇指呈弧状弯曲。指向其他两指。它的后肢也有三个脚趾，趾上也有利爪，腿粗壮有力。

窃蛋龙行动敏捷，是快速奔跑的能手。它的拇指呈弧状弯曲，指向其他两指，这两指比拇指大，这样可以把猎物紧紧抓住。窃蛋龙以浆果、种子等为食，也可能吃淡水中的蛤蜊等。

窃蛋龙是群体生活在一起的，成年的窃蛋龙把卵产在用泥土筑成的圆锥形的巢穴中，有时它们用植物的叶子覆盖在巢穴上，让植物在腐烂过程中产生孵化所需的热量，进行自然孵化。

1.其他故事

窃蛋龙是专门偷蛋吃的恐龙吗？

窃蛋龙也叫"偷蛋龙"。从它的名称可以看出，人们认为它们可能是专门靠偷吃其他恐龙的蛋来生活的。之所以得到这个"美名"，是因为在发现它的同时，也在它的骨架下发现了原角龙的蛋，所以人们认为它是偷吃蛋时遇难而死亡的。人们原来设想它们可能用嘴飞快地在蛋壳上打开一个洞，然后用像鸟喙一样的尖嘴吸吮。如果有危险，它们会立刻迈开长长的后腿带着像鞭子一样的尾巴迅速逃跑。

后来，人们又发现了一些窃蛋龙化石，在它的骨架下埋藏着很多恐龙蛋，有的恐龙蛋中还有保存有窃蛋龙胚胎的骨骼，所以科学家最后断定窃蛋龙骨架下的恐龙蛋不是原角龙蛋，而恰恰是它自己的蛋。窃蛋龙是在孵蛋时死去的。它的前肢护着整窝恐龙蛋，后腿叠压在躯干之下，表明它当时是一种下蹲俯卧的状态。

具有慈母爱心的恐龙却得到一个令人讨厌的恶名,真是令人同情。因此,现在窃蛋龙的名字也已经失去了它的本来含义。

2.类群特点

似鸟龙类是一类小型的、牙齿已经退化的鸵鸟型恐龙。它们的运动能力很强,据推测它们能够敏捷地奔跑。它们可能是用其细长而柔软的前肢来捕食鱼类以及其他恐龙的蛋。

像它们的名字那样,这类恐龙的体形令人很自然地想起长脖子的鸵鸟。而且,由于它们像袋鼠那样,能用坚韧的尾巴保持其身体的平衡,由此推测它们逃跑的速度也非常快。良好的视觉也是这类恐龙快速运动的一个条件。它们的眼睛虽然不能直视前方,但可能像鸟类一样,也能够分辨猎物和天敌。

3.其他同类的远古动物

似鸵龙

似鸵龙生活于白垩纪晚期,体长 2 米左右,身体轻巧,头很小,颌骨短。它具有像鸟一样的角质喙,牙齿已全部消失。它的脖子和尾巴都很长,以帮助平衡身体。后肢修长矫健,比股骨长的胫骨。它的脚很像鸟类的脚,脚上有三个脚趾,都有爪。前肢短,有三个手指,大拇指与其余两指对立。

似鸵龙分布于我国内蒙古和北美洲等地。它们善于快速奔跑,主要靠轻捷纤长的后腿奔跑。它们的前肢的大拇指与其余两指对立,是握物的器官。似鸵龙为杂食性恐龙,吃植物的果实、新芽,也吃昆虫和其他小动物,如蜥蜴等,也可能偷吃恐龙蛋或刚生下来的小恐龙,一旦遇到大型的肉食性恐龙就马上逃之夭夭,好在它跑得很快,时速可达 50千米。

4.本类群的小故事

似鸵龙演化上与哪些动物类群有关?

似鸵龙因非常像鸵鸟而得名,模样及大小均与现代鸵鸟相似。有人怀疑它可能是鸵鸟(还有已灭绝的恐鸟、象鸟)等走禽类的祖先。似鸵龙的先辈曾是猛食性的兽脚类肉食龙。

头骨奇异的异龙

异龙意为奇异、有差别的恐龙。它的显著特征主要表现在它的头骨上。它的头比其他兽脚类恐龙长，大约有90厘米。脖子短而有力，增加了头骨的抬举能力。眼睛的上方有骨质的隆起的脊，鼻骨到眶前孔之间还有一个大孔，这样可减轻头骨的重量，便于活动。它有一张血盆大口，上下颌都长满了像剑一样的牙齿，这些牙齿都向后弯曲，这样可以迅速地咬断猎物的肉，也不会使肉掉到口外。它的前肢有三个手指，后肢有四个脚趾，前后肢都有利爪。它还有长而有力的尾巴。

异龙主要发现于美国，特别是在西部的犹他州，在非洲和中国也有发现。异龙有长而有力的尾巴，可以使身体保持平衡，也可以用来横扫猎取的小动物。在交配季节还可以摇动尾巴，以吸引异性。它是凶猛的肉食者，捕食对象是与它同时代的阿普吐龙、弯龙、剑龙、梁龙等。

1.类群特点

异龙类为中型兽脚类中的一个类群，都是肉食性的。与恐爪龙类相比，异龙类体型大而且脖子短，前肢显著细小，双足步行的体制已基本上形成。强大的后肢和粗壮的尾巴容易令人联想起袋鼠，但它们的口中有锋利的牙齿，可能是攻击性很强的恐龙类。

由于前肢变得非常小，异龙类在捕食猎物时可能主要用嘴巴，而前肢即"手"只不过是用来按住猎物或拖拽尸体。

异龙类比恐爪龙类的体型要大得多，所以跳跃能力差，但其颌部为强有力的武器。

2.其他故事

异龙怎样取得食物？

阿普吐龙是异龙的捕食对象之一。在美国，曾发现异龙与阿普吐龙的骨架埋在一起，在阿普吐龙的尾椎上还保留着被异龙咬伤的痕迹，其伤痕大小正好与异龙牙齿的大小相一致，同时还发现了异龙的零星牙齿。

科学家发现，异龙牙齿磨损得并不厉害，因此认为异龙除了直接猎取活的动物外，也吃腐烂的尸体，因为不是任何时候它都能捕到活的动物的。有些捕食对象如梁龙体形巨大,一条异龙难以捕到,这时异龙可能会像现代野狗那样采取集体围攻的方式进行捕食。在美国也曾发现过梁龙的化石与异龙破碎的牙齿埋在一起,这反映了异龙集体捕食梁龙的一场残酷的惊心动魄的搏斗。

3.其他同类的远古动物

秀颌龙

秀颌龙也叫美颌龙,是最小的恐龙之一。

过去专家们都把秀颌龙视为虚骨龙类中的一个成员,现在已经改变了看法。1861年,第一个秀颌龙的化石标本发现于始祖鸟化石产地德国巴伐利亚省索伦霍芬石板石石灰岩中。它只有70厘米长。身体比较小,但有比较大的眼睛和相对大的头部,证明它是秀颌龙的幼年个体。1972年,第二个秀颌龙的化石标本发现于法国南部,它比第一个标本大1/2。

秀颌龙身体结构轻巧,比大多数恐龙长得秀气。它有修长而灵活的脖子,短的前肢和长的后肢,尾巴也较长。它的头骨中有空洞,因而变得较为轻巧。牙齿小巧玲珑,弯曲而又非常尖锐,所有下颌的牙齿都长在眼窝之前。秀颌龙的名称就是指它有秀丽的颌。它的前肢有三个手指,只有第一和第二两个手指可以弯曲,第三指只有一个指节。它的耻骨呈靴子状。这些特征既不出现在大型肉食龙类中,也不出现在虚骨龙类中,所以说它是最原始的联尾龙类。在德国发现的一具秀颌龙化石标本的腹腔内,曾找到过一个已经灭绝的小蜥蜴。开始时曾误认为是它的幼仔,而它是卵胎生的,后来才发现:那是它死亡前的最后一顿美餐。

恐龙家族中的"暴君"霸王龙

霸王龙的一个显著特点是它有一个大的脑袋,巨大的头上有许多孔洞,来减轻头的重量。它有两只向前注视的眼睛,与巨大的头颅相比,它的脑子较小,仅是一根长约35厘头、直径约8厘米的小圆柱。脑子前面的嗅叶、视神经、听神经都较发达,与后面的小脑、大脑大小相近。霸王龙不仅脑子小,而且脑子上的沟回也较简单,说明它不甚聪明。

它的头骨长达1.2~1.5米,由短而粗的脖子支撑着,脖子上的关节灵活。头骨厚实、强壮,骨纹粗糙,使肌肉附着坚固,它的上颌粗壮结实,下颌的关节面靠后,可以张开它的血盆大口。

霸王龙的前肢极小,又无力,短到不能触及自己的嘴,而且只有2个带爪的指头。它的后腿强壮,支撑全部体重,股骨比胫骨长。它的后脚粗壮有力,因此骨盆发育得很好,完全愈合。脚掌很结实,上面有三个趾,趾端有爪。

霸王龙的足迹遍布各地,至今已在美国、加拿大、蒙古,中国的河南、黑龙江、新疆、云南等地发现了近50个从幼年到成年的霸王龙化石。

霸王龙视野开阔,也有很灵敏的嗅觉、视觉和听觉。它的颌部肌肉强壮有力,能撕碎巨大的猎物,如同时代的鸭嘴龙或角龙等。当霸王龙咬住猎物时,它会使其下颌两侧分别向后拉动使牙锋更深地切入肉中,并切下这块肉。

霸王龙的前肢只有2个带爪的指头,有些像小耙子,它的用处可能不大,只是在吃猎物时用它辅助性地抓住或拉住猎物,或是低头弯腰吃完食物后用小小的前爪撑一下使自己站起身来。它们经常用强有力的后脚穿过丛林,越过旷野。霸王龙有一条挺直的尾巴保持身体平衡,步伐敏捷,大约每小时可走30~40千米,至少也可达15千米。

1.其他故事

霸王龙为什么令人恐怖?

霸王龙可谓大名鼎鼎,又名暴君龙,顾名思义,它是恐龙家庭中名副其实的"暴君"。是最大最凶恶的肉食性恐龙,也是大型肉食性恐龙的典型代表。

霸王龙的牙齿有什么特点?

在霸王龙的颌骨上长有短剑般的牙齿,有的牙齿可长达18~20厘米。它的牙齿向后弯曲,便于更有力地撕猎物。牙齿边缘有锯齿,增加了锋利程度。恐龙的牙齿都不是终生固定的,霸王龙的一生中也要多次换牙,只要旧的磨损掉,新的牙齿就会从齿槽中长出。因此,它的牙齿是参差不齐的。霸王龙的颌骨与牙齿的这些结构特点,无疑是长期适应撕裂大片肉块的结果。

2.类群特点

霸王龙类是肉食性恐龙中体格最大的一类,具有强有力的后肢和长度超过1米的颌,其颌上布满十几厘米长的锋利牙齿。霸王龙名称中的"暴君"之意,就是从它的这种恐怖形象中来的。

与异龙类相比,霸王龙类的前肢更加退化,但后肢却变得更长,适合于猛冲出去捕捉猎物。

恐龙的牙齿容易脱落,但是脱落之后新的牙齿很快就会长出来。所以同一个恐龙个体的牙齿也是长短不一的,霸王龙也不例外。

3.其他同类的远古动物

重爪龙

重爪龙生活在距今 1.2 亿年的早白垩纪。它身长 10 米多,站起来臀高 2.5 米,大约重 2 吨。它前肢短而后肢长,长尾巴向后方伸直,用于平衡它前伸的上半身以及直而长的脖子和长而扁平的头。

重爪龙的头长约 1.1 米,无论是牙齿的生长方式、形状,还是它的上下颌,都很像现代的鳄类动物。它的前脚有 4 指,前 3 指上有爪,第四指已退化,尤其是拇指上有一个超过 30 厘米长的巨爪,重爪龙因此而得名。

重爪龙是一种吃鱼的恐龙,它比其他肉食恐龙多 1 倍牙齿,下颚两边,每边有 32 颗牙,不像一般恐龙,只长 16 颗。有很多细牙,比仅有几颗大牙更利于捉鱼。重爪龙生活在温暖多水的平原地区,那里的小河、湖泊、沼泽里有丰富的鱼可供它食用。它常常蹲在岸边,伸长脖子,等待猎物。一旦鱼儿出来,它前肢的大爪就像支鱼叉,迅速地叉起水中的鱼儿,将它放在口中,再吞到肚里,有时用它那长长的嘴直接从水中捕鱼。

牙齿呈树叶状的板龙

板龙的小脑袋长在长长的脖子上,其后就是较长的背部和尾巴,这种匀称的体形是原始蜥脚类恐龙的特征。它的骨盆是蜥脚类的典型形态,被固定在巨大而粗壮的后肢上。它的前后肢都有五指(趾),第五指(趾)都已退化。前肢第一指上有大爪,能帮助它在陆地上行走,而后肢的第四、第五趾较小,走路时不可能承担更多的重量。

板龙主要发现于德国、法国和瑞士。板龙是群居的,在干旱的季节它们成群地迁徙,以便走出严酷的沙漠地带。过去常常把板龙复原成用后肢行走的恐龙,但根据它们留下的足迹,证明这种恐龙经常用四条腿走路,前肢比后肢短,大约是后肢的2/3。

板龙有树叶状的牙齿,边缘还有锯齿,因而有人认为板龙也能吃肉,至少能吃些小的昆虫。它吃东西时,后肢直立,利用长脖子把头抬起,像长颈鹿一样从树枝上扯下树叶和嫩枝。由于上下颌的结构不太适合咀嚼,它可能利用贮存在胃中的石头即胃石碾磨食物,也可能先把采到的食物存放在面颊内,然后再慢慢地咀嚼。

1.其他故事

板龙常常因何而死?

板龙在长途迁徙的过程中需要穿越沙漠地带,年老体弱以及幼年的恐龙可能会经受不住恶劣的气候而暴死荒野,它们的尸体被大风带来的沙子埋没。在德国的泥石流洲中曾发现几十条板龙的骨架,则可能是洪水把它们卷入水底而死的。

2.类群特点

板龙类是组成植食性恐龙祖先的一个大类群,在世界各地广泛分布,但往往缺乏完整的骨骼化石等资料,因此,尚未解开的谜仍很多。

这类恐龙繁盛于三叠纪晚期至侏罗纪早期,其身体的巨型化从最初出现时就开始了,但与侏罗纪早期以后出现的具有长尾巴和长脖子的那类恐龙相比,脖子要短得多。前肢稍小,有的能够用双足站立。

3.其他同类的远古动物

大椎龙

大椎龙又叫巨椎龙,是由它巨大的脊椎骨而得名的。它生活在三叠纪晚期,体长为4~6米,头部昂起很高,但头部很小,颈部较长,眼孔和鼻子都很大,有粗壮的四肢。大多数时候以四足行走,尾巴用来保持身体平衡。

大椎龙的拇趾很大,上面长有长而弯曲的爪,可以用来防御。拇趾还能够与第三趾和第四趾对握,有利于它抓取植物、捡拾树叶。和板龙一样,凭借巨大的身躯也可以进行自我保护。

大椎龙的分布范围比较广泛,在北美洲冲积平原茂密的森林里和非洲南部的大地上,遍布了它们的足迹。以前,大椎龙被认为是植食性恐龙,靠两条粗壮的后腿支撑身体,站立起来去够大树顶上的嫩芽和枝叶。科学家们还在它的腹腔中发现了小卵石,所以推断它和板龙一样,也是利用吞咽这些石头来帮助自己消化的。但后来科学家通过对大锥龙牙齿化石的研究,对其食性又有了争议,有些科学家认为,大椎龙也属于肉食性恐龙,因为在它们的口腔中发现了高而坚固的前排牙齿,在这些牙齿的牙冠边缘还存在锯茵,很可能是用来撕肉的。也有人认为它们是杂食性动物,前边带有锯齿的牙齿用来撕肉,后面较平的牙齿用来咀嚼植物。

禄丰龙

禄丰龙体形较小,体长只有5~6米,站立时高度有2米多。它的脖子很长,上面有一个三角形的头部。和整个身躯相比显得很小。身后拖着一条粗壮的大尾巴,站立时,可以用来支撑身体。

禄丰龙的后肢粗壮,但前肢较短,长度只有后肢的三分之一。它的脚上有五趾,趾端有粗大的爪。它们是浅水区生活的恐龙,主要以植物叶或柔软藻类为食。常漫步在湖泊、沼泽的岸边,用两条后腿走路,弓背而行,边走边吞食植物的嫩叶嫩枝。在觅食或休息的时候也可能使用前肢着地,并辅助后肢和吻部的活动。

身体极长的梁龙

梁龙四肢如柱,后肢略长于前肢。它的脖子又细又长,脑袋较小,脸部较长。头骨上,鼻孔位于眼眶上方,这有点像现生的象,所以有人推测它可能有一个不大的长鼻子。它的牙齿长在口的前缘。它的眼睛很大,视觉良好。牙齿外形像钉子,长在嘴的前部,两边的数目很少,顶多也不过12~16个。它的脖子有7.5米长,由15块颈椎骨组成。

梁龙有宽而圆的脚掌,上面有短而粗的脚趾,而且有像大象那样的脚趾垫。它前肢的手指上有长而尖的利爪,后肢三个靠内侧的脚趾上也有利爪。

梁龙的尾巴很细,也很长,超过体长一半,至少有70个以上甚至超过80个尾椎,尾巴末端的尾椎愈合成细杆状,尾巴中部有10多个尾椎下部呈人字形的人字骨,人字骨上端前后扩大,当梁龙的尾巴垂于地面时,人字骨可能起支撑或保护的作用,因为人字骨顶端伸出的这两个突起似双梁,因此它得名双梁龙,不过人们常常称它为梁龙。

梁龙的化石在美国及欧洲都有发现。它们以植物为食,极长的脖子使它可以直接将嘴伸到树的顶端,以便用细小的牙齿把树叶摘下。宽而圆的脚掌和像大象那样的脚趾垫使它们走起路来既能减轻负荷,又不易摔倒。后肢的利爪能掘进软的土地,以防打滑,前肢的利爪可以作为锋利的自卫武器。

过去认为它们身躯巨大,只能生活在水中,靠水的浮力走动。通过对它的足迹以及解剖特点的研究,现已认为它生活在陆地上,以植物为食,但不排除吃些小的无脊椎动物。

梁龙的食物可能既有树蕨、苏铁、银杏、松柏等高大植物的枝叶,还有地上的蕨类等。一些科学家相信梁龙吃高处的食物时,经常抬起上身,用后肢和尾巴支撑身体。颌前部的棒状齿可以从粗的枝或茎上拉下枝叶。由于没有咀嚼齿,食物应该是在胃中经胃石研磨后而消化的。肠子里可能有特殊的细菌,酵解纤维质,消化食物,犹如现代的许多草食有蹄哺乳动物。

梁龙成群活动。由于需要的食物量大,它们经常迁徙,以寻找更丰茂的植物。像梁龙这类大型素食恐龙,最重要的生理机能就是摄食和消化。

1.其他故事

梁龙怎样支撑自己巨大的体重?

梁龙能支撑约 11 吨重的体重,从力学角度来看,这种身体构可以说已达到"巧夺天工"的地步。首先,它有巨大的肩胛骨,把前肢与躯体有力地联结起来。它的胸部及背部有 10 块脊椎骨,尾巴由 70 块脊椎骨组成,再加上像柱子一样的 4 条腿以及前轻后重的躯干,使身体呈拱桥状。脊椎骨上的神经棘形成深的 V 形沟,使联结骨骼的肌肉的肌腱附着其上,这就增加了背部的力量。它的脊椎骨的椎体和神经棘的两边都有坑窝,这样可以减轻身体的重量。

梁龙的尾巴有什么作用?

它的尾巴很长,又很细,其末端仅仅只有人的指头粗细,但是很灵活,整个尾巴就像长在梁龙臀部的一条长鞭,被称为鞭状尾。梁龙的鞭状尾除了平衡身体运动以外,还是一种防御敌害的有力武器,可以用来鞭打来犯之敌。

以前曾认为梁龙行走时尾巴拖曳于地面,但在它行动时留下的脚印石周围,没有尾巴拖曳的痕迹。因此,目前科学家认为梁龙是抬着尾巴走路的。

2.类群特点

梁龙类是从原蜥脚亚目演化而来,主要由四足行走的大型植食性恐龙组成,形态上的最大特征是具有又长又大的脖子和尾巴。梁龙类前肢的底面为马蹄形。可以安全地支撑体重。头部小,鼻孔长在额头上。嘴像鸟嘴一样伸出,具有较长的前齿,适合于拽食植物。颌很小,推测其咀嚼力很弱。脖子不能抬得很高,步行时尾巴不拖地。

3.其他同类的远古动物

阿普吐龙

阿普吐龙的拉丁文学名的意思是骗人的恐龙。它也是一个庞然大物,体长约 21 米。由于它比梁龙小,所以显得比梁龙粗壮,特别表现在颈椎上。它的颈椎与梁龙一样,由 15 块骨头组成。它的尾巴比梁龙的长,由 80 块尾椎骨组成,越往后越细,像一条越来越窄的皮鞭。当它遇到敌人时,就利用这条尾巴猛烈地抽打对方。它也有 4 条粗壮的腿,脚掌也又宽又厚。它的前脚内侧也有一锋利的巨爪,可以对进攻者踢刺。它主要吃树叶和嫩芽。阿普吐龙最早发现于美国的科罗拉多州。

蜀龙

蜀龙的化石发现于四川,故以四川简称“蜀”来命名。它的体长大约为 12 米,脖子很长,大约占身体全长的 1/3。蜀龙有一个高昂的头,口中的牙齿呈树叶状,但略为显示勺形的特点,边缘没有锯齿。它的肢骨与同类恐龙的其他成员相比,尚不够原始,而脊椎骨却较为密实,缺少进步类型发达的坑凹构造,有颈椎 12 个,背椎 13 个,荐椎(腰椎骨)4个,尾椎 44 个,后端 4 个尾椎迅速膨胀,愈合成一锤状物,称作尾锤,可以作为武器。

蜀龙生活在侏罗纪中期广阔无垠的“古巴蜀湖”周边陆地,喜群居。它们已是完全靠四足行走的动物,以柔软的植物为食,常常在植物繁茂的河湖之滨觅食。

鲸龙

鲸龙是于 1809 年在英国的牛津郡最早被发现的蜥脚类,因为它当时被认为是水生爬行动物,所以得名鲸龙。后来,1979 年在摩洛哥又发现了比较完整的鲸龙标本,人们才知道它属于蜥脚类。它的体长约 15~17 米,脊椎上有海绵状结缔组织。这种恐龙生活在侏罗纪中期到侏罗纪晚期。

4.本类群的小故事

蜀龙对于恐龙的研究有什么意义？

与原蜥脚类恐龙相比,蜀龙脖子显得更长,但若与同时发展起来的长颈蜥脚类恐龙相比,它的脖子却显得比较短。蜀龙身上既有原蜥脚类恐龙的特征,也有蜥脚类恐龙的特征,也就是说,带有这两类具有亲缘关系的植食性恐龙的过渡特征,是晚三叠世的原蜥脚类恐龙与侏罗纪晚期的蜥脚类恐龙之间的过渡类型,对研究蜥脚类恐龙的起源与进化有重要意义。

为什么有"蜀龙动物群"的称谓?

在四川大山铺恐龙坑中,蜀龙的产出数量多到几十条,有12米的成年个体,有4米的幼年个体,这些恐龙是大山铺恐龙动物群的主体,故大山铺恐龙动物群也称为蜀龙动物群。

颈部超长的马门溪龙

马门溪龙是我国和亚洲最大的恐龙之一,由于它的化石1952年首次发现于四川宜宾的马门溪,因而得名。它的体形的特点是庞大的身躯配以很小的头部和细小的嘴。它在所有蜥脚类恐龙中颈椎最多,有17~19个;脖子也最长,长约15米。不过它有颈肋可达3米。从发现的马门溪龙头骨碎片看,它的头骨较高,鼻孔位于两眼之间,吻部短而钝,口中长有坚实的勺状齿。其脊椎骨的某些特征与梁龙相似。

马门溪龙的化石发现于中国四川、新疆、甘肃等地。它们是典型的食草性恐龙。按马门溪龙的身躯大小,每天需进食

马门溪龙

300千克的植物才能满足身体对营养的需求,而狭小的口腔和稀疏的牙齿,就是每天24

小时不睡觉、不歇气，一个劲地吃东西，也难以完成日进300千克食物的工作量。不过，从马门溪龙那硕大的骨架看，它们肯定吃得饱饱的，从没有因嘴小进食难而挨过饿，更没有得过营养不良症。否则它们就不会长那么大，在地球上存在那么久。有人认为，马门溪龙栖息的浅湖和沼泽中，不仅有大量水草，还有营养价值高、富含蛋白质和脂肪的各种藻类。由于吃得好，也就不需要吃得多，因而马门溪龙嘴小的问题也就不成其为问题了。

一些学者认为，马门溪龙每天需进食300千克的推测依据是同等大小的哺乳动物的进食量，而马门溪龙是冷血的爬行动物，它们的活动量小，新陈代谢能力低，所以只需要吃少量东西就行了。

而且，这类恐龙可能还有休眠的习惯，每天夜间，气温下降，它就动弹不得，开始昏睡，身体对能量的消耗降到最低点。因此，马门溪龙虽然身躯庞大，但吃的食物却并不多。

1.其他故事

马门溪龙是陆生动物还是水生动物？

大型蜥脚类恐龙过去曾被认为是生活在水中的，因为那时科学家认为这些庞然大物需要在水的浮力帮助下才能支撑身体。而且，马门溪龙的长脖子可以使它方便地吃到一大片水域内柔嫩的水生植物。但是，现在大多科学家相信，包括马门溪龙在内的大型蜥脚类恐龙是陆生动物，主要吃高处的枝叶，原因有四：

第一，它长有坚实的牙齿，说明它并非只能吃柔嫩的水生植物；第二，它的颈椎较轻，对它来说抬升脖子并不很费力；第三，靠近颈部的最前两节胸椎间形成一定高度，使颈的基部能从肩部抬起；第四，粗壮的四肢显示它属于陆上活动的动物。

2.类群特点

圆顶龙类与梁龙类一样，身体大型且用四足步行，但是，前后肢的长度几乎相同，脊背接近水平。

圆顶龙的头部有与腕龙类相似的隆起，但不明显，很像食火鸡的鸡冠。此外，圆顶龙大大的鼻孔也引人注目。

在过去很长一段时间里，人们认为圆顶龙头部的隆起和大鼻孔的作用是当遭受肉食性恐龙的追捕时，动作缓慢的圆顶龙类能逃到水中避难。在水中，圆顶龙要把鼻子露出水面呼吸，一直到敌人离开。但是，对于脖子较长的圆顶龙类来说，潜入水中意味着要把身体下潜 7~8 米深。在研究工作更为深入的今天，人们认为恐龙的心脏和肺都承受不了那么大的水压。

3.其他同类的远古动物

圆顶龙

圆顶龙的名称来源于它的背部像房屋的圆顶。它生活于侏罗纪晚期，体长 16~20 米不等。它与梁龙最显著的区别是，它的头比较大而且在头顶上眼睛前面有大的鼻子，颌骨强壮，布满长而钝的勺状牙齿，可以吞下满嘴的食物。它的脖子和尾巴也比梁龙短，脖子由 12 块颈椎骨组成，尾巴由 53 块尾椎骨组成。在它前面 4 个脊椎的神经棘上有 U 形槽，用来增加肌肉的附着力。它有 5 个脊椎紧密地愈合在一起，以支持巨大的躯体。它的前肢比梁龙要长，四肢比梁龙粗壮。它的后肢有 5 个短的脚趾，内侧第一趾大而弯曲，也有利爪，是自卫的武器。在美国科罗拉多州发现了它的幼年个体与异龙埋在一起的化石，圆顶龙的脖子上有被异龙咬伤的痕迹。

峨眉龙

峨眉龙的化石发现于四川自贡大山铺，是一类大型的较进步的蜥脚类恐龙，体长 12~14 米，高 5~7 米。它有一个较大的头，脖子特别长，最长的能占到全身长度的 3/4，四肢粗壮。它的牙齿粗大，呈勺状，前缘有锯齿。

峨眉龙主要生活在内陆湖泊的边缘地带，可能营群居生活，以柔软的植物叶子为食。

身躯巨大的腕龙

腕龙是恐龙中的"巨人"。它们脖子的长度可达 10 米，颈椎上有窝，可以减轻重量。它们的前肢也特别长，所以叫腕龙。它们的前肢比后肢长，由于肩部比臀部要高，所以脊背从前向后倾斜，这在其他的蜥脚类恐龙中是很少见的。它的尾巴很短，只有 50 个尾椎骨。像其他蜥脚类恐龙一样，它们的鼻孔也长在头顶上。

腕龙分布于美国、葡萄牙和坦桑尼亚等地的原始森林中，以松柏类的果实和叶子为主食，能伸长脖子摘取高大植物的树叶。腕龙拥有锋利的、凿子一般的牙齿，下半部粗壮的腿骨和肋骨使它的全身形成了一个稳固的结构,方便它将脖子伸到其他植食恐龙够不到的、更高的地方去吃球果、水果和树梢上新长出来的枝叶。在有必要的时候,它们也会选择用自己强壮的身躯来推倒树木,以获取自己想要的果实。

腕龙的食量大得惊人,平均每天能吞下 1500 千克的食物,它一次所排泄的粪便,竟然有 1 米多高! 腕龙性格温和,为了填饱肚子,它们不得不每天到处觅食。它们不喜欢群居生活,往往自己单独行动,但偶尔也会形成小的群体。它们不怕任何敌人,因为仅仅依靠巨大的体形,它们就不容易受到哪怕是最大的捕食者的袭击。

腕龙很少发出声音,只有在吸引配偶的时候,才会发出呼叫。

1.类群特点

腕龙类为植食性的超大型恐龙,用四足步行。前肢比后肢长,腰的高度比肩低。

以前,人们认为腕龙是地球上最大的陆生动物,它的股骨与成人的身高相当,人们认为它的大小已达到了骨骼支撑体重的极限,但此后更大的巨龙、超龙的发现便打破了这个假说。动物的体重并不是直接由骨骼承受,而是通过骨骼上肌肉的力量来支撑的。

2.其他同类的远古动物

超龙

超龙是蜥脚类中最大的成员。超龙不是正式的科学名称,因为它可能有 40 多米长、100 吨重,所以叫超龙。它 1971 年发现于美国科罗拉多州的西部,主要依据是一块 1.5 米长的颈椎和比一般成年人还要高的肩胛骨以及前肢的一些骨头。在过去相当长的时间里,人们认为它像腕龙,但最近又发现它更接近梁龙。

善于奔跑的棱齿龙

棱齿龙的名称来源于它有较高的齿脊,因而得名。它属于小型鸟脚类恐龙,有短的前肢,上面有五个短的手指。它大腿短,小腿长,后肢比前肢大得多,有四个脚趾,趾上都有短爪。它有一条僵硬的尾巴。

它们长着大大的眼睛,吻部有角质的喙,颊齿高冠,也就是颊齿露出牙床的部分较长。

棱齿龙最早发现于英国和北美洲，通常生活在有众多河流、湖泊或沼泽的近海平原上。它的上下颊齿的锋利齿缘可以相互切割，取食的时候先用喙咬断蕨类的茎或细嫩树枝咀嚼，连同叶子，用舌卷进口中、暂存于颊部两边的颊囊，然后集中咀嚼，咀嚼时也是下颌向后运动。尽管棱齿龙齿冠高，但损耗也较快，当旧牙磨得差不多了，新牙又替换上来，保持它高效的咀嚼功能。

棱齿龙是成群活动的，它们非常警觉和胆小，当群体取食时，有少数棱齿龙担任警戒任务，随时警告危险或敌人来临。它们的奔跑能力很强，属于跑得最快的恐龙之一，在高速的奔跑中，它还用忽东忽西的转向跑来躲避追敌。

1.其他故事

棱齿龙会爬树吗？

棱齿龙有一个时期曾被认为是会爬树的恐龙。因为当时认为它的后肢的第一趾能伸向后方，其他三趾能伸向前方，即能像鸟一样握住树枝。但经过仔细研究，发现它后肢的第一趾也指向前方，无法握住树枝，所以它也是生活在陆地上的。

棱齿龙的取食有什么特点？

棱齿龙用喙从树枝上摘取嫩枝与嫩芽，这种尖状的喙有非同寻常的咬合力。它们在吃东西时还是很挑剔的。它的尖喙嘴被磨掉后还可以长出新的。现生的哺乳动物吃植物时，总是移动它们的上下颌，从一边到另一边地咀嚼。棱齿龙却不一样，它在头骨上有一个关节，似一条对角线的铰链，把嘴闭上时，能使上下颌交替地向外移动，利用颊齿咀嚼食物。

2.类群特点

棱齿龙类是一类繁盛于侏罗纪中期之后的小型至中型恐龙，前肢比后肢稍短，除了偶尔用四足行走之外，奔跑时用强有力的后肢，靠尾巴保持身体的平衡。

棱齿龙类与禽龙类形态相似，但身体更小，行动也更活跃。

棱齿龙类中包含了鸟臀目中脑子最为发达的恐龙。它们利用快速奔跑的能力生活在森林至草原地带，可能过群居生活。

3.其他同类的远古动物

畸齿龙

畸齿龙是一种小型的恐龙,体长 1.5 米,生活在侏罗纪早期。它们具有早期鸟脚类的典型特征,有很长的尾巴和短的脖子,还有短的前肢和相对长的后肢,是两足行走的动物,尾巴很长。畸齿龙的后肢非常像鸟,小腿的胫骨和腓骨愈合,一直到跗骨处。这种愈合稳定了下肢和踝关节部位,加上背部肌腱骨化,使躯干部脊柱变得相当牢固,强壮稳定。与后肢相比较,前肢的"手"粗大而灵活。

畸齿龙分布于非洲大陆,其化石最早发现于南非的开普省。它们栖息于在干涸的河床和冲积物上生长着稀少的耐干旱植物的环境中,是一类善于快速奔跑的恐龙,长长的尾巴在奔跑时成为很好的平衡器官。它们以植物为食,前肢的"手"适于挖掘地上的植物,可以准确地把植物抓取到手。

小盾龙

小盾龙体长约 8 米,除腹部外身上有镶嵌而成的大骨甲,还有钉状物和棘刺。它在低矮的蕨类及灌木丛中寻找食物时,不必为逃避肉食性恐龙而担忧。如果肉食性恐龙无视小盾龙的盾甲冲上去咬它,得到的将是几颗被硬甲碰得粉碎的牙齿。一旦遇到目空一切的捕食者,小盾龙就会蹲在地上,像抛锚一样,把蹄爪埋入地下,站稳脚跟,然后用身上的防御武器与敌人周旋,结果往往是对方知难而退。

4.本类群的小故事

畸齿龙因何得名?

畸齿龙又叫异齿龙,这个名字的拉丁文原意是具有"不同牙齿的蜥蜴",这主要是因为它具有三种不同类型和功能的牙齿,即有生长在颌骨前面的像哺乳动物门齿般的小牙齿,有长在门齿后面的像犬齿一样的长牙,叫作犬状齿,另外在口的两侧颊齿部位长着宽脊的牙,齿冠边缘具有小突起,呈凿子状,称为颊齿,排列紧密,并且齿冠磨损厉害。凿子状的牙齿和严重的磨损表明,这些牙齿担负着磨碎粗糙的植物性食料的任务。它们的犬状齿长而尖利,说明畸齿龙离开它的肉食性祖先还不远。但是,犬状齿已不是肉食性标志,而是作为防御武器。当与进犯的肉食性动物短兵相接时,作为撕咬、反击对方的有力武器。犬状齿还可以帮助取食,掘出植物地下的根茎,并且撕裂它们,这样有利于进食。从发现的畸齿龙化石来看,有的有犬状齿,有的没有,所以有人认为,犬状齿还是性别特征的标志,雄性个体有,雌性个体没有。这样组合的牙齿只有在似哺乳爬行动物中才有发现,现在科学家还弄不清异齿龙在咀嚼时是怎样使用它的颌骨的。

竖起大拇指的禽龙

禽龙的名称来源于它那蜥蜴般的牙齿。它是鸭嘴龙的祖先类型。它的前肢和肩胛骨都比较大而重,手上钉子般的大拇指是它的主要特征。它手上有四个手指,第四个手指与腕骨几乎成直角。它具有一个长长的脖子和长长的尾巴,以及从肩胛骨延伸到尾巴中部的骨化的肌腱。它们的胸部一大块骨板,有助于前肢支撑沉重的身体。它的后肢粗大强健,脚上有三个脚趾,有宽厚的蹄子一样的趾爪。它的头较大,有角质的喙,上下颌的前部没有牙齿,后部的牙齿两边都有锯齿。互相咬合在一起。

禽龙分布于于欧洲、北美洲、非洲北部、蒙古和我国少数地区,主要生活在大湖湿而松软的岸边。手上的大拇指是它的自卫的武器。第四个手指可以用来钩断树枝。它的手指不仅用于抓握食物和自卫,走路时还能保持躯体平稳,再加它的长脖子和长尾巴,使它走路或跑起来异常平稳而迅速,平均每小时能走 35 千米。

禽龙是群居的。它们在长着马尾草丛的泥沼中奔波觅食。它们是巨型素食恐龙的典型。它不再像那些把大量植物吞进肚里用石头磨碎的长颈素食恐龙,它能将植物食品充分嚼透吞食了。在口的前端有一个角质的喙,使它们能采集植物。当食物在颊囊内搅动时,有力的臼齿能把它们咬碎磨烂。

1.其他故事

禽龙怎样躲避敌害?

禽龙生活的地方同样有大型肉食恐龙在四处活动,它们无疑会猎食年幼或衰弱的禽龙。年幼禽龙的前肢骨骼较成年禽龙的要短,看来幼禽龙似乎大多以后肢行走活动,可以靠快跑逃脱敌人。成年禽龙行动缓慢得多,大多是四肢着地行走。它们健硕的身躯,足以保护它们不受大多数攻击者的侵犯。

2.类群特点

禽龙类是生活于侏罗纪晚期至白垩纪最晚期的中型至大型植食性恐龙。禽龙是最早被发现的恐龙,对它的研究从那时以来就一直在进行。

禽龙类的特征是头大、脚宽,宽脚是用来支撑沉重的身体的。为了吃进大量的植物,颌也长得很大。它们平时用四足行走,有时也会用双足行走或站立。

本类群中的勇敢龙与突棘龙一样,背上有"帆",但它的头和足等具有禽龙类的特征。

3.其他同类的远古动物

弯龙

弯龙生活在侏罗纪晚期到白垩纪早期。它身长5~7米,前肢短、后肢长,基本上用两条后腿走路,在吃低矮的植物时,也能用四肢走路。它的前肢有五个手指,但没有禽龙那样的钉状大拇指。后肢有四个脚趾,前后肢都有蹄状的指(趾)爪。它的股骨(大腿骨)弯曲,所以叫弯龙,拉丁名的意思是弯曲的蜥蜴。它的头骨较小,头骨上的眼前孔退化,有角质的喙嘴,上下颌前部没有牙齿,后部也有蜥蜴般的牙齿。牙齿呈树叶状,说明它是吃植物的。借助强有力的后腿以及能保持身体平衡的尾巴,弯龙可以跑得很快。由于本身没有防御性的武器,遇到敌人时它的唯一办法就是溜之大吉。

"鸭嘴龙的典型代表"埃德蒙顿龙

埃德蒙顿龙是鸭嘴龙类的典型代表。它的头长,后部较高且宽,脸部有些倾斜,头顶平。吻部稍侧扁,吻端有角质喙,前上颌骨及前齿骨前端无牙齿,似鸭嘴,上颌骨及齿骨上生有紧密排列的牙齿,大约有1000枚。每颗牙顶端为窄圆形,颊面有一纵棱,通常每侧有3.5排牙齿,内侧下牙最先生长,外侧依次替补。上颌骨上侧下牙最先生长,外侧依次替补。上颌骨上一排牙齿可有53颗,齿骨上可有49颗。

埃德蒙顿龙最早是在加拿大的埃德蒙顿城附近发现的。它通常四足行走,后肢着力,前肢起辅助作用,奔跑时会稍稍挺起身子以两只后足狂奔,估计它的奔跑速度每小时40~50千米。它的食物是陆生的较粗糙而且质地较硬的植物枝叶。

1.其他故事

埃德蒙顿龙会游泳吗？

以前有人曾认为埃德蒙顿龙的手和脚上生有蹼,适于游水,尾巴可像舵一样用于游水和掌握方向。现在人们认为它的手和脚富有肌肉,没有形成蹼,尾巴上没有强的筋健和韧带附着,所以尾巴比较柔弱,不能用于游水和掌握方向。

埃德蒙顿龙鼻孔处的气囊有什么作用？

埃德蒙顿龙的鼻孔长而大,它活着的时候可能在鼻孔处有一个皮质气囊。这个气囊既可以在呼吸中短期贮集空气,还可以起共鸣的作用,正是有了这个气囊,它们才能发出低沉的哮声,用来求偶或呼唤幼仔,当它们成群活动时,也可用哮声示警。

2.类群特点

鸭嘴龙类为植食性,脖子较短,前肢较小。它们一般用四足行走,但是某些种类在紧急情况下还能用双足行走。

由于鸭嘴龙类嘴巴的形状像鸭嘴,因此,它们与形态相似的赖氏龙类一起,被合称为鸭嘴恐龙。但与鸭子不同的是,它们的口腔深处有数百至 2000 颗牙齿,可以将大量的植物磨碎,变为身体所需要的能量。

鸭嘴龙类能吃不易消化的现代型植物,它们在白垩纪晚期开始繁盛,并且与赖氏龙一样,在数量和种类上都得到了极大地增加。

3.其他同类的远古动物

棘鼻青岛龙

棘鼻青岛龙是我国发现的最著名的有顶饰的鸭嘴龙化石,也是我国首次发现的完整的恐龙化石。由于它是在青岛附近的莱阳市金刚口村西沟发现的,头上又有棘鼻状的顶饰,所以得名。棘鼻青岛龙化石所处的地层的时代为白垩纪晚期。它的身长为 6.62 米,身高 4.9 米,体重为 6~7 吨左右,坐骨末端呈足状扩大,肠骨上部隆起,在荐椎腹侧中间有明显的直棱,后面成沟状,顶饰实际上是在相当靠后的鼻骨上长着的一条带棱的棒状棘,很像独角兽的角,从两眼之间直直地向前伸出,但脑子很小,仅有 200~300 克重。

巨型山东龙

巨型山东龙发现于我国山东诸城吕标乡的龙骨涧，由于它的体形空前庞大，是迄今为止世界上发现的体形最高大的鸭嘴龙，从头到尾有15米长，站起来有8米高，再加上它是首次在山东境内发现的，所以得名。它的头骨长，顶面较平，头后部较宽。齿骨牙列较长，有60个齿沟。口中有上千枚牙齿。荐椎由10个脊椎骨愈合而成，荐椎的腹面有较深的直沟。坐骨直长，末端有稍微扩大的尖顶。这些都与带顶饰的鸭嘴龙有所不同。它可能是四足着地的，一条沉重的超长的尾巴几乎占它的身长的一半，向后举着，可以保持平衡。当它不得不逃离天敌的时候，也可以用后腿直立起来迅速跑开。巨型山东龙与在美国和加拿大发现的埃德蒙顿龙相似，进一步证明当巨型山东龙在亚洲大地上漫游时，北美大陆与亚洲大陆是连在一起的，也证明了地质学界所推崇的大陆漂移及板块构造学说的正确性。

慈母龙

慈母龙的拉丁文是希腊神话中战神麦邱瑞之母。它生活在距今8000万~7500万年间的白垩纪晚期的北美大陆西部。

慈母龙长约9米，高约4.5米。它头很长，从吻端到枕部有82厘米长，靠近头后部最高，约35厘米。前上颌骨及下颌的前齿骨前端均有角质喙。颊部紧密排列着数百个牙齿。头顶部在两眼眶之间有一个竖立着的勺状骨质嵴，嵴不大，是由额骨及鼻骨组成的实心嵴。在颊部两侧各生有一个三角形的骨质突起。

慈母龙可能以极庞大的数目成群活动。依靠数量上的优势，慈母龙使霸王龙对它们不敢轻举妄动。它们成千上万随季节的变化而南北迁移，但总回到世代相传的繁殖地产卵。

慈母龙产卵的巢是它自己用泥做成的，基本是个圆形围堰，直径约2米，中心处深达75厘米，巢中铺有干枯的植物枝叶。它们一次产卵约20枚，蛋椭圆形，孵化前蛋上会覆盖枯枝落叶。刚刚孵化出的小慈母龙仅长10~20厘米，只与成年慈母龙的脚趾差不多大。在它们还不能走路时，它们的双亲会像鸟一样抚育它们，所以，慈母龙也算名副其实。

头如鸡冠的盔龙

盔龙的 4 个前指和 3 个脚趾都有蹄状爪,雄性成年盔龙头上长着公鸡冠一样的骨质嵴,这个骨质嵴中空,有鼻腔经过。盔龙正是这个盔状的骨质嵴使它得名。有人认为,盔龙顶饰的形状和大小,会随年龄的大小与性别的不同而有区别。雄性成年盔龙顶饰会大些,雌性盔龙和幼年盔龙顶饰会小些。

盔龙分布于北美洲西部大陆一带。它们成群生活在森林中,主要吃较低的树上的叶子和果实。它平颊部有暂存食物的颊囊,在有较充裕的时间和没有敌害的情况下,盔龙会将颊囊中的食物返回嘴中再进行充分咀嚼。过去,古生物学家曾把禽龙、盔龙等鸟脚类恐龙复原成后肢站立,尾巴撑地,身躯直立,像绅士那样两足行走的样子。现在研究的结果认为,它们用后肢行走时身躯难以直立,应是上身前倾,尾巴翘起平衡,偶尔四肢行走。

1.其他故事

盔龙怎样联系同类?

在发现盔龙化石的地点,还发现了多种其他鸭嘴龙。科学家们推测,盔龙可能会通过醒目的顶饰或通过辨别气味来识别同类。雄性盔龙顶饰内有长长的鼻腔,还有可能会像共鸣箱一样使雄性盔龙发出极为低沉的鸣叫声,表达求爱或威胁同性竞争者,雄性盔龙还可能会改变头部顶饰皮肤的颜色来吸引雌性。

2.类群特点

赖氏龙类虽然与鸭嘴龙类相似,但牙齿的数量稍少,而且除了极为原始的种类之外,一般都有中空、骨质的冠子。

这种冠子可以使恐龙的鸣叫产生共鸣音,同时它也是嗅觉器官。另外,雄性和雌性、成体和幼体以及不同种类之间,冠子的形状和大小都不相同,所以恐龙也把冠子作为识别同类的标志。

3.其他同类的远古动物

似棘龙

似棘龙的拉丁文原意是有平行的冠状顶饰的爬行动物。在雄性似棘龙的头上,有向背部伸出的由长管子组成的顶饰,这条顶饰可长达 1.8 米,比一般成年人身高还长。如果解剖一下这个顶饰,可以看到它由 4 条长管道组成,两条向上,两条向下。当它呼气的时候,气流震动,发出声音,便于同种恐龙互相识别,同时也可以向同伴报警。从已经发现的似棘龙化石来看,成年雄性的顶饰要大于雌性的。似棘龙生活在加拿大的艾伯塔地区和美国。

嘴似鹦鹉的鹦鹉嘴龙

鹦鹉嘴龙有短的鼻子,位置较高的鼻孔,高高的喙,非常像现生鹦鹉的嘴,所以叫鹦鹉嘴龙。它们的体形都比较小,前肢短,后肢长,前肢长度只及后肢的 58%。前肢有三个手指,第一指与其他两指分开。它的后肢有四个比较细的脚趾。它的牙齿宽而平滑。鹦鹉嘴龙在头骨之后有短的棘刺向后伸出,形成小的颈盾。但这种颈盾并不明显。

鹦鹉嘴龙

鹦鹉嘴龙分布于亚洲的蒙古、泰国,我国的山东、内蒙古、辽宁等地,以及独联体的一些地区。它的前肢的"手"能够抓握,主要靠后肢走路,以植物为食。当时一些苏铁、部分蕨类植物已开始灭绝,代之而起的则是有花的被子植物。因而鹦鹉嘴龙吃的大多为坚硬的木质的茎和一些种子。虽然强大的颌部肌肉能帮助它咀嚼,但仍感力不从心。人们在它的胃部找到了胃石,这些胃石能帮助它在胃内研磨食物。

1.其他故事

鹦鹉嘴龙的分类地位有什么变化?

鹦鹉嘴龙是最早的角龙类。过去曾把它归入鸟脚类,它在某些地方也的确像鸟脚类恐龙,但根据它最本质的特征,近年来许多恐龙专家都认为它代表角龙类的祖先类型,应归于角龙类。

2.类群特点

角龙类出现于白垩纪晚期,是恐龙家族中最后的成员。发现于蒙古的原角龙,是角龙类中最原始的一种。角龙类的头部有宽阔的领饰,但原角龙领饰的舒展幅度还是属于最小的。

原角龙与肉食性恐龙搏斗的痕迹化石,以及整齐地排列在地面的圆形坑中的原角龙卵的化石都曾被发现过,这些发现对恐龙的研究产生了影响。在蒙古,曾发现过即将从卵中孵化的小原角龙化石,据此推测原角龙很可能有结群育儿的习性。

3.其他同类的远古动物

原角龙

原角龙由于首先被发现蛋的化石,才使人们确信恐龙是生蛋的。这曾成为20世纪20年代科学界最轰动的新闻。"原角龙"的原意是最早头上长出角的恐龙。它的身体较小,一般不超过2米,体重不超过180千克,看上去是一种笨重、矮胖的动物。它的头较大,头骨有46厘米长,头上还没有长出真正的角,只在鼻骨和额骨上有粗糙的突起,这是角的雏形。它的头上有很大的颈盾,乍看起来好像戴了一顶帽子。它的头骨有些特征如喙嘴等,与鹦鹉嘴龙相似,可见它的确是鹦鹉嘴龙类与新角珸类的中间类型。它的前后肢几乎等长,四肢粗壮,有宽阔厚实的脚,趾端有像爪一样的蹄子,说明它像现代犀牛一样,是在高原上生活的。它有大而有力的颌下肌,能帮助它用钩状喙嘴咬断植物的茎或叶子。

原角龙下蛋的窝是连在一起的,说明它们是群居的。刚刚出世的小原角龙需要雌性的照顾,直到能独立生活为止。从蒙古发现的众多原角龙化石中可以看出,雄性原角龙的颈盾要比雌性的大而粗壮。原角龙类集体生活,一般都由一雄性个体作为领袖。雄性原角龙之间会进行撞头争斗,胜利者就成了这一群体的头领。原角龙科的成员在北美也有发现,如蒙大那角龙就是在美国蒙大那州发现的原角龙类。

头上生有长角的三角龙

三角龙中的头骨就有 2 米长,头上有三个角,即鼻骨的上方有一个小而粗的角,两侧眉骨上各有一个 1 米多长的大角,在活着时一定会更长,因为上面会盖有骨质的角套。在它的头骨后面、脖子的周围有一个短而较大的骨质颈盾,颈盾的周围长满了骨质的棘状突起。

三角龙的前后肢几乎等长,前肢特别强壮,以支撑沉重的头部。短而纤细的尾巴,显然不是在走路时起平衡作用的。它的骨盆与脊椎愈合紧密,后肢有宽阔而带蹄爪的脚。

三角龙巨大的角是坚不可摧的武器,当它向敌人进攻时,锋利的角可以置对方于死地。它们是群居性的。每当霸王龙来犯时,它们会自动形成一个包围圈,把幼仔围在中间,共同面对来犯之敌。三角龙的颈盾也有保护躯体的功能。有些专家认为,雄性三角龙的颈盾在活着时可能是五颜六色的,用以吸引雌性。雄性三角龙间也会因为争夺雌性而大打出手。

三角龙走起路来既快又平稳,一小时能跑 35 千米,即使像霸王龙那样凶狠的肉食类恐龙在袭击它时,也会追赶不上或者被它的利角刺伤。

1. 其他故事

三角龙的牙齿有什么特点?

三角龙的牙齿也是旧的磨掉,就长出新的牙齿来代替。三角龙的牙不具有碾压和磨碎的作用,它的牙齿是剪切用的,所以有强而有力的喙状突,以便把剪刀力传到喙部和牙齿,可以剪切棕榈和苏铁的叶子。

2. 类群特点

三角龙类也是角龙的一类代表,它们一直繁衍到白垩纪最晚期。头上巨大的角是三角龙类的显著特征,但这种强大的角的作用却并没都弄清。不过,可以想象当三角龙类面对肉食性恐龙时,会用角对着敌人往前冲,进行反击挑战,或者围成一个圆圈保护自己的同类。

三角龙的嘴巴像鹦鹉,颌的肌肉强有力,适合于啄食坚硬的植物。与钉状龙、隙龙一样,三角龙类的角和领饰的部分也随时间的推移而逐渐变得复杂。

3.其他同类的远古动物

尖角龙

尖角龙发现于加拿大艾伯塔省红鹿河谷。它的头上只有一个角,颈盾较大,颈盾周围也有骨质的棘刺。尖角龙体长约6米,身体粗壮,前肢比后肢略短,靠四条腿走路。

戟龙

戟龙是美丽而硕大的一种恐龙,生活在距今7500万~7200万年前的晚白垩纪的加拿大刘塔和美国蒙大拿等地。

戟龙体长大约5.5米,重约2.7吨,身体似犀牛四肢粗柱状,具蹄状足,尾较短。它有一个大角长在头顶上。在大角的两旁、眼睛的后边,各有一个很小的角。但是,在它的颈盾上有6根呈扇状排列的长骨刺,生在上枕骨派生的骨质瘤上,从边缘向外伸出,越在中间越大,两边较小,好像我国古代兵器中的戟,所以把它叫作戟龙。它的鼻角长而稍向后弯,长可达0.4米。这种戟状物由颈部向背部伸出,不仅威武壮观,而且是战斗的锋利武器,当食肉恐龙袭击它时,当两个雄戟龙争夺配偶时,当同类间打斗时,长骨刺和鼻角就能发挥威力了。

头骨隆起的肿头龙

肿头龙又叫"圆头龙"。它的身体结构粗壮,脑子的嗅叶大;眼窝很大而且有点向前。它身体较为粗重,颈短粗,不过形态优雅。前肢短小,后肢长而较粗,两足行走。尾巴看起来粗壮而笨重,因内有骨骼筋腱支持而使尾巴能伸直和活动。它后肢的股骨比胫骨和腓骨长。

肿头龙分布于美国西部蒙大拿、南达科他和怀俄明州的接壤地带以及我国安徽、山东等地。肿头龙嗅觉灵敏,视力较敏锐。它奔跑速度不会太快,当它双足站立时,尾巴可以起到平衡作用。

它肿厚的头是很好的"撞锤"。它们头顶骨肿厚并拱起,头与脊柱的相互位置保证它们在撞头时将力沿脊椎传向后方,而不会把颈椎折损。肿头龙的"铁头功"主要用以对付肉食龙的进攻和争夺配偶及领导地位。当雄性争夺雌性时，或者当突然遭遇肉食恐龙时，它就用头去撞，如不奏效就转头而逃。

1.其他故事

肿头龙的头部有什么特点？

肿头龙身体的最大特征就是头部肿厚，牙齿扁平，边缘带小锯齿。它的头骨覆以圆弧形的骨板，最厚处竟达25厘米，而且突出部分是实心的，很坚实，在头顶部形成圆圆的拱顶状，围绕着这个凸起，在很平滑的小丘周围饰以成行成列的骨质小瘤和结节，围绕着拱顶状头部形成一个小棱，很像肿瘤一般，它的前缘看起来像是被某种严重的骨头疾病所折磨。由于头骨的肿厚隆起，头骨上的颞颥孔也随之消失或闭塞，因此头骨的重量增加了。它的鼻子上以及头骨两侧长着大小不等的棘刺、骨质瘤以及疙瘩。由于头骨上前后骨骼的愈合和加厚，头骨的穹隆体增高了，但它们的脑容量并未增加，头顶上也没有坑坑洼洼的不平。它的头以筋腱联结于脊椎骨和布满沟和峰的神经棘上，厚厚的头顶骨可以保护大脑不受损害。

2.类群特点

肿头龙意为"具有厚头的龙"，这类恐龙的头骨化石厚实而坚固，特别是头顶向外隆起。这并不是因为脑容量大，恰恰相反，肿头龙类的脑很小。

为什么肿头龙类的头骨如此厚？这个问题尚未弄清，有一个可能性是它们同类互相之间有猛烈碰头的习惯。

在现生动物中，确实有些种类有碰头的习惯，如加拿大圆角羊。碰头是为了在同伴中决一胜负，一般是雄性为争夺雌性而进行的较量，并不会危及生命。

3.其他同类的远古动物

剑角龙

剑角龙发现于北美洲，生活在白垩纪晚期，属于素食性恐龙。它一般身长2.5米，高1.5米，头骨有25厘米长，6厘米厚。又厚又圆的头盖骨，几乎把它的眼睛和脖子都给盖上了。它的头盖骨是自卫的武器，在受到攻击、走投无路时，它会突然用头拼命向来犯之敌撞去，使对方遭受重创。剑角龙的身体结构很符合这种撞击的力学要求，比如它的头可以自如地前倾；前肢短、后肢长，可以使它动作灵活；长长的尾巴可以保持身体的平衡；骨盆上的耻骨长而低，骨盆上方有 6~8 块互相愈合的脊椎，有骨腱把它们紧紧地连在一起，这样既加强了冲力，又起到了减少震动的作用；它的头与脊柱之间形成一个适当的角度，战斗时身体绷成一条直线，头稍向下倾，有利于冲刺。最重要的是当它们以头相撞时，肿厚的实心头像安全帽那样，能减少震动的强度，以免脑震荡。此外，剑角龙循带锯齿的锐利牙齿，可以帮它撕碎和切断食物。剑角龙是成群结队地生活的，由决斗中获胜的雄性成员充当首领。作为首领，不仅统帅整个群体，而且拥有与群体中雌性恐龙交配的权利，这是动物保存优良种系的自然选择。

背负两排骨板的剑龙

剑龙是外貌最奇特的植食性恐龙，因为有骨质的剑刺般的甲板，所以又叫骨板龙。又因为它最显著的特点是背上有骨质的甲板，犹如房屋上的瓦片，排列成行，颇像屋顶，所以又叫屋顶龙。

剑龙身体庞大，后肢长而前肢略短，背部高高拱起。前肢有四个手指，都有爪，其中第一指的爪特别长；后肢有三个脚趾，趾前都有蹄状的爪，能支持体重。它的头小而低，鼻嘴部长而租前端有一个角质喙，喙上无齿，喙后颊部生有小牙，牙齿为叶状，两侧有小锯齿。剑龙头小，脑子只有一个核桃大小，大约只有 70 克重，这是它体重的 1/25000。不过它的脑子里的嗅叶和视叶都较大。值得一提的是，在剑龙的荐椎部分有一个增大的神经结，体积大约相当于脑子的 20 倍，这个神经结可将脑中的信息放大后传导到后肢和尾部，指挥笨重的后肢、尾巴的活动。

剑龙最奇特之处是它的背脊上从颈部到尾巴前部都生有两排交错排列的巨大骨板，一边十多个，有对称的，也有不对称的，一般呈三角形、菱形、叶形等，最大的骨板有 60 厘米宽、76 厘米高。骨板从颈部一直排到尾部，在离尾端不远处突然消失，被几根尖利的骨刺所代替。

剑龙分布于亚洲、北美洲、欧洲及东非等地。它们用四足行走，视觉和嗅觉较灵敏。

剑龙尾巴末端有两对骨质棘刺。尾刺大而长，最长可达 90~100 厘米，它们是剑龙的武器。当肉食性恐龙向它发起进攻时，它可以挥舞锋利的尾刺戳向敌人，这四根尾刺宛如四把利剑,能让进攻者死于非命。

1.其他故事

剑龙的骨板有什么用?

以前,人们认为剑龙的骨板可能是一种保护性的防御装置,既可以对自己的脊背起保护作用,也可以用来吓唬敌人。后来,科学家发现骨板内部多孔,有密密的孔道和疏松的骨质,一点也不结实,难以起到防身作用。比较能让人赞同的一种说法是,剑龙的骨板是调节体温的装置,是一种冷却散热器。因为骨板内的那些细小的孔道,可能是原来的许多血管。剑龙通过控制流经骨板的血量来达到冷却目的。当骨板与阳光照射方向垂直时可吸收较多的热量,当平行时则吸热少;当骨板与风向平行时则可加速降温。

2.类群特点

剑龙类是脊背上有两排骨板(称剑板)、并进行独特的四足行走的恐龙。北美产的剑龙,剑板很宽,形似盾。剑板形态的地域性差别很大,例如中国产的沱江龙为尖铲状,而非洲产的钉状龙则形似细剑。

剑龙类的剑板是固定不动的还是可动的?是左右两侧对称的还是交错生长的?对这些问题学者们的意见还有分歧。最近的研究显示剑板表面似有血管贯通的痕迹,说明剑板除了作为威慑敌人的武器之外,可能也是利用太阳热量和风力来调节体温的器官。

3.其他同类的远古动物

小甲龙

小甲龙一般只有 1.2 米长,头短,口内的牙齿呈树叶状,有齿脊。

它的后肢比前肢长得多,尾巴特别长,是身长的 1.5 倍,前肢有五个手指,上面有利爪。它最显著的特点是,有并排的几百个大头针状的骨质瘤状突起,不仅布满背部,而且延伸到尾巴上。它遭到进攻时,会蹲在地上把身上的盔甲显示给敌人,如果肉食性恐龙要咬它,就会自讨苦吃,得到的将是满嘴的尖钉。

小甲龙生存在侏罗纪早期的北美洲大陆。它们已经在长期适应弱肉强食的生活中形成了各自的高招,比如身上有盾甲而且善于奔跑。现生哺乳动物中的穿山甲与小甲龙很相似,身上也布满了盾板,这也是进化的结果。

肢龙

肢龙身体略长一些,但也只有 4 米长,它也是吃植物的恐龙。它们的头很小,口内的牙齿也呈树叶状,前肢与后肢几乎等长。它的头部没有盾板,但背部及体侧却有很多盾板深埋在皮肤内,这些盾板的形状很像甲龙的盾甲。它还有一个很宽的骨盆。肢龙于侏罗纪早期在全世界范围内已有广泛的分布。

太白华阳龙

太白华阳龙之所以如此命名,是因为四川在历史上曾经被称为华阳,也为了纪念出生于四川的唐代著名大诗人李白(号太白)。太白华阳龙产自自贡大山铺的侏罗纪中期的地层中。它是一种体形小到中型的恐龙,体长大约为 4.3 米,头骨大而厚重,前低后高,有大的三角形的眼前孔。它可能在低矮的灌木丛中觅食,在下颌骨上大约长有 26 颗牙齿,牙齿呈叶片状,齿根呈圆锥状。在前上颌骨上也长有牙齿,这是比较原始的特征。齿与齿之间排列紧密,有利于碾磨食物。太白华阳龙剑板的形态不一,但数目较多,可能是对称排列。它的尾部末端有两对较大的尾刺,是自卫的武器。由于它有较多的原始特征,所以科学家们认为它是剑龙承前启后的祖先类型,与其他已经知道的剑龙类有直系的亲缘关系,并推断剑龙起源于亚洲。

多棘沱江龙

多棘沱江龙产自侏罗纪晚期地层中。它的命名是依据产地为四川四大江河之一的沱江流域,而又具有相对较多的剑板。它的体长大约为 7 米,身高为 2 米,具有典型的剑龙式头骨,颧弓不发育,上下颌的牙齿较多,排列紧密,上颌齿是重叠的,上下颌齿不对称,但均较小而脆弱。它的股骨有不明显的第四转节,比没有第四转节的剑龙类要原始一些。它的剑板的数目是剑龙类中最多的,共有 17 对,形状多样,可能为对称排列。它的剑板比其他剑龙的要尖利一些,尾端则有两对向上扬起的利刺。它是一种行动缓慢而又笨大的动物,遭受攻击时可能只站在原地,用尾巴击打来犯者。

外被厚甲板的"坦克"甲龙

甲龙有宽阔、坚固的头骨和棒槌状的尾巴。其中以头甲龙最为典型。它的头骨上有骨质的眼睑,背部、脖子和尾巴上都有骨质的甲板,不同形状的不太锋利的钉状物和板状物围绕着脖子、肩膀直到尾巴。

甲龙的头几乎被外面包裹的骨甲盖满，眼前孔没有了，上颞颥孔被封闭了，侧颞颥孔只剩下一个小裂隙。头部的甲胄很多也很重，眼睛上也长着三角形的骨甲。背上还有大大小小的骨甲。

甲龙

甲龙的肋骨与臀部骨骼愈合在一起，以固定巨大的后肢和棒槌状的尾巴，头甲龙除了有甲板和侧棘以外，还有一条长长的尾巴。

甲龙分布于亚洲、欧洲、美洲以及南极洲。它们是四足行走的植食恐龙，依靠骨甲保护头的顶部及其两侧。甲龙还有一条长长的尾巴，这条尾巴是很厉害的，它至少有30千克重，末端粗大，生有骨质的锤状物，是自卫的武器。

甲龙是身材最低矮的恐龙，它常常趴在草丛里一动不动，很难被肉食龙发现。一旦与肉食龙遭遇，甲龙就拿出看家本领，急忙匍匐在地，将自己龟缩至铠甲里，静待危险过去。如果来犯者不罢休，试图把它翻过来，啃它的没有骨甲保护的肚皮的话，甲龙便立即抡起锤子般的尾巴，狠狠地打击来犯者，使敌人负伤而狼狈逃窜。

1.其他故事

甲龙的骨甲有什么用？

甲龙的骨甲也可以叫甲板，是很重的。每一块甲板是五角形的，从脖子到尾巴，遍及全身。由于它有这样一层厚的甲板，非常像坦克，所以甲龙又被叫作坦克龙。这样的甲板是必需的，因为甲龙必须防备与它生活在一起的肉食性恐龙——霸王龙、暴龙的进攻。甲龙的甲板在那个时候是很有用的。

2.类群符点

甲龙类是尾巴的末端有骨质"棒槌"的曲龙，生活在白垩纪中期至晚期。甲龙类的铠甲呈带状环绕在身体的周围，大概比结节龙更能进行灵活的运动。它们的尾巴上有粗壮的肌肉，因而能够有力地挥动末端的棒槌。它们生活的那个时代是霸王龙等大型肉食性恐龙繁盛的时代，甲龙类的棒槌就是用来对付那些恐龙的袭击的。甲龙类嘴巴的前端没有牙齿,形似鸟嘴。

"最早的飞鸟"始祖鸟

始祖鸟有羽毛,且分为初级飞羽、次级飞羽、尾羽和复羽等,有能飞行的前翅,但口中生有牙齿,翅尖上长着趾爪,还有一条具有椎骨的长尾。它的脊椎的椎体是双凹型的,荐骨至多由 6 个脊椎组成,三块掌骨彼此分离,未愈合成腕掌骨,前肢指端有三个爪。腓骨与胫骨等长,跗骨彼此分离,没有愈合成跗跖骨,肋骨细,无钩状突起。这些都是爬行动物的特征。但是,它已有由锁骨愈合形成的叉骨,耻骨向后伸长,足有 4 趾,拇趾与其他趾对生。这些都是鸟类的特征。

始祖鸟生活在水域附近,是善于爬树和在树林中能滑翔飞行的鸟,可能以鱼类为食。

1.其他故事

始祖鸟的化石有几个?

1861 年,第一个始祖鸟的化石采自德国巴伐利亚省索伦霍芬附近离地 20 米的地层中。从 1861 年以来,先后发现了 4 个始祖鸟的化石标本。在德国索伦霍芬附近的印板石石炭岩中,发现了一个始祖鸟化石(现保存在英国自然博物馆);1977 年,在索伦霍芬附近 10 千米处,又发现了第二个始祖鸟化石(现保存在柏林博物馆);以后又相继发现了第三、第四个始祖鸟化石。

1951 年,在索伦霍芬附近又发现 1 个相当完整的始祖鸟化石,只是个体较小,同过去发现的不一样,可能代表着一个新种。

始祖鸟的发现有什么意义?

鸟类是空中飞行的动物,一般很难在地层内保存为化石。因此,始祖鸟的发现,既是十分珍贵,又是极端重要,很快轰动了全球。始祖鸟化石代表爬行类过渡到鸟类的一个中间阶段,它的发现,提供了具体的证据,解决了人们长期来一直难以理解的亲缘关系——现代的鸟类和爬行类差异很大,是怎样进化和过渡的。

2.类群特点

鸟类是新陈代谢旺盛,并能在空中飞行的脊椎动物。隶属于脊索动物门、鸟纲。共有大约 9000 种。它们的主要特点是：体表被覆羽毛；具有高而恒定的体温；前肢特化为翅膀，具有快速飞行的能力，能主动迁徙来适应多变的环境；具有发达的神经系统和感官，以及与此相联系的各种复杂行为，能更好地协调体内外环境的统一；具有筑巢、孵卵、育雏等较为完善的繁殖方式，保证了后代有较高的成活率。

3.其他同类的远古动物

黄昏鸟

人类发现的第一块鸟类化石是黄昏鸟的一段胫骨，是 1870 年 12 月在西堪萨斯的烟雾山河附近找到的，这也是北美洲第一个有牙齿的鸟类化石。黄昏鸟体长约 1.5 米，但也有较小的。它身体流线型，后肢移向两侧，股骨短而胫跗骨长，为强大的腿伸肌提供了附着点。足强大，张蹼，足踝部以上的肌肉与体肌联成一个整体，适于潜水。翅膀大为退化，胸骨扁平无龙骨突，不善飞行。黄昏鸟的生活方式有点像现生的潜水鸟类，伸长了的上、下颌和颌上的牙齿，是它捕鱼为食的有力"工具"。海洋是黄昏鸟的主要栖息地。它们在海岸和岛屿上结群营巢，并习惯于深入海洋作冒险旅行，而不敢冒险走向干旱的大陆腹地。

鱼鸟

鱼鸟是白垩纪海洋附近快速飞行的肉食性鸟类，外形很像燕鸥，翅膀强壮，龙骨突发达，显然具有很强的飞行能力。足小、喙长，口中长有后弯的牙齿，很适于捕鱼。鱼鸟的化石最早是 1872 年根据一些产自北美晚白垩纪的鸟类骨骼化石定名的，是白垩纪鸟类的代表之一。

孔子鸟

孔子鸟是 1995 年命名的，也是世界上已知最早有喙的鸟类，比大多数中生代的鸟类都原始，翅膀上的利爪还相当发达。与绝大多数的中生代早期鸟类不同，孔子鸟的牙齿已经完全退化。雄性个体长有一对很长的尾羽而区别于雌性，可能还具有集群性。孔子鸟的飞行能力比始祖鸟要强，而且后肢也已经更适合于攀援树木。此外，孔子鸟与始祖鸟非常不同的另外一点显著特征，是孔子鸟骨质的尾椎已经愈合为一根较短的尾综骨，而始祖鸟还保留有 23 节自由的尾椎。虽然，具有角质喙这一特征和现生的鸟类相同，但孔子鸟显然是一类十分特化的鸟类，它和现生鸟类的起源没有直接的关系。

娇小辽西鸟

娇小辽西鸟生活在晚侏罗纪。此化石产自辽宁省西部凌源市大王杖子，为完整个体。娇小辽西鸟是非常小的原始鸟类，整个体长只有 10 厘米——这也是其得名的原因，头高而短，吻尖，颌骨具多枚牙齿，肱骨近端不向内钩曲。胸骨小呈银杏叶片状，具低的龙骨突，坐骨无横向突起，耻骨突短，股骨较肱骨长。孔子鸟类群是世界已知最早的陆生原始鸟类群，娇小辽西鸟又给这鸟类群增加了十分重要的新成员。它不但是已知最小的中生代鸟类，它的形态特征还给我们提供了鸟类早期演化复杂性的重要信息。诸如娇小辽西鸟尽管头骨高而短，但下颌已有了明显的反关节突，前肢肱骨构造简单可与始祖鸟相比，但其掌骨和指骨已经愈合，而指爪也已消失。肱骨短，股骨长，这是早期鸟类中绝无仅有的一例，尾综骨比颈还长也是无先例的。它胸骨小，仅有后突，其保守性仅次于始祖鸟。

三塔中国鸟

三塔中国鸟生活在早白垩纪，其名字取自于化石产地朝阳市内的三座古塔。此化石产自中国辽宁省朝阳市朝阳县胜利乡梅格营子，为完整个体。三塔中国鸟属中型鸟类，吻很短，头骨也比较短。牙齿构造与始祖鸟相似，仍具有腹肋。腰带也与始祖鸟相似。第 2 指骨河长骨的横切面，为第 1 指骨河桡骨横切面的 2 倍，第 1 指骨缩小，第 1、第 2 指骨具有小而弯曲的爪。

三塔中国鸟的发现者是辽宁省朝阳县的一位农民。经古生物学家鉴定后，命名为"三塔中国鸟"。它的发现也揭开了辽西鸟类化石大发现的序幕。

燕都华夏鸟

燕都华夏鸟生活于早白垩纪。此化石产自中国辽宁省朝阳县波罗赤，为完整个体，但趾骨不全。燕都华夏鸟为朝阳地区最早被发现的中生代鸟类之一，它个体小，头部骨骼很少愈合，头颅较大，吻较长而低，具牙齿。胸骨龙骨突低，但与乌喙骨关联的面宽阔，肱骨近端已有小的气窝，掌骨近端愈合，并有腕骨滑车，指爪仅有两个且不发育，趾爪略钩曲。

4.其他同类的现生动物

大天鹅

大天鹅又叫咳声天鹅、黄嘴天鹅，全身的羽毛均为雪白的颜色，只有头部和嘴的基部略显棕黄色,嘴的端部和脚为黑色。大天鹅的身体均肥胖而丰满,脖子的长度是鸟类中占身体长度比例最大的,甚至超过了身体的长度。腿部较短,脚上有蹼,游泳前进时,腿和脚折叠在一起,以减少阻力;向后推水时,脚上的蹼全部张开,形成一个酷似船桨的表面,交替划水,如履平地。它还常常用尾部的尾脂腺分泌的油脂涂抹羽毛,用来防水。它们身上的羽毛非常丰厚,可以有效地抵抗严寒的气候,在零下 36℃～48℃ 的低温下露天过夜也能安然无恙。大天鹅是候鸟,春秋两季在我国北方的繁殖地和我国长江流域及以南的越冬区之间进行迁徙。

绿孔雀

绿孔雀端庄、聪敏,机警而又羞怯,它是一种象征吉祥如意的幸福鸟,深受人们的喜爱。它的雄鸟和雌鸟体羽大体相似,但雌鸟没有尾屏。雄鸟羽毛绮丽华美,头上一簇别具风度的冠羽长达 10 厘米,高高地耸立着,中央部分为辉蓝色,围着翠绿色的宽缘,脸部为淡黄色。苍绿色的头和颈,微微闪着紫光,背部的羽毛像绿玉一般,周围镶着黑边,中央嵌一个半椭圆形的青铜色的斑;胸部的羽毛也是绿色,只有腹部颜色较暗。翅膀不大,上面覆盖着黄褐、青黑、翠绿的羽毛,也是色彩缤纷,在阳光的照耀下,由于羽毛彩色的反光率不同,更显得华丽多彩,鲜艳夺目。

绿孔雀最为人们欣赏的是它的尾屏。绿孔雀的尾羽并不长,构成尾屏的是它尾上的覆羽。这些长长的尾羽是身长的两倍,平时合拢拖在身后,开屏时屏面宽约 3 米,高达 1.5 米。这些羽毛绚丽多彩,羽支细长,犹如金绿色丝绒,而尖端渐渐转为黄铜色。有一部分尾上覆羽的末梢构成一种五色金翠钱纹的图案,有一百多个,闪闪发光,最外面是紫色的椭圆圈,次外圈是黄色圈,中间是翠绿的扇形,上面又有一个蓝黑色的蝶形,圈内其余部分为金黄色,圈外还有很多长短不一,呈褐、紫等颜色的细丝,犹如鲜艳夺目的锦缎。

黑颈鹤

在现今世界上生存的 15 种鹤中,黑颈鹤是最后被发现的一种,也是唯一生活在高原上的鹤类。它的体态婀娜多姿,萧然肃立,黑色的颈羽像在长长的颈部围了一条黑丝绒的围脖,红色裸露的头顶在黑色头部的衬托下更加鲜艳夺目,好像戴了一顶小红帽。金黄色的眼睛后面缀着一块白斑,黑色的翅膀和尾羽衬托着白色的体羽,如同穿了一身色调淡雅的礼服,再配上一张坚硬如凿的蜡黄色长嘴和一双漆黑的长脚,显得格外挺括俊美。

黑颈鹤的繁殖地比较分散,主要在我国西南的青藏高原和甘肃、四川北部等海拔3500~5000米的沼泽地带,那里空气稀薄,人烟稀少,气候寒冷。巢大多营建在四周环水的草墩上、茂密的芦苇丛中,或在人、畜不易接近的湿地上,用枯萎的苔草、针蔺等筑成粗大扁平的巢。它的越冬地要比繁殖地相对集中,主要有贵州威宁的草海,云南东北部的昭通、会泽、永善、巧家,西北部的中甸、丽江和宁蒗,西藏拉孜、谢通门、日喀则、扎囊乃东等地的沼泽、湿地和河流等水域。

鸳鸯

鸳鸯,又叫匹鸟,是国家二级保护动物。它自古就被人们当作爱情的象征。《本草纲目》说它"终日并游,有宛在水中央之意也。或曰:雄鸣曰鸳,雌鸣曰鸯。"也有人认为"鸳鸯"二字实为"阴阳"二字谐音转化而来,取此鸟"止则相偶,飞则相双"的习性。基于人们对鸳鸯的这种认识,历代都流传着不少以它为题材的,歌颂纯真爱情的美丽传说和神话故事。在"鸳侣""鸳盟""鸳衾""鸳鸯枕""鸳鸯剑"等词语中,都含有男女情爱的意思,"鸳鸯戏水"更是我国民间常见的年画题材。

鸳鸯的雄鸟和雌鸟的羽色差异很大。雄鸟羽色鲜艳华丽,额和头顶的中央呈闪光的绿色,头后长着耸立的由棕红色、绿色、白色所构成的羽冠,眼后有粗而显著的白色眉纹,上胸和胸侧是富有光泽的紫褐色,腹部白色,肩部有白色镶着黑边的羽毛,最为奇特的是翅膀上有一对栗黄色的扇子状的直立羽屏,前半部镶以棕色,后半部镶以黑色,如同一对精制的船帆,被人们称作"剑羽"或"相思羽"。雌鸟比雄鸟略小,没有羽冠和扇状直立羽,头部为灰色,背部羽毛都呈灰褐色,腹面白色,显得清秀而素净。鸳鸯经常成双入对,在水面上相亲相爱,悠闲自得,风韵迷人。它们时而跃入水中,引颈击水,追逐嬉戏,时而又爬上岸来,抖落身上的水珠,用橘红色的嘴精心地梳理着华丽的羽毛。

5.本类群的小故事

鸟类的羽毛主要有哪些特点?

羽毛是表皮的衍生物,主要有正羽、绒羽和毛状羽等三种,其主要功能有保持和调节体温,保护皮肤不受损伤,减少飞行阻力,以及由飞羽和尾羽构成飞翔器官的一部分等。为了更好地完成迁徙、越冬、繁殖等过程,鸟类的羽毛需要定期更换,称之为换羽。通常一年有两次换羽,在繁殖前所换的新羽叫作夏羽或婚羽,在繁殖期结束后所换的新羽叫做冬羽。

"有袋类动物中的猛兽"袋狮

袋狮头部较小,下颌有力,具有强大的咬噬力量。短而宽的头颅上长有巨大的成对的前门齿,这门牙似乎起着真正食肉动物犬牙的作用,还长有厚实而长的、刀状的具剪切作用的裂齿,用来撕咬动物的组织。身体粗壮,前肢比后肢长。前肢强壮,有5趾,有锋利的爪,其中拇趾尤为发达,可以对握,适于在树上栖息。

袋狮栖息于澳大利亚的森林、灌丛和河谷等地带,是肉食性动物,也是当时的顶级掠食者。它喜欢隐藏在丛林中,对过往的猎物发动突然袭击,甚至包括像双门齿兽及巨型短面袋鼠等大型动物。它擅长用其锋利的爪牢牢钩住猎物的身体,使其无法逃脱,再利用其强壮的前肢迅速将猎物摁倒在地,随后用有力的下颌和发达的门齿咬住猎物的咽喉,从而制服猎物。它也可能善于爬树。

1.其他故事

袋狮与狮子有什么关系?

袋狮虽然与现生的狮子并没有亲缘关系,也比狮子的体型要小得多,但却是历史上最大的食肉性有袋类动物,比食肉袋鼠、袋剑齿虎等其他肉食性有袋类动物都要大;而且它们也像狮子那样,具有很强壮的下颌。据科学家研究,在已经灭绝的和现生的肉食性哺乳动物中,如果对它们的犬齿、咬力以及身体大小的比例进行比较,袋狮可以说是史前食肉类动物中咬力相对最强的一类,因此,它们很早就被科学家称为"凶猛且带有极大破坏性的食肉猛兽"。

有趣的是,在现生动物中,生活在澳大利亚、仅以桉树叶为食的"考拉"——树袋熊,却是与袋狮亲缘关系最近的动物。

2.类群特点

有袋目动物的主要特征有:(1)虽然是异型齿,但门牙数目较多,牙齿总数多于44颗,而真兽类的牙齿总数一般不超过44颗。(2)每侧上下各有3颗前臼齿和4颗臼齿,而真兽类恰恰相反,为4颗前臼齿和3颗臼齿。(3)骨盆前面有上耻骨,此外仅有单孔目针鼹类具有上耻骨。(4)脑颅小,大脑皮层不发达,没有胼胝体,倘若有听泡,则由翼蝶骨所构成。(5)肩带已表现出真兽类的特征,前乌喙骨与乌喙骨均退化,肩胛骨增大。(6)轭骨构成下颌窝的一部分。(7)具有乳腺,乳头位于育儿袋内。(8)生殖器官也很原始,子宫完全分开,左右成对,有两个阴道,这类子宫叫作双子宫。阴茎顶端分两叉,交配时可以同时进入两个阴道。没有阴茎骨,阴囊位于阴茎的前面。(9)泄殖腔已经退化,但尚有一个浅的残迹。(10)体温为 33℃～35℃,接近于真兽类,而且能在环境温度大幅度变动的情况下维持体温的恒定。

3.其他同类的远古动物

强齿袋鼠

生活在中新世的强齿袋鼠体形较小,也比较细瘦,体长只有 1.5 米左右,但却是目前发现的最古老的肉食性袋鼠。它们的体形与现生的袋鼠有所不同,其前后肢的长度相差不多,粗壮的前肢上还长有利爪,在用四肢在地面上行走时,看上去有点像长着四个长腿和一条粗尾巴的狼。强齿袋鼠也跟狼的习性近似,通常呈小群生活,性情凶暴,具有在草原上快速追逐猎物的能力。

强齿袋鼠的裂齿虽然不如其他有袋类食肉动物发达,也没有现生的猫科动物、犬科动物那样的强大的犬齿,但是却拥有特殊的门齿和前臼齿,齿刃锋利,可以像刀子一样深深地刺进猎物的要害部位,再对猎物撕咬,使其成为自己的一顿美餐。

强齿袋鼠主要分布于澳大利亚,与现生的、以四足跳跃或奔跑的方式来行动的麝袋鼠类的亲缘关系最为密切。

袋剑齿虎

袋剑齿虎是早上新世至早更新世时期生活在南美洲的一类在地面上生活、善于奔跑的食肉动物。它们四肢粗短,尤其是前肢非常发达,体长在 1.5～2 米之间,体重在 110 千克以下,具有庞大粗重的头和善于压碎食物的牙齿。袋剑齿虎的体形大小相当于金钱豹或美洲豹的样子,外表却与现生的鬣狗类动物有些相似,最奇特的是它们具有锋利的剑齿,因而成为奇特而可怕的捕食者。虽然袋剑齿虎并不是南美洲最大的食肉动物,但它们的身体十分强悍,主要采取隐蔽突袭的方式来捕捉猎物,然后利用发达的剑齿和强劲的身体使绝大多数食草动物成为它们的美餐。

跟其他有袋类动物一样,袋剑齿虎长有 4 对臼齿,从而与一般有 3 对臼齿的绝大多数真兽类哺乳动物完全不同。此外,雌袋剑齿虎也跟许多有袋类动物一样,育儿袋的开口向后。

4.其他同类的现生动物

树袋熊

澳大利亚的特产珍兽树袋熊,与我国大熊猫一样闻名全世界。它不仅是有袋类动物中的"骄子",而且是最讨人喜欢的动物之一。

树袋熊的长相十分有趣,因而有"无尾熊""保姆熊""树熊"和"玩具熊"等别称。它虽然叫熊,却与熊毫不相干。它是袋鼠的近亲,只是由于身体肥胖臃肿,长相跟熊有点相似罢了。

大多数哺乳动物都有一条或长或短的尾巴,而树袋熊却没有。它是一种小型哺乳动物,体长 50~60 厘米,身高约 30 厘米,体重在 10~12 千克之间,长得十分肥胖,显得很臃肿。树袋熊全身密密麻麻地长满青灰色或银灰色的毛,既柔软又厚实,仿佛披上了一件绒毛大衣。树袋熊虽然有一双大眼睛,但视力不佳。它长满密毛的两只大耳朵,高高地竖立在头部的两边,看上去格外神气。最令人发笑的是,它那厚而无毛、与众不同的鼻子,就好像在脸部中央贴了一块厚厚的灰黑色毛皮,显得非常滑稽可笑。

在澳大利亚的东南部和西南部,盛产着四季常青的桉树。树袋熊就居住在郁郁葱葱的桉树林里。树袋熊不仅是严格的素食者,而且食谱单一,只吃大约两三种桉树的叶子。它很少在地面行走,平时吃在桉树上,睡在桉树上,真是以桉树为家。

树袋熊的英文名字叫"koala"(考拉),是当地土著语言"不饮水"的意思。因为它一般终年生活在桉树上,以桉树叶子为食,叶内所含水分已能满足它的生理需要,所以不用下地找水喝。

5.本类群的小故事

袋鼠的幼仔是怎样进入育儿袋的?

袋鼠的幼仔是自己爬进母亲的育儿袋的。不过,这不是一条坦途,而是一段艰难的历程。刚出世的幼仔,尽管后肢十分微弱,前肢却已生出爪来。借助神经和肌肉的配合,它从雌兽的泄殖孔出发,顺着母体的尾巴,像蠕虫一样,弯弯曲曲地爬到腹部有袋骨支持的育儿袋里。此时它的眼睛尚未睁开,要找到母体的育儿袋是很不容易的。一不小心,从母体尾巴上掉下来就会一命呜呼。幼仔历尽千辛万苦终于进入了育儿袋,它四处寻找乳头,抓住一个(雌兽共有四个乳头)便衔着,把身子挂在上面,继续发育成长。所以,有人说,袋鼠的幼仔是从乳头上长出来的。

在雌兽的育儿袋内,幼仔长到大约160天时,才向外探出头来;200天以后,它开始离开育儿袋,到外面活动。不过它们的胆子很小,一有风吹草动,它便赶快钻入雌兽的育儿袋,避避风险,等风平浪静后再出来活动。雌兽休息时,顽皮的幼仔会一会儿钻入袋中,享受一下母亲的温暖一会儿爬出袋外玩耍,显得十分忙碌。当幼仔往母亲的育儿袋里爬的时候,它是头朝下掉进去的,然后,在袋子里打个滚,转正成放松、舒适的姿势,如同平躺在吊床上一样。离开育儿袋后,幼仔大约经过3~4年的时间,方长成成年袋鼠的模样。

为什么袋鼠善于跳跃式奔跑?

袋鼠的后肢特别强壮,在野外主要靠它们跳跃、奔跑;前肢平时很少落地,只有在吃草时才着地,所以变得短而细。袋鼠的跳跃本领极高,不仅能连续跳跃前进,而且仅一蹦就可跃过2米高的篱笆或7米宽的壕沟,每小时的行速达48千米,甚至可超过60千米。

袋鼠生活在广阔的草原和沙漠地区,以草、树皮、叶子及嫩枝为食。它们常常成群结队跳跃式快速奔跑,这种运动方式使其运动速度得到提高,便于寻找食物和逃避敌害。模仿袋鼠这种运动方式的无轮汽车——"跳跃机",已经研制成功,它在崎岖不平的田野或沙漠地区都可以畅行无阻。

"最古老的蝙蝠"依卡洛蝙蝠

依卡洛蝙蝠具有延展于长指间的膜形成的翅膀和具有回声定位功能的耳朵,骨骼部分已与现在的蝙蝠基本相似,但第二指仍处游离状态。

依卡洛蝙蝠分布于美国怀俄明州一带。它们能够飞行,以昆虫为食,也可能通过发出反射声波来确定食物的位置。

1.其他故事

依卡洛蝙蝠在哪些方面跟现生的蝙蝠相似?

依卡洛蝙蝠的骨架是偶然从美国怀俄明州一个古代湖泊的岩石中发现的,都保存有完整骨架及印模,表明已完全适应飞行,具有包括以昆虫为食的习性。像许多今天的蝙

蝠一样,它也可能通过发出反射声波来确定食物的位置。

蝙蝠

2.类群特点

翼手目是兽类中古老而十分特化的一支。早在古新世时期,在一类树栖的食虫目动物中发展出一支能适应于飞翔的兽类,即早期的翼手目动物。这些原始种类化石的牙齿构造非常像食虫目动物,如果没有同时发现它们能飞翔的前肢和其他骨骼,要分辨出它们是食虫目动物还是翼手目动物就比较困难。

翼手目动物是兽类中仅次于啮齿目的第二大类群,除两极和某些海洋岛屿之外,分布遍及全球,尤其是热带、亚热带的种类与数量最多。它们可以大体上分成大蝠类和小蝠类两大类,大蝠类分布于东半球热带和亚热带地区,体形较大,身体结构也较原始,第一和第二指都有爪。它们的化石,除了在欧洲的渐新世和中新世地层中找到过一些以外,在别的地区还没有发现过。小蝠类分布于东、西半球的热带、温带地区,体型较小,身体结构更为特化,只有第一指带爪,种类较多。最早在欧洲和北美洲的中始新统地层中已发现翅膀发育很好的小蝠类化石。它们的化石比较稀少,但在更新世的洞穴堆积中往往会有大量的发现,例如在我国北京周口店就发现有更新世的长翼蝙蝠、菊头蝠等。

翼手目动物的食性相当广泛,有些种类以花蜜、果实等植物性食物为食,有的可以捕食鱼、青蛙、昆虫,吸食动物血液,甚至捕食其他翼手目动物。一般来说,大蝠类主要以植物果实、花蜜等为食,而大多数小蝠类则以捕食昆虫为主。

3.其他同类的现生动物

毛腿吸血蝠

毛腿吸血蝠体长8~9厘米,嘴短,形如圆锥,鼻子上端有一个叶型皮,没有尾巴,体毛主要呈暗褐色,分布于从美国南部至南美洲北部的热带地区,是一种取食方式很特殊的夜行性小蝙蝠。它不吃昆虫,也不吃果实,专爱吸食哺乳动物和鸟类的血。

毛腿吸血蝠的前肢和后肢完全由皮肤演变成的飞膜联结在一起,飞膜相当宽大,适于飞行。它的吻短,似圆锥状,犬齿长而尖锐,上门齿也很发达,略呈三角形,锋利如刀,可以刺穿有蹄类动物、鸟类等的皮肤而饱食它们的血。毛腿吸血蝠还长着一个很细的食道,以适应专门吸吮其他动物的血液的需要。事实上,说它是吸血,不如说是"舔"血。如果遇到合适的目标,它就用锐利的门齿或犬齿将对方皮肤咬破一道浅浅的小口,然后通过下唇上的一条小沟,用舌头迅速地将"舔"到的血液送到嘴里。特别是夜晚,吸血蝠专门利用家畜、家禽休息之机,咬破它们的皮肤,吸取血浆。在它的唾液中含有一种抗凝剂,能使血出不止,只咬破针尖大的一个小孔,便能吸吮去很多血液。

毛腿吸血蝠不仅吸吮家畜和家禽的血,有时还敢于对熟睡的人进行偷袭。据说,它会施用狡猾的手法,将露宿睡眠的人轻轻咬出一个针尖般的小孔,便能吸出不少血,而且被吸者往往毫无知觉。此外,它在吸血时,还会根据不同的对象选择不同的吸血部位。例如遇到牛、马等大型家畜,就专咬它们的背部和体侧;遇到猪,就专咬腹部;如果是鸟类,则咬腿部,而且还能用翼钩攀住鸡的腿,后腿则站在地上,鸡走动时它也随之走动,一边走一边吸食鸡的血。

毛腿吸血蝠吸血时总是不厌其多,直到把肚子喝得鼓鼓的,即使吸入的血液超过自身体重的两倍,它也能起飞如常。估计每只毛腿吸血蝠一生能吸血达100升之多,真是地地道道的"吸血鬼"!

宽耳犬吻蝠

宽耳犬吻蝠体长9厘米,尾长5~6厘米,体重32~34克。耳宽大而直立。眼小。前肢和后肢完全由皮肤演变成的飞膜联结在一起。尾巴较长,末端伸出股间膜后缘。体毛主要呈褐色或灰褐色。腹部较浅。

分布于欧洲南部和东部、非洲北部、俄罗斯、中国、朝鲜和日本等地。栖息于山区地带。夜行性。单独或呈2~3只的小群活动。白天倒挂在山洞中睡觉。善于飞翔。有冬眠习性。以昆虫等为食。秋末发行交配。每胎产1仔。一般在夏季生产。1岁达到性成熟。

4.本类群的小故事

为什么蝙蝠有"活雷达"之称?

以昆虫为食的蝙蝠在不同程度上都有回声定位系统,因此有"活雷达"之称。借助这一系统,它们能在完全黑暗的环境中飞行和捕捉食物,在大量干扰下运用回声定位,发出超声波信号而不影响正常的呼吸。它们头部的口鼻部上长着被称作"鼻状叶"的结构,在周围还有很复杂的特殊皮肤褶皱,这是一种奇特的超声波装置,具有发射超声波的功能,能连续不断地发出高频率超声波。如果碰到障碍物或飞舞的昆虫时,这些超声波就能反射回来,然后由它们超凡的大耳廓所接收,使反馈的信息在它们微细的大脑中进行分析。这种超声波探测灵敏度和分辨力极高,使它们根据回声不仅能判别方向,为自身飞行路线定位,还能辨别不同的昆虫或障碍物,进行有效的回避或追捕。它们就是靠着准确的回声定位和无比柔软的皮膜,在空中盘旋自如,甚至还能运用灵巧的曲线飞行,不断变化发出超声波的方向,以防止昆虫为逃脱而干扰它的信息系统。

"体形最大的狐猴"古大狐猴

古大狐猴又名马岛猩态狐猴,身体庞大、身躯沉重,是历史上曾出现过的体形最大的狐猴类。

古大狐猴分布于马达加斯加岛上,主要在地面上活动,可以像大猩猩一样,在林间的地面上行走,但由于体形庞大,使它们难以在树上攀爬。

灵长目动物是动物进化过程中的高等类群,可能由食虫目动物中的一个分支演化而来的,时间大约在距今 7000 万年前的中生代白垩纪末期,或者新生代第三纪古新世的初期。

1.其他故事

古大狐猴与人类有怎样的关系?

传说在马达加斯加岛居住的土著居民——上班图语系的部族曾与古大狐猴在一起生活过一段时间。古大狐猴不仅十分健壮,而且非常聪明,如果土著人用长矛向它们掷过去,它们会灵活地避开锋利的长矛,然后再拿起长矛向土著人投过来。

大约 2000 年前,马达加斯加岛的气候变得十分干旱,导致植物减少,也使得在地面活动的古大狐猴的数量急剧减少。而人类到达该岛后,不仅对它们进行猎捕,而且破坏了它们的栖息环境,对它们的灭绝起到了催化剂的作用,因此,古大狐猴和马达加斯加岛的其他一些狐猴以及许多动物都相继灭绝了。

2.类群特点

灵长目动物大脑半球增大,智力发达,吻部缩短,面部裸露无毛。轮廓分明,眼眶由骨形成环状,使两眼向前,眼间的距离较窄,视觉发达,立体化,可以在树林之间活动时较准确地判定距离,辨别色彩,但嗅觉退化,头骨的构造也随之改变;大多数种类的齿式为异齿型,明显地分化为门齿、犬齿、前臼齿和臼齿,颊齿通常为丘型齿和低冠齿,臼齿呈四方形并有 4 个较低的锥状突起,适于咀嚼:锁骨发达,四肢关节灵活,上腕部及大腿部由躯干部分离,因而前后肢可以前后左右自由运动,前腕和小腿的 2 根骨头分离而且松松地连接在一起,不必连带躯干即可回转前后脚,适合握住树枝;通常只有胸前有一对乳头;具双角子宫或单子宫;有盲肠;四肢上都具有 5 指(趾),为了灵活而稳定地抓握树枝,指端的感觉变得十分敏锐,大多数指(趾)的端部都变成仅盖住指(趾)头背面的扁平指甲,突出的指(趾)部有发达的指(趾)纹,触觉灵敏,还有防止滑落的作用;掌面和跖面裸出,具有发达的两行皮垫,多数种类手脚的拇指(趾)和其余 4 指(趾)相对,可以握合。

大多数灵长目动物适应树栖生活,主要分布于亚洲、非洲、南美洲的热带、亚热带和少数温带的山地森林中,大多呈社会性集群活动,善于攀援,触觉敏感,有的种类还能使用工具。多数种类为昼行性,杂食。运动方式包括树跳型、四足型、臂荡型及指撑型。婚配类型包括一雄一雌,一雄多雌,几雄多雌等。

3.其他同类的远古动物

巴黎兔猴

巴黎兔猴体形中等,体重 100~1700 千克,生活在晚始新世到早渐新世。它的眼眶小,大脑也非常小,说明它的智力水平比现生的最原始的灵长类动物——狐猴的智力水平还要低。

巴黎兔猴是兔猴类在欧洲最后的代表,因其化石采自法国巴黎而得名。它们喜欢在树上栖息,行动非常缓慢,有点像现生的懒猴。它们主要在白天活动,以树叶等植物性食物为食。

巴黎兔猴是人类定名的第一种史前灵长类动物。它是在 1822 年由著名古生物学家居维叶描述的。有趣的是,当时居维叶并没有认识到巴黎兔猴是一种灵长类动物,这个结论是它被定名 50 年以后,才由其他学者确定的。从此以后,学者们又陆续发现了巴黎兔猴与狐猴类、懒猴类等原始灵长类动物所具有的很多共同的原始特征,因而在研究灵长类动物的起源和演化上起到了非常重要的作用。

德氏猴

德氏猴是一类非常原始而古老的灵长类动物,因纪念法国著名的古生物学家德日进而得名。它们生活在始新世,体型很小,体长仅 2.5 厘米左右,体重 28 克,可以说是体形最小的灵长类动物。

德氏猴分布于欧洲和北美洲,后来在我国湖南也有发现。它们的特征与现生的眼镜猴类十分相似,也具有许多与同时期的原始兔猴类相近的特征。与眼镜猴不同的是,德氏猴很可能是白天活动的动物。

亚辟猴

亚辟猴又叫牛骨猴,体长 30~40 厘米,体重 800~1600 克,生活于早渐新世。因为最初发现时以为是一种牛的化石。它的眼睛较小,后肢长于前肢,踝关节很灵活。

亚辟猴分布于非洲北部的森林地带,主要在白天活动,用四足行走,比较擅长跳跃。它的前肢可以在树枝上走动及在树间跳跃,后肢能抓住树枝,确保不会从树上掉下来。它们主要以果实、种子等为食,它们利用其眼睛来寻找,并以其圆而扁的牙齿来吃果实及昆虫。它们行动的时间都是在寻找食物,并有可能徘徊广阔的地方吃食。一般成群生活,婚配制度为一雄多雌制,由最强壮的雄性担任群体的首领。雄性比雌性大很多,而且具有比雌性大的犬齿,可能用来为交配及群族中的领袖地位而与其他雄性打斗,在群体中具有更强的竞争性。

亚辟猴的化石最早发现于埃及法雍采石场的始新世地层中。有趣的是,它们最初并未被视为灵长类动物。而被当作一种小牛,并被用古埃及神牛阿庇斯的名字来命名。后来,人们才发现它们应该属于早期的高等灵长类动物。它们的牙齿具有 3 个前臼齿,犬齿等特征也类似阔鼻类灵长类动物,肢骨的一些细节更加接近于阔鼻类或始新世的低等灵长类,而不是典型的狭鼻类灵长类动物,因此,亚辟猴应该比后期的狭鼻类更为原始。

4.其他同类的现生动物

环尾狐猴

环尾狐猴又叫节尾狐猴,它的头小,额低,耳大,两耳都长有很多茸毛,头部两侧也是长毛丛生,吻部长而突出,下门齿呈梳状,使得整个颜面看上去宛如狐狸,所以被称为狐猴。但它的身体却更像猴类,体长约为 30~45 厘米,尾长为 40~50 厘米,体重约 2 千克左右。身体背部的毛呈浅灰褐色,腹部为灰白色。额部、耳背和颊部为白色,与黑色的吻部和眼圈构成了鲜明的对比色彩,十分有趣。特别是那条具有 11~12 个黑白相间圆环的长尾,是其独一无二的特征,极易与其他狐猴区别开来。

棉头狨

棉头狨生活于巴拿马、哥斯达黎加和哥伦比亚西北部一带的热带雨林中。性情活泼、好动。视觉、听觉灵敏。喜欢在树上活动,以植物果实和幼鸟、鸟卵、小型蜥蜴、蚯蚓等为食。它的体长 18~22 厘米,尾长 20~23 厘米,体重 300~400 克。额部、面部和颊部均裸露,仅有一些稀疏的短茸毛,背部为暗灰色,稍带褐色,腹部和四肢为灰白色。最显著的特征是在头顶上有一大撮纯白色的长毛,仿佛是一朵盛开的棉桃,因此得名。受惊时,它就将头上的冠毛耸立起来,一副怒发冲冠的样子,并且发出尖厉的叫声。

棉头狨的群体通常有 10 多只,共同生活在一起。它的群体沿袭母系社会的制度,繁殖后代的任务仅局限于那只占统治地位的成年雌性,但是其他所有成员,包括没有资格怀孕的成年雌性,都有义务抚养幼仔。棉头狨的怀孕期仅为 4 个月,每胎产 1~3 仔。

奇怪的是,在棉头狨的母系社会制中,一些不生育的成年雌性不仅毫无“怨言”,而且为抚养后代做无私奉献! 由于棉头狨群体成员之间的关系十分融洽,使群体变得恒定和牢固,避免受各种敌害侵扰的安全系数自然也就高了。

松鼠猴

松鼠猴体形纤细,体长 22~28 厘米,尾长 25~30 厘米,体重 500~1100 克。头部稍长,眼睛较大,耳壳宽圆,长着短毛。体色丰富多彩,背部好像是黄、灰结合的橄榄色,腹部毛为白色。头顶、身体上外侧和尾巴基部一半上侧是一种鲜绿色,面部的眼圈、鼻梁、颊部及耳缘等均是纯白色,唯独口缘、鼻和吻部为黑色或蓝色,好像戴了一个口罩,显得滑稽可笑;胸部、身体下侧、四肢内侧、尾巴基部一半的下侧等处为鲜黄色,尾巴末端一半长着乌黑发亮的浓毛。

不过,松鼠猴的名字却的确有些令人莫名其妙。通常,动物的名称与其外貌特征是相吻合的,如黑蜘蛛猴的长相确实很黑色蜘蛛的形状,眼镜猴或多或少像戴着一副眼镜的模样,长颈鹿的脖子就是特别长,鸭嘴兽的嘴巴酷似鸭嘴。但松鼠猴,不仅在外形和体色上均与松鼠没有共同之处,而且也不会发出松鼠一样的叫声。由于长期以来,人们都这么叫它,也只好算是约定俗成了。

松鼠猴是树栖动物,白天活动,生活于南美洲的秘鲁、巴西、巴拉圭、玻利维亚、哥伦比亚、巴拿马和哥斯达黎加等地的热带雨林里、红树林中,以及农田、河岸附近。它们喜欢过集体生活,常常结成大群,最多可达 500 只以上,一起活动,难得分散。即使在十分安全的情况下,彼此也保持在 1~2 米的距离以内。松鼠猴对自己的活动地盘挑选严格,要求具备两个特点:一是靠近河岸或溪边的森林地带;二是森林必须茂密,而且要侧枝交叉横生。地盘选定以后,它们就局限在一个小范围生物环境内休息、觅食和嬉戏,大约只有数百平方米。它们的活动地点决不会离地盘很远,因为这些栖息地里,气温高而潮湿,食源十分丰富,拥有许多昆虫、蜗牛、蜘蛛、雨蛙、蜥蜴、蟹等小动物,还有茂盛的植物,这些都是松鼠猴的可口美餐。

松鼠猴的警惕性很高,在觅食的时候,不是全部人马一拥而上,而是先由一部分个体向食源前进,另一部分跟在后面。松鼠猴移动的方式,仿佛海洋里的波峰一样,这样有利于防御敌害。松鼠猴吃食的时候,也专门有"哨兵"守防,一旦遇上敌害接近,"哨兵"会立即发出一阵惊叫报警,其他同伴闻声也一起共鸣,立即汇成一股洪亮的海浪击岸似的喧闹声,往往吓得来犯者心惊胆战,拔脚就逃。

长鼻猴

长鼻猴与其他猴类最大的区别,是成年雄兽的鼻子随着年龄的增长,变得越来越大,最终长度竟达到 7~8 厘米,由于颜色红艳,远远望去,就像挂在脸上的一个茄子状的红气球。由于这条大鼻子一直悬垂到嘴的前面,晃晃荡荡,在吃东西的时候,就不得不先将它歪到一边。更为有趣的是,在长鼻猴感情激动的时候,这条大鼻子还能向前挺直,并且上下晃动着,样子十分滑稽,令人捧腹。

相比之下,长鼻猴的雌兽显得十分纤小,也没有巨大的悬垂状的鼻子。

在长鼻猴生活的加里曼丹岛上,由于土壤贫瘠,体型较大的长鼻猴的食物并不丰富,很多植物的树叶都很粗糙,根本无法消化,因此在树上的果实尚未成熟的季节里,要找到可吃的食物也是很困难的,迫使其每天要走几公里的路才能寻找到足够的食物。所幸的是,长鼻猴的大肚子中有着一个很大的、袋状的胃,在解剖和生理上都与反刍动物的胃十分近似,在胃中生存着大量可以发酵食物的多种微生物,使长鼻猴能够消化含有大量纤维素的植物叶子,因此它所吃的植物种类要比其他灵长类动物更多。此外,生长在它胃中的微生物还能分解某些毒素,万一吃到有毒的食物,在被吸收进入血液中以前就会被微生物分解而失效。

长鼻猴群体有严格的社群制度,每个典型的社会群体由 1 只成年雄兽为首领,与 1~8 只成年雌兽以及它们的后代共同组成,一般为 10~30 只不等,每日在一起生活。不过,每过一段时间,首领就要不断驱逐尚未成熟但已能够进行独立生活的年轻雄兽。这些被逐出群体的年轻雄兽会自发地集合成一个新的群体,称为"纯雄性群体",大多以它们中间的一只年龄较大但仍未成年的雄兽为首,加上十多只年龄相差不多的年轻雄兽组成,有时会被人们误认为一个新的社会群体,但事实上,这种"纯雄性群体"是极不稳定的,其成员几乎每天都在变更,不仅常常有新的年轻雄兽因被逐出社会群体而加入进来,而且有些还进入到其他社会群体中,通过竞争,取代原来的首领。

5.本类群的小故事

狐猴的尾巴有什么作用?

狐猴在活动的时候,其美丽的尾巴经常高高地翘起,好像一面旗子,显得非常醒目,即使在较远的地方也能发现,这是狐猴在高草丛中或树林中漫游时彼此保持联系的信号。尾巴还在空气中散发着气味,每种气味都像人的指纹一样易于区别,显示着其所有者在群体中的不同地位,所以断了尾巴的个体将在种群中处于非常不利的状态。尾巴还用来划定种群的领域,这种气味则主要是由上臂内侧及肛门处的角质化斑粒状腺体分泌的,群体中的成员不断检查那种代表边界的气味,并将自己的气味融于其中。

狐猴之间为何会发生"臭气战争"?

在狐猴的发情期,为了争夺雌兽,雄兽之间不仅常常会发生互相抓咬的现象,而且在上胸部和前臂内侧等处的腺体还能分泌出刺鼻的臭气,每当争斗激烈进行的时候,便用长毛蓬松的大尾巴在腺体处用力摩擦,使其发出更加浓烈的气味来熏赶对方,展开一场雄兽之间的"臭气战争",胜利者即与雌兽交配。

每天早晨狐猴为什么要摊开四肢?

每天当太阳升到一定高度的时候,狐猴就摊开四肢,正面朝着太阳,使温暖的阳光洒满胸部、腹部、两臂和大腿,以驱赶夜里的寒气,因此人们把它称作"太阳崇拜者"。

为什么说猕猴是与人类关系最密切的猴类?

猕猴体形中等,体态匀称适中,尾巴和四肢均细长,尾巴的长度将近体长的一半,手、足上均具有5指(趾),指(趾)端具有短而平的指(趾)甲,拇指(趾)与其他指(趾)可以完美地对握。体长51~63厘米,体重4~12千克左右。头顶上没有向四周辐射的"漩毛",毛从额部往后覆盖;脸部和两耳呈肉红色;头、颈、肩和前背毛色为灰褐色;后背至臀部,后肢外侧前方及尾的基部棕黄色;腹面淡灰色;尾长20厘米左右,尾毛蓬松;臀部坐骨处具有鲜红色的角质坐垫,叫作胼胝或臀疣,雌兽的红色更为显著,尤其是在繁殖季节。

猴类的种数很多,但人们一提起猴子,首先想到的形象却是猕猴。

的确,猕猴是与我们人类关系最为密切的一种猴,在我国几千年的文明史上,不论文学、艺术、戏剧、美术、故事、传说,其中如果涉及猴子,大多数都是以猕猴的形象出现的,特别是在猴年的年画中所表现的那张猕猴的"标准形象":"孤拐面",凹脸尖嘴,鼻子不大不小,体型、尾长中等,身体不肥不瘦。其他如书中插图、连环画、舞台脸谱等也莫不如此,其中最著名的一个例子当属古典文学名著《西游记》中孙悟空的原型。《西游记》虽然是一部神话小说,但却建立在我国民间文学的基础之上,书中对猴子形象惟妙惟肖的描述,说明我国人民自古就对猕猴的生态做过深刻细致的观察,作者所描写的花果山、水帘洞,不仅是文学上的艺术加工,也是生物学上猕猴栖息地的典型环境。供采食的花果,供嬉戏和避敌的顽石,供饮用、沐浴的溪流,无一不是猕猴生活的真实写照。猕猴的别名也很多,由于最初发现于印度孟加拉省一带的恒河之滨,因此称为恒河猴或孟加拉猴,在我国因为各地动物园所饲养的大多来自广西,毛色棕黄,所以又叫广西猴或黄猴,我国民间则俗称为"猢狲",由于《西游记》小说中的须菩提祖师给"美猴王"起了孙悟空的大名,所以他的"子孙"们也就有了另一个妇孺皆知的姓氏。

疑似猩猩祖先的西瓦古猿

西瓦古猿相当粗壮,具有较多与猩猩非常相似的特征,尤其是两者在头骨、面部、牙齿上的一些细节非常接近。在头骨上,颅顶前部有强烈突起的"V"字形颞脊,于颅顶中部会合后延续为矢状脊,眶上脊是弱和分离的,眉间区很宽并凹陷;没有眶上沟;面部短宽,自上而下呈凹弧形,上颌前部翘起;颧弓向外张开;上犬齿有明显的齿槽轭,两侧犬齿呈"八"字形张开;犬齿窝很深;上颌齿弓接近"U"字形。下颌骨较深和粗壮;联合部内面底部有厚实而很后凸的下横圆枕,即猿板;下颌体很厚,尤其是在巴基斯坦的标本中,下颌齿弓近似"U"字形。在牙齿形态上，和腊玛古猿一样，上内侧门齿的唇舌径特别大；上外侧门齿特别小；下门齿的尺寸几乎相等；上、下犬齿都是高大而尖锐的，大大地突出于齿列平面；下第三前臼齿的齿冠轮廓呈扇形，一般都是单齿尖的，臼齿咬合面釉质较厚，有复杂的皱纹。

西瓦古猿主要分布于欧亚大陆一带的森林或开阔林地中。它们很可能利用四肢在地面上活动，而不会在树上悬荡生活。

古猿化石

1.类群特点

猿类包括各种长臂猿和猩猩类。它们的吻部大大缩短；耳与脸部少毛；眼眶后部由眶后板所构成，比较粗硕，眶窝向前，与颞窝完全隔开，头骨的颅部相应地变大；大脑发达，脑量很大，脑表面的沟回十分复杂；前肢很长，可以超过膝部，手腕部的毛朝上生长，拇指（趾）不仅发达，而且还可以对折，指（趾）上均有指（趾）甲，可以牢牢地抓住树干；行走时身体向前倾，手掌不着地，仅有手指弯曲着地，手腕可以靠肩部的关节转动，向旁边转动180度。雌兽为单角子宫，有月经周期，成年后在任何时期均能繁殖，没有明显的性活动期；行为复杂，很多种类善于用手足操纵东西，探究周围事物，好奇心强，甚至能利用简单工具，并善于运用视觉、听觉、触觉及嗅觉进行种内成员之间的信息交流。

2.其他故事

西瓦古猿和腊玛古猿之间有什么关系？

西瓦古猿的化石最早发现于印度和巴基斯坦交界处的西瓦利克山，在当时发现的古猿化石中，有一些比较粗壮，被命名为西瓦古猿，另一些比较纤细，被命名为腊玛古猿。后来，人们在亚欧大陆的其他很多地方陆续发现的这两类古猿的化石也经常是在同一地点、同一地层中。后来，科学家才确认：这两类古猿其实就是同一类动物，其中西瓦古猿是雄兽，而腊玛古猿是雌兽。因为西瓦古猿命名在先，所以它的名字也就成了它们共同的名字。

西瓦古猿是谁的祖先?

在"腊玛古猿"并入西瓦古猿之前,曾被认为可能是人类的祖先。后来虽然推翻了这个结论,但西瓦古猿又被认为很可能是猩猩的祖先。

1979 年 1 月在巴基斯坦发现的西瓦古猿头骨所具有的狭窄的鼻骨、弱的眶上脊、椭圆形的眼眶、斜坡状的鼻孔底板与上颌联合区、"八"字形的犬齿轭等形态特征都与亚洲猩猩的相似,而与非洲大猿类不同。这个头骨的上、下颌齿弓都是"U"字形,以及它的牙齿形态结构也都像亚洲猩猩。因此,学者们都已确信西瓦古猿是现生亚洲猩猩的直接祖先。

不过,西瓦古猿虽然有一些特征很像猩猩,但却在运动方式等方面与猩猩有较大差异。

3.其他同类的远古动物

原康修尔猿

原康修尔猿生活在中新世,化石最早于 1933 年在非洲被发现,因为它具有一些比黑猩猩还要原始的特征,所以就用当时伦敦动物园中最有名的黑猩猩的名字"康修尔"来命名。原康修尔猿比黑猩猩的体重要大一些,曾被认为是黑猩猩乃至大猩猩的祖先,但后来否定了这种可能。它们的四肢较短,应该是在树上或地面上进行四足行走的灵长类动物。由于它们体形更大,运动方式和食性更加多样,代表着灵长类动物在这个时期得到了全面的发展。

中华曙猿

中华曙猿的化石是 1993 年在我国常州上黄地区发现的,是我国境内最重要的灵长类化石发现之一,属于早期的高等灵长类动物。中华曙猿生活在中始新世,体形很小,体重仅 100 克左右,是体形最小的灵长类之

4.其他同类的现生动物

白颊长臂猿

白颊长臂猿的长相与黑长臂猿极为相似,所以有人认为它也是黑长臂猿的一个亚种。它的体长为 45~62 厘米,体重 5~7 千克。体毛长而粗糙,雄兽以黑色为主,混有不

明显的银色，只是面颊的两旁从嘴角至耳朵的上方各有一块白色或黄色的毛，雌兽体毛为橘黄色至乳白色，腹部没有黑色的毛，从而区别于黑长臂猿。另外它的犬齿、臼齿和阴茎骨等一些骨骼也与黑长臂猿有所不同，犬齿较长而且呈尖刀形，前臼齿上有双尖，第一枚下臼齿呈扇形，上臼齿上面具 4 个尖，下臼齿上面则具 5 个尖。头顶上有一块呈梯形的赤褐色斑块，雄兽的冠毛隆起，雌兽则没有冠毛。

白颊长臂猿为严格的树栖动物，每天早晨就开始鸣叫不已。喜欢吃各种植物的果实、树叶、嫩枝、花朵，以及昆虫、鸟卵等，但植物性食物占其食量 90% 以上。是"一夫一妻"及-其子女在一起的家庭式群居生活，常在树林的上层活动，有领域性，每群所占领地的面积大约为 5 平方公里，觅食、睡觉、活动的地点都较为固定，群体成员之间的关系也较为温和，很少争斗。雌兽的月经周期大约为 28 天左右，怀孕期约为 210 天，通常每 2 年生育一次。

白颊长臂猿喝水的姿势很有趣，经常是用一只手挂在树枝上，将另一只手伸进溪流中，然后从手指缝里吸水喝。或者用后肢钩住树枝，倒垂下来用前肢触地，伸着脖子喝水。

白颊长臂猿的分布范围极为狭窄，仅限于云南南部的勐腊、江城、绿春和建水等几个县境内，在国外还见于越南、老挝、泰国等地。白颊长臂猿于 20 世纪 60 年代初期在云南勐腊县尚有一定数量，甚至在县城中每天清晨都能听到它们的叫声，总数约有 500~600 只。从 70 年代起种群数量急剧减少，目前仅剩 100 多只，即使在森林中，也很难听到白颊长臂猿的叫声了。为保护这种珍贵动物，我国已经建立了以保护白颊长臂猿为主的自然保护区。

猩猩

猩猩又称"褐猿"，在动物园中也被叫作黄猩猩或红猩猩，以示有别于大猩猩和黑猩猩。它是高大的类人猿之一，体形较胖，比黑猩猩大，仅次于大猩猩。成年雄兽的体长为 120~150 厘米，体重 75~120 千克，最大的超过 150 千克；雌兽较小，体长为 115 厘米左右，体重 40~45 千克。全身被有赤褐色，紫红色，或者大红色的毛，可能随地理位置、个体或者年龄的不同，使得毛色的深浅程度有差异。体毛较为稀疏柔软，看上去就好像得了脱毛症，但有些地方体毛很长，尤其是在肩部、背部和两臂，其中背部最长的毛可达 50 厘米，松散地披拂着，形如蓑衣，使它更加显得粗壮威武。

猩猩的前肢极长，明显长于两腿，约为腿长的一倍半，直立时下垂到跗骨，几乎可以触地，两臂平伸可达 230~240 厘米，两腿短而弯，髋关节韧带又长又松，没有尾巴。手、脚狭长，均为灰黑色，毛短或无毛，其中手长约 28 厘米，但拇指短，其他手指长而弯，脚长约 32 厘米，除大趾外，其他各趾都像手指一样长，末趾有些粘连，适于抓握树枝。整个看上去，很像一个小老头儿，所以有人戏称它为"寿星老"。在它的产地，土著人称它为"奥格郎乌旦"，即"林中野人"的意思。

猩猩喜欢栖息于热带潮湿的密林中，是一种树栖动物，除了饮水、觅食外，很少下地活动，因此被称为"最重的树上居民"。其性情孤独，不善群居，最大的群体也不过 2~3 只临时生活在一起，一般都是雌兽和幼仔。老年的雄兽一般过着更为孤独的生活，从不与其他同类来往。

猩猩善于在离地面 8~18 米高的树杈上，用交叉的树枝搭成窝巢，里面铺上厚厚的叶子，将身体平卧在窝中睡觉，手脚各抓住一根枝丫，晃晃荡荡地就像睡在摇篮中一样。

猩猩的分布区极为狭窄，仅产于亚洲东南部印度尼西亚的苏门答腊岛的北部地区和加里曼丹岛的大部分地区。

大猩猩

大猩猩也叫大猿，体形比黑猩猩、猩猩都要大得多，是最大的类人猿，也是最大的灵长类动物。它的身体极为粗壮、剽悍和鲁莽，身高与人类相差不多，但体重则要大得多，雄兽体长为 140~200 厘米，体重 110~250 千克，最大的达 350 千克；雌兽体长 140~155 厘米，体重为 80~150 千克。一般全身被黑色长毛，但面部、耳朵、手足等均无毛，也没有须毛，颜面皮肤褶皱很多，头大，额低，头顶部有发达的矢状脊，雄兽还有较厚的冠垫，所以显得高大隆起如塔，眉脊高耸。双眼深深凹陷，距离较宽，眼膜为褐色。鼻梁塌陷，鼻孔特大而且具有光泽，有隆起的褶状鼻翼。耳朵很小。吻部突出，嘴巴很大，犬齿发达，如同老虎的獠牙一般。肩膀又宽又圆，脖子、四肢都异常粗壮，前肢长于后肢，垂立时过膝，两臂伸开时可达 272 厘米。手掌宽阔，拇指短粗，足为跖行性，大趾粗厚，较大程度地外展。没有尾巴，也没有胼胝和颊囊。

大猩猩是昼行性动物，从每天天亮就开始进食，吃饱后休息到下午，再进行活动和觅食，一直到傍晚。它以 200 多种植物的嫩叶、树皮、果实、竹笋等为食，其中树叶达食量的 80%，有时也偷吃果园里的甘蔗和香蕉，除了偶尔吃鸟卵和蛴螬外，从来不吃动物性的食物。它的食量很大，一只成年雄兽一天能吃掉 25~30 千克重的食物，每天进食的时间在 6 个小时以上，并且几乎不喝水，因为从植物性食物得到的水分基本上能满足生理上的需要。大猩猩虽然是林栖动物，但在树上活动的时间却有限。它能在地上直立行走，但平时仍以用四肢行走为主。上树的时候主要靠手攀缘而上，脚则缺乏足够的抓握能力。当它从树上下来时，首先是脚下降，紧接着是手臂下落，徐徐滑下，用脚在树干上制动。雄兽由于身体十分庞大，很少有如此坚固的树能够支持它的体重，因此大部分时间它都是在地面上活动，极少上树。

大猩猩的每一个群体都以一块树林为领地，活动范围大约为 26~39 平方千米，即使受到威胁时，也很少离开。如果有其他群体的成员或别的动物侵入，这一领地的占有者就会大声吼叫，蹦跳不停，并且把树枝折下来叼在嘴里，用手把树叶捋下来，撒得遍地都是，还用双手卷成碗状，拍打胸部，发出一种响亮的声音，虚张声势地警告入侵者，以使其赶快离开。大猩猩由于身体非常强壮，所以在森林中几乎没有天敌，连号称"兽中之王"的狮子和凶猛的豹子也对它退避三舍。

黑猩猩

黑猩猩在形态上与大猩猩很相似，面部以黑色居多，也有白色、肉色和灰褐色的。眉骨较高，两眼深陷，虹膜为黄褐色，嘴巴宽阔，具有 32 枚牙齿，釉质的臼齿上没有生褶皱。全身被有乌黑色的体毛，胸腹部较为稀疏，颈部以及肩臂部略长，并且随着年龄的增长，也可能逐渐生出灰色和褐色的毛，有些个体的吻部还有白色的胡须。由于体毛较为粗短，体型也显得瘦小，雄兽体长为 110~140 厘米，体重 50~75 千克，雌性比雄兽小，但雄兽和雌兽间的差别没有大猩猩大。它的头顶较圆而平，没有大猩猩那样的高耸冠垫，另外鼻孔小而窄，嘴唇长而薄，头上长有一对煽风大耳，这些也都与大猩猩明显不同。具有较小的喉囊，但没有尾巴、颊囊和胼胝。四肢和手指都很粗壮，前肢长于后肢，前肢下垂可以略微超过膝部，但不如大猩猩长，前后肢的比例也不如大猩猩相差那么大。手、脚粗大而呈青灰色，拇指（趾）较短，可以与其他相对的指（趾）握合。前肢的毛都顺向肘部生长，当下雨时，它会用手护住头部，使雨水沿着上肢的毛向肘部流淌而下。

黑猩猩分布于非洲的赤道附近，栖息于热带炎热潮湿、地势不高、高大茂密的落叶雨林中，大多在森林的边缘地带活动。

黑猩猩通常喜欢群居生活，社会结构虽然不如大猩猩那样紧密，但比猩猩有较强的合群性。群体的大小不一，有时 3~5 只，有时可达到 30~50 只。

黑猩猩为半树栖动物，爬树的本领比大猩猩强得多，但远不如猩猩，也不会用臂行法在森林中前进，多在地上四肢着地，以弯曲的指节支撑。

5.本类群的小故事

长臂猿为什么被称为"空中杂技演员"？

长臂猿几乎常年都在树上生活，两条灵活的长臂和钩形的长手，使它们穿林越树如履平地，无论觅食、玩耍、休息、求偶、生殖、哺育幼仔等全部在树上进行。行动的时候，能用单臂把自己的身子悬挂在树枝上，双腿蜷曲，来回摇摆，像荡秋千一样荡越前进，一次腾空移动的距离就有 3 米远，每次可以连续荡越 8~9 米。雌长臂猿还让刚出生不久的幼仔用手脚抱在自己的胸前，带着它一起在森林的上空飞速行进。它们的动作灵活、自然、轻松、优美，如同飞鸟一般，有时在半空中还能做出"鹞子翻身""苏秦背剑""蜻蜓点水"等高难动作，使人感到惊心动魄，称之为高空"杂技演员"。我国古代传说有一种叫作"通臂猿"的动物，神通广大，来去如飞，两臂相通，具有自由伸缩的能力，能够把一侧的臂缩短，而使另一侧的臂变长，武术家还以此为据，创造了一套"通臂拳"的拳法。这种传说的来历，可能就是通过被神化了的长臂猿而想象出来的。不过，当它们偶尔到地上行走时，身体呈半直立，两臂时而弯在身子两侧，双手同时触地，身体一蹿一蹿的像蛙跳；时而双手交错地前进，身体则东摇西晃像个醉鬼；时而双手举过头顶，像投降的姿势一样，头重脚轻，一摇一摆，蹒跚而行，就更显得非常笨拙、滑稽可笑了。

为什么说猩猩对于研究人类起源有重要意义？

猩猩与人类有共同的祖先，是研究人类起源的重要素材之一。它比长臂猿更为进化，雄兽的脑容量为 405~540 毫升，雌兽为 320~400 毫升，有 12 对肋骨，同人类的一样，而比大猩猩和黑猩猩均少一对，但腰椎只有 4 个，手腕部有中心骨，也与人类不同，不过中心骨到老年时将与后面相邻的骨片互相愈合，变得不明显。它不会制作工具，但能折断树枝搭窝，或扔向来犯的野兽，还懂得用较大的树叶当雨伞来遮挡大雨。虽然一般认为猩猩的智力稍次于大猩猩和黑猩猩，但这可能与它秉性孤独，不合群，也不活泼，学习能力较慢有关。对猩猩幼仔的 IQ 测验表明，它与人类婴儿的智力竟相差不了多少。受过训练的猩猩，在不到一年的时间里，可以学会 320 多个手势语言，而且动作速度极快。它也能模仿人类的穿衣戴帽、骑车、倒立、穿针引线等动作，也可以表演杂技。

黑猩猩在使用工具方面有哪些独特之处？

黑猩猩的性情好奇，好动不好静，行动敏捷而机灵，白天常聚集在一起大吵大闹，十分混乱,几乎每隔20分钟就要闹上一阵,还时常利用茂密的枝蔓玩一些"打秋千""捉迷藏"之类的游戏。食物主要是植物的果实、鲜叶、嫩芽等,也去田园中偷吃香蕉和瓜果。在果实最缺乏的季节,也吃昆虫、小鸟和白蚁等,甚至还集体围捕狒狒、羚羊、野猪等较大动物,扑上去杀死以后,把猎物撕成块,整个群体一起分享。利用工具是很多动物中都存在的现象,但黑猩猩在使用某些工具之前能够给予一定程度的加工,虽然这种加工极其简单粗糙,但毕竟是主动的、有目的、有意识地改造物体使之更适合于使用的行为。例如它不仅能用食指将蚂蚁洞捅大,还能拾起一根树枝或草棍,握紧手掌把草叶捋掉后伸进洞里,把蚂蚁钓出来吃掉。草棍若是捅弯了,就把弯头咬断或者再换一根。此外,还有用长木棍抽打树枝,取食树叶,用棍棒捅入蜂窝蘸蜜吃等。更令人惊奇的是,有时它能先把树叶放在嘴里嚼成海绵状,放入嘴难以伸进的树洞中吸取积水,再捞出来放在嘴里吸吮水分。它甚至还会寻找一些草药,自己治疗肠胃疾病。

"冰河时代的巨兽"大地懒

大地懒身体庞大,但头部较小,口鼻部向前延伸得很长,有一条很长的舌头,在下颌前部没有牙齿,上颌两侧各有5枚颊齿,下颌两侧则各有4枚,均终身生长。全身的体表都覆盖着粗糙的长毛,皮肤下还有许多小骨片一样的硬疖。这些硬疖由内层皮肤角质化形成,虽然不如现生的犰狳、穿山甲等的鳞甲那样坚固,也可以对身体起保护作用。它们的躯干骨骼非常发达,后肢明显比前肢粗壮,前肢的3个内侧趾上生有40厘米长的巨爪,后脚的爪子也很大。

大地懒栖息在南美洲的林地、草地和荒野地带,主要在地面上活动,行动比较迟钝、笨重,能像大食蚁兽一样能用后肢脚侧直立行走,以足外缘着地,脚印呈逗号的形状。它们主要以树的枝叶为食,可以只靠后肢站立而形成两足的站立姿势,再加上强壮尾巴形成三足鼎立,这样的姿势使它能方便地以树枝和树叶为食,它强壮的手臂与巨大的爪子可以将整个树枝拔下,再用长长的舌头伸出嘴外卷取枝叶。不过,偶尔它们也会捕捉动物性食物,用巨爪将猎物抓伤,然后用强有力的前臂使猎物就范,而更多的情况可能是吃腐肉或从其他食肉动物的口中夺食。

1.其他故事

为什么说大地懒是一类巨兽?

大地懒的化石最早于1788年在阿根廷被发现。它们的体形比现生的树懒大500倍、体重可达4~5吨,是冰河时代全美洲仅次于猛犸象、乳齿象的第三大陆生兽类。

2.类群特点

在第三纪时,贫齿目动物的种类和数量都很丰富。最早的古贫齿目动物发现于北美洲始新世的地层中。在南美洲和北美洲大陆分离之前,这些古老的贫齿目动物就由北美洲进入南美洲,南美洲和北美洲大陆分开之后,南美洲的贫齿目动物很快发展起来,成了南美洲动物群中的优势类群,并且一直生活到现代。南美洲的贫齿目动物,在第三纪时向着两个方向发展。一个是向着巨大的身体和披毛的方向发展,如南美新生代晚期的大地懒,体形大小与一只小象相仿,体重可达数吨。现在生活在南美洲的树懒和食蚁兽,则是大地懒的近亲。另一个是向着披甲的方向发展,如现生的犰狳和已经绝灭了的雕齿兽等。

贫齿目动物中,犰狳类为陆栖或半穴居,树懒类为树栖,食蚁兽类为陆栖或树栖。犰狳类和食蚁兽类主要以白蚁及其他软体的无脊椎动物为食,但犰狳类食性较杂,也吃鸟卵、浆果以及腐肉等。树懒类则以树叶、树芽、果实等植物性食物为食。它们的种数和数量都不多,分布仅局限于西半球从美国南部至南美洲一带。

3.其他同类的远古动物

杰氏巨爪地懒

杰氏巨爪地懒是一种身披长毛、体形如牛的动物,也是唯一曾在北极圈内生活过的贫齿类动物。它是1796年由学识渊博的美国开国元勋、第三任总统托马斯·杰斐逊命名的,也是少数由非专业人士命名的古生物之一。

最早的杰氏巨爪地懒化石发现于美国西弗吉尼亚州,包括3个巨型脚爪以及一些头骨、肢骨。后来在南北美洲各地又发现了许多种大地懒化石,以及保存了部分皮毛、筋腱的天然地懒木乃伊。

杰氏巨爪地懒体形庞大,体长为3~4米,体重达1.5~2吨,但与大地懒相比还是相对较小。它们的头骨短而宽，有一个很深的、圆钝的口鼻部，上面有发达咀嚼肌附着的痕迹；它们只在上下颌两侧长有 18 颗挂状颊齿，头颅比大地懒短圆，更像今天的树懒。

杰氏巨爪地懒的行动能力较强，它们后肢中央 3 个趾上的爪子可以着地，这使它们能够用整个后脚掌承受巨大的体重，厚实的毛皮带来的耐寒性，使它们能比同类行走得更远。它们的尾部结实粗壮，能与 2 条后足形成三足鼎立之势，像袋鼠一样直立活动。其前肢则有长而弯曲的爪子，能够轻易地扯下树枝、拔起灌木，当然也是锐利的自卫武器。此外，它们的皮肤下长着许多角质化的硬疣，是皮毛之内的最后一层防御。

4.其他同类的现生动物

二趾树懒

二趾树懒体长 60~70 厘米，体重 4000~5000 克。头小而圆。耳极小，隐藏于毛的下面。上肢较下肢为长。前肢有 2 趾，后肢有 3 趾，趾上有长爪。尾巴退化。体毛短而密，主要为灰褐色，毛向与一般哺乳动物的体毛恰好相反，是从腹部向背部生长。

分布于委内瑞拉、圭亚那、秘鲁、厄瓜多尔、哥伦比亚、巴西北部等地。栖息于森林中。终生在树上生活，从不到下地面上。性情温和。单独活动。行动缓慢。平时用四肢钩住树枝，将身体倒挂在树枝上。以树的嫩叶、幼枝、树芽和树果等为食。怀孕期为 260 天。每胎产 1 仔。

褐喉树懒

褐喉树懒体长 60 厘米，尾长 6~7 厘米，体重 3.5~4.5 千克。头小而圆。耳极小，隐藏于毛的下面。上肢较下肢为长。前后肢均有 3 趾，趾上有长爪。尾巴较短。体毛短而密，主要为灰褐色，额部、背部有白斑。喉部深褐色。毛向也是从腹部向背部生长的。

褐喉树懒分布于中美洲的雨林中。终生在树上生活，从不到下地面上。性情温和。行动缓慢。平时用四肢钩住树枝，将身体倒挂在树枝上。以树的嫩叶、嫩枝、嫩芽等为食。雌兽的怀孕期为 180 天。

5.本类群的小故事

为什么褐喉树懒仅以树叶为食？

褐喉树懒寻觅食物主要依靠敏锐的嗅觉和触觉。它的食性非常狭窄，仅以一两种树的嫩叶、幼枝、树芽和树果等为食,不过这些树的枝叶一般水分都十分充足,再加上生活环境也很湿润,所以它一生都不用喝水。树叶蛋白质的含量较低,而且不利于消化,因而提供给动物的能量十分有限。为了充分利用这些有限的能量资源,它生有一个大而异常复杂的胃,其功能与反刍动物的瘤胃有很多相似之处。胃内含有着丰富的微生物,起着发酵室的作用,能将树叶中含量较低的蛋白质转变为可被小肠吸收的有效营养成分,实现充分的吸收和高效率的能量转换。这个消化过程需要很长的时间,大多数反刍动物的消化过程以小时计算,而它的消化过程则是以日计算的,可以说是哺乳动物中消化过程最慢的一种。

为什么褐喉树懒行动迟缓?

褐喉树懒的性情温和,喜欢单独活动,但生活十分懒散,一生都是在慢节奏中度过的。为了维持生命而必须从事的觅食活动也在慢吞吞地进行,只要身旁有可以吃的食物,褐喉树懒就决不会更多地移动身躯,只是懒洋洋地伸出长爪,将食物钩过来,送入口中长时间地细嚼起来。它非常贪睡,一个昼夜大约要睡 17~18 个小时,白天常常挑选一棵枝繁叶茂的树梢,用前肢钩住头上的树枝,将身体靠在树干上,头弯向胸前,几个小时一动也不动,所以很难被发现。它平时的动作迟缓,显得有气无力,三个爪甲牢牢地抓住树干,每迈一步大约需要 12 秒钟,每分钟最快也只能移动 1.8~2.4 米,是世界上走得最慢的哺乳动物,甚至比爬行动物中的乌龟还要慢。行动如此缓慢的种类自然很难对其他动物构成威胁,而当它在躲避其他食肉动物的捕捉时,也是宁愿蜷缩不动而不会企图逃走,即便被捉住以后也不急着挣扎。与这种习性相对应的是它的身体对能量的需求和消耗很小,心跳和消化也很慢,肌肉只有相似体型的其他动物的一半,几乎是皮包着骨头。它还是一种接变温性的动物,体温的变化范围一般在 24℃~33℃ 之间,为了节约能量,在夜间休息时体温下降 6℃ 左右,而其他动物除了冬眠之外,很少有这种现象。但每当气温降至 27℃ 以下时,它又会颤抖着身子将体温升高。因为它具有特殊的血管网可以将进入四肢的血液冷却,反之,也可以加温从肢干部到躯干部的血液,这样多少可以防止体温降得过低,所以它并非是真正的变温性动物。

身披鳞甲的雕齿兽

雕齿兽的头颅被鳞甲覆盖,上下颌两侧各有 7~8 枚终生生长的拱形臼齿。由于这些臼齿上有一条条的深沟，如同雕刻出来一般，它也因此而得名。它的身体由一块完整的拱形甲壳覆盖，直径可达 2~2.7 米，尾巴又短又粗、拖在身后，也被多层套筒状的鳞甲包裹。它的甲壳很重，大约占体重的 1/5。它的甲壳并不是骨骼形成的，而是在体表角质化硬皮上镶嵌着无数大小不一的六角形骨质鳞片，形成 3~5 厘米厚的硬壳，下面还有一层脂肪。它的四肢粗短强壮，前足上有可挖土的爪子，后足则类似蹄形。

雕齿兽

雕齿兽主要生活在南美洲的阿根廷、智利、乌拉圭和巴西等广大热带与亚热带地区，也有少数化石发现于美国南部和墨西哥等地。它的栖息环境比较多样，但主要生活在开阔的草原地带。

雕齿兽喜欢在地面上缓慢行走，而不善于快速奔跑，不过，由于它的外壳与骨骼没有关联，所以不会影响其行动的灵活性。除了利用甲壳对身体进行保护外，它的长尾巴的末端膨大，长着许多角质的尖刺，似乎也是一种抵御捕食者攻击的自卫武器。不过，也有人认为这个结构更可能是雄兽之间进行求偶争斗的工具。有些种类还拥有长度超过 1 米、能自由摆动的管状尾巴。

1.类群特点

雕齿兽隶属于贫齿目、雕齿兽科，但与犰狳的关系很密切。犰狳是西半球新热带地区的特产动物，共有 9 属 21 种。犰狳是现存的贫齿目动物中种类最多、分布最广的一类，从美国南部到南美洲南端都能看到这类身披鳞甲、头尾像老鼠的动物。各种之间的体型大小颇不一致，最大的身长近 100 厘米，最小的不足 10 厘米。在它们身上，绊的数目多少也随种类而异，最少的为三绊，最多的竟有十八绊。常见的种类有三绊犰狳、六绊犰狳、九绊犰狳等，大犰狳、倭犰狳和小犰狳较罕见。它们大多栖息于疏林、草原、沙漠等地带，多数穴居，夜间活动，也有少数白天活动，因为体态和形状都仿佛是披着铠甲的大老鼠，所以也被称为"铠鼠"。

贫齿目中最古老的类型就是古新世至始新世早期出现的类似于犰狳的动物，到了始新世晚期的时候，出现了与犰狳更为相近的雕齿兽。此后，犰狳类动物在北美洲的北部逐渐灭绝。

动物百科

2.其他同类的现生动物

毛犰狳

毛犰狳身体主要为灰褐色。头顶上被有鳞片,两侧有一对圆形的小耳。嘴尖而长。身体外面都被有一层由小骨片组成的、如瓷砖般排列的骨质鳞片。有 8 条鳞片可以自由伸缩。鳞片之间长有稀疏而粗糙的毛。腹部没有鳞,有较为浓密的毛。四肢粗壮,趾上有尖锐而强硬的爪。

分布于巴拉圭北部至阿根廷中部一带。以昆虫等为食。

六绊犰狳

六绊犰狳体长 40~50 厘米,尾长 20~25 厘米,体重 3500~4500 克。身体主要为黑褐色。头顶上被有鳞片,两侧有一对圆形的小耳。嘴尖而长。身体分为前、中、后三段,外面都被有一层由小骨片组成的、如瓷砖般排列的骨质鳞片。前段和后段的骨质鳞片连成整块结构,不能伸缩,中段的 6 条鳞片呈带状环绕而形成"绊",有筋肉相连,可以自由伸缩。尾巴和四肢上也有鳞甲,鳞片之间长有稀疏而粗糙的毛。腹部没有鳞,有较为浓密的毛。四肢粗壮,趾上有尖锐而强硬的爪。

分布于巴拉圭、阿根廷、玻利维亚和巴西等地。栖息于靠近水边的地带。夜行性,白天大多在洞穴中睡觉。遇到危险时将身体蜷缩,藏在鳞甲之内。善于挖掘洞穴。以昆虫、蠕虫、蜘蛛、蜥蜴,以及植物等为食。怀孕期为 74 天。每窝产 2 仔,寿命为 15 年。

大犰狳

大犰狳体长 75~100 厘米,尾长 45~50 厘米,体重 45~60 千克。身体粗壮,主要为黑褐色。头项上被有鳞片,两侧有一对圆形的小耳。嘴尖而长。身体外面被有一层由小骨片组成的、如瓷砖般排列的骨质鳞片。尾巴和四肢上也有鳞甲,鳞片之间长有稀疏而粗糙的毛。腹部没有鳞,有较为浓密的毛。四肢粗壮,趾上有尖锐而强硬的爪。

分布于巴拉圭、阿根廷、委内瑞拉、圭亚那和巴西等地。

3.本类群的小故事

大犰狳用什么方法保护自己?

大犰狳分布于南美洲东部的巴拉圭、阿根廷、委内瑞拉、圭亚那和巴西的亚马孙河流域等地靠近水边的地区。它喜欢在夜间爬到地面上活动,白天则大多在洞穴中睡觉。它的食性很杂,包括蚂蚁、白蚁、蛴螬、甲虫、蝎子等昆虫,以及蠕虫、蜗牛、蜘蛛、蜥蜴、蛇、蟾蜍、小鸟、鸟卵,甚至腐肉等,都是它的食物,有时为了寻觅害虫也会毁坏庄稼,但由于所吃害虫的量十分惊人,每年每只大约可以吃掉 270 克害虫,所以对人类的益处是主要的。由于视力很差,就依靠灵敏的嗅觉寻觅食物,能够准确地寻找到在地面 1 米以下深度隐藏的蚂蚁、白蚁等的巢穴,用利爪挖开之后,再用富有黏液而伸缩自如的舌头贪婪地舔食,饱餐一顿。

令人惊奇的是它还有游泳的本领,可以先吸入大量的空气,使肚子膨胀起来,这样就能让披着沉重盔甲的身体在水面上漂浮起来,每吸一口气可以在水中游上 6 分钟。在陆上行走时,其身上的鳞甲可以防止草丛、灌丛中的荆棘伤害它的皮肤。由于腿短,不善奔跑,也不善于与天敌搏斗,所以每当遇到敌害无法逃脱的时候,就马上把身体蜷缩成一只硬甲球,将较为柔软的头、胸、腹等部位全部藏在盔甲之内,常常使小型食肉兽类无法下口,奈何不得。不过,如果碰上狼、猞猁、野猪等较大的食肉兽类,或者当地土著的印第安人的猎犬,其锋利的牙齿能够咬穿它的鳞甲,使其防御体系彻底失灵,所以这些动物也就成了它的主要天敌。其实它最大的敌人还有汽车,在沿海岸的公路上,常常可以看见被汽车撞死的犰狳尸首,因为它具有一种奇怪的跳跃反射,每当一辆汽车疾驰而来的时候,就立即垂直地跳离地面,碰撞到汽车上而死。大犰狳还具有高超的掘土能力,能在坚硬的土地上掘洞逃脱敌害,甚至能掘开水泥地面,其掘洞的速度和力量都十分惊人,常常能在几分钟之内就把全身埋入土中。此外,它还有很多逃避敌害的办法,例如跳入水中,潜水而逃;钻入稠密的灌丛中,使敌害无法进入;从肛门中喷出一股奇臭无比的热液,趁对手的眼睛被熏得灼痛难睁时,迅速逃走等等,只有极少的情况下才用爪子进行反抗。

为什么大犰狳是人类与麻风病做斗争的一个重要工具?

对于医学界来说,大犰狳的发现无疑是一件值得庆幸的事,因为这种动物已经成为人类和麻风病做斗争的一个重要工具。麻风病是由一种叫作麻风分枝杆菌引起的传染病,由于该病菌是挪威医学家汉森发现的,所以又叫作汉森氏病。它虽然不属于常见的病症,但至今仍然是一种最使人痛苦的疾病。麻风杆菌首先侵犯身体温度较低的部位,如鼻子、耳朵等,如不及时医治,继而就侵犯人的皮肤和神经,导致皮肤变厚,结节,从而失去知觉,使眉毛脱落,鼻子塌陷,双目失明,最终成为使人丧失活动能力,毁损人的容貌的大瘟疫。这种病主要流行在热带、亚热带及温带地区,生活贫困、生活居住条件恶劣的亚洲、非洲、拉丁美洲等发展中国家发病率尤高,从感染到发展为活性病症大约需要3～6年的时间,估计全世界有150万人患病,而其中很多患者是儿童。

虽然早在1873年就已经确定了引起麻风病的病菌,但是在如何控制的研究方面碰到了很多困难,在长达一个世纪左右的时间里一直没有大的进展,关键问题是麻风病菌还不能在人体外培养,既不能在实验试管里繁殖,也没有找到合适的动物来进行试验,因而难以进行药物杀菌试验,或者进行免疫研究。后来,科学家们终于发现大犰狳由于体温较低,鳞甲处又有裂口,极易感染麻风病菌,因此可以提供具有丰富的麻风杆状细菌来进行大规模试验研究,而且从受到感染到出现病状的时间仅为0.5～4年,这个发现为在动物身上从事这个古老的疾病的研究提供了方便的条件。从大犰狳患病组织中获得的麻风病菌比从人的患病组织中获得的要多许多倍,从而制取的高纯度麻风病菌可以用来判断人是否易感染麻风病,并用于进行麻风病人临床分型和了解预后。在联合国世界卫生组织和科学家的通力合作下,麻风病疫苗的研究工作有了很大的进展,已经培育出的一种纯疫苗,能使老鼠不受麻风杆菌的侵袭,在人类身上进行的试验也正在开展。有了大犰狳的帮助,人类对麻风病将会获得更深入的了解,与此同时,消灭它的方法也终将被发现。

生活在陆地上的巴基斯坦鲸

巴基斯坦鲸的体形较小而细瘦,外形很像一只狗或者长腿的老鼠,与现生的鲸类没有多少相似之处。它的眼睛位于头顶,耳中具有耳鼓,但鼓泡相当致密。鼻孔已经从鼻尖开始向头顶移动,形态几乎是现生鲸类呼吸孔的雏形。它的四肢比较纤细,脚踝处有与偶蹄类动物相似的双滑车构造。

巴基斯坦鲸属于食肉动物,善于在地面上奔跑。它们主要生活在陆地上,特别是在河湖沼泽附近,但已经具有一些适应水中生活的特征,比如耳内相当致密的鼓泡使其可以通过稠密的海水将声音传入内耳,因此可能有些时间会在水中活动。

1.其他故事

为什么说巴基斯坦鲸是鲸类的祖先?

巴基斯坦鲸的化石最早发现于20世纪70年代,但当时只是两件骨盆化石,后来随着所发现的化石不断增多,到了21世纪初才发现,将这些化石拼凑在一起的结果竟然是一只能在陆地行走的鲸,从而轰动了世界。

开始人们推断巴基斯坦鲸是营两栖生活的,但后来发现它们更适合在陆地上活动。不过,巴基斯坦鲸仍保存了类似陆栖哺乳类、在水下毫无作用的耳鼓,但鼓泡已经朝现代鲸的方向进化,表现出连接陆地动物与鲸的中间物种的形态,使人类离揭开鲸进入海洋的真相又近了一步。

巴基斯坦鲸的发现在进化理论上有什么意义?

巴基斯坦鲸的发现轰动一时,它使达尔文主义者异常高兴:即使是作为某一类海洋动物的特例,这位伟大的英国人的理论也获得了胜利。骨架在科学的面前揭示了一种动物的后肢变化的典型渐进过程,不是灾难性的事件而是在物种演化突变的影响下的普普通通的变化以及自然条件的改变所进行的选择,使鲸最终失去了它的后肢。假如鲸的祖先在其海洋生活的初期还长有脚掌的话,那么,正如发掘出的骨骼所显示的,在距今3000万年的时候,它们的脚掌已经不复存在了。

鲸类祖先为什么会重返海洋?

鲸类祖先的四足动物为什么决定舍弃陆地又迁入海洋呢? 科学家们至今没有找到确切的答案。有一种说法认为,当时正值地球上大量的巨型鳞甲类动物灭绝之时,主宰近岸水域的雷龙的灭绝使这一广阔水域出现了空白,而且这里又有丰富的鱼类和其他水产动物,古鲸为此所吸引,也许就是这种原因诱使爬行鲸重返海洋的。

不可否认,食物也许在鲸类入海的过程中扮演了重要角色,但是否还有更重要的原因呢? 有人认为,在6000万年以前,随着陆地哺乳动物种群数量一个接一个地达到过剩状态,这种巨大波涛似的高涨对动物栖息和摄食区的压力会有局部性的增强,滨海生物群落间的相互作用无疑也会加强,且一直处于激烈状态。对鲸类祖先施加的这种压力可能刺激它们向海中发展,并通过驱散鱼龙、蛇颈龙等海洋爬行动物来开拓新的栖息领域,它们在古地中海沿岸水域的出现导致了这些爬行动物的最后衰落。

巴基斯坦鲸的耳部构造有什么特点?

在鲸类动物的身上,耳部构造被视为一个重要的判断标志。因为声音在水中和空气中的传播方式不同。陆栖哺乳动物有薄而扁的耳鼓(又叫鼓膜),接收以空气为传播介质的声波;现生鲸类的耳部结构则是厚而长的鼓韧带,无法接受声波,它们利用的是名为

"鼓泡"的骨头。现生鲸类的鼓泡非常致密,因此可以传递由稠密介质传送的声音到内耳去。

巴基斯坦鲸的鼓泡已经朝现代型的方向演化了,但是它们仍然保存了类似陆栖哺乳类的耳鼓,在水面下毫无作用。正是根据这一特征,科学家推测,就像乌龟听到的是以龟壳传送的地面震动一样,巴基斯坦鲸也许是用鼓泡捕捉地面传递的声音,因此,巴基斯坦鲸可能是一种以埋伏为主要策略的猎食者。就像鳄鱼一样,它们也许潜伏在河岸浅水处,头朝岸上,攻击前来饮水的动物。

2.类群特点

鲸目动物的体形差异很大,小型的体长只有 1 米左右,最大的则可达 30 米以上。它们中的大部分种类生活在海洋中,仅有少数种类栖息在淡水环境中,体形同鱼类十分相似,体形均呈流线型,适于游泳,所以俗称为鲸鱼,但这种相似只不过是生物演化上的一种趋同现象。因为鲸目动物具有胎生、哺乳、恒温和用肺呼吸等特点,与鱼类完全不同,因此属于兽类。

鲸目动物的祖先原来也是在陆上用四肢行走的动物,可能是主要生活在海滨一带的食虫目或食肉目动物,后来由于被水中的鱼类等食物所吸引,经过漫长的岁月,又从陆地回到了海洋,并逐渐了适应海洋生活。最早的鲸包括出现在大约 5500 万～3600 万年前的始新世中期的始鲸、始齿鲸和始新世后期的原鲸等,它们和现存的鲸比较,头骨比较小,鼻孔位于头部的前方,尚未移至头的上方,牙齿和古代的食虫目、食肉目动物的牙齿差不多,都是 44 枚或不足 44 枚,齿形、头骨也很相像等,仅有少数不同点,但它们已经具有适应在海水中生活的、与鱼类相似的体形。

3.其他同类的远古动物

步行游鲸

步行游鲸体长 2.7~3 米,体重约为 300 千克。它的化石是 1992 年在巴基斯坦北部发现的。在它的身上发现了许多从陆地动物到鲸类的过渡类型的特征,例如其鼻孔仍位于头颅前端,但眼睛和耳朵的位置都较高,这是对水栖生活的适应。它们躯干粗短,胸部宽厚,已经呈现流线型,脊椎已经可以灵活弯曲,4 条腿则位于身体的两侧,后肢强壮,脚掌很大,还可能长有发达的脚蹼,这些结构都表明,步行游鲸生活在古地中海的海边、潟湖及内陆河湖中,虽然仍有陆上蹒跚行走的能力,但已经能靠身体的上下摆动和后肢击水来在水中前进,适应水栖生活了。

龙王鲸

龙王鲸体形巨大,身体细长,体长 15~17 米,少数可达 24 米。它的身上保留着很多原始特征,例如长有 2 条短小的、未完全退化的后腿,头部较小且类似陆生动物,但嘴比较长,大约 2~3 米,44 颗牙齿也与早期的陆地哺乳类相似且分为两种类型,锥形齿分布在前,锯齿形齿排列于后。它的上下颌非常有力。

最早的龙王鲸化石在 19 世纪 30 年代发现于美国路易斯安那州,当时被认为是一种巨型海洋爬行类动物,后来才意识到是一种远古的鲸类,前肢已经演变成鳍。后来,人们在埃及和澳洲大陆也发现了很多龙王鲸类的化石,说明它们当时曾广布于世界各地的热带海洋中。它们是当时海洋中最大捕食性动物之一,连鲨鱼也要躲避。它们不但能追捕鱼类,也能取食海洋软体动物和甲壳类,甚至伏击岸边的动物。

4.其他同类的现生动物

座头鲸

座头鲸虽然不是世界上最大的鲸类,但也是海洋中当之无愧的庞然大物,体型肥大而臃肿,体长达 11.5~19 米,体重约为 40~50 吨。它的头相对较小,扁而平,吻宽,嘴大,嘴边有 20~30 个肿瘤状的突起,有趣的是每个突起的上面都长出一根毛,而身体的其他部位却全都没有毛。鲸须短而宽,每侧都在 200 条以上。背鳍较低,短而小,背部不像其他鲸类那样平直,而是向上弓起,形成一条优美的曲线,故得名"座头鲸",也叫"弓背鲸"或者"驼背鲸"。胸鳍极为窄薄而狭长,约为 550 厘米左右,几乎达体长的 1/3,鳍肢上具有 4 趾,其后缘有波浪状的缺刻,呈鸟翼状,所以又被称为"长鳍鲸""巨臂鲸""大翼鲸"等。下颌至腹部有 20 条左右很宽的平行纵沟或棱纹,腹部具褶沟。通常身体的背面和胸鳍呈黑色,腹面呈白色,但也有的背面和胸鳍也呈白色。雌兽体后的下侧长有一条细长的裂口,终止在肛门附近,据说在繁殖的时候,雌兽就是用它包裹住雄兽的生殖器,来完成交配动作的。

座头鲸分布于太平洋、大西洋及世界其他各海洋中,在我国见于渤海、黄海、东海、南海和台湾海域一带。座头鲸一般在寒带和热带之间的一定海域中洄游,并有固定的洄游路线,例如在美国夏威夷群岛附近,每年从 11 月开始,都有大约 400 只汇集于温暖的水域里越冬,从翌年3月下旬开始离开向北迁徙,当再次接近陆地时,已经是在几千公里以外的北太平洋了,其中有一些可以到达白令海峡,另一些则到达阿拉斯加东南分散的小岛附近海域。

座头鲸是有社会性的一种动物,性情十分温顺可亲,成体之间也常以相互触摸来表达感情,但在与敌害格斗时,则用特长的鳍状肢,或者强有力的尾巴猛击对方,甚至用头部去顶撞,结果常造成自己皮肉破裂,鲜血直流。它游泳的速度很慢,每小时约为8~15公里,在海面缓缓游动时,就像一座冰山一样,身体的大部分沉在水下,有时又像是一个自由飘浮的小岛,人们在海岸上也能看到它露出海面的身体。游泳、嬉水的本领十分高超,有时先在水下快速游上一段路程,然后突然破水而出,缓慢地垂直上升,直到鳍状肢到达水面时,身体便开始向后徐徐地弯曲,好像杂技演员的后滚翻动作。它可以钻入水中快速潜水游动,仅用几秒钟就消失在波浪之下,进入了昏暗的"深渊"。露出水面呼吸时,从鼻孔里会喷出一股短粗而灼热的一种油和水汽混合的气体,把周围的海水也一起卷出海面,形成一股蔚为壮观的水柱,同时发出洪亮的类似蒸汽机发出的声音,被称之为"喷潮"或"雾柱"。有时它还兴奋得全身跃出水面,高度可达6米,落水时溅起的水花声在几公里外都能听到,动作从容不迫,优美动人。在它的皮肤上不仅常附着藤壶和茗荷等蔓足类动物,而且携带着许多有吸盘的动物,加起来足有半吨重之多,然而这似乎丝毫不影响它的行动和情绪。

抹香鲸

抹香鲸俗称为真甲鲸、梆子头鲸、棺材头鲸,是齿鲸类中体型最大的,雄兽体长18~23米,体重可达60000~100000千克,雌兽体长13~14米。长相奇特,头重尾轻,就像一只巨大的蝌蚪,又像一个棺材或木箱子,尤其是雄兽的头部特别大,几乎占体长的1/4到1/3,所以又叫"棺材头鲸"。它的上颌和吻部呈方桶形,下颌虽然也强而有力,但比较细而薄,前窄后宽,与上颌相比,极不相称。上颌骨及额骨与颞骨均向里凹,形成一个大槽,上面有皮肤盖着,里面储存着鲸蜡,使头顶隆起,有减轻身体比重,增加浮力的作用。头骨的左右不对称。

抹香鲸

耳孔极小。上颌无齿或仅有10~16枚退化的齿痕，还有一些被下颌的牙齿"刺出"的深洞，下颌窄而长，有20~28对圆锥形的狭长大齿，每枚齿的直径可达10厘米，长约20多厘米。鼻孔在头的两侧分开，喷水孔开在头的前端左侧，眼角的后方，呈S形，只与位于左前上方的左鼻孔通连，右鼻孔阻塞，但与肺相通，可作为空气储存箱使用，所以它呼吸时喷出的雾柱是以45度角向左前方喷出的。颈椎仅有第二至第七枚愈合。没有背鳍，后背上只有一系列像驼峰一样的嵴状隆起，里面富有脂肪，也起到增大浮力的作用。鳍肢也不长，仅有100厘米左右。但尾鳍比较大，宽约360~450厘米。身体的背面为暗黑色，腹面为银灰或白色。全身颜色蓝灰色、乌灰色至黑色，只在口角后方有一块白色，体色随年龄而异，一般幼仔色淡，以后逐渐加深，而老年又变为浅灰色，有时有花斑。

抹香鲸分布于全世界各大海洋中，大多数生活在赤道附近的温暖海区，极少数还能到达北极圈内的冰岛和格陵兰附近海域。在我国见于黄海、东海、南海和台湾海域。抹香鲸常结成5~10只，或者几十只甚至200~300只的大群，一般营一雄多雌的群居生活，在海上有时会顽皮地互相嬉闹、玩耍，有时又一起围成一个圆圈，长时间躺在海面上酣睡。游泳十分迅速，在快速游进时，时速可以达到12海里。潜泳的能力也很强，将头露出海面吸足空气以后，头部向下，尾部露出水面快速深潜，速度可达每分钟100多米，一般可达数百米的深度，最深的纪录竟达到2200米，这时它的身体上每平方厘米所承受的压力为100千克以上。在水下潜伏的时间也能达到75分钟之久，每次呼吸能换掉肺中85~90%的空气，因此被称为鲸类中名副其实的"潜水冠军"。

抹香鲸的性情十分凶猛，食量极大，每天能吃1吨多重的食物，猎物一旦被它咬住就难以脱身了。它的主要食物为各种乌贼和章鱼，也吃鳕鱼、鲈鱼、梭鱼、鲨鱼和其他鱼类，特别是爱吃体型巨大，最长达18米的大王乌贼。为了制服、吃掉如此之大的猎物，常常需要经过较长时间的搏斗，以至于身上常残留有被大王乌贼触手上的吸盘所伤的大圆盘形的疤痕，有时双方搏斗时会一起跃出水面，就像是海面上突然出现的一座小岛，场面极为惊心动魄。

自古以来，人们一提起抹香鲸，就有一种恐惧的感觉，至今仍流传着许多骇人听闻的传说故事，历史上也的确曾经多次发生人类的船只与抹香鲸遭遇而失事的事件。它不仅有时进攻渔船、货船，甚至也敢对捕鲸的船只进行猛烈的反扑，用巨大的头部顶撞船体，发出雷鸣般的巨响，继而用强大的尾巴横扫过来，顿时将船体打破，使船上的人员纷纷落水。19世纪初，美国的三桅杆捕鲸船"防克号"就曾被抹香鲸击沉，此后又发生过20多次这样的事件;20世纪上半叶,又约有近百艘捕鲸船和货船被抹香鲸撞翻、击碎或沉没,例如苏联的捕鲸船"斯图济恰号"和"斯拉瓦10号"在海上失事,也都是抹香鲸所为。有趣的是,在第二次世界大战期间,有一艘美国军舰正在夜航,突然觉得舰体受到强烈的震动,所有人都误认为是军舰触礁或碰上了水雷,纷纷跳水逃命,后来才发现是军舰撞上了一只正在仍然沉睡的抹香鲸,因此遭受了一场虚惊。抹香鲸这种主动袭击各种船只的行为,一般认为是出于其保卫领地、自身和后代安全的一种本能,也有的是受伤之后,进行垂死挣扎的一种行为。但是,随着海上航行的船只越来越现代化,而抹香鲸的数量却大大减少,所以这样的事情已经很少能听到了。

在现生的大型鲸类中,抹香鲸是剩余数量最多的一种。半个世纪以前,全世界的抹香鲸约有110万只,其中雌兽略多于雄兽,到了1976年时,估计尚有约62万只,其中雌兽有39万只,雄兽有23万只,因此允许各国每年猎捕1~2万只。但是,现代捕鲸的手段与从前相比,在技术上已经有了很大的进步,人类对抹香鲸所提供的各种物质的需求量不断上升,而抹香鲸的数量却正在大幅度减少。

5.本类群的小故事

庞然大物座头鲸为何竟以磷虾为食?

不可想象的是,座头鲸这种庞然大物竟然是以磷虾这种体长还不到1厘米的小型甲壳动物为主要食物的,此外还有鳞鱼、毛鳞鱼、玉筋鱼和其他小型鱼类等。它的嘴张开时,其特殊的弹性韧带能够使下腭暂时脱落,形成超过90度的角度,口的横径可达到4.5米,可以一口吞下大量的磷虾或较小的鱼类,但其食道的直径则显得太小,不能吞下较大的食物,这可能就是它只能吃小动物的原因之一。由于越冬期间好几个月都不进食,为了维持那硕大无比的身躯所需要的体能,在夏季里便要吃大量的食物,常常可以连续吃上18个小时。由于日照充足,北方冰川地带的海湾里浮游生物大量滋生,养育了以浮游生物为食的磷虾,数量巨大,常常数百万只群集在一起,因此为座头鲸提供了极为丰盛的食物来源。

为什么座头鲸被称为"海洋中的歌唱家"?

人们在茫茫的海洋世界里航行时,往往可以听到一种神秘莫测的美妙歌声,这种歌声在古希腊史诗《奥德赛》中被充分渲染为迷人的"海妖之歌",后来人们才发现,原来这个海洋中的神秘"歌手"就是座头鲸。它的歌声非常响亮,有时在80公里以外都可听到那深沉的低音符。歌声由"象鼾""悲叹""呻吟""颤抖""长吼""喊喊喳喳""叫喊"等18种不同的声音组成,节奏分明,抑扬顿挫,交替反复,很有规律,彼此连接成优美的旋律,各首歌持续的时间一般可长达6~30分钟。令人吃惊的是,它的歌唱不是使用声带而是通过体内空气流动来发出声音,就好像憋着气唱一段歌剧选曲一样。其实,唱歌是雄兽繁殖仪式的一个组成部分,洪亮动听的歌声可以使雌兽从几十公里以外赶来,彼此结成伴侣,繁殖后代。繁殖季节一过,就可能一连几个月也不唱歌了。

座头鲸在同一年里都唱同样的歌,但每年都更换新歌,两个连续年份的曲调相差不大,都是在上一年的基础上逐年增添新的内容,这说明它能记忆一首歌中所有复杂的声音和声音的顺序,并储存这些记忆达6个月以上,作为将来唱新歌的基础,这也是说明其智力的一个证据。在唱新歌的时候,音节的速度要比旧歌来得快,往往是取其头尾,省略中间部分,很像人类语言的进化过程。生活在不同海域的、不可能相互接触的座头鲸唱的歌是不一样的,发出的声音有明显的差异,说明这些歌声是每个种群独自遗传给自己的后代的,但有趣的是所有歌声的变化却都遵守同样的规律,而且具有同样的结构,这与不同地域生活的人类所形成的方言非常相似。例如,每首歌中大都包含着6个主旋律段,即带有几个完全相同或稍有变化的乐句的6个乐段,每个乐段又包含2~5个音节。在任何一首歌中主旋律段出现的次序都一样,虽然有时会漏掉一个或数个主旋律段,但剩下来的主旋律段永远还是按预定顺序进行。

座头鲸的大脑相当发达,比人的大脑要大5倍多,同样不容忽视的是大脑的沟回形状也与人的一样,很可能是高智力型的。它不仅会歌唱,而且所唱的曲调是动物世界里最复杂的歌,是真正的"乐曲",这种歌声像是广阔而快乐的合唱,从海洋里倾吐出来,洋溢在海面上,使整个海洋成为一座欢乐的音乐宫殿,充满着雷鸣般的回鸣,汇集成一曲辉煌的海洋交响乐。如果将它歌唱的录音加快到数倍速度播放,更是婉转动人,所以人们称座头鲸为动物世界里最出色的歌手。它的歌声已被人们录制成唱片,同古典和现代音乐放在一起供人们欣赏了。

生活在古代稀树草原的黄昏犬

黄昏犬体形较小,但身体健壮。吻部较短,身躯细长,四肢短小结实,具有5趾,并有趾垫。尾巴较长,有蓬松的毛。

黄昏犬分布于北美洲的稀树草原地带,是早期的食肉类动物,有一定的攀爬能力,但不善于爬树。趾行性,奔跑的能力很强。它的嗅觉和听觉也都比较灵敏。

1.类群特点

犬科动物起源于生活于 5000 万年前的始新世的一种体形很小,尾巴较长,善于奔跑和爬树的食肉类动物——麦芽西兽。在距今约 4000 万年前的始新世末期和渐新世初期,进化为的黄昏犬,以及熊和浣熊,在距今 2500 万年前的中新世进化为新鲁狼,到距今 1200 万年前的上新世又进化汤氏熊,最后到距今 300 万年前的更新世才进化为现代的一些犬属动物。渐新世时出现早期的狗类,脑颅扩展,裂齿特化,四肢和脚有些伸长,朝向奔跑的方向发展。但在牙齿性状上,其数量很少短缺,其功能也较少改变,所以仍属于原始食肉类。在更新世和现代,犬类动物的分化达到全盛时期。

2.其他同类的远古动物

恐狼

恐狼是历史上最大的野生犬类动物,体长 1.5~2 米,肩高 1 米左右,体重大约为 50 千克,最大者可达 80 千克。它栖息于北美洲大地上,身体和四肢比现生的狼更为短粗、结实,肩膀宽阔,头大而沉重但脑量较小,双颌及牙齿更加强劲有力。因此,恐狼在速度和耐力上都比狼逊色,智力也略差,但却拥有更为可怕的咬力和更壮实的体魄,似乎能够捕捉北美野牛、大角野牛、地懒以及西方马和各种大中型鹿类等猎物,也会拣食一些动物尸体为食,是当时草原上的清道夫。

汤氏熊

汤氏熊并不是熊,长得也完全不像现生的熊类,而是一类犬科动物。它们的双颌较长,脑容量较大,牙齿的结构也更像现生的犬类。它们生活在草原地带,耳短而耸立,听觉敏锐,四肢强健,尤其后脚的第五趾已有明显的退化痕迹,这使它们更适合于长距离的奔跑,此外还具有一条有助于在急速奔驰时保持平衡的长尾巴。

3.其他同类的现生动物

狼

狼又叫灰狼、青狼,是体型最大的犬科动物,体长100~230厘米,尾长30~50厘米,肩高40~70厘米,体重30~50千克,个别也有超过70千克的,雌兽比雄兽稍小。狼的形态与家犬相似,但两个耳朵大约平行地垂直竖立,不像家犬的耳朵通常下垂,而且狼的尾巴下垂于后肢之间,不像家犬的尾巴常向上卷。狼的体色一般为黄灰色,背部杂以毛基为棕色,毛尖为黑色的毛,也间有黑褐色、黄色以及乳白色的杂毛,尾部黑色毛较多,腹部及四肢内侧为乳白色,此外还有纯黑、纯白等色型。狼的吻部比家犬长而尖,口也较为宽阔,裂齿很大,眼向上倾斜,位置较鼻梁为高。胸部比家犬宽阔,四肢长而强健,脚掌上具有膨大的肉垫,前肢具5指,后肢具4趾,指、趾端均具有短爪,脚印呈圆形或长圆形,图案好似梅花一般。尾巴比家犬的短而粗,毛较为蓬松。

狼在北半球的欧亚大陆和北美洲大陆分布很广,主要见于加拿大、美国、中国、朝鲜、俄罗斯、印度和欧洲北部、东部的许多国家。它生活的环境也十分广泛,包括草原、荒漠、丘陵、山地、森林以及冻土带等地区都是其栖息的场所,在喜马拉雅山地区,其活动的海拔高度可以达到5400米左右,所以它是对环境适应性相当强的一种动物,无论酷暑严寒都能忍受。

非洲野犬

非洲野犬分布于非洲东部、中部、南部和西南部一带。它的体长0.8~0.9米,尾长0.7~0.8米。身上有鲜艳的黑棕色、黄色和白色斑块。吻通常黑色,头部中间有一黑带,颈背有一块浅黄色斑。尾基呈浅黄色,中段呈黑色,末端为白色,因此又有"杂色狼"之称。

非洲洲野犬栖息于开阔的热带疏林草原或稠密的森林附近,有时也到高山地区活动。一般为6~20只结群生活。昼行性。没有固定的"地盘",过着到处游荡的生活,但一般在一个较大的范围内逗留较长时间。

非洲野犬性情凶猛。以各种羚羊、斑马、啮齿类等为食。它的奔跑速度仅次于猎豹。有些传说把非洲野犬描述得很可怕,说它们会咬死一切动物。被它们咬死的野兽,比能吃掉的要多得多。

4.本类群的小故事

为什么家犬睡觉时爱把鼻子藏在前肢下？

家犬在睡觉时，常常把鼻子藏在两条前腿之间。这种睡觉的姿势对狗有什么好处呢？这是因为，家犬最大的特点之一是具备嗅觉特别灵敏的鼻子。家犬鼻子比其他动物的鼻子复杂得多，除了正常的鼻腔有嗅觉作用外，鼻子尖端的外表面，还有一块无毛的部位，那儿长着无数小小的突起，外面还覆盖着一层黏膜组织。在这层黏膜上"驻扎"着许多特殊的细胞，专门掌管嗅觉。

对家犬来说，灵敏的嗅觉实在太重要了，如果嗅觉部位受到伤害，将会给家犬的生活带来极大的不方便。正因为如此，家犬特别懂得珍惜鼻子，连睡觉时也不忘记。它把鼻子藏在前腿间，就是为了保护鼻子，防止睡着后受到意外的伤害。

狼群的行动为什么会协调一致？

狼的行为十分复杂，群体之中有着严格的等级关系，其中雄兽和雌兽分别有不同的等级顺序，这种区分在较高的等级中特别明显，而等级较低的则不很明显，只要雄兽和雌兽的等级是相同的，在性活动上就没有谁支配谁的区分，但等级不同时就有明显的性支配关系。一般等级顺序的构成主要是根据年龄，通常是年龄大的支配年龄小的，在较高的等级中等级差别明显，而在等级较低者的等级差异不明显，在幼仔中则不存在等级差异。处于支配地位者

狼群

会强烈地压制其下属，设法消除其他成员之间的等级差别，地位较低者如果主动迎合高级支配者的"情趣"，被称为积极的下属行为，而被迫做某些活动时则被称为消极的下属行为，往往会导致争斗，特别是在争夺有限的食物资源时，对抗的趋势更加明显。有时当地位较低者打扰了地位较高者时，常遭到驱赶，而地位低者并不离开，而是姑息迁就，似乎是为了平息战争，但这种姑息迁就却引起更强烈的攻击，但通常每个成员之间的支配关系的建立是通过彼此的经验，这种经验使彼此估计出力量的相对强弱，强者立起尾巴，两眼瞪视，弱的便伏下耳朵，露出喉咙和腹部以示服从。支配关系不一定依靠实际力量而定，而是产生于一个个体对另一个个体力量的估计，因此不需要争斗，而是通过彼此相

遇时的群体自由活动时，而表现出来的，处于被支配地位的个体受压迫越多，说明支配者的力量越强大，但每个成员之间相互关系的建立也取决于同种群内其他成员的关系。

但是，在狼群中最经常发生的行为是中立的社群联系，就是个体之间不分年龄和等级友好相处，经常进行游戏，互相用口鼻部接触，这种中立行为的频率和行为方向主要依赖于相互之间的性别、年龄和地位。游戏的时候会改变群体成员之间的等级，等级高者可能扮演等级低的，等级低者也可能扮演等级高的角色。游戏时还常常伴随动机和表达方式的夸张，比如常见的一种特有的鬼脸，与游戏相关的行为的动机也不是孤立的，而是伴随着其他如攻击、护理、欢迎、捕食等行为，但强度有差异，比如在模仿捕食时，猎物可能已被杀死，而后才被捕获，攻击性游戏发生在两个或多个个体之间，包括鬃毛竖起等一系列的攻击信号。

大熊猫近亲巴氏大熊猫

巴氏大熊猫体形较大，头骨粗短，吻部不长，颅骨粗壮、短宽，颧弓骨板隆起，颞窝宽阔，咀嚼肌发达。它的身躯比较粗壮，四肢强健。

牙齿比现生的大熊猫大 1/8 左右，咀嚼面的构造略微复杂。它的臼齿特别宽大，而且产生了适应碾磨需要的宽大齿冠和发达的内齿带。这些都反映出它们已经形成了"偏食"的食竹特性，并保留了祖先食肉的简单肠胃。

巴氏大熊猫是现生大熊猫的一个已绝灭的亚种，也是体形最大的一个亚种。它曾广泛分布于陕西、河南、湖北、四川、贵州、湖南、广东、广西、云南、甘肃等 10 余个省（区）境内，甚至在北京周口店、台湾也有它的踪迹，在国外还见于越南、缅甸北部等地。当时是大熊猫家族的一个鼎盛时期，巴氏大熊猫与牛羚、鬣羚、剑齿象、中国犀、巨貘、鬣狗、鹿、羊、牛、猪、竹鼠、豪猪等动物一起，组成了南方更新世著名的、具有代表性的动物群落，被古生物学家称之为"大熊猫——剑齿象动物群"。

这个时期，由于生态环境的变化，江南存在着大片的竹林，大熊猫的食物——竹笋和竹子丰富，整个大熊猫家族处于"熊丁"兴旺的阶段。后来，巴氏大熊猫逐渐演化成身体更小的现生大熊猫，同时它们的分布范围和野外数量也逐渐缩减。与现生大熊猫相比，巴氏大熊猫在与食肉动物搏斗时会表现得更为强壮一些。

1.其他故事

巴氏大熊猫和现生大熊猫共同的祖先有哪些?

与其他食肉动物类群相比,大熊猫的进化过程比较单一,没有太多分支。大熊猫最早的祖先称为始熊猫,生活在晚中新世我国云南禄丰等地的热带潮湿森林的边缘,体形很小,如同狐狸般大小。由始熊猫进化的一个旁支叫作葛氏郊熊猫,分布于欧洲的匈牙利、法国等地的潮湿森林中,后来在晚中新世时灭绝。始熊猫在我国的中部和南部继续演化,其中包括一种在更新世最早期出现的小种大熊猫,体形也不大,大约只相当于现生大熊猫体形的一半。但是它们的牙齿已进化成适合吃竹子的类型。

2.类群特点

大熊猫是一种古老的孑遗动物,虽然其起源和演化的细节还不清楚,但估计其祖先可能是一种具有较长尾巴的小型古食肉动物,而且很可能已经进化为杂食性的食肉动物,在20世纪50年代初期,我国著名人类学家裴文中教授领导的一支洞穴考查队在广西的巨猿洞里发现了一种古代大熊猫的化石,证明了距今大约300万年前的更新世初期,当人类还没有出现之前,大熊猫就已经来到地球上了。但那时它的数量还很稀少,分布范围也很狭小。从它的牙齿的形状来推断,其食性和现代大熊猫已经没有什么区别,只是体形很小,大约只有现生大熊猫的1/2左右,所以被命名为小种大熊猫。

到了距今100万年以后的更新世中期,古代大熊猫又发展成比较大的体形,即巴氏大熊猫,随着欧亚大陆冰川的袭击,自然环境的变化,同时期的剑齿象、剑齿虎、巨貘等许多物种都因为不能适应而相继绝灭,成为化石,而大熊猫却经过与大自然的顽强抗争而生存下来,延续到今天,成为"活化石"。在距今1万多年前以后,特别是到了新石器时代,巴氏大熊猫的分布区及个体数量都开始缩小,并且体型也逐渐缩小。大熊猫是世界上极其宝贵的自然历史遗产,对于人们研究生物的进化规律,有着非常重要的科学价值。

3.其他同类的远古动物

始熊猫

始熊猫可算是大熊猫家族的直接祖先。据研究,始熊猫的祖先是熊类,它渊源于第三纪古新世的古食肉类。到了中新世,熊类逐渐演化为两支,一支为真熊,另一支自中新世末期至上新世，逐渐演变成始熊猫。

大约在上新世开始，始熊猫就从熊类中分化出来，成为大熊猫家族始发期的代表。始熊猫的臼齿结构还没有脱离熊类的基本范畴，但与大熊猫小种的前臼齿相似。据化石材料推测，始熊猫的体型比大熊猫小种稍小，食性为杂食性，生活在热带和亚热带低山丘陵的森林中。

始熊猫的发现，支持了大熊猫在分类地位上更接近于熊类的观点。如果这一发现的证据确凿无疑，那么，大熊猫的祖先就是始熊猫；大熊猫的历史，就可以追溯到距今800万年以前。

大熊猫小种

大熊猫小种生活在早更新世时期。大熊猫小种的化石已在我国广西柳城巨猿洞、重庆巫山大庙龙骨坡、广西柳城笔架山、湖南保靖洞泡山、湖北建始龙骨洞、贵州毕节扒耳洞和陕西洋县金水河口等地发现。这个分布范围在始熊猫的基础上，又有很大的拓宽，从南亚热带向中亚热带和北亚热带发展。

与大熊猫小种同时存在的还有巨猿、剑齿象以及猩猩、金丝猴、中国犀牛、黑熊、云南马等，古生物学家称之为"巨猿洞动物群"。这些动物，主要是南方型，以热带、亚热带森林动物为最多，反映出当时的生活环境为热带、亚热带多雨的森林，附近还有草地、沼泽和溪河分布。

从前发现的大多为牙齿或残破的下颌骨，2001年在我国广西乐业"天坑群"发现了保存最完整的大熊猫小种的头骨化石。大熊猫小种的体型比始熊猫稍大，但比巴氏大熊猫约小1/3，约为现生大熊猫体型大小的2/3左右，体长大约为90厘米。它可能是现生大熊猫和祖先大熊猫类之间的过渡类型，与现在的大熊猫略有不同，体型较小，脸部较长，体态原始，更接近于熊的模样。

它的前臼齿前附尖发达，臼齿齿冠宽度大于长度，但咀嚼肌及附着面远不及大熊猫巴氏亚种的发达，下颌联合又比巴氏亚种的短，牙齿也小些，说明它的进化程度还处于这个属的成长阶段。素食动物的颊齿一般都具有较多的齿尖，构造较复杂，大熊猫小种化石的牙齿也已具有这样的特征。大熊猫小种的牙齿尖越来越钝，齿尖之间衍生珐琅质瘤状突起，牙表面构造越来越复杂，这些都有利于它提高咀嚼机能，说明应该开始以竹子为主要食物了。

另外，通过形态学研究和CT扫描，发现大熊猫小种的颅腔比较大，但是颅腔内额窦

（空腔）占了很大的部分。根据形态功能学的研究，现生大熊猫头骨中的额窦之所以会那么大，是因为大熊猫适应了食用竹子，需要强壮的咀嚼肌肉来把竹子嚼烂，而咀嚼肌肉的发达需要有较大面积的骨骼来附着肌肉，所以大熊猫的头骨就不断增大，并在头骨内部留下一些空腔以减轻头骨的重量，额窦就是其中最大的空腔。因此，这些证据都表明大熊猫的演化在大熊猫小种阶段已经适应了食用竹子，大熊猫的进化是朝着不断提高咀嚼机能的方向发展的。

4.其他同类的现生动物

大熊猫

大熊猫身体肥胖，四肢粗壮，体长120~180厘米，尾长10~12厘米，肩高60~70厘米，体重60~73千克，最重的可大110千克。头圆，耳小，吻部短，尾巴也很短。背面的被毛粗而致密，有如同毡状的感触，腹面的毛稀疏而长。它的毛色只有黑白两色，但显得朴素大方，独特可爱。白色的脸上长着黑色的吻鼻端部和一双圆圆的大黑眼圈，呈八字形排列，一对毛茸茸的黑色耳朵竖立在头部的上方，一条黑色的带子从肩部伸展到整个前肢，并且逐渐变宽，后肢也是黑色，身体其余的部分除了胸部有一点淡棕或灰黑色的毛以外，都是白颜色。这种毛色图案在竹林中十分显眼，有助于它们彼此之间的联系；而在冬季的雪地上，这种毛色又成了它们的保护色。大熊猫的毛又浓又密，表面富有光泽和油性，可以防止水的渗入，这也是对栖息地寒冷气候的一种适应。

5.本类群的小故事

大熊猫为什么主要以竹子为食？

大熊猫的食性是其最为奇特和有趣的习性之一，因为它几乎完全靠吃竹子为生，在野外自然采食的50多种植物中，竹类就占一半以上，而且占全年食物量的99%，其中最喜欢吃的有大箭竹、华西箭竹等7种。虽然随着食性的转变，一些器官也起了相应的变化，特别是牙齿，它的臼齿非常发达，是食肉目动物中最强大的，构造较为复杂，接近于杂食性兽类，裂齿的分化不明显，犬齿和前臼齿发达，没有齿槽间隙。上门齿呈弧形排列，下门齿呈一横列，第二对下门齿位置常靠后，似乎形成双列，这种现象在老龄个体的头骨上较为明显。犬齿的齿根粗大，而齿冠显得较短，齿尖不算锋利。第一对前臼齿极小，常见有一侧或双侧缺失的现象，第二对上前臼齿的前缘偏向内，后缘则偏向外，呈半斜位，第三、第四对上前臼齿的齿冠呈棱形，外侧有 3 个，内侧有 2 个齿突。臼齿被称为丘突型齿，咀嚼面特宽大，大致呈长方形，具大小不同的结节形齿尖，上臼齿有 4 个较大的齿尖，最后一枚上臼齿特大，向后延伸于颧骨的后部，冠面具有复杂的小齿突，最后一枚下臼齿小，齿尖并不明显，位于下颌支前缘的内侧。一般食肉目动物的最后一枚上臼齿均位于冠状突基部的前缘处，而大熊猫臼齿的后移即可限制上、下臼齿的左右摆动，又可以增强咀嚼效果，但碾磨作用受到限制。臼齿的磨损上下不同，下臼齿的磨损始自外侧，而上臼齿则始于内侧，原因是左右上臼齿列之间的距离大于下颌臼齿列的间距。总的看来，它的牙齿与其他食肉类动物不同，却同草食性的有蹄类动物十分相似。

它的前掌上的 5 个带爪的指是并生的，此外还有一个第六指，即从腕骨上长出一个强大的籽骨，起着"大拇指"的作用，这个"大拇指"可以与其他 5 指配合，就能很好地握住竹子，甚至抓东西、爬树等。但它却还保留着食肉动物的那种较为简单的消化道，没有食草动物所具有的专门用于储存食物的复杂的胃和巨大的盲肠，肠胃中也没有用于把植物中的纤维素发酵成能吸收的营养物质的共生细菌或纤毛虫。为了获得所需的营养，唯一的办法就是快吃快拉、随吃随拉。一只体重 100 公斤的成年大熊猫，在春天每天要花 12~16 小时，吃掉 10~18 千克的竹叶和竹杆，或者 30~38 千克的新鲜竹笋，同时排出 10 多千克粪便，才能维持新陈代谢的平衡。

为什么说大熊猫是濒危物种？

现生大熊猫的分布区已经相当狭小，实际上，它的分布地点仅限于陕西秦岭南坡，甘肃、四川交界的岷山，四川的邛崃山、大相岭、小相岭和大小凉山等彼此分割的 6 个分布区域，栖息于海拔为 1400~3600 米之间的落叶阔叶林、针阔叶混交林和亚高山针叶林带的山地竹林中，栖息地总面积为 23049 平方公里。每个区域又由于高山、河流或公路、耕地等人为因素的影响，再被分离成更小的单位，所以栖息地实际面积不足总面积的 20%。总计目前全国有 1590 只左右。其中除四川卧龙外，每个种群不足 50 只，有的仅有 10 余只。支离破碎的栖息地和孤立分布的生存状态对于大熊猫的繁殖和抵抗自然灾害都是十分不利的。

由于近亲繁殖不可避免，使得大熊猫繁殖率极低，后代生命力降低，甚至畸形或致死。这种现象在动物园内人工饲养的大熊猫中也是一个严峻的问题，绝大多数个体是来自于同一野生地区，使很多在动物园中繁殖的幼仔在出生后出现畸形或者发育不良，大部分早期夭亡，种群难以得到维持和发展。

"陆地上最大的食肉兽"洞熊

　　由于分布区环境的不同,洞熊的体形有较大的差异,其中在德国山区发现的洞熊体形最大,比现生最大的熊类——阿拉斯加棕熊的体形大,也比同在更新世时期生活的美洲巨型短面熊还要大,是历史上最大的食肉类动物。

　　洞熊分布于从欧洲到亚洲东部一带,与现生的棕熊均起源于欧洲。它栖息于山洞及其附近地带,通常以小家族群体的形式生活,彼此之间有相当的协调和联系。洞熊主要以各类草根、茎、浆果、蜂蜜等为食,有时也吃一些小动物,遭受攻击时也具备强大的自卫能力。

1. 类群特点

　　熊科动物是食肉目中体型最大的兽类,一般体形雄伟,粗壮结实,略显笨拙,头大而圆,吻部较长,颈粗而短,眼睛较小,耳朵也不大,尖端钝圆。四肢粗壮有力,各具5趾,爪强大而弯曲,不能伸缩,跖行性。尾巴很短,隐藏在毛内。被毛厚密而粗糙,体色大多较为单一,主要为黑色、黑褐色、棕色或白色,前胸部位常有白斑。

　　祖熊是现代熊的祖先。直到大约2000万年前,欧洲的埃勒蒙祖熊才从原始的犬形类食肉动物中分离出来,开启了熊科动物独特的演化道路。犬形类在中新世和上新世时出现了几个旁支,分别进化为现代的熊科、浣熊科动物等。中新世到上新世,某些犬类发展成大而重的体形,头部变大,腿和脚变得短而笨重,尾巴仅剩下痕迹,裂齿失去了强烈的切割性,白齿变成了方形。熊类的起源和演化,发生在北半球的第三纪晚期,在地质年代上说来,它们是肉食类中最年轻的,到更新世和现代,已经演变为杂食性了。

2. 其他同类的远古动物

祖熊

　　祖熊的体形与现生的熊类相似,体长60厘米,体表有比较厚实的皮毛,但身体比较纤细,四肢纤长,后肢比前肢长,腰部形成较大的弧度,此外还有一条长长的尾巴。它的牙齿虽然仍然比较尖利,但与现生熊类相似的是前白齿和白齿较大。

　　祖熊生活于中新世,曾广泛分布于欧亚大陆,主要栖息于比较寒冷的森林地带,厚实的毛皮可以抵御寒风。它是杂食性动物,但以动物性食物为主,捕食森林中的各种鸟类、两栖爬行动物、鱼类以及一些小型原始哺乳动物,此外也吃一定数量的植物性食物。

犬熊

犬熊类动物生活于从始新世末期到晚中新世,广泛分布于欧洲、非洲、亚洲和北美洲大陆,并在各地独立演化出大型种类,像欧洲的巨犬熊、亚洲的孔子犬熊、北美洲的长吻犬熊等。它们的牙齿与颌骨非常有力,但脑量明显较小。它们主要捕食各种动物,一般依靠埋伏袭击,它们的短距离冲刺相当迅速,步伐跨距很大,能以巨大的前爪扑倒猎物,加上牙齿的压迫,使猎物很快停止挣扎。犬熊类是一个种类繁多的群落,其外形有的像豺狼,有的像鬣狗,有的则很像熊类。

3.其他同类的现生动物

棕熊

棕熊体长为 170~280 厘米,尾长 13~16 厘米,体重 300~500 千克。体形浑圆,头圆而宽,吻部较长而向前突出,眼睛较小,耳朵短圆。肩部向上隆起,四肢粗壮,前后肢上各具 5 趾。身体的背部以及四肢的外侧均为栗棕色或黑棕色,腹部的毛色较淡。

分布于中国东北、西北和西南地区,以及欧亚大陆、北美洲大陆和非洲北部的大部分地区。栖息于山地的针叶林或针阔混交林等森林地带。白天活动。性情孤独。奔跑的速度很快。以野菜、嫩草、水果、坚果等植物性食物为食,也吃昆虫、蜂蜜、鱼、小型鸟类、野兔、土拨鼠、驼鹿、驯鹿、野牛、野猪等动物。每年 5~7 月发情交配,雌兽的怀孕期约为 7~8 个月,初春时生育,每胎产 2~4 仔。4~5 岁性成熟,寿命约为 30 多年。

马来熊

马来熊体长 110~140 厘米,尾长 3~7 厘米,体重为 40~45 千克。吻部极短,耳朵也较短。全身的毛色乌黑光滑,吻鼻部为棕黄色,眼圈为褐灰色,毛短绒稀,肩部有 2 个毛漩,马蹄形的白色胸斑的右侧略宽于左侧,胸斑环抱的中央也有一个毛漩。

分布于缅甸、越南、马来西亚、印度尼西亚和中国云南南部一带。栖息在热带和亚热带雨林、季雨林或山地阔叶林中。半树栖。夜行性。以果实、嫩芽和昆虫、小鸟、鸟卵等为食。每年 6~8 月发情。雌兽怀孕期为 240 天。每胎产 1~2 仔。2~3 岁达到性成熟。

黑熊

黑熊体长为 120~170 厘米,尾长 7~8 厘米,体重 140~200 千克。头部较宽,吻部较短,鼻端裸露,眼睛较小,耳壳大而圆。通体毛色漆黑,吻部和鼻子为棕黄色,颏为白色,颈下胸前有一条白色月牙状斑纹。肩部较平,臀部较高,尾巴很短。四肢粗壮,前后肢均具 5 趾,趾端具尖锐的爪。

分布于中国、日本、朝鲜、俄罗斯、越南、缅甸、泰国、印度、巴基斯坦、阿富汗、尼泊尔等地。栖息于山地森林地带。行动灵活,奔跑速度也很快。秉性孤僻。单独活动。昼行性。以植物的根、茎、嫩芽、叶子、果实、种子等为食,也吃蠕虫、昆虫、虫卵、鸟卵、雏鸟、鱼虾和小型兽类等动物。每年 7~8 月交配。雌兽的怀孕期大约为 7 个月,一般在 1~2 月产仔,每胎产 1~2 仔。4~5 岁性成熟,寿命为 30 年左右。

北极熊

北极熊体长为 220~300 厘米,尾长 7~13 厘米,体重 500~800 千克。全身体毛长而厚密,冬季呈乳白色,其他季节为淡黄白色,只有鼻子是黑色的。头部、吻部和颈部细而长。头小而扁。身躯肥胖。耳圆而短小。尾巴很短。四肢粗壮,均具 5 趾,趾端具黑爪,足掌肥大具蹼,掌下生有多而密的毛。

分布于俄罗斯极北部、格陵兰、挪威、芬兰、丹麦、冰岛、美国阿拉斯加和加拿大极北部等地。栖息于北极圈内外的沿岸、岛屿和河口附近。非常耐寒。善于游泳和潜水。单独活动。性情机警、凶猛。以海鸟、旅鼠、北极狐、海豹及幼仔、海象幼仔、海洋鱼类等为食。每年早春发情交配。怀孕期为 8 个月。每胎产 1~3 仔。5~6 岁达到性成熟。寿命为 30 年。

4.本类群的小故事

黑熊怎样冬眠?

分布于纬度较低地区的黑熊并没有冬眠的习惯,而随着栖息地纬度的升高,各地的黑熊便有不同程度的冬眠习性,俗称"蹲仓"。冬眠之前的一段时间,每天几乎要花费 20 多个小时,尽最大的努力去寻觅营养最丰富的食物,吃得体胖膘肥,在皮下积累了厚厚的脂肪,储备丰富的能量供冬眠时消耗。平时一般每天只能摄食 800 大卡热量的食物,但冬眠之前每天则要摄食 2 万大卡热量的食物。冬眠时间最长的,每年从 10 月开始,一直持续到翌年 3 月,大约为半年左右。冬眠的场所多为隐藏在密林深处的阳坡树洞或岩洞,洞口朝天的叫作"天仓",洞口靠近地面的叫作"地仓",有时也在倒在地上的树根下扒坑做仓。进洞冬眠之前用树枝、树叶等封住洞口,整个冬眠期间不吃不喝也不动,不排泄体内的废物，只是在呼吸时，气体遇冷，有时会在洞口凝结而成"白霜"。它在冬眠之前直肠内会形成一个结实的栓形粪便，俗称"粪栓"，冬眠醒来后就将其排出体外。真正的冬眠动物，如松鼠、土拨鼠和一些爬行动物，在休眠时的心率和呼吸减弱，体温下降到仅比周围环境稍高一点的水平，躲在洞里深沉地睡去，没有任何知觉。但是，虽然黑熊在冬眠时心率和呼吸有明显下降，而体温却仅稍稍下降，睡得并不深沉，警惕性也很高，随时都可以醒来，有时还会出来晒太阳以升高体温，抵御严寒，对外界情况的反应也和平时一样敏感。一旦受到惊动，会冲出洞外进行反击，如果逃离此处，便再也不回到原来的洞穴了。因此，许多人认为，黑熊不能算是真正的冬眠动物，而是介于冬眠与非冬眠之间的一个中间类型。

冬眠之后，由于体内脂肪消耗很多，体重减轻，需要补充能量，所以每天要花大量时间去觅食。到了每年7~8月的繁殖季节，性情则常常变得格外凶猛。雌兽的怀孕期大约为7个月，一般在冬眠时的1~2月产仔，每胎产1~2仔，它具有效率优异的营养系统，在不需外出寻觅食物的情况下，就能满足自己和幼仔的营养需要。幼仔出生时体重约为250克，一个月以后才睁开眼睛，但生长很快，3个月后就能跟着雌兽外出行走了，约5个月时断奶，3岁时性成熟。

棕熊

为什么棕熊斗不过虎？

棕熊善于游泳和在湍急的河水中捕鱼，也能爬树和直立行走，但动作不够灵活，平时慢条斯理，走路的时候总是同一侧的前后两腿一起并进，但奔跑时的速度也相当快，有时可以轻而易举地追赶上猎物。它并非是一种真正的食肉兽，不但食性很杂，而且以野菜、嫩草、水果、坚果等植物性食物为主，有时也偷食农作物，动物性食物有各种昆虫和蜂蜜，鲑鱼等鱼类，小型鸟类和野兔、土拨鼠等小型兽类，也吃腐肉，有的还对驼鹿、驯鹿、野牛、野猪等大型动物发动攻击。它的体型较大，力量也很大，在山林中很少有动物能抵得过它，但是与老虎相比，只有嗅觉较为灵敏，视觉和听觉都很迟钝，动作较为笨拙，爪牙也不够锐利，所以如果发生争斗，则会被老虎吃掉。

"体形巨大的古鬣狗"巨鬣狗

巨鬣狗体形巨大,头骨尤为硕大,可达40厘米左右,牙齿和肌肉异常发达。

巨鬣狗的身体并不显得笨重,也能捕食活的猎物。

巨鬣狗是1903年根据在我国发现的零散化石定名的,但直到1983年,第一块巨鬣狗头骨化石在我国甘肃和政的新庄乡出土,学界才发现它们代表了鬣狗科中一个极为特化的分支。

1.类群特点

鬣狗科动物的名字里虽然有"狗"字,但并非犬类,其基本形态介于猫科动物和犬科动物之间,而其远祖却与灵猫科动物的血缘更为接近。它们的体形中等或较小,很像狼的模样,但躯干部较短,全身的前半部分较后半部分更粗壮,站立时肩部高于臀部,使背部向后倾斜。一般头大而长,吻部略短,面部较圆,具有三角形的大耳朵,上尖下宽,显示出其听觉十分发达。四肢上各具4趾,但土狼属动物的前肢上具有5趾。趾行性,爪大而钝,稍微弯曲,不能伸缩。体毛较为稀疏而粗糙,颈部和肩部的背面生有长毛形成的发毛,尾毛也比较长。全身大多具有带着深色斑点和条纹的褐色。肛门附近具有臭腺。头骨较为粗壮,嵴很发达。脑盒较小,颜面部显得很长。颧弓粗大。裂齿发达,其余各个颊齿也都适于咬碎食物。没有阴茎骨。

2.其他同类的远古动物

中华硕鬣狗

中华硕鬣狗身体高大,体长2米;肩高1米,十分粗壮,具有强壮的脖颈和肩膀,躯干前高后低,前肢和后肢都很长。它们的第三前臼齿特别发达。

中华硕鬣狗生活于早更新世到中更新世,主要分布在我国华北、华中地区,栖息于河流湖泊、洞穴和平原地区。它们喜欢在洞穴里居住,甚至还因此与当时北京猿人时常发生争夺洞穴的搏斗。它们是肉食性动物,奔跑的能力很强,可以长时间地追逐猎物。它们上下颌的力量很大,能咬碎大型动物的骨头,因此也擅长吃动物尸体与骨髓。

豹鬣狗

豹鬣狗的化石最早于1904年在法国发现,曾广泛分布于欧洲、亚洲、非洲和北美洲,主要在草原地带活动,营群居生活。它们的身体很特化,牙齿虽然也比较粗壮,但却比较扁,而且适于切割、撕咬肉类。它们的身躯苗条、四肢修长,适应通过快速奔跑来进行积极的集体性狩猎活动。但它们的群体似乎缺乏像犬科动物那样的高度凝聚力。

3.其他同类的现生动物

缟鬣狗

缟鬣狗是体形最小的鬣狗,体长100厘米,尾长25厘米,体重40~50千克。头大,额宽,耳长。体毛呈浅黄色至灰色,毛长,粗糙且蓬松,从颈背部至臀部有发达的鬣毛。喉部主要为黑褐色,躯干和四肢外侧有横行的黑褐色条纹。前肢较后肢长,故肩高于臀部。四肢均具4趾。趾钝而不能伸缩。尾巴较短,上有黑褐色条纹。

缟鬣狗单独或成对生活,夜间活动和觅食,白天隐藏在稠密的灌木丛、岩石隙缝或土豚的旧洞中休息。以腐肉为食,有时也捕杀一些小动物。

缟鬣狗分布于非洲埃及、利比亚、阿尔及利亚、突尼斯、摩洛哥、苏丹、索马里和亚洲伊拉克、伊朗、叙利亚、阿富汗、印度、阿拉伯半岛一带的热带和亚热带有稀树的草原地带。

斑鬣狗

斑鬣狗是鬣狗类中体形最大的,体长可达120~180厘米,肩高80~90厘米,但尾巴较短,只有24~30厘米,体重约为76千克。毛色灰黄,身上和四肢布满许多圆形的深褐色斑点,尾尖为黑褐色。分布于北起撒哈拉沙漠以南,南至南非的除热带雨林外的非洲大部分地区。斑鬣狗的体力也是鬣狗类中最为强大的,白天和晚上都敢出来活动。近年的研究发现,斑鬣狗还能够自行猎食,甚至能捕猎较大型的动物,如斑马、羚羊和家畜等,有时对幼狮和幼象都敢于发动攻击。此外,斑鬣狗是鬣狗中数量最多的一种,也是到目前为止人们了解得较多的一种鬣狗。

斑鬣狗是富于神经质的动物,受到喜、怒等刺激时总爱大声嚎叫,其声凄厉,十分难听,好似疯人狂笑,尤其是追获猎物后会一边进食、一边发出激动的发笑似的叫声,所以人们都把称它为"笑鬣狗"。由于雌兽的阴蒂长而突出,很像雄兽的阴茎,所以斑鬣狗在古时候被人们误认为是雄雌同体的动物。斑鬣狗发出的这种声音,会吸引狮子很快出现。它们大多喧宾夺主,将斑鬣狗从猎物旁赶走,然后饱餐一顿。

棕鬣狗

棕鬣狗的体长为110~125厘米,尾长25~35厘米,体重约为60千克。头大,额宽,耳长。身上没有斑纹,体毛主要呈棕褐色,但也有灰色、赤色、近黑色等色形变化,一般头部、上背、肩部等毛色较浅,其他部位较深,四肢外侧有横行的棕褐色与白色相间的条纹。体毛很长,粗糙而蓬松,从颈背部至臀部都有发达的鬣毛,在激动时能高高耸起,好像体型突然变大了一样。前肢较后肢长,故肩高于臀部,使身体呈前高后低的倾斜状态,显得十分精神。四肢上均具4趾,趾较钝而且不能伸缩。尾巴比狗的尾巴稍短,颜色较身体其他部位更深。

棕鬣狗分布于非洲的南非、莫桑比克、津巴布韦、赞比亚、博茨瓦纳、纳米比亚和安哥拉等国境内,主要生活于热带和亚热带有稀树的草原和荒漠地带,但也有一些生活在海岸附近,被称之为"滩狼"。棕鬣狗比较胆怯,一般都是昼伏夜出,夜晚进行活动和觅食,白天则隐藏在稠密的灌木丛、较高的草丛中,以及岩石隙缝或土豚的旧洞中休息。它的食性极杂,几乎什么都吃,其中包括一些瓜果、蔬菜等。但更主要的是捡食原野上的残骸腐肉,有时也猎食一些小动物,在海滨活动的有时还会吃被海浪推上来的鲸等动物的尸体。它的上下颚和牙齿都坚强有力,颊齿和咬肌都特别发达,显得极为强悍,能咬碎巨大的非洲水牛或斑马等动物头部和腿上最粗壮的硬骨和肉块。它的消化功能也很强,所以才能将其他动物不爱吃的或者咬不动的坚硬食物打扫得一干二净,寸骨不剩,赖以生存。由于擅长清理草原、荒漠上的动物残骸,对于防止传染病的发生有很大的作用,所以赢得"清道夫"之称。在被追击时,还会装死,借以逃脱。在食物缺乏的情况下,有时白天也出来觅食。经常跟随在狮、猎豹等猛兽的后面流浪徘徊,以便随时伺机捡拾它们猎捕到的食物,但狮、猎豹等对这些贪婪的"尾随者"非常讨厌,狮子常常对其进行威胁,有时甚至把它们杀死。当狮子"进餐"的时候,棕鬣狗也时刻警惕着,保持一定的距离,等待时机。有时实在饿得不行,也会按捺不住急切的求食心情,以猝不及防的动作,贸然进行掠夺,同时与之竞争的还有秃鹫和秃鹳等食腐鸟类。如果它栖息的地区比较干旱,还要经常到远离栖息地的地方去饮水。棕鬣狗就是这样,依靠自己的力量、耐力再加上独特的取食方式,在草原和荒漠上的捕食者中占据一席之地。

土狼

狼是众所周知的猛兽,然而,生活在非洲东部、南部、西南部等地开阔草原、灌木丛中的土狼,却是一种十分懦弱的野兽。土狼体长 55~80 厘米,尾长 20~30 厘米,体重 8~12 千克。体色浅黄,沿背脊生着长而粗且能直立的鬃毛。前腿长于后腿,耳大吻尖。

那么,人们为什么要叫它"土狼"呢?原来,土狼最爱吃白蚁,每只土狼在一个晚上可以舔食大约 20 万只白蚁,好似饿狼围猎羊群,因而得名。

实际上,土狼与鬣狗类的亲缘关系比较近。不过,鬣狗具有尖锐的牙齿,除吃肉外还会嘎吱嘎吱地咬嚼粗厚的动物骨头;而土狼的牙齿细弱,除犬齿外,全部牙齿都很小,颊齿简单,不但不会咬碎动物骨头,就连咀嚼肉类也极为困难。有时,虽然它们也拜访动物尸体,但并不吃肉咬骨,而是寻食腐肉中的昆虫。

土狼白天隐藏于地穴中,夜间活动,听觉非常敏锐。它们性情胆怯,在遇到敌害威胁时,其防御姿态是紧闭着嘴巴,仅竖起鬣毛和尾巴,这与大多数食肉兽类那样张口露牙的威吓姿势不同。即使在受到攻击时,土狼也不张口露牙,仅从发达的肛腺放出难闻的液体来对付一下。

4.本类群的小故事

棕鬣狗的叫声有什么作用?

棕鬣狗能发出十多种叫声,这对它的生存来说十分重要,因为它经常在夜间活动,必须依靠不同的叫声来加强群体成员之间的联系。但这些叫声差不多都非常奇特,常常令人听了感到毛骨悚然。尤其是在一旦寻找到食物,或者发情的时候,所发出的一种强烈的叫声,更是令人胆战心惊。由于棕鬣狗常常给人们以十分讨厌和喜欢偷懒的形象,所以有些地方流传着只要它在人类的居住地出现,就会带来死亡的荒诞传说。

棕鬣狗用什么方法来表达同类之间的信任?

棕鬣狗有一个组织严密的社会体系,一般由雌兽统治着,因为在群体中,作为首领的雌兽比雄兽还要强壮一些,而其他方面雌兽和雄兽看起来都相差不多。在距离洞穴较远的地方,雄兽和雌兽会相互致意,像其他动物一样,用暴露身上最容易被攻击的部位以表示恭敬和信任。这种姿势使成员之间减少了侵略性,并给群体内部增强了团结和谐和秩序良好的气氛。除了用身体姿势表达以外,还用嘀嘀、咯咯的叫声和呻吟声等来表达类似的意思。

"体形最大的猫科动物"洞狮

洞狮体形很大,比现生的狮还要大一些,是历史上体型最大的猫科动物。它们的犬齿非常发达,上犬齿长度常常超过 10 厘米,几乎与剑齿虎的相差无几。洞狮的身体细长,四肢也很粗壮,但尾巴却比较短。它们的毛皮上有隐约可见的斑纹,而且在雄洞狮的颈部也有环状的鬃毛,但不显著。洞狮分布于欧洲、亚洲北部和北美洲等地气候比较寒冷的山地草原、苔原、荒漠和半荒漠地区等各种环境中,但不喜欢在较密的森林地带或较深的雪原中生活。洞狮单独、成对或结小群生活,善于长距离奔跑和追踪猎物,主要以猎捕草原上的马、骆驼、野牛和猛犸象的幼仔等为食。

1.类群特点

狮的外形均与家猫相近,头圆吻短,眼睛大而圆,瞳孔直立,耳朵小,牙齿少但很强大,全部感觉器官都高度发达。身体和四肢长短适中,肌肉发达,结实强健,爪均弯曲锐利,能伸缩,是攻击的武器。

不同于其他具有斑点和花纹的豹、虎等猫科动物,狮子的身体上完全没有花纹,这与其生活的环境具有密切的关系。它栖息于开阔的草原疏林地区或半荒漠地带,习性与虎、豹等其他猛兽有很多显著不同之处,是猫科动物中进化程度最高的。它是唯一喜欢群居的猫科动物,带有强烈的以家族为纽带的社会化现象,成员之间有亲昵的行为,虽然有时也相互威胁。一个狮群通常由 4~12 个有亲缘关系的雌狮、它们的幼仔以及 1~6 只雄狮组成。

雄狮和雌狮的体形也有所不同,雌狮比雄狮身形细小,体重要轻 20%~50%。因此从雌雄两性的差别来说,狮也比别的猫科动物要大得多。狮的猎捕活动虽然也主要在夜间,但并不像其他猫科动物那样严格,有时白天也出来捕食。狮的奔跑速度极快,但不像其他猫科动物(尤其是体形较小的)那样善于爬树和游泳。如果食物有剩余,狮也不像虎、猎豹等那样,用树叶把余下的捕获物盖起来,而是丢在一边,一走了之。

狮的原产地在欧洲中部,英国、德国和法国也曾出土过它的化石。200 多万年前的更新世时期,在德国南部、奥地利、匈牙利、前南斯拉夫,罗马尼亚和希腊等巴尔干半岛和多瑙河流域的河谷地带,都曾经是狮的家园。在距今大约5.5万年到20万年的时候,它们的分布区便向东南方向扩展,首先进入亚洲,然后分成两支:一支向西通过埃及进入非洲,再穿过赤道地区,踪迹遍及整个非洲大陆,进化成为现代的非洲狮各亚种;向东的一支则通过叙利亚、波斯,穿过中东,再进入印度,成为今天亚洲狮的祖先。

从前多认为世界上的狮共分为约12个亚种,但近年来的研究却认为仅有4个,它们是分布于非洲北部的北非狮(也叫巴巴里狮),分布于非洲南部的南非狮(也叫开普狮或好望角狮),分布于非洲其他地区的非洲狮和分布于亚洲的亚洲狮,也叫印度狮。但北非狮、南非狮都已灭绝,所以当今世界上仅剩下了非洲狮和亚洲狮。

2.其他同类的野生动物

狮

狮也叫狮子,体长约140~270厘米,尾长约70~105厘米,体重130~230千克,雌兽体形较小,一般只及雄兽的2/3。狮是人们非常熟悉的动物,自古以来就被人们当作威武和权势的象征,虽然在我国境内并不产狮,但在寺庙、公园、豪门贵族等的街门两旁、殿堂的门侧,一般都有伏卧或蹲踞的铜狮与石狮,以表示其权势显赫和气势不凡。狮的长相的确很威武,尤其是雄兽,头宽大而浑圆,吻宽,炯炯有神的眼睛闪射着犀利而威严的光芒。颔下的长触须和短胡子均为白色,耳圆且直立,耳背为黑色。体躯轻捷而矫健,四肢粗壮而结实。体毛呈棕黄色至暗褐色,随着性别、年龄和个体不同而有差异。雄兽头项生有长毛,颈部、肩部都披拂着长长的鬣毛,一直下垂到喉部、前胸至前腿基部,鬣毛的颜色一般比身上的棕黄色较深,呈深褐色或黑色,更显得威风凛凛,令人望而生畏。雌兽没有鬣毛。雄兽和雌兽的尾端均有黑色球状束毛,内藏骨质硬包,就像一个黑色绒毛团。狮的爪子能够抓伤和逮住拼命挣扎的猎物,上颌裂齿呈剃刀状,适于撕咬和切割猎物的身体,整个体躯把敏捷和速度、残忍和凶猛完美地结合起来。

狮分布于非洲的大部分地区和亚洲的印度等地,一般由一个家族或几个家族组成一个群体,每个家族通常是一只雄兽、数只雌兽,再加上若干只幼仔,有时多达10~20余只,共同生活,共同出猎,并共同分食猎物。群体在进餐时等级分明,先雄兽、后雌兽,然后才是幼仔,强者进食时,弱者便在一旁等候。雄兽的主要任务是保卫,负责整个群体的安全,也使雌兽放心地繁殖后代。雄兽的咆哮声非常洪亮,震人心魄,可以传到8公里以外。它常将头伸向前方,伸长颈部,然后再向下,发出一系列如雷鸣般的隆隆巨响,同时还伴有一些低哼的声音,这种特有的叫声一般发生在黎明和傍晚,以此来宣称群体的存在和进行群体间的联系。

3.本类群的小故事

雄狮的鬣毛有什么用?

雄狮从两岁起开始长鬣毛,到了五六岁,鬣毛的长度可达大约 24 厘米。雄狮的鬣毛的颜色可以随着年龄的增大而加深或者褪色。只有一部分雄狮可以长出很长很密的鬣毛。雄狮的鬣毛主要起到吸引雌狮的作用,也作为向群体成员示威的象征,另外在搏斗时,它们的鬣毛可以减轻爪子对头、颈部的伤害,同时鬣毛也会因伤脱落。

人类社会中存在着一见钟情,而人的相貌也确实在人的异性交往中起着重要的作用。野生动物在择偶时,是否也会有"好色"的嫌疑呢?

对于至尊威严的狮来说,这一点也是肯定的。在"恋爱"季节中,深色鬃毛的雄狮会格外受到雌狮的青睐。如果有两只雄狮在草原上悠然地散步,一只拥有黑色鬣毛,另一只则是金黄色的,则旁边的雌狮一定会对那只长有黑色鬣毛的雄狮"百般示好",却把看上去有着"飘逸金发"的雄狮冷落在一旁。可见,在狮群中,雄狮的身材和鬣毛的颜色对其社会地位和生殖能力具有很大的影响。雄狮一般对长着长鬣的同性最存忌惮,而雌狮则对鬣毛颜色最深的异性表现出较大的"性"趣。这是因为,鬣毛颜色越深的雄狮,散发出的热量也越多。深色鬣毛象征着它们营养充足、身体健康,对其他雄狮来说更具威胁性。

狮群的组成结构是怎样的?

狮一般由一个家族或几个家族组成一个群体,每个家族的组成通常包括雌狮、未成年的幼狮及一组外来的雄狮。一个狮群一般由 4~12 只成年雌狮、12 只左右年龄不等的幼狮以及 1~7 只成年雄狮组成。因此,一个狮群有时可以多达 40~50 余个成员。但狮群的结构是可变的,而且狮群中的成员并不总是同时聚集,但这并不妨碍它们属于同一个社会单位。

在一个狮群中,雌狮和雄狮担任的角色是各不相同的。雌狮除了负责捕食外,当然还要生儿育女。尽管雄狮完全具备狩猎的能力,尤其是捕猎斑马或者水牛等大型动物,但却很少参加捕猎行动,80%~90%的捕猎任务都由雌狮担任。因此,雄狮所吃的猎物,有大约 75%来自雌狮的捕猎,12%来自偷窃别的食肉动物的战利品,只有 13%来自它自己的捕猎。当然,对于流浪的雄狮来说,由于没有雌狮可以依靠,所以只能自食其力了。

狮为什么会经常吼叫?

雄狮的咆哮声非常洪亮,震人心魄。它常将头伸向前方,伸长颈部,然后再向下,发出一系列如雷鸣般的隆隆巨响。这一连串长而紧凑的吟叫声划破沉寂的夜空,声声皆是优美的渐强音:先是一声低音,接着逐渐加强力道,最后再以自己独有的音调模式为终结。这种特有的叫声一般发生在黎明和傍晚,不过有时也会在夜里相继发出吼声,此起彼伏,间隔均匀,每次可持续30~40秒钟。狮的吼叫是需要花费能量的事情,因此很少在艳阳高照的情况下进行,以免过多地耗费精力。

这种吼声这并不像从前人们所认为的那样,是捕猎的信号,而是表述它的领主地位,告诫其他雄狮,这是它的地盘,并以此来宣称群体的存在和进行群体间的联系。雄狮的这种声音信号传播的范围很大,气象条件好的时候,尤其是气候潮湿利于声音传递的时候,在平地可以传到8000米以外。

雌狮也发出吼叫,但是要低沉得多,大多是一声声单一、间断的音符,结尾是一声疲惫的高音叹息。幼狮在两岁前不会吼叫。同一群体的成员彼此熟悉各自的叫声。

狮群是怎样对猎物进行合围的?

狮群居的最大好处,也许就是能够通过集体捕猎而获得猎物。根据野生动物专家的统计,狮如果单独捕猎,成功的机会只有8%,而狮群采用合作的方式,成功率则达到30%左右。可见,众狮合作能使狩猎的效率有很大幅度的提高。

狮采用集体捕猎方式的主要攻击对象,是像斑马、水牛以及长颈鹿这样的大型猎物,它们的体重一般都超过500千克,身强力壮,难以对付。如果不以集体之力,是很难将这样的动物当作自己的食物资源的。当狮遇到这些大型猎物的时候,就会呈一个扇形四面散开,然后先冲出几只奋力追赶猎物,迫使其进入埋伏圈,从容地撒下罗网,合群包围,并切断猎物逃跑的路线,最后猛扑上去,用强有力的牙齿咬住猎物的喉部,或者用锐利的前爪抓住猎物的颈部,使猎物窒息而死。

不过,合作捕猎的好处并不总是显而易见的。因为,狮如果单独出击就能成功,那又何必动用更多的同伴呢?因此,只有当单个的捕猎者需要帮助时,合作行动才能很容易地开展。另外,当雌狮需要养育幼狮时,它们合作的意愿就更加明显,在这种情况下,雌狮们也都更愿意参与集体捕猎行动。

生有军刀状利齿的剑齿虎

剑齿虎的头骨较长而窄,眼睛也不太大,具有分室的听泡。它的剑齿呈军刀状,较为短租、边缘带锯齿,长度可达 10～13 厘米。它们的下颌延伸出了用于保护剑齿的颏叶。剑齿虎的裂齿特别发达,前臼齿和裂齿后的臼齿退化。

剑齿虎曾广泛分布于欧洲、亚洲、非洲和北美洲,生活环境多种多样,包括森林、灌丛和草原等地带。因此,生活在非洲草原上的种类具有类似现生狮子一样的褐色皮毛,营群体生活;而生活在森林或灌木丛中的种类则可能拥有带斑点或条纹的较厚皮毛,单独行动,善于爬树。它们四肢细长,有较强的奔跑能力,擅长伏击和追击猎物。

在捕捉到猎物后,它们先用前肢将其扑倒,待其窒息后再用剑齿刺开对方喉咙或其他血管丰富的部位,以快速结果其性命。最后从嘴的一侧进食,用侧面的裂齿进行撕咬,以免过长的剑齿造成妨碍。

1.其他故事

为什么说剑齿虎是历史上最成功的食肉兽?

剑齿虎曾在亚欧大陆、非洲和北美洲广泛分布,种类繁多,不过一般可分为原始型与进步型两类。原始型的主要代表是发现于欧洲、非洲中新世地层的阿芬剑齿虎,进步型的主要代表是非洲和亚洲的巨颏虎以及北美洲的科罗拉多剑齿虎。

剑齿虎是历史上最成功的剑齿虎亚科成员,甚至是最成功的猫科动物之一。它们在早中新世时剑齿"前辈"假剑齿虎类衰落的情况下

剑齿虎

兴起,并将最后的假剑齿虎类挤向灭亡;而此后又顶住了来自剑齿同族和其他食肉类的一次次挑战,直到 200 万年前的早更新世才最后消失。称剑齿虎是史前食肉兽中的一代天骄,毫不为过。

剑齿虎与现代虎有哪些不同？

剑齿虎的体形大约与现代虎差不多，但是它的上犬齿却比起现代虎的犬齿大得多，甚至比野猪雄兽的獠牙还要大，如同两柄倒插的短剑一般。食肉类动物的犬齿作为捕食猎物的一种杀伤武器，正常的情况应该是上下犬齿平均发展，在攻击时能够上下相合，就可以咬死猎物。但是剑齿虎的上犬齿演化得如此巨大，而下犬齿又相对退化，根本不成比例，所以可能是专门用来对付象类等大型的厚皮食草类动物的。如此特殊而长大的犬齿，只需一对就可戳入猎物身体的深处，并且可以尽量地扩大伤口，造成猎物的大量出血而死亡。与此相适应，剑齿虎的头骨和头部的某些肌肉也相应地发生变化，以便口可以张得更大，使下颌与头骨能形成90度以上的角度，这样才能充分有效地发挥这对剑齿的作用。但是，这种极端特化的发展，显然也有其不利的一面，即大大缩小了对环境和猎物的适应面，随着更新世时期各种大型厚皮食草动物的绝灭，使得不善于快速奔跑的剑齿虎也逐渐无所用其长，竞争不过那些比较灵活的并且全面发展的一般食肉类动物，也随着它的猎物走向了灭绝。代之而兴的就是后来出现的现代虎以及其他大型食肉类动物。

2.类群特点

虎是亚洲的特产物种。现代虎大约是在距今300万年的更新世以后，在地球上出现的，与人类的出现时间较为接近。由于气候的变迁促进了动物群的演变、分化和迁移，虎便向亚洲各地扩散，北自西伯利亚，南达南洋群岛，西从中亚山地，东到朝鲜半岛，都有虎的分布。由于生活地区的不同，以及个体大小、体毛的长短厚薄、毛色的深浅浓淡、条纹的多寡疏密、尾巴的粗细等形态上的一些差异，虎分化为成8个亚种，即东北虎（也叫西伯利亚虎）、华南虎（也叫中国虎）、孟加拉虎（也叫印度虎）、里海虎（也叫高加索虎）、爪哇虎、巴厘虎、苏门虎和东南亚虎（也叫印支虎）。此外，在新疆西部和南部还曾记录有新疆虎，但早已绝迹，这个亚种是否存在尚无法确定。我国境内已经确定有分布的为东北虎、华南虎、东南亚虎和印度虎等4个亚种，因而是拥有虎亚种最多的国家。

3.其地同类的远古动物

刃齿虎

刃齿虎分布于北美洲和南美洲。它们的体形高大，肩高可达1.2米，身体结实有力，骨骼粗重，肌肉发达，尤其是颈部、前腿和背部十分强壮，但后腿较短，尾巴更是非常短。

它们马刀状的剑齿可长达 18～25 厘米,上下颌可张开 120 度,不过最大有效角度只有 60 度左右。它们不善于在原野上奔跑,而是通过埋伏或潜行接近猎物,在强有力的突袭后将大型食草动物等猎物捕获。它的独特的刃齿的前后边缘都像刀锋般锐利,侧扁的形状也有利于迅速插入和拔出,能以较小的角度切开猎物的喉咙。

锯齿虎

锯齿虎曾广泛分布在欧洲、亚洲、非洲和北美洲等地,但大多生活在比较寒冷的地区。它们的种类很多,形态上也有明显的差别,但体形普遍比剑齿虎小。它的头骨较短,具有宽阔的鼻腔,有比较长的犬齿。它的身体比较纤细,颈部较细,四肢修长,但由于前腿更长、后腿相对较短,所以身体呈倾斜状。它的脚比较扁平,后脚的爪子不能伸缩。锯齿虎白昼活动,虽然奔跑速度很快,身体灵活敏捷,但更喜欢通过伏击来捕捉猎物。它的短而侧扁、具有锯齿状边缘的剑齿在撕咬猎物的时候也十分强劲有力,被捕获的动物难以逃脱。

古中华虎

古中华虎的化石最早于 1920 年在我国河南渑池兰沟发现,标本是一个保存比较完好的属于同一体的头骨,下牙床和一个寰椎(即第一颈椎)。科学家认为它的绝大部分特征都和虎更为接近,只是个体比虎小,而稍大于豹,因此很可能是虎的祖先,属于现生虎的一个绝灭亚种。

4.其他同类的现生动物

虎

虎是人们最为熟悉的珍贵动物之一,通常被认为是动物中最凶猛和最强大的种类,而作为猛兽的代表。它的体态雄伟,毛色绮丽,头圆,吻宽,眼大,四肢强健,犬齿和爪极为锋利,嘴上长有长而硬的虎须,全身底色橙黄,腹面及四肢内侧为白色,背面有双行的黑色纵纹,尾上约有 10 个黑环,眼上方有一个白色区,故有"吊睛白额虎"之称,前额的黑纹颇似汉字中的"王"字,更显得异常威武,因此被誉为"山中之王"或"兽中之王"。

虎常在夜晚活动,有时也在白天,以黄昏和清晨时最为活跃。行动敏捷、矫健,善于跳跃和游泳。由于虎的体型大,食量也大,所以它的占区范围也大。通常选择最适宜的地点作为主要栖息地,再由此地向四周做辐射状游击出猎,活动很有规律,每条路线都有几公里长,往返一次大约需要几天甚至十几天的时间,活动范围方圆可达300~400平方公里或更大。虎的同类之间都有联系,联系的方式除了用留下的足迹和嗅闻之外,更经常的是在树木上有意留下一片片虎爪抓下的痕迹,称为"挂爪"。虎的感官都非常发达,一双又大又圆的眼睛无论白天还是夜晚都具有较高的视力,耳朵能够辨别风吹草叶的细微响声,嗅觉也很灵敏。

虎从不轻易地消耗体力,捕食方式多采用突然猛扑的袭击方式,追捕猎物多为短距离的快速跳跃奔袭,而不擅长穷追不舍。自然界的虎猎取到食物也是非常不易的,常常数日或数星期找捕不到所需的猎物,为此需要极大的耐心和巧妙的伪装。它的主要猎捕对象为野猪、鹿、狍子、山羊、獐等较大型的食草动物,也有野兔、野鸡等较小的动物,有时饥饿的虎也会向熊、豹、狼、猞猁等食肉动物出击。遇到较小的动物,只需一掌就可将其颅骨击碎或将颈椎击断,遇到较大动物则需要一番搏斗。虎多利用身体的重量和强大的冲击力扑倒猎物,然后咬住脖颈,使其窒息而死。虎的前肢上有五趾,后肢上有四趾,趾上都具极为坚强的钩爪,平时收缩在爪鞘之内,以免走路磨损或发出声音,捕猎时伸出,用于打击和撕扯猎物,不论是坚韧厚密的牛皮或野猪皮,都能被虎爪撕开。虎的上下颌上长着4枚犬齿,互相交错就像4支锋利的匕首,能够咬断猎物的颈部。虎的舌头上密布有角质的舌刺,非常坚硬,能把兽骨上的残肉舔食得干干净净。

虎喜欢过孤独的生活,只有在繁殖季节,雄兽和雌兽才会走到一起。它们多在冬季发情,雌兽每2~3年才繁殖一次,怀孕期为100天左右,每胎一般可产2~4仔。初生的幼仔约有1千克重,7~12天睁眼,20天后长牙,一个月后可以吃肉,2岁后开始独立生活,3~4岁时达到性成熟。寿命为25年左右。

5.本类群的小故事

我国有几个虎亚种?

我国境内已经确定有分布的为东北虎、华南虎、东南亚虎和孟加拉虎等4个亚种,是拥有虎亚种最多的国家。

东北虎在我国生活于黑龙江、吉林东部海拔1000米以下的针叶林和针阔叶混交林中,野外仅有20只左右。它是体形最大的虎,体长为180~350厘米,尾长100~150厘米,体重180~340千克。它的毛色最淡,冬季呈现乳黄色,下体胸腹部和四肢内侧的白色范围较大,身上的黑褐色条纹也较疏较淡,虎尾比较丰满,尾上的毛显得较为肥大,体毛也特别长，以适应东北的严寒气候。

华南虎是我国特有的一个亚种，从前广泛分布于东起浙江、福建，西至青海、四川，北自陕西秦岭，南达广东、广西等的山区和丘陵地带，曾经有很多的数量。20世纪50~60年代时，它被当作"害兽"，遭到了毁灭性的捕杀，现在仅在广东、湖南、江西和福建等省交界的山区尚残存有不足25只。它的体形稍小，体长140~230厘米，尾长80~100厘米，体重140~210千克。体毛较短，显得贴体而平滑，虎尾也不够肥大，但毛色要比东北虎浓艳，呈橘黄色，有时还略带赤色，身上的斑纹也较黑和较宽，体侧还常出现两条上下互相连接而形成的菱形花纹，显得更为清晰美观。

孟加拉虎在我国见于西藏东南部，云南南部和西部的部分地区，约有30只左右。它的体形仅次于东北虎，体长160~250厘米，尾长90~120厘米，体重150~250千克。毛色也介于东北虎和华南虎之间，体毛又短又亮，条纹细长而清晰，虎尾则更为尖细，四肢也显得较长，躯体显得更高。

东南亚虎在我国仅见于云南南部的少数地区，数量大约为30只左右。它的体形比孟加拉虎小，体色较深。体长为130~180厘米，尾长80~90厘米，体重130~200千克。

虎为什么成为濒危物种？

时代已经发展到今天，人们的传统观念应该进行彻底的改变。违法猎虎之人，即便是赤手空拳，也绝不是什么英雄好汉，而是不折不扣的罪犯，必将受到法律的惩罚。但是，由于在我国以及东亚地区各国的传统医学中，虎骨是一种重要而昂贵的药材，虎的全身各个部位几乎都可以制成灵丹妙药。色泽斑斓的虎皮，更是人们炫耀自己财富、地位和虚荣的装饰。因此，国际上的虎骨、虎皮贸易是造成虎走向灭绝的罪魁祸首之一。不断高涨的价格，也使得很多不法分子铤而走险。

虎是自然界重要自然的历史遗产之一，一旦绝灭，将永远不会再恢复或者创造出来。特别是作为我国特产的虎亚种，华南虎已经到了面临生死存亡的关头，再不及时挽救，就必将步巴厘虎、爪哇虎和里海虎的后尘，从我们面前消失，正如世界著名猫科动物专家杰克逊先生所说的："到本世纪末，只能剩下纸老虎了。"因此，对于虎这一物种来说，我们只剩下最后的一个机会了，现在已经无暇谈论其在生物学、生态学，以及文化、历史、艺术、经济等各方面所具有的重要意义，而是不遗余力地努力，使这一珍贵物种不在我们的地球上消失。

象牙向上弯曲的猛犸象

猛犸象身躯巨大，满身披着浓厚的棕褐色或黑色长毛，高而圆的头顶，下面长着一条长鼻子。两支向上弯曲的象牙，最长的有 4 米多。它的背部是身体的最高点，有个高耸的肩峰，从背部开始往后很陡地降下来，脖颈处有一个明显的凹陷。皮很厚，皮下有 9 厘米厚的脂肪。臀部向下塌，尾巴上还长着一丛毛。它的头骨短，顶脊非常高，上下颌和齿槽深。无下门齿，上门齿长 1.5 米左右，十分粗壮，强烈向上、向外卷曲。臼齿由许多齿板组成，齿板排列紧密，数目很多，第三臼齿最多可以有 30 片齿板，板与板之间是发达的白垩质层。

猛犸象的足迹遍布北半球的北部地区，我国北部也有发现。猛犸象曾经在温和气候下生存过，但长毛和其他一些特征，使它们经受住了寒冷的袭击，就在北方生存和发展了。它们喜欢在江河湖泊中洗浴，以草和灌木叶等为食。

1.其他故事

猛犸象的化石与其他动物化石相比有什么奇特之处？

在俄罗斯西伯利亚北部冻土层里，发现了 20 多具连皮带肉冷藏起来的猛犸象的尸体，它们保存得非常好，像冷藏库里食物那样，一点儿也不变质。肌肉的血管中充满了血液，在胃中有许多还没有消化的食物：各种青草和树枝。在嘴里居然找到了一束没下咽的青草。科学家曾在一只猛犸象的鼻黏膜中刮下一些东西去培养，结果竟发现了活的微生物。

猛犸象与现生的象有什么关系？

最近，科学家从 1977 年在苏联发现的一只猛犸象的右大腿肌肉中提取白蛋白，同亚洲象、非洲象、海牛和人的白蛋白相互比较。结果证明，猛犸象和现存的亚洲象、非洲象的白蛋白相等，这意味着它们可能是同时从它们共同的祖先那里分化出来的。而分化的时间大约在 250 万年前，比古生物学目前认为的 800 万年前至 400 万年前要近得多。

猛犸象的化石主要在哪些地方发现？

在亚欧大陆和北美洲发现了很多的猛犸象的化石骨骼，我国北部也有发现，说明猛犸象的足迹曾遍布北半球的北部地区,特别是北冰洋的新西伯利亚群岛,更是猛犸象之乡,那里有许多猛犸象的墓地,发现了几十、几百条象牙。在西班牙的洞穴里,发现了 3 万年前人类在岩壁上用红赭石画的猛犸象轮廓图;在法国的洞穴岩壁上,也发现 1 万多年前的猛犸象雕刻。这些猎手兼美术家的作品,画得形象而生动:高而圆的头顶,高耸的肩峰,下塌的屁股,粗长的毛和向上弯曲的大象牙……真是猛犸象的绝好素描。

猛犸象是怎样从地球上消失的?

科学家认为,随着人类狩猎本领的提高,猛犸象等遭到大量捕杀,逼得它们向更寒冷的北方迁移。大约在 1 万年以前,末次冰河期结束前,猛犸象终于灭绝了。

但是,最近一次冰河期到来时,猛犸象有足够的时间可以向南迁移,为什么却在原来的地方等死呢?最近,英国科学家对此做了新的解释:那时候,大量彗星尘埃进入地球大气上层空间,极大数量的太阳辐射能被尘埃折回宇宙空间,导致了地球上最近一次冰期。海洋把热量传给陆地,引起了真正的冰"雨"。这个历程不过持续 10 年时间,可是却给猛犸象带来了覆灭的灾难。

2.类群特点

长鼻目动物的进化史,要上溯到 5000 万年前。那时候,地球上出现了始祖象,就是象的始祖。大约经过 1800 万年,始祖象分出两支,一支叫恐象,另一支叫乳齿象。大约又经过 1000 多万年,乳齿象又进化成长颌和短颌两类。长颌乳齿象的主干是嵌齿象,从它进化到真正的象:先是脊棱象,以后才是剑齿象、大菱齿象和猛犸象。

象类的进化是极其多样的,特别是在新生代中晚期,象类向着多个适应方向发展。但是,象类在演化历程中也表现出一些特定的进化趋势,主要包括:(1)体形增大,四肢增长,发育出短而宽的脚;(2)头骨增大,颈部缩短;(3)下颌增长而后又再次缩短;(4)牙齿数目趋于减少,白齿形态发生复杂的分化,适应于咀嚼和研磨植物性食物,逐渐发展出白齿的水平替换机制;(5)发育出灵活的长鼻;(6)第二对上门齿发育成长为象牙。

长鼻目动物的共同特点是:体形高大。耳大。四肢粗大似柱,每足 5 趾,趾端有短蹄。仅有 1 对上门齿,为第 3 门齿,变成不断持续生长的硬齿质獠牙,没有其他门齿,也没有下门齿;没有犬齿;颊齿是高冠齿及脊形齿;有 8 颗乳齿的前白齿和 8 颗门齿,所有的颊齿外形均相似,有许多横的釉质脊,但是在同一时期上、下颌每侧只有 1 颗牙使用,磨损的牙脱落后,由后面毗邻的牙向前顶替。头骨短而高,骨骼小有许多空气腔;上唇和鼻子愈合,变长,形成一个长而且能弯曲的肉质的鼻子。鼻孔位于鼻的末端,高出颜面,鼻尖如手指状,可以用来挑取很小的东西。皮肤厚,体外有一层稀疏的须状毛。胃简单,盲肠大。乳头 1 对,位于胸部。睾丸永远在腹腔中,没有阴茎骨。没有眶后条;泪骨在眼眶里面。嗅觉、听觉发达,视觉较差。

长鼻目动物栖息于森林、大草原以及河谷等地带。集群生活。以植物性食物为食。现生种类仅分布于非洲和亚洲的热带地区。

3.其他同类的远古动物

始祖象

始祖象在大约 5500 万~3600 万年前的始新世后期出现于埃及、苏丹等地。它的身体较长,四肢粗壮,体长为 1.4 米,身高约为 60~70 厘米,体形大小与家猪差不多,近似河马,很可能大部分时间在水中生活。身体结构比较原始,并不特化,尚未出现大的象牙和长鼻。它的脚掌宽阔,脚趾的末端有扁平的蹄甲,尾巴短而细。与身体特征相比,始祖象头部的特征则更为进化,头骨相对较长,眼睛明显靠前,颧弓也随之加长,上颌的第二对门齿相对较长,有向大象牙发育的趋势,上颌的第一对门齿及犬齿都很小,下颌的第一对门齿也很小,第二对门齿和犬齿则退化消失了。这些特征都表明始祖象在某种程度上已经具有了向现代象类发展但尚处于萌芽状态的特征。始祖象的外鼻孔位于头骨的前端,虽然可能存在较为灵活的上唇,但是并没有现代象那样长长的象鼻。它的眼睛和耳朵在头部上方很高的地方,这样在水边打滚的时候,仍然可以观察四周的情况。

大约在距今 3000 万年前的渐新世晚期,始祖象沿着三个方向发展,一支是恐象,一支是短颌乳齿象,第三支经过长颌乳齿象、剑齿象等阶段,最后进化到现代象。

恐象

恐象是从象的原始类型中分化出来的一个特殊旁枝,曾经生活在非洲、欧洲和亚洲西南部,从中新世早期出现,一直到更新世绝灭。

恐象在形态上的变化很小,早期的恐象身材即已相当高大,晚期的种类更成为肩高达 4 米的巨兽。恐象具有与其他象类一样的长鼻,四肢长而粗壮,脚掌短而宽大,具有扁平的蹄甲。但是它们的头骨比较扁平,上颌没有象类特有的巨大门齿,下颌却有一对粗壮的象牙,与具下门齿的乳齿象类不同,恐象的下颌和下门齿不是伸向前方,而是弯向下方。臼齿的构造也很特别,每个牙齿都由 2 个或 3 个略弯曲的齿脊组成,齿脊没有乳突状结构。

乳齿象

乳齿象俗称"柱牙象"，是始祖象的直接后裔，最早出现的是渐新世初期分布于非洲的古乳齿象和始乳齿象。它们要比始祖象大得多，根据头骨上外鼻孔的位置推测，它们已经具有了现代象那样的象鼻，只是较短一些。发育有一对较长的向下弯曲的上门齿，成为持续生长的、向下弯曲的长牙，与现代象的象牙相当，下

恐象

颌也有明显的进化，下颌联合部显著加长，末端有增大的下门齿。釉质层仅限于牙齿的外侧。臼齿有三个横脊，所有的臼齿都同时使用，而不是一个接替一个生长和使用。这些特征组合表明古乳齿象和始乳齿象已经具有了向中新世乳齿象类发展的雏形。

铲齿象

铲齿象生活在距今 1000 多万年前的中新世时代的亚洲、北美洲、欧洲和非洲等地。它的下颌极度拉长，其前端并排长着一对扁平的下门齿，左右拼合，很像铁铲的下缘，下颌接合部收缩变窄，犹如铁铲柄的下端，其形状恰似个大铲子，故得名铲齿象。铲齿象生活在大湖边，用铲齿切断并铲起浅水中的植物，再靠长鼻子帮助把食物推入口中。此外，其扁平长大的下门齿是挖掘水底食物的有效器官。根据它们的形态的差异，科学家又把它们分成板齿象、铲齿象和锯齿象三大类。板齿象的铲板较短而宽，上门齿比铲板短，而铲齿象的铲板长而窄，上门齿长于下门齿。

长颌乳齿象

长颌乳齿象以嵌齿象和锯齿象为代表，颌骨，特别是下颌骨都比较长，颊齿上的齿尖都成为钝的乳齿状。

嵌齿象的许多形态特征都是在乳齿象类的基础上进一步"改造"的结果。嵌齿象的中间颊齿有 3 排锥形齿尖组成的齿脊，所以嵌齿象又被称为"棱齿象"。分布于非洲、欧洲、亚洲、北美洲以及南美洲等地。

多数嵌齿象都是相当高大的动物，颈短而肢长，其头骨上的特征显示它们已经具有了发达的长鼻。上颌通常发育有长的象牙，或直展，或下弯，或上曲，有些种类的上门齿

上外侧还发育有厚的珐琅质层。下颌的变化在嵌齿象类中十分多样,包括以下方式:(1)下颌联合中度延长,下门齿长而直,呈柱状;(2)下颌联合向前极度扩展,下门齿呈平扁的板状,形成巨大的铲状,即所谓的铲齿象;(3)下颌次生眭地缩短了,下门齿变细,并向下弯曲,形成喙状;(4)下颌进一步缩短,下门齿退化甚至完全消失,上门齿则变大,并向上弯曲。

短颌乳齿象

短颌乳齿象主要包括轭齿象和玛姆象,是一支很早就开始向下颌缩短的方向发展的象类。它们的体形酷似现代象类,高大而粗壮。除了下颌大大地缩短外,较原始的种类还保存有细而短的呈圆柱形的下门齿,进步的种类下门齿完全退化,下颌如同现代象类一般后缩。上门齿则与之相反,非但没有退化,反而增粗,并向外上方弯曲,有些种类上门齿的上外侧还发育有厚而坚硬的珐琅质层。它们的臼齿与嵌齿象类的较为相似,其颊齿上的齿尖并不形成明显的乳突状,而是由 3 个或 4 个齿脊组成,每个齿脊的尖端在磨蚀的初期可以分辨出若干排成一排的小齿锥,联结在一起成为"脊形齿",齿脊之间的齿锥则较弱或完全退化。

玛姆象类与嵌齿象类都起源于早期的乳齿象类。轭齿象自中新世早期就已出现,化石在非洲、亚洲和欧洲都有发现,中新世时进一步迁入北美洲,并向南扩展至北美洲的最南端。至晚中新世时,轭齿象在世界范围内逐渐消亡了。同样是在晚中新世,玛姆象却迅速崛起,其分布也很快扩大至与轭齿象相当的范围,并且在轭齿象灭绝以后依然繁盛,特别是北美洲的玛姆象,直至 8000 年前才完全灭绝。北美洲的早期居民不仅曾与之为邻,而且也把玛姆象作为捕猎的重要对象。

剑齿象

剑齿象出现在上新世和更新世,生活在热带及亚热带沼泽和河边的温暖地带。它的身躯庞大,最大的体长可达 9 米多,身高 4～5 米,体重达几十吨。它们四肢很长,头骨高大,上颌的牙长而弯曲,下颌短而无牙,臼齿大大地伸长,每一个臼齿的齿冠上有很多低的横脊。我国的剑齿象在上新世初期已经出现,到更新世中期仍然广泛分布。迄今为止已经发现 8 种,包括著名的山西榆社早上新世的桑氏剑齿象,广西柳城早更新世的前东方剑齿象,长江以南各省中更新世的东方剑齿象,以及甘肃合水县发现的更新世早期的黄河古象等。

黄河古象

黄河古象也叫黄河剑齿象，黄河古象生活在更新世早期，主要在热带或亚热带炎热干燥的地区。它的身高可达 4 米，体长 8 米，门齿长达 3 米多。它的上门齿粗壮长直，有一硕大的鼻窝，估计生前应有一条长长的象鼻。前额平坦，前颌骨和它的额面在一平面上。背脊的最高点在肩部，其后稍向下倾斜，这与现生象的背脊前、后高，中间低，成鞍状者不同。黄河古象成年后左、右上、下颌各只使用一枚臼齿。磨蚀后，第二枚臼齿自后向前顶替。大约到 40 ~ 50 岁时，最后一枚臼齿（即第三臼齿）才长出，而磨蚀了的第二臼齿约于 60 岁时脱落。

4. 其他同类的现生动物

亚洲象

亚洲象的身躯高大威武，性情温顺善良，是力量、威严和吃苦耐劳、任劳任怨的象征。它的身长为 5 ~ 7 米，肩高为 2.5 ~ 3 米，尾长为 1.2 ~ 1.5 米，体重 3000 ~ 5000 千克。通体为灰棕色，前额左右有两大块隆起，称为"智慧瘤"，其最高点位于头顶，但它的脑却很小。头盖骨很厚，虽然骨骼内充满了气孔，可以减轻重量，但颈部的负担仍然很重。背部向上弓起。四肢粗壮，几乎垂直于地面，像四根柱子，前肢 5 趾，后肢 4 趾。小跑时，总是同时提起同一侧的前后肢，而不是像其他哺乳动物那样在对角线上的两肢同时离开地面，这种的步法被称为"溜蹄"，并产生一种奇特的摇摆动作。

亚洲象在国外分布于印度、孟加拉国、斯里兰卡、老挝、泰国、缅甸、越南、柬埔寨、马来西亚、印度尼西亚等国，共分化为大约 4 个亚种，我国仅有印度亚种，分布于云南南部和西部的勐腊、景洪、江城、西盟、沧源、盈江等地。它喜欢栖居在气温较高，空气湿润，靠近水源，植被生长茂密的热带地区，一般为海拔 1000 米以下的长有刺竹林或阔叶林的缓坡、沟谷、草地或河边，常常是大树遮天蔽日，直入云霄，各种中、下层植物盘根错节，千姿百态。它的皮肤虽然厚达 3 厘米，但身上的毛却比较稀少，所以既畏寒，又要避开热带地区白天烈日的曝晒，常躲避于山谷间的林荫之处，觅食的时间也多在气温稍低的清晨和傍晚。

非洲象

非洲象体躯庞大而笨重，是陆地上最大的哺乳动物，体长为 5 ~ 7.5 米，尾长 1 ~ 1.3

米,肩高 2.6~4 米,体重 2700~6000 千克,最大的重达 1 万千克,雌兽比雄兽小。体色为灰棕色,象鼻很长,为上唇和鼻子合并,向前伸长形成,重约 145 千克,表皮很粗糙,上面有许多环列的皱纹,鼻端有两个指状突和许多感觉灵敏的纤毛。雄兽和雌兽均有由上颌门齿形成的象牙,一般长 1.5~3 米,重 20~30 千克,最长的可达 3.45 米,重 198 千克,雌兽的牙较短而细。头顶扁平,两只耳朵特别大,直径约为 2 米左右。脊背向下塌陷,肩部和臀部较高。四肢粗壮如柱,腿的直径约为 50 厘米,周长超过 1.7 米。前肢具 4 趾,后肢具 3 趾,脚底下有橡皮一般的肌肉,粗厚而平坦,所以在走路时几乎毫无声音。

非洲象分布于非洲东部、中部、西部、西南部和东南部等广大地区,北起苏丹草原,南至南非腹地,东从东非沿岸,西达西非赤道一带,主要栖息于热带草原和稀树草原地区。

非洲象也喜欢群居,每群也是由雌兽统帅,成员中大多是它的雌性后代,雄兽在群体中没有位置,长到 15 岁时就必须离开群体,只有在交配期间才偶尔回到群体中。群体中有严格的等级制度,行动时要按照地位高低排序,无论吃喝、交配和走路都秩序井然,群体中的成员之间通常都十分和平、友好。

5.本类群的小故事

为什么象的鼻子异常灵敏?

象的鼻子是动物中最长的,实际上是鼻子和上唇的延长体,表面光滑,一直下垂到地面,不停地摆来摆去。它由 4 万多条肌纤维组成,里面有丰富的神经联系,不仅嗅觉灵敏,而且是取食、吸水的工具和自卫的有力武器。鼻子的顶端有一个像手指一样的突起,这个突起不大,但上面集中了丰富的神经细胞,感觉异常灵敏,使得象鼻十分灵活,能随意转动和弯曲,具有人手一样的功能。在动物园中,训练有素的象能用鼻子搬重物、拔钉子、解绳子,甚至能捡起地上的绣花针。有趣的是,它还能像人类握手一样,用互相缠绕鼻子的方式来表达友好的情感或者进行雄兽和雌兽之间的调情。

象的牙齿有哪些特点?

亚洲象雄兽的嘴里还长着一对终生不断生长,但永不脱换的长大门齿,称为象牙,长度为 2 米左右,单支重 30~40 千克。雌兽的门齿较短,不突出于口外。象牙的作用很大,是掘食的工具,也是搏斗时的武器。它的犬齿不发达。臼齿上、下颌的每侧共有 6 枚,而且很大,呈块状,但并不是同时生出,而是分成 6 批,轮流生出,每一批只生出 4 枚,另一批"候补者"在后面半隐半现,等前一批磨损消耗得不能再用时才逐渐发育出来,以至于在同一时间里,每侧上、下颌只能有 1 个完整的或者 2 个不完整的臼齿在起作用。每一个臼齿在使用时,齿根能够继续生长相当长的时间,以此来抵消磨损,但磨损仍然比生长的速度快。当齿冠磨平之后,齿根就不再生长,而被吸收掉,这样后边的牙齿就顺质序生长出来,并沿着颌部向前扩张。这 6 批臼齿可供其使用一生。

象在夏天为什么总是不停地扇动两只大耳朵?

象的耳朵也很大,有利于收集音波,所以听觉非常敏锐,彼此之间常用次声波进行联络。由于耳部的褶皱很多,大大增加了散热面,所以更像是两把调节体温的大蒲扇,在炎热的夏季,它就是靠不停地扇动两只大耳朵,使耳部的血液加速流动,达到散热降温的目的,还能驱赶热带丛林中的蚊蝇和寄生虫。

亚洲象和非洲象有哪些区别?

现生的象类仅有非洲象和亚洲象 2 种,分别栖息在亚洲和非洲的热带地区。它们是陆地上最大的现生动物,外形也十分相似,但在形态上也有很多差异,主要表现在以下几个方面:(1)非洲象的体型比亚洲象大;(2)非洲象的三角形耳朵要比亚洲象的四角形耳朵大一倍多,好似两支巨大的蒲扇;(3)非洲象的象牙也比亚洲象的长得多,而且雄兽和雌兽都有象牙,亚洲象则只有雄兽有象牙;(4)非洲象的鼻子上有环裂的皱纹,又多又深,就像是一节一节的水龙带,鼻端上有两根指状物,亚洲象的鼻子则较为光滑,鼻端上只有一根指状物;(5)非洲象的脊背向下塌陷,亚洲象的脊背略微向上弓起;(6)非洲象的头顶是平的,而亚洲象的额头有两个凸起的包,俗称智慧瘤,中间则凹下;(7)非洲象的前肢具 5 趾,后肢具 3 蹄,而亚洲象的前肢具 5 趾,后肢具 4 趾;(8)非洲象的肩部、臀部的位置最高,而亚洲象头部的位置最高。在解剖学上,非洲象有 21 根肋骨和 26 块尾椎骨,而亚洲象有 19 根肋骨和 33 块尾椎骨。在生态习性上,亚洲象以森林或丛林环境为主,非洲象则主要栖息于草原或稀树草原中。在进化程度上,非洲象较为原始。

为什么象饮水时,水不会进入气管?

喝水时,象先是把水吸到鼻子里,再把鼻子放进口中,然后再把水喝下去,一次大约要喝上 60 多千克。虽然它的气管和食管是相通的,但是在鼻腔后面的食道上方生有一块软骨,当它用长鼻子吸水的时候,水就进入了鼻腔,同时咽喉部位的肌肉进行收缩,使食道上方的这块软骨暂时将气管的口盖上,水就会由鼻腔进入食道,而不会进入气管,更不会进入与气管相通的肺中。当它把吸进鼻腔中的水放到嘴里以后,这块软骨又会自动张开,以保证呼吸的正常进行。

象很喜欢水浴,常在河边或水塘边洗澡、嬉戏、用长鼻子吸水冲刷身体,还喜欢将泥土涂满全身,以便除去身上的寄生虫,也防止蚊虫叮咬。它还是游泳的好手,可以连续游上5~6个小时,渡过很宽的河流。

"马的祖先"始马

始马体形较小,身体轻巧,脸部近似现生马的长脸,头骨较小,脑量也很小,牙齿为比较原始而简单的44枚标准齿式,并且都是低冠齿。它的脊椎能灵活弯曲,脚踝处有一个双重隆起的滑车形面与小腿的胫骨连接,股骨外侧有一显著的凸起,称为第三转节。前脚共有4个趾,后脚有3个趾着地,而且还残留着第一、第五趾的痕迹。

始马生栖息于茂密森林和灌木丛中,奔跑能力不算太强。始马喜欢群居生活,每个群体约由5~15名成员组成,彼此之间相互照应。当时的气候比较温暖,植物繁茂,因此始马可以隐蔽在矮树丛中,以多汁的嫩叶为食,但不能取食较硬的植物。平时觅食的时候,成员们会集体行动,到森林中的空地上去找那些它们喜欢的植物来吃。

1. 其他故事

关于始马的地位有哪些争议?

始马是1841年被定名的,不过由于化石的不完整,当时被认为是"鼹鼠野兽"。后来,关于始马的争议也有很多,很多学者认为它并不是现生马类的祖先,还有人认为它是犀牛的祖先。由于马类后来的演化比较错综复杂,所以对于始马的地位至今没有定论,不过,大多数人仍然认为它是马类的祖先。

始马取食的时候有什么危险?

野葡萄是始马最喜欢的一种浆果,每到野葡萄成熟的时候,始马就会成群结队地去享受这餐盛宴。

然而这些生长在草丛中的果实整天被潮湿的落叶覆盖着,再加上雨林的高温,野葡萄很快就会发酵,从而产生酒精。始马当然不知道这些,它们只顾享受眼前的美味,不知不觉就吃醉了。此时,这些醉醺醺的始马的四肢已经不再灵便,于是,伏击着的肉食性猎手们便也得到了一顿美餐。

2.类群特点

马类的进化主干是从始新世的始马一直到现代的马,它们在漫长的进化历程中的发展趋势是体型逐渐从小到大,腿和脚变得越来越长,侧趾逐渐退化,中趾不断加强,齿冠越来越高,前白齿由简单到复杂并且逐渐白齿化。这个发展趋势也反映了从适应于森林生活到逐渐适应草原生活的过程,即从跳跃到奔跑、从吃树木的嫩叶到吃粗糙的草类的过程。

到渐新世早期、中期,出现了中马,又叫渐新马,是一种生活在森林中的三趾马,身高大约为40厘米,前后脚都是三趾,趾与趾之间的距离较宽,能够全部着地,但中趾已经开始发达。它也是生活在潮湿温暖的森林地带,以鲜嫩多汁的树叶和嫩草为食,白齿小,齿冠低,牙齿的分工尚不明显。

中新世时期,气候变得干燥,森林逐渐稀少,同时出现了广阔的草原。在这种环境下生活的马类是一种草原三趾马,又叫草原古马,是马类进化过程中一个最重要的过渡类型。由于食物的改变,它的牙齿发生了相应的变化,白齿则转化为高冠,并有复杂的褶皱,适于咀嚼干草。另外,由于在草原中生活极易受到肉食动物的袭击,所以逐渐形成迅速奔跑的习性,四肢变长,侧趾退化,不再使用,只靠中趾支撑身体、行走和奔跑。

上新世初期又出现了单趾马,也叫上新马,身高为两米左右,牙齿更加进化,前、后脚均只剩下中趾,两个侧趾尚存一点枝状遗迹。上新世后期出现的真马体形变得更大,牙齿也形成了高冠的结构,较为复杂。单趾也得到了进一步的发展,在趾端形成了硬蹄,适于奔驰在辽阔的草原上。

3.其他同类的远古动物

埃氏马

埃氏马主要生活在我国的甘肃等地,比现生的家马和普氏野马都要高大,但却不笨重,拉长的面部使它们吃草时能将眼睛保持在草丛顶部的上方,从而观察到四周的危险,细长的肢骨和较窄的蹄子使它们能够适应在草原上奔跑生活,行动灵敏。

埃氏马是迄今为止所发现的最大的真马,最早的真马出现在约350万年前的北美洲,并在约250万年前通过自令陆桥进入旧大陆,才在东亚地区逐渐演化成为埃氏马。

三趾马

三趾马的化石最早是于1832年在法国发现的，生活在上新世地势低平的亚热带森林草原和稀树草原上，欧亚大陆、北美以及亚洲都留下了它的足迹，在我国的华北、西北地区就曾发现过它的化石。

三趾马之所以得名，是由于它的每只脚上都有3个脚趾，而且三趾马的三个脚趾中，两侧的已经脱离了地面，所以在奔跑和行走中，主要发挥作用的还是中间的脚趾。它们的颊齿上有孤立的原尖，也明显不同于现生的马，但体形与现生的马非常相似。三趾马只是马类进化中的一个旁支，而并非是现生马的祖先，两者虽然亲缘关系比较远，进化的方向也不一样，但都是源自共同的祖先——草原古马。三趾马体形较小，体长大约为1.5米左右，身材比较纤细，以草本植物为食。

4.其他同类的现生动物

普通斑马

普通斑马也叫白氏斑马、草原斑马等，是非洲特产动物中分布最广和数量最多的一种，产于非洲东部、中部、南部和西南部等广大地区。它的体长为190~245厘米，肩高105~140厘米。耳朵狭小，鬃毛多而长，尾巴发达，而且毛也很多。身上的横纹一直延伸到腹部，像腰带一样，两边大致相接。

普通斑马的栖息环境很广泛，有山地、草原、半荒漠等，并且随季节的变换转移。它喜欢结成数百只，甚至成千上万只的大群，尤其是在干旱季节。普通斑马身上的条纹漂亮而雅致，是同类之间相互识别的主要标记之一，更重要的则是形成适应环境的保护色，作为保障其生存的一个重要防卫手段。在开阔的草原和沙漠地带，这种黑褐色与白色相间的条纹，在阳光或月光照射下，反射光线各不相同，起着模糊或分散其体型轮廓的作用，展眼望去，很难与周围环境分辨开来。这种不易暴露目标的保护作用，对动物本身是十分有利的。此外，普通斑马身上的条纹可以分散和削弱草原上的刺蝇的注意力，是防止它们叮咬的一种手段，这种昆虫是传播睡眠病的媒介，它们经常咬马、羚羊和其他单色动物，却很少威胁普通斑马的生活。这种保护色是长期适应环境和自然选择而逐渐形成的，因为历史上也曾出现过一些条纹不明显的斑马，如泥和伯氏斑马，由于目标明显，所以易于暴露在天敌面前，遭到捕杀，最后灭绝，在漫长的生物演化过程中逐渐被淘汰了。只有那些条纹分明、十分显眼的种类尚能生存到现在。人类从这种现象中得到了启示，将条纹保护色的原理应用到海上作战方面,在军舰上涂上类似于斑马条纹的色彩,以此来模糊对方的视线,达到隐蔽自己,迷惑敌人的目的。

5.本类群的小故事

家马为什么有认路的本领?

在我国历史上,有关于老马识途的记载。老马为什么能识途呢?原来,家马有一个习性:行走时鼻子会呼呼作响。科学家发现,家马的鼻腔分呼吸区和嗅区两部分。呼吸区位于鼻腔前部,能分泌黏液,防止灰尘和异物进入鼻腔。嗅区位于鼻腔的后上方,那里嗅神经细胞星罗棋布,有识别道路的能力。家马在行走时之所以鼻子呼呼作响,就是要不断排除鼻腔中的异物,使呼吸区畅通;而呼吸区畅通了,就可以充分发挥嗅神经细胞的作用,使家马能准确地识别道路。

家马是怎样被人类驯养的?

根据古代留下的洞窟壁画,从前原本作为狩猎对象的野马,到新石器时期逐渐才被驯化为家畜,用于拉车、耕田、比赛、打仗等,其历史至少已经有 5000 年以上,经过改良和培育的家马超过 200 多种。

最初,野马作为人们捕捉的猎物,主要用来食用。但当捕捉的野马过多而吃不完时,将它们圈养起来,以备缺少食物时使用。这可能是野马家化的最早尝试。野马在圈养环境中生育繁殖,逐渐显示出它的诸多作用与优点。它们能被骑着去驱赶牛群,也被用来拉动二轮马车拖运沉重的货物。

家马被驯化之后,它就在农业史、运输史和战争史上扮演了十分重要的角色。圈养环境下的交配繁殖产生了众多不同的种系,在体型、速度和精力方面都存在着差别。这些差异又使马能够用于人类生活的各个方面。无论怎样强调家马在过去 5000 年人类社会发展中的重要性都不为过。但是随着机械文明的发展,家马的用途渐渐消失,现在世界各国马的数量都在急剧减少。

身披厚厚长毛的披毛犀

披毛犀浑身披着御寒的长毛和浓密的绒毛。它的头骨较长,头部和颈部向下低垂,耳细。在额头和鼻骨上各生长着一个角,前大后小,鼻角较大,是扁平的,向前突出。没有门齿,颊齿的齿冠很高,珐琅质表面有许多褶皱。它们的四肢短粗,非常强壮。

披毛犀

披毛犀栖息于欧亚大陆北部地区,广泛生活在凉爽的草原、苔缘和冰缘地区,能抵御寒冷的气候,成为当时北方最繁荣的一种冰河巨兽。它们的迁徙能力很强,鼻角能用于清除地面的积雪以寻找植物。

披毛犀在进食的时候用后面的颊齿将植物嚼烂。它们的牙非常适合咀嚼质地干燥、容易磨损牙齿的草本植物。

1.类群特点

犀牛类的共同特点是身体肥壮,皮肤粗厚而且毛很少,胸部有 19~20 对肋骨,腰椎只有 3 个,鼻上有角,有发达的 7 对颊齿,但门齿和犬齿退化,最多仅有 2 对上门齿和 1 对下门齿,四肢短,前后足上均有 3 趾。最古老的犀牛类化石出现于约 5500 万~3600 万年前的始新世前期,那时体形较小,大型的种类出现在约 3600 万~2500 万年前的渐新世,后来曾在欧洲、亚洲和非洲大陆广泛分布。现生的犀牛类动物仅有白犀、黑犀、印度犀、爪哇犀、苏门犀等 5 种,前 2 种产于非洲,后 3 种生活在亚洲。印度犀生活在亚热带的草原沼泽地带,黑犀和白犀生活于干燥而开阔的草原地带,而苏门犀和爪哇犀则栖息在浓密的森林中,爪哇犀还可以栖息在海拔 2000 米以上。印度犀食性较广,草和树叶都吃;黑犀、苏门犀和爪哇犀主要吃树叶;白犀则主要吃草。

2.其他同类的远古动物

副巨犀

副巨犀是一种早期的无角犀牛,其中天山副巨犀是副巨犀家族里最大的成员,也是迄今为止人类所发现的最大的陆生哺乳类动物。

天山副巨犀身长约 9 米,鼻骨长而薄,肩膀离地面约 5 米高,抬起头来约 7 米。它们是植食性动物,一天至少要吃掉 500 千克食物。

板齿犀

板齿犀生活在更新世时期欧洲、亚洲中部和东北部的草原地带。它的体形较大，头比较圆，在额头上有一个庞大的角。头骨长度一般在90厘米左右，体长4.8~5米，身高超过2.5米。它的骨骼粗壮，四肢短小，但在草原上的行动能力和奔跑速度都很快。板齿犀的牙齿也很特殊，它们呈长柱状的方形，褶皱特别发达，白垩质也很丰富，比较适合以较硬的草类为食。

大唇犀

大唇犀生存在中新世及早上新世欧洲南部和亚洲开阔的草原上。它是一类头上无角，形态奇特的犀牛，因具有宽大的下颌与2枚带锋利齿刃的巨型下獠牙而得名。大唇犀的头部较短且接近菱形，约有0.5米长，鼻骨细弱，鼻子上没有角。它们的巨大下门齿呈獠牙状，向上外方向生长、翻转，高冠的颊齿覆盖着丰富的白垩质。它的身躯十分强壮，四肢短粗，前后脚均为三趾。

两栖犀

两栖犀生活在晚始新世至早中新世亚洲、欧洲和北美洲大陆地区。它们的头上并没有长角，体型较大，身躯粗壮，行动笨拙，体长大多超过3米，有的超过4米。它们的牙齿比较特殊，门齿与前臼齿退化得非常厉害，但臼齿却变大变长，而且上下犬齿都很粗壮而锋利，主要用于求偶争斗或与敌害搏斗。它们生活在水流缓慢的河流或者湖泊湿地中，依靠柔软多汁的植物为生。由于四肢较长而脚较短，所以不能快速奔跑，但却适合在软陷的泥地上活动。

跑犀

跑犀生活在始新世至中新世后的欧洲、亚洲和北美洲的森林或灌木丛地带。跑犀的体型比较小，骨骼较轻，颈部长而灵活，背部平直，腿较长，前脚上有4个脚趾，后脚则是3个脚趾。它们的头骨较为粗壮，鼻骨上没有长角。门齿和犬齿锋利，臼齿是低齿冠，比较适应吃粗糙的草类。它们的身体非常适合在植物之间穿梭，成小群活动，寻觅食物。它们视力较好，奔跑迅速，昼夜均可活动，常到开阔的林地或河湖边上活动，利用速度躲避敌害的追捕。

3.其他同类的现生动物

白犀

白犀又叫白犀牛、方吻犀、宽吻犀等,分布于非洲东部和南部的局部地区的森林和草原地带。它的体形十分威武,形态奇特,是现生的体形最大的犀牛,也是仅次于象和河马的第三大陆生脊椎动物,堪称"犀牛之王"。一般体长为300~450厘米,尾长为55~65厘米,肩高175~205厘米,体重2000~3500千克。体躯浑圆粗壮,皮肤光滑,厚约2~3厘米,只有耳边和尾端才有毛,也没有大褶和皱纹形成的甲胄,头部特长,大约为120厘米,眼睛很小,分别长在头部两侧,观察物体时,首先用一个眼睛盯着看,然后再用另外一个眼睛看。管道状的耳朵可以旋转,听觉较为灵敏。嘴里的颊齿为非常厚的石灰质层。上唇平而宽,呈方形,故有宽吻犀及方吻犀之称,由于接触面积大,吃起草来就像割草机一样。大多数食草动物的角都是长在头顶上,而它的角却长在鼻子上,两只角一大一小、一前一后,显得十分有趣。白犀的角也是所有犀牛中最长的,最高纪录为158.7厘米,细长如鞭,高高耸立,极为特殊,而通常前角较长而稍微向后弯曲,长度为60~90厘米,后角较短,长度为50厘米左右,雌兽的角较雄兽的更长。它的角不是骨质的,而是上皮组织的衍生物,由角质纤维堆积而成,所以并没有长在骨头上,而是长在皮肤上,但却格外坚硬和锋利,是其自卫和进攻的武器。虽然名叫白犀,但它的体表却呈灰色,充其量也只是略微发白而已,所以有人认为这个名字的来源可能是由于在南非的土著人的语言中,方吻犀或宽吻犀的发音与白犀相近,以至于以讹传讹的缘故。它的肩部由发达的髓棘形成隆起的肩峰,髓棘连接着韧带以支持头部,四肢粗壮有力,前后肢均具有3趾。

白犀的性情比较温和,很少暴躁发怒,行动也较为迟钝。以低矮的草类等为食,主要靠嗅觉觅食。喜欢群居,每群为3~5只或10~20只不等。每天的大部分时间都是聚集在一处埋头吃草,边走边吃,但7~8个小时也移动不了1公里的距离,每只每天平均吃草量可达500千克左右,使得吃过的草地如剪草机剪过一样整齐。由于大肠的发酵作用,可帮助消化食物中较高的纤维含量。每个群体占有大约4平方公里的领地,是用粪堆、尿的气味和在树干、石头上蹭痒所留下的气味做边界的标记,雄兽经常在领地内巡逻,以防外来者进犯。同类之间发生冲突的时候,双方便会紧张地对峙着,彼此用角相顶或撞击。如果都把两耳竖起,便说明不愿意争斗,各自撤退。有时有独栖的未成年雄兽打算加入,群体也乐于接受。白犀有固定地点排便的习性,每只一年能排出粪便30吨左右,都排在领地的边界周围，形成宽约 4.5 米的粪堆，尤其是在旱季，往往粪便堆积如山，依据粪便的位置便可以找到它的踪迹。堆积的粪便是屎壳郎等小动物的食物，而屎壳郎等又是其他以其为食的动物的食物，如此便构成了非洲原野上的食物链的基础。白犀常用很大的力量喷射其尿液，形成烟雾状，尤其是在巡视边界时，更是频繁地进行喷尿。

印度犀

印度犀又叫大独角犀、亚洲犀，产于印度、尼泊尔和孟加拉国等地，是亚洲最大的犀牛。它的体长为 250~350 厘米，尾长 60~75 厘米，肩高 170~200 厘米，体重 1500~2000千克。全身皮肤黑灰色，稍带紫色，在肩部、颈部、臀部及四肢关节处的皮肤有大型的褶皱，形成甲胄状，但肩部的两条大褶不平行，上边也不接连。皮肤上分布着突起的圆粒，鼻的前方有一只粗而短的角，长约 30 厘米，故又叫大独角犀。夜行性，性情也很暴躁，平时单独生活，雌兽的妊娠期为 17~19 个月，每胎产 1 仔。

黑犀

黑犀分布于非洲的东部、中部、西部和南部的广大地区。它的体长为 250~375 厘米，尾长 65~75 厘米，肩高 150~170 厘米，体重 1000~1500 千克。如同白犀不白一样，它的皮肤也不呈黑色，而是灰色，与白犀并无明显的差别，或者只比白犀皮肤的颜色略深，厚而光滑，没有皮肤褶皱和突起的圆斑。头部较大，上唇呈三角形，有长而突出的钩状唇尖，稍有伸缩性，适于摘取树上的鲜嫩枝叶。鼻前方也有两支长角，前角通常比后角长一些，长度一般为 70~90 厘米，最长的可达 136 厘米。它是夜行性动物，性情粗暴，爱发脾气，连狮等猛兽都怕它三分。

一般雄性黑犀喜欢独居。它们总是在自己的领域里走来走去，把尿撒在石头上、草丛里和其他的植物上。它们会沿着通向水源的地方一路留下尿迹。它们常常在自己的粪便中拖后蹄，以便行走时留下更强烈的臭迹。它们常常返回留有它们臭迹的地方大便。通过尿水与大便的臭迹，雄性黑犀彼此之间划分与识辨自己的活动区域与邻居的活动区域。对于自己熟悉的邻居，雄性黑犀都是以回避的姿态处理；而对于自己活动领域陌生的闯入者来说，它们就会以武力的方式去解决。武器便是犀牛角。两只雄性黑犀敌视地相对时，它们通常绷紧腿小步迈进，边走边把尾巴向上竖起，巨大的头摇摆着，角刺向空中，蹄爪抓着地面。黑犀准备发起进攻时，则低下头，立双耳，摆出进攻的架势，用角去顶对方，把对方刺伤。

在雌性黑犀的生活里,角是保护自己和幼仔的法宝。黑犀能在一年内任何时候怀孕、生产。一只雌性黑犀一次只生养一只幼仔。怀孕期间,雌性黑犀对雄性极不友好,甚至躲避它们。当雄性黑犀接近雌性要求交配时,雌性常常怀有敌意,甚至攻击它们。在没有准备好交配前,雌性黑犀会赶跑它们。此时,要么雌性黑犀还未发情,要么刚生育了一只幼仔,正在吃奶期间。情况多数会是后者,雌性黑犀出于母性,为了更好地哺育幼仔而拒绝雄性,这时,雌性就会用角去威胁雄性,把它们赶跑。当它的幼仔受到狮子或土狼等凶猛的动物的捕食时,雌性黑犀就会用角去争斗与防卫。

4.本类群的小故事

印度犀为什么经常穿"泥衣"?

印度犀生活在潮湿的、长有高大草本植物的茂密草原地带。它白天隐伏,夜间活动,性喜独居或雌雄同栖。它有一个古怪的习惯,每天都要去池沼或泥塘中洗澡,全身涂上一层厚厚的泥浆。它涂一次泥浆晒一次太阳,反反复复使身上罩起一套6~9厘米厚的"泥衣"。"泥衣"干燥时,走起路来就会一块块连连脱落,不出半天工夫,又要往池沼或泥塘里钻,穿新的"泥衣"了。

印度犀为什么要穿"泥衣"呢? 其实,它不是因为天热贪图凉快去洗澡时沾上泥浆的,而是因为它的皮肤上常有蚊子、苍蝇、牛虻等小虫子叮咬,而尾巴十分短小,又没有大象那样的长鼻子,所以只好靠涂泥浆来防止虫子的叮咬。印度犀皮厚似铁甲,怎么会怕虫子叮咬呢? 原来,它的体表褶缝里的皮肤非常娇嫩,血管和神经分布较丰富,虫子爱钻进褶缝里去叮咬,再加上褶缝里常有寄生虫,常常搞得它痛痒难忍,毫无办法,只得用"泥衣"来保护。再说,栖息地天气炎热,"泥衣"可以遮挡阳光。

为什么黑犀身上经常有犀牛鸟栖息?

据说三四只大狮子敌不过一只黑犀,因为它的皮坚厚如铁,而且它那碗口般大的一支长角,任何猛兽被它一顶都要完蛋,无怪它在发性子时,连大象也要远远地躲避它。这样粗暴的家伙,却也有它的知心"朋友",那就是我们所说的犀牛鸟。这是一种像画眉般大小的黑色小鸟。

它们之间为什么会成为朋友呢? 原来,黑犀虽然有坚厚的皮肤,但在它皮肤的褶皱之间,却非常嫩薄,常常遭受寄生虫和吸血昆虫的侵袭,感到难受至极,黑犀除了往身上涂泥来防治害虫以外,就依靠这种小鸟朋友来帮助它消灭害虫。犀牛鸟停栖在黑犀背上，可以啄食那些体外寄生虫，作为自己的主要食料。这种合作生活叫作"共生"，也就是两种不同生物在一起谋生，互得利益，互不干扰。

除此以外，犀牛鸟对黑犀还有一种特别贡献，就是会及时地向伙伴"拉警报"。原来，黑犀的嗅觉和听觉虽灵，视觉却非常不好，若有敌害悄悄地逆风偷袭而来，它是觉察不到的。遇到这种情况，犀牛鸟就会飞上飞下，忙个不停，以此引起"朋友"的注意。

犀牛的角有什么特点？

犀牛的角是由像毛发般的纤维角蛋白构成的，与其他动物的角不同，它们是空心的，里面没有骨头，容易磨损和折断。为了保持角的尖利，印度犀会不断地在树上或石头上磨砺。在石头上摩擦比在木头上摩擦更容易磨损犀牛角，而不停地在石头上摩擦又会使角损坏得太多。不过如果犀牛角折断，新角会重新长出，每年大约长 5 厘米。

体形巨大的野猪库班猪

库班猪的外形与现生的野猪并不一致，体形非常巨大，体重可达 500~800 千克，四肢较长，也十分粗壮。它的头骨仅下颌的长度就接近 1 米，宽度为 30 厘米，上颌则有一对向外伸出的巨型獠牙。它们在眼眶上有像疣猪一样的颊突，在额头上还有一只明显的角，成年雄兽尤为粗大。它们的牙齿有 44 枚，颊齿是低冠的丘型齿，犬齿强烈凸出。它们的四肢上一般有 4 个脚趾。

库班猪类起源于非洲，后来扩展到亚洲、欧洲的北部一带。它们属于杂食性动物，但以植物性食物为主。

1.类群特点

猪科动物因具有丘状齿、单胃而与其他偶蹄目动物有所不同。早期的猪形类动物出现于始新世早期，例如在我国发现的双锥齿兽、戈壁猪形兽等。它们的体形较小，四肢也很短，每一只脚上有 4 个有用的脚趾，保存着完整的齿列，犬齿也比较发达，白齿仍为原始的三锥型。它们也是现生的所有非反刍偶蹄类动物的祖先。

到了渐新世时期，出现了一些体形较大的猪形类动物，称为巨猪类。早期巨猪类动物的体形与现生的猪差不多，而到了中新世的早期则出现了体形近似现生的野牛一样大小的巨猪类。它们有适于奔跑的长脚、长腿,平直的背部,以及相当大的头骨和牙齿。巨猪类在渐新世和中新世的早期时,是北半球哺乳动物群中占优势的种类,后来逐渐绝灭。

渐新世时期生活在欧洲的原古猪是早期猪类动物的代表,体形虽然比始新世的双锥兽大一些,但仍然属于体形较小的偶蹄类动物。它们的腿长度中等,脚上有4趾,头骨较低,长度适中,犬齿发达,低冠的牙齿为丘形齿。此后,猪类动物开始向着身体中等、速度增大的方向发展,但头骨大大地伸长,同时臼齿的齿冠由于珐琅质的褶皱而复杂化,犬齿发展为大而向外弯曲的獠牙,脚则保持着4趾。到了更新世出现了与现生猪类相似的类型,尤其是亚洲南部的种类更多,在我国的甘肃、陕西等地也发现了李氏野猪等种类。

现生的野生猪类共有大约10多种,分布于亚洲、非洲、欧洲和美洲的大部分地区。家猪是由野猪驯化来的,因此有人也将家猪列为野猪的一个亚种,在世界各地均有饲养。

根据地质学研究的结果,我国在更新世出土的野猪骨骼化石均属于野猪和李氏野猪。其中李氏野猪分布于北京、山东、陕西等地。在北京周口店猿人洞穴遗址中,既发现了野猪的遗骨,又发现了李氏野猪的遗骨。可以推断,它们都是当时居民捕猎的对象。

那时的原始人类过的是渔猎生活,当捕获到的野猪吃不完时,或者捕获到正在怀孕的母猪,就暂时把它饲养起来,以后这些饲养的猪也会生育,这就使人类受到了启发,于是开始了有意识地驯养野猪,这就是人类养猪的开端。

2.其他同类的远古动物

恐颌猪

恐颌猪其实是与猪类亲缘关系相当远的一类动物,个头和牙齿都较小,在我国分布广泛,后来蔓延到亚洲、欧洲和北美洲。它们是身躯巨大,肩高可达2米多,体长超过3米,四肢长且粗壮,前肢长于后肢,生活在草原地带。它们的嘴里嵌满利齿:上下犬齿伸出嘴外,形成4颗大獠牙,门齿和前臼齿也异常发达结实,属于杂食性动物。在它们的双颌上曾附着肌肉,在嘴边、头顶和眼睛附近还生出一些凸出的骨瘤。

平头猪

平头猪体形比较小,但身体强壮,后肢只有3趾。它们的獠牙向下弯曲。平头猪的适应性相当强,性情则比较凶猛,巨大弯曲的獠牙是其强有力的攻击性武器,此外,在它们的身上可能还有臭腺可用于驱敌。它们属于杂食性动物,主要以各种植物为食,也吃小动物以及动物尸体等,经常利用其锋利、巨大的獠牙挖掘泥土中的根茎、块菌之类。

3.其他同类的现生动物

疣猪

疣猪分布于非洲的大部分地区的草原地带。它的体长为90~100厘米,尾长45厘米,体重45~105千克。体毛主要为灰色。从头顶沿脊背到臀部有一道长的鬃毛。雄兽的面颊上有疣状物。尾端有一撮长毛。

疣猪的雄兽和雌兽均有向上弯曲的长獠牙。雄兽向上翘起的长牙弯曲成弧形,上下牙齿不能合拢,比野猪的獠牙大,但不如野猪的锋利;疣猪雌兽的乳房数也同野猪不同。

疣猪的四肢长,跑起来速度快。它也擅长游泳,经常待在水里,皮肤很厚,身上的毛很稀疏。昼行性。结小群活动。善于行走和奔跑。喜欢泥土浴。嗅觉、听觉灵敏,视觉较差。以植物的根、茎、浆果和嫩树皮等为食。鬣狗和豹对雄疣猪也不敢轻易袭击,疣猪遇上单只的豹,也敢于猛冲直撞,拼死搏斗;但如果碰到豹合群围攻,那就难以逃脱了。

疣猪自己不筑洞穴,常常潜进土豚穴中,将洞加宽,占为己有,作为雨天的住宿处或母疣猪的"产房"。疣猪雌兽的怀孕期为171~175天。每胎仅产2~4仔。

野猪

野猪是一种普通的,但又使人捉摸不透的动物。它们的体长90~180厘米,尾长20~30厘米,体重50~200千克。体形与家猪十分相似,但头部明显狭长。吻部长而突出,鼻盘显著,耳朵较小,四肢较短。体毛硬直,几乎没有绒毛,大部分毛尖分叉,鬃毛较为明显,从头顶开始,沿颈背直至背脊中段,或达到臀部一带,全部垂直向上。但体侧下部、腹部的被毛则比较稀疏。尾巴比较细,长度适中,披毛稀少,尾尖处呈扁平状。

野猪

野猪的毛色变化很大,深者酷似黑色,其中染有一些锈褐色或灰白色。色型较淡者为灰褐色,沾有少许锈色色调,若有白色,则常出现于颈背、体背附近。四肢一般呈较深的黑色或灰黑色。在嘴角的后面一般常有淡灰色的条纹,毛尖显黑色。

野猪身上的鬃毛具有像毛衣那样的保暖性,但到了夏天就把一部分鬃毛脱掉,这时看起来就像穿了一件破旧的衣服。

雄性野猪的上犬齿特别发达而成为獠牙,下犬齿小呈侧扁三角形,偏向后弯,但雌性的上、下犬齿而不成獠牙状。

野猪的分布范围很大,主要栖息于亚洲、欧洲和非洲北部的大部分地区。栖息于森林、灌丛和草地等环境中。它们全天活动,但白天通常较少走动,觅食多在黎明及黄昏以后,大多集群活动。

4.本类群的小故事

为什么家猪喜欢拱泥土和墙壁?

家猪喜欢拱泥土和墙壁,这是因为它们的祖先在野生时代里是没有人来喂养它们的,只有依靠自己去寻找所需的食物,特别是要吃到生长在地下的植物块根和块茎,于就在生理形态上形成了突出的鼻、嘴和坚强的鼻骨。它们使用这个特殊的鼻、嘴把土拱开,就比较容易吃到泥土里的食物,同时也吃了些泥土。由于泥土中有它们所需的磷、钙、铁、铜、钴等各种矿物质,所以家猪也保留了这个从野生时代遗留下来的习惯。

在饲养家猪时,为了防止家猪拱泥土和墙壁,在建筑猪棚时,应该选择坚硬的材料做墙壁和地坪,同时还要注意在饲料中充分供应适应家猪生理需要的矿物质。

野猪为什么用嘴拱地?

野猪的嘴是它的主要触觉器官,它的嘴和鼻子配合在一起是它身上的重要感官,十分坚韧有力。野猪是杂食动物,它用嘴在地上拱,是为了寻觅食物,把土里的植物根和昆虫等食物一起拱出来吃到肚子里。它们的鼻子还可以用来挖掘洞穴或推动40~50千克的重物,或当作武器。

野猪的皮为什么特别厚?

野猪的性情非常凶猛。有时,几只狼在一起也很难对付一头大野猪,尤其是那些身体外表看上去闪光发亮的野猪,就需要更十分小心,轻易不敢向它发动进攻,有时甚至躲开它。这是因为野猪的皮特别厚,又硬又亮,一般野兽的牙齿很难穿透。

野猪的皮为什么会那么厚呢? 原来,野猪特别爱在松树的树干上蹭来蹭去,为的是把身上生的虱子蹭掉;同时也是为了在身上粘上一层松脂,保护皮肤,防止被蚊虫叮咬,也可以避免在发情期的搏斗中受到重伤。由于野猪经常不断地在松树干上蹭,久而久之,浑身的皮肤就粘了厚厚的松脂,变得又光又亮,形成特别坚硬的保护层了。

为什么说野猪并不笨?

最近,动物行为学家发现,野猪的智力和勇敢更强于家猪。经过训练的野猪竟然能够在人们设立的木桩上稳步行走,简直与武士侠客走"梅花桩"相似!野猪还可以称得上是"浪漫的鉴赏家",具有识别颜色的能力。实验表明,在红、蓝、紫、黄、金、绿等6种色卡中,野猪最喜欢浪漫的紫色,其次是黄色。这些都属于豪华艳丽的色彩。但它不喜欢红色,如果遇到穿红背心的人,肯定会惹得它怒气冲冲。

角大而沉重的巨大角鹿

巨大角鹿的面部较长,身体高大而粗壮,雄鹿体长在2.5米左右,身高2米以上。它们巨大的鹿角重达45千克,鹿角的眉枝和主枝都扩展成扁平的扇状,向四周放射状伸出几个弯曲尖利的分枝,两角远端距离最远能达到4米。它们的头颈和肩部拥有非常发达的肌肉,可以支撑沉重的鹿角。

巨大角鹿主要分布在欧洲和亚洲北部,它们主要生活在开阔的林地或水草繁茂的湖畔,并不是草原动物,虽然它们的牙齿也适合吃草。

1.其他故事

巨大角鹿是因为生有巨角而灭绝的吗?

过去人们认为巨大角鹿的角太过笨重,影响它们的行动能力,每年更换的鹿角也是巨大的身体负担。但最近的研究表明,巨大角鹿的骨骼构造显示出它们有能力轻松地顶着它们的大角生活,因此巨大角鹿的灭绝并不是因为角太大,而是因为它们的幼仔出生时体形太大,因而雌性大角鹿繁殖和饲育幼仔都要消耗更多的能量。

2.类群特点

鹿科是偶蹄目中较大的一个类群,分布于除非洲和澳大利亚外的世界各地。体形大、中、小均有,最小的鹿类体重仅有10千克左右,最大的驼鹿体重可达400多千克。它们的共同特点是:具有完整的眶后条;有眶下腺,能分泌具有特殊香味的液体,涂抹在树干上以标记领地;蹄间、后足等处有臭腺;没有上门齿,有短小的白齿;胃具4室,反刍;没有胆囊;毛较短;前后肢各有2根中掌骨和中跖骨愈合,形成炮骨;足具4趾,第二和第五趾退化或仅有残迹;蹄发育良好,没有脚垫,直接触地;角的差别很大,有的没有角,有的只有雄兽有角,有的雄兽和雌兽均有角,通常每年脱落1次。角的形状和分权的数目也常常大不相同,所以常以此作为区分种类的一个主要依据。

3.其他同类的远古动物

双叉麋鹿

双叉麋鹿是生活在更新世中期的鹿科动物,身长约2.3米,肩高1米左右,虽然毛色长得很像现代的麋鹿,但实际上它们并非现代麋鹿的祖先,而只是麋鹿进化过程中的一个分支。

由于它的角是双叉形的,因而得名。双叉麋鹿的尾巴比一般的鹿科动物长,能达到40厘米以上,估计是用来驱赶蚊虫的。

双叉麋鹿喜欢生活在沼泽附近,因为这里有足够的水和丰富的植物可以食用。它们成群行动,每个群体大约由30名成员组成,首领通常都是雄性。首领负责鹿群的饮食起居,如果遇到干旱,还要负责带领鹿群向有水的地方迁徙。它们十分恋"家",如果干旱过去,它们还要重新回到原来生活的地方。如果遇到敌人的追踪,双叉麋鹿有一个救命的办法,那就是融入其他体形庞大的植食性动物群中,比如古菱齿象群。

奇角鹿

奇角鹿喜欢在山地结小群生活,与现生的鹿科动物没有太近的亲缘关系。它们的脸比较狭长,有助于迅速发现敌害。它们的齿冠较高,能研磨较硬的植物,说明它们已经是真正的食草动物。不过,其前足还保留4趾而不是2趾,雄性还长着大的犬齿,都是比较原始的特征。

由于骨质鼻角内含有神经和血管,脆弱易断,不像实心的牛羊角、鹿角和犀牛角那么结实,很难作为防御敌害的武器,更可能是同类间求偶炫耀的工具。

4.其他同类的现生动物

梅花鹿

梅花鹿是亚洲东部的特产种类,分布于我国以及俄罗斯东部、日本和朝鲜等地。它是一种中型的鹿类,体长 125~145 厘米,尾长 12~13 厘米,体重 70~100 千克。它的体形匀称,体态优美,夏季体毛为栗红色,无茸毛,在背脊两旁和体侧下缘镶嵌着许多排列有序的白色斑点,状似梅花,在阳光下还会发出绚丽的光泽,因而得名。颈部和耳背呈灰棕色,一条黑色的背中线从耳尖贯穿到尾的基部,腹部为白色,臀部有白色斑块,其周围有黑色毛圈。头部略圆,颜面部较长,鼻端裸露,眼大而圆,眶下腺呈裂缝状,泪窝明显,耳长且直立。颈部长。四肢细长,主蹄狭而尖,侧蹄小。尾较短,背面呈黑色,腹面为白色。雌兽无角,雄兽的头上具有一对雄伟的实角,角上共有 4 个杈,眉杈和主干成一个钝角,在近基部向前伸出,次杈和眉杈距离较大,位置较高,故人们往往以为它没有次杈,主干在其末端再次分成两个小枝。主干一般向两侧弯曲,略呈半弧形,眉叉向前上方横抱,角尖稍向内弯曲,非常锐利,是其生存斗争的有力武器。

驼鹿

为什么说驼鹿是世界上体形最大的鹿?

驼鹿俗称"堪达罕"或"犴",在国外分布于欧亚大陆的北部和北美洲的北部,我国大兴安岭、小兴安岭北部、完达山,以及新疆阿尔泰山一带是其分布区的南缘。它是世界上体形最大的鹿,高大的身躯很像骆驼,四条长腿也与骆驼相似,肩部特别高耸,则又像骆驼背部的驼峰,因此得名。一般体长为 200~260 厘米,肩高 154~177 厘米,体重 450~500 千克,但产于北美洲的体长都接近 300 厘米,体重可达 650 千克,最高纪录为 1000 千克左右,堪称鹿类中的庞然大物。全身的毛色都是棕褐色,夏季毛的颜色比冬季深得多。头部很大,眼睛较小,脸部特别长,颈部却很短,鼻子肥大并且有些下垂,上嘴唇膨大而延长,比下嘴唇长 5~6 厘米。另外它没有上犬齿,这一点与其他鹿科动物不同。雄兽和雌兽的喉部下面都生有一个肉柱,上面长着很多下垂的毛,称为颌囊,但雄兽的更为发达。躯体短而粗,看上去与 4 条细长的腿不成比例。它的尾巴也很短,只有 7~10 厘米。仅雄兽的头上有角,也是鹿类中最大的,而且角的形状特殊,与其他鹿类不同,不是枝杈形,而是呈扁平的铲子状,角面粗糙,从角基向左右两侧各伸出一小段后分出眉枝和主干,呈水平方向伸展,中间宽阔,很像仙人掌,在前方的 1/3 处生出许多尖杈,最多可达 30~40 个。每个角的长度超过 100 厘米,最长的可达 180 厘米,宽度为 40 厘米左右,两只角横伸的幅度为 230~160 厘米,重量可达 30~40 千克。

驼鹿是典型的亚寒带针叶林动物,主要栖息于原始针叶林和针阔混交林中,多在林中平坦低洼地带、林中沼泽地活动,从不远离森林,但也随着季节的不同而有所变化。

白唇鹿

白唇鹿也是大型鹿类，与马鹿的体形相似，但比马鹿略小，体长为100~210厘米，肩高120~130厘米，尾巴是大型鹿类中最短的，仅有10~15厘米，体重130~200千克。头部略呈等腰三角形，额部宽平，耳朵长而尖，眶下腺大而深，十分显著，可能与相互间的联系有关。最为主要的特征是，有一个纯白色的下唇，因白色延续到喉上部和吻的两侧，所以得名，而且还有白鼻鹿、白吻鹿等俗称。它的颈部也很长，臀部有淡黄色的斑块，但没有黑色的背线和白斑。冬季的体毛为暗褐色，带有淡栗色的小斑点，所以又有"红鹿"之称；夏毛颜色较深，呈黄褐色，腹部为浅黄色，所以也被叫作"黄鹿"。体毛较长而粗硬，具有中空的髓心，保暖性能好，能够抵抗风雪。雄兽肩部和前背部的硬毛还常逆生，形成"皱领"的模样。雄兽的蹄子大而宽，较为短圆，雌兽的蹄子则较尖而窄。只有雄兽头上长有淡黄色的角，角干的下基部呈圆形外，其余均呈扁圆状，特别是在角的分杈处更显得宽而扁，所以又有扁角鹿之称。眉杈与主干呈直角，起点近于主干的基部。主干略微向后弯曲，第二杈与眉杈的距离大，第三杈最长，主干在第三杈上分成2个小枝，从角基至角尖最长可达130~140厘米，两角之间的距离最宽的超过100厘米，分杈有8~9个，各枝几乎排列在同一个平面上，呈车轴状。

白唇鹿是我国的珍贵特产动物，分布于西南、西北地区，在产地被视为"神鹿"。它也是一种古老的物种，早在更新世晚期的地层中，就已经发现了它的化石。它曾经广泛地分布于喜马拉雅山的中部一带，由于古地理的影响，第三纪后期、第四纪初期的喜马拉雅造山运动使得以我国青藏高原为中心的地面剧烈上升，高原隆起，森林消失，所以白唇鹿的分布范围也向东退缩。

白唇鹿生活在海拔3500~5000米之间的高山草甸、灌丛和森林地带，是栖息海拔最高的鹿类。

5.本类群的小故事

冬季梅花鹿的身体上为什么没有"梅花"？

哺乳动物的毛不是终生不变的，大多数哺乳动物在春季和秋季两次换毛，有些则仅有一次换毛。春季末期，我们在动物园游玩，就会见到有些动物身上的毛一片片的，好像给人剪过而还未掉下来，这也说明它在脱换冬毛的过程当中。

一般的哺乳动物，在自然界长期生活中，毛色产生了与周围环境相适应的现象。夏天，由于自然景色色调浓深，所以动物的毛色在夏天时是比较深的（栖居于景色单纯的沙漠地带的动物则不甚显著）。冬天，自然景色较单调而浅淡，这时候的动物，毛色一般较为淡些。更由于冬天寒冷、夏天炎热，因此冬天的毛被比较密厚，夏天毛被则薄而稀。

梅花鹿毛色随季节的改变而改变，一年需要换毛两次。当从冬毛换成夏毛时，在身体上有一部分毛的白色素多，因此成了白色的毛，而且整个身体的毛被较薄，由这些白色毛构成的斑便特别明显，所以我们就能清楚地看到它身上的梅花斑。冬天时，从夏毛换成冬毛，一方面白色毛减少了，另一方面整个毛被呈烟褐色，底色浅，与枯茅草的颜色差不多，毛也换成又长又厚密，所以梅花斑在冬天时便很不显著，不容易看得出来。

鹿茸是怎样成长的？

梅花鹿雄兽的旧角大约在每年4月中旬脱落，再生长出新角。新角质地松脆，还没有骨化，外面蒙着一层棕黄色的天鹅绒状的皮，皮里密布着血管，这就是驰名中外的鹿茸。这时若不采茸，继续长到8月以后，鹿茸就逐渐骨质化了，外面的茸皮逐渐脱落，整个鹿角变得又硬又光滑，一直到翌年春天，鹿角再次自动脱落，重新长出鹿茸。

在鹿茸生长发育过程所处的不同阶段，其外部形态也随着发生变化。人们给各个生长阶段都起了一些形象的俗名。野生的梅花鹿未经锯茸而脱掉骨质角称为脱掉"干杈子"或者脱掉"清枝"，饲养梅花鹿经过锯茸而脱下残留的骨质角称为"脱花盘"或"脱盘"。花盘脱落以后角基上有凝固的血迹，这种状态称为"老虎眼"。以后茸芽组织由四周皮部向内生长，与中间的血痂融合在一起形成微凹的碗状，称为"灯碗子"。此后，角基上面由茸的分生组织形成的茸芽迅速生长，呈粉红色，初期时称为"拔桩"，生长至1.5~2厘米时称为"磨脐子"，再经过10天左右，又向上生长3~4厘米时称为"茄包"。被叫作"大挺"的鹿茸主干分生眉枝时，形状很像马鞍，称为"小鞍子"；当主干生长到比眉枝高出时称为"大鞍子"；再继续向上生长到一定高度又称为"小二杠"；当主干比眉枝高出6~7厘米时，其外表的形状恰似黄瓜，所以又称为"瓜角"。主干生出第2侧枝的初期称为"小嘴三杈"，生出第2侧枝的中期称为"大嘴三杈"，到分生第3侧枝前在形态上表现出主干、眉枝和第2侧枝，共有3个杈，所以称为"三杈"。到第3侧枝分生之后则称为"四杈"。一般认为它可以最多生长到4~5个杈，但也有"花不到五"的说法。骨质化的稚角则称为"毛杠"，蜕皮后的三杈或四杈清枝称为"清三杈"或"清四杈"。

"长颈鹿的祖先"萨摩麟

萨摩麟的脸很长,眼睛的位置很高,口鼻部也很长,嘴呈圆形,但颈部和四肢都比较长。在它们的眼眶上方都有一对角,角尖比较锐利,外面可能还覆盖着一层皮肤。雄性的角比较发达,雌性的角则很小或缺失。它们的牙齿是次高冠齿,上面的珐琅质具有很粗的褶皱。

萨摩麒分布于亚洲、欧洲和非洲,由于最早是在希腊的萨摩斯地区发现的,因而得名。萨摩麟的栖息范围比较大,不仅出没在林地里,还在草原和森林交界处的疏林草原上生活。它们的牙齿比较耐磨损,咀嚼能力也较强,主要吃树冠下层的叶子和地面的灌木、嫩草。由于眼睛的位置比较高,所以在进食时仍能观察到四周的情况。它们虽然体形高大,但却没有防身的武器,头上的角也比较脆弱,不能与天敌搏斗。但它们行动比较灵活,能以较快的速度甩掉猛兽的追捕。

1.类群特点

长颈鹿是偶蹄目动物中最独特的一类,如今只在非洲生活着两种,一种是我们所熟悉的长颈鹿,另一种是刚果东部热带雨林中的霍加狓。萨摩麟是现代两种长颈鹿的祖先,属于长颈鹿的脖子由短向长进化过程中的过渡类型。然而根据古生物学家的研究,长颈鹿的四肢和脖子虽然确实是在自然选择中一步步变长,但现代长颈鹿并不是由萨摩麟变来的,后者只是长颈鹿家族的一个旁支,是一类逐渐适应吃草的古长颈鹿。

西瓦兽

2.其他同类的远古动物

西瓦兽

西瓦兽是长颈鹿类进化过程中的一个旁支,最早出现在早上新世或中新世。这是一类向笨重体态发展的长颈鹿,不过,西瓦兽的样子与现生长颈鹿或萨摩麟等史前长颈鹿类都有很大差异。西瓦兽不仅在头顶有2只扁平的大角,眼眶上方还各有一只圆锥形小角。它们的颈部相对较短,身材壮硕,四肢特别粗壮有力,蹄子很大。西瓦兽雄兽头上巨大的角可用来相互格斗,而眼眶上的小角或许就是在大角相互顶挤时保护眼睛的。

府谷山西兽

发现于山西中新世地层,是一类史前的古长颈鹿,其颈部和四肢并没有现在的长颈鹿长,而体型更类似于现在非洲的霍加狓。它们是萨摩兽的近亲,一些学者更认为山西兽是萨摩兽的异名。

3.其他同类的现生动物

长颈鹿

长颈鹿体长380~470厘米,尾长70~80厘米,体重550~1800千克。躯干较短,从肩部到臀部向下倾斜。颈背有鬃毛。尾长,末端有一束长毛。头顶生有一对短角,角的表面有皮肤包被,外具茸毛。全身被毛疏短,底色浅棕,布满形状大小不同的黑褐色花斑网纹。

分布于非洲大部分地区。栖息于草原、疏林地区或森林边缘地区,从不进入密林。结群活动。嗅觉和听觉敏锐。善于奔跑。以乔灌木嫩枝、叶为食,尤其爱食刺槐树顶上的嫩叶。

雌性长颈鹿的怀孕期大约为15个月。而长颈鹿幼仔的出世,真可谓是"砰"的一声堕地。因为雌性长颈鹿在分娩时,身体是站立着的,因此它的幼仔是在离地较高的地方落到地下的。长颈鹿幼仔刚生下时体重已达50多千克。它的腹部虽然还拖着一条长长的脐带,但站立起来却已有1.8米高了。大约过半个小时后,幼仔就能在母亲周围走动,一个星期后就开始学习吃植物的嫩枝嫩叶,但四个月以后有时还要吃母亲的奶。

霍加狓

霍加狓分布于非洲扎伊尔东部一带的热带雨林中。它的体长为200厘米,尾长42~45厘米,肩高150~160厘米,体重200千克。颈长。四肢细长。雄兽头上有由皮肤包裹的有毛短角。

霍加狓的长相十分奇特。它外貌稍似羚羊,躯体有点像马,头形却如长颈鹿,顶部的角很短,而且也有一层薄的毛皮包覆。霍加狓的身体短而结实,背脊像长颈鹿那样倾斜,颈比长颈鹿短得多。它耳朵宽阔,颈部长着短短的鬣毛,膝和腿上具有斑马一样的横条纹,十分奇特。难怪人们在初次发现时,竟误认为这是羚羊与斑马的杂交种;后来才根据它的颈部比一般动物长,而角却很短的特征,确定它和长颈鹿是近亲。

一般哺乳动物各部分的体色基本匀称和相似,而霍加狓却不然。它的身上呈紫褐色或暗栗色,颈部色泽稍淡,头部侧面淡灰或灰白色,四肢下半段白色,上半段则呈紫褐色并杂有白色条纹,前肢前面有紫色纵条纹,像这样的体色,在哺乳动物中是十分罕见的。

霍加狓的听觉敏锐,性情孤僻,胆子很小,行动非常"小心谨慎",白天隐匿在密林深处休息,一早一晚才出来觅食活动,以苜蓿和金合欢属植物等叶子为食。它的舌头很长,能自由伸缩,加上颈部又较长,在采食时就相当灵活和方便了。在大多数情况下,霍加狓是单独活动的,偶尔也成对在一起。没有固定的繁殖季节,怀孕期为 440 天。一般在 8~10 月生产。每胎只产 1 仔,体色与雌兽相似,只是颜色稍深一些。

霍加狓平时匿居于密林深处,野外数量极少,又非常害羞,远避人烟,因而很难见到。直到 1890 年,这种珍兽才被人们发现,10 年以后被科学家所证实。这种十分罕见的动物,不仅在野外难以见到,在世界著名动物园内也很少露面。因此,它就显得格外稀奇了。

4.本类群的小故事

长颈鹿的颈部为什么特别长?

顾名思义,长颈鹿是颈特别长的鹿类动物。那么,长颈鹿的颈是怎样长得这么长的呢?

长颈鹿的祖先并不是长颈长腿的,是以后才逐渐进化发展起来的。至于它的进化发展过程,科学家有两种解释。一种用"用进废退"和"获得性遗传"的理论来说明。这种理论认为,长颈鹿的祖先世世代代生活在只有树木没有青草的环境里,它们为了生存下去,就要努力伸长脖颈,吃树木上的嫩枝嫩叶。这样经过许多世代以后,脖颈就慢慢地变长,最后终于变成了今天生存的长颈鹿。另一种用"自然选择"的理论来解释。这种理论认为长颈鹿的祖先并不是长颈长腿的,因为自然环境条件变化以后,草原和灌木大批枯萎甚至死亡,留下的仅是最高大的树林。在这样的环境下,一些短颈短腿的鹿类得不到食物而大量死去,另一些个子较高的鹿类能勉强吃到高处的枝叶就保存下来,并且传留下后代,通过长期的适应变异,终于形成了现代那样的长颈鹿。不管哪一种理论,都有共同的结论:长颈鹿的长颈,是由长期适应自然环境而逐渐形成的。

为什么说长颈鹿的长颈和长腿是它的"冷却塔"？

在热带非洲，气候酷热。而长颈鹿的长颈和长腿，却是一种极好的降温"冷却塔"。因为它们的表面积大，有利于热的散发，对动物的生存很有好处。

长颈鹿的角与其他动物的角有什么不同？

长颈鹿的角与其他一些有角动物不同。它的角表面终生被有带毛的皮肤，永不更换和脱落。一般人都认为长颈鹿只有一对角，其实它有三对角，最大的一对长在头顶，十分明显，小的一对长在耳后；最小的一对长在眼后。后两对角因很短小，犹似突起，往往不被人们所注意。雄的长颈鹿还生有第七只角，长在额的中央，也是鉴别它们雌雄的一个依据。

为什么长颈鹿的"高血压"不是病？

高血压对人类是一种威胁很大的疾病，而对长颈鹿来说，则不但不是疾病，而且十分必要，否则它就无法生存。

长颈鹿在高高竖起颈部时，它的头部要高出心脏位置大约 2.5 米，要使心脏的血液压到 2 米多高，这并非一件轻易地事情。它低头饮水时，头部又低于心脏位置 2 米多，血液下流脑部，它又怎能受得住呢？

一般来说，大动物心跳慢，小动物心跳快。而长颈鹿的心脏重量有 10 余千克，心壁厚达 7 厘米以上，十分强大有力。在静止时，它的心跳每分钟可达 100 次，比马快 2~3 倍，每分钟输出的血量可达 60 升，而马只有 20~30 升；心脏泵压可达 300 毫米水银柱，脑下部的颈动脉的血压保持 200 毫米水银柱，所以长颈鹿堪称世界上血压最高的动物了。因为它必须有这样高的血压，才可以将心脏的血液压输到 4~5 米高的头部。如果换上别的动物，这样高的血压早就昏倒了。

有人提出，长颈鹿这样高的血压，虽然使它解决了向头部供血的难题，但它的脑怎能经得住这么高的血压呢？原来长颈鹿的动脉和静脉的形态已经特化，颈动脉在脑的基部分散成许多小血管丛，形成一个复杂的网状海绵体；而颈静脉特别大，直径可达 2 厘米多，而且有一系列能够经受高血压的瓣膜。所以，当长颈鹿抬起头部时，颈静脉是瘪的，而颈动脉的血压在 200 毫米水银柱，高血压流冲到网伏海绵体即自行降压，使进入脑部的血压保持正常，不会损害脑。当长颈鹿的头部低下时，颈静脉的瓣膜关闭，使血液保存在宽大的颈静脉内，静脉血既不会回流到脑部，又减少流回心脏。此时，它的颈动脉血压降至 175 毫米水银柱,当血流涌入网状海绵体时,使许多小血管扩张而减压,这样脑部血压仍然维持正常。

所以,高血压对长颈鹿的长颈抬起和低下活动是一种适应,并不是病态。而它脑基部的颈动脉网状海绵体以及颈静脉的瓣膜,又是适应高血压的有效保证。

体形苗条的丽牛

丽牛体形较小,并且很瘦弱,四肢也比较细长,所以得名丽牛。雄性的头上长有一对细长、呈扁柱状的角,角不大但很直,只轻微弯曲。雌性的体形比雄性小,而且没有角。它们的牙齿为次高冠,只覆盖了很薄的一层白垩质。

丽牛分布于欧洲、中国和印度等地,主要栖息于草原地带,有时也在温和湿润的森林。它们营群居生活,奔跑的速度相当快。

1.类群特点

牛科动物的共同特点是体质强壮;有适合长跑的腿;脚上有 4 趾,但侧趾比鹿类更加退化,适于奔跑;门牙和犬齿都已经退化,但还保留着下门牙,而且下犬齿也门齿化了,3 对门齿向前倾斜呈铲子状,由于以比较坚硬的植物为食,前臼齿和臼齿为高冠,珐琅质有褶皱,齿冠磨蚀后表面形成复杂的齿纹,适于吃草;为了贮存草料、躲避敌害,它们的胃在进化中形成了 4 个室:即瘤胃、蜂巢胃、瓣胃和腺胃,还具有“反刍”的习性,使食物能够得到更好的消化和吸收。更重要的是它们的角与鹿类有极其明显的区别。通常情况下,1 岁以后的雄兽和雌兽的头骨上都长有一对粗大的角,角的形状在各种之间有所不同,但都是额骨的突起衍生出来形成的对称骨枝。外边包着一层角质套,角质套可以脱下,角内部是空心的,所以又叫“洞角”,牛科动物也因之被称作“洞角”动物。角不分杈,外面还有一层坚硬的角套,角套为空心,套在骨质的角心上,并且随着角心的生长而扩大,所以也把它们叫作“洞角类”。与鹿类具有的实角不同,牛科动物的角上没有神经和血管,洞角被去掉后,不能再生长。除了北美洲的叉角羚羊的角是分杈的,而且每年换角套外,一般牛类的洞角长到一定程度便停止生长,而且不更换角套。

牛科动物起源于中新世,是由原古鹿类分化的一支混杂而进步的支系,在上新世和更新世,向着很多复杂的适应辐射方向发展,欧亚大陆是它们早期发展的区域,以我国为中心的亚洲中部和东部地区是早期偶蹄类辐射的中心地区,很多牛科动物的化石在我国的上新世和更新世的地层中被发现,包括原始牛、水牛、野牛。

2.其他同类的远古动物

王氏水牛

王氏水牛的化石最早于 20 世纪 30 年代在我国发现的。它们主要分布于晚更新世内蒙古的萨拉乌苏、满洲里和黑龙江哈尔滨、肇源等地温暖潮湿的疏林草原环境中。王氏水牛身躯庞大,体长为 3 米左右,肩高可达 1.8 米。它们的头角短粗并指向后上方,从角基到角尖逐渐变细,颊齿也是高齿冠的。

3.其他同类的现生动物

印度野牛

印度野牛也叫野牛、野黄牛、白肢野牛等,以体躯巨大而著称,是现生牛类中体形最大的一种。印度野牛生活于我国云南以及亚洲南部和东南部一带。雄兽体长为 250~330 厘米,尾长 70~105 厘米,肩高 190~220 厘米,体重 1500~2000 千克,雌兽比雄兽小 1/3 到 1/4。它的头部和耳朵都很大,眼睛内的瞳孔为褐色,但透过反光,常呈现出蓝绿色。鼻子和嘴唇都呈灰白色。额顶突出隆起,肩部隆起然后向后延伸至背脊的中部,再逐渐下降。四肢粗而短。尾巴很长,末端有一束长毛。雄兽和雌兽均有角,但雌兽的角较小。雄兽的双角非常雄伟,弯度相当大,由额骨高起的棱上长出,先垂直上升,再向外弯,复又向上,最后角尖又向内并略向后弯转,长度可达 60~75 厘米,基部圆周约 45 厘米,两角之间的宽度达 90 余厘米。角的颜色主要是淡绿色,只有角尖为黑色,靠基部的 1/4 较为粗糙,以上的大约 3/4 部分则很光滑。体毛短而厚,而且很亮,毛色随着年龄和性别的不同而有差异,颜色最深的是成年雄兽,近于黑色,雌兽呈乌褐色,幼仔和亚成兽则是淡褐色或赤褐色。但无论雄兽、雌兽或是幼仔,四肢的下半截都是白色的,就像是穿了白色的长筒袜,所以被叫作白肢野牛,在产地更是被形象地称为"白袜子"。

印度野牛主要栖息在热带、亚热带的山地森林和草原中,通常都是坡度较陡、林木葱郁、环境清幽、食物丰富、远离人类,但却离水源不甚远的地方,最高可达海拔 2000 米左右,并且有垂直迁移的习性,夏季多在海拔较高的山上,冬季则逐渐下降,活动范围较广,过着游荡的生活,没有固定的住所。

野牦牛

野牦牛是我国青藏高原一带的特产动物,体形大而粗重,但比印度野牛略小,体长为200~260厘米,尾长约80~100厘米,肩高160~180厘米,体重500~1000千克。它的体毛为暗褐黑色,特别长而丰厚,尤其是颈部、胸部和腹部的毛,几乎下垂到地面,形成一个围帘,如同悬挂在身上的蓑衣一般,可以遮风挡雨,更适于爬冰卧雪;尾巴上的毛上下都很长,宛如扫帚一般,显得蓬松肥大,下垂到踵部,在牛类中十分特殊;有14对肋骨,较其他牛类多一对;额下没有肉垂,肩部中央有凸起的隆肉,四肢短矮,腹部宽大;头上的角为圆锥形,表面光滑,先向头的两侧伸出,然后向上、向后弯曲,角尖略向后弯曲,如同月牙一般。角的长度通常为40~50厘米,最长的角将近1米,两角之间的距离较宽。

野牦牛栖息于海拔3000~4000米的高山草甸地带,夏季甚至可以到海拔5000~6000米的地方,山高岭峻,十分荒凉,空气稀薄,植被贫乏,而且时常风雨交加。但野牦牛具有耐苦、耐寒、耐饥、耐渴的本领,对高山草原环境条件有很强的适应性,所以很多野生有蹄类和家畜难以利用和到达的灌木林地、高山草场,它却能登临受用。

野牦牛的四肢强壮,蹄大而圆,但蹄甲小而尖,似羊蹄,特别强硬,稳健有力,蹄侧及前面有坚实而突出的边缘围绕;足掌上有柔软的角质,这种蹄可以减缓其身体向下滑动的速度和冲力,使它在陡峻的高山上行走自如。野牦牛的胸部发育良好,气管粗短,软骨环间的距离大,与狗的气管相类似,能够适应频速呼吸,因此可以适应海拔高、气压低、含氧量少的高山草甸大气条件。

4.本类群的小故事

家牛是怎样驯化的?

现在世界上大约饲养着11亿只家牛,大约500个品种,依照其用途分为乳用种、肉用种、肉乳兼用种和肉用与劳役兼用种等。一般认为欧洲系的家牛是在大约7000年以前由生活于欧洲及非洲北部的原牛经过人工饲养、培育而成的,原牛体形雄伟,颈部有小的肉垂,头顶有饰毛,从前的数量很多,后来随着森林被大量采伐而逐渐减少,并于1627年绝灭。亚洲系的家牛的祖先可能是生活于印度的瘤牛,这两个家牛系是否同种尚不清楚,但家牛都是它们的后代,以及它们的杂交品种,共同特点是角的横断面都呈圆形,背部低平,有13对肋骨等。

为何说家牛最早并不是用来耕田的？

家牛最早并不是用来耕田的，而是用来拉车、运粮草，为战争服务的。家牛用于战争，在历史上多有记载，有很多著名的故事。

后来家牛被用来代步。历史上就有老子骑青牛过函谷关的传说。三国时代制造的"木牛""流马"，是两种不同的独轮小车子，是当年诸葛亮用来解决山区运送粮草的工具。木牛是会运输而又不吃草的"牛"。古时候，我国的牛车是很普遍的，好处是力大能负重，可是它脚力却不如驴、马，最后被替代了。

大约在 2000 年前，人们才开始用牛耕田。

牛吃完草后，嘴为啥还不停地咀嚼？

正在休息或卧在地上的家牛的嘴总是不停地咀嚼着，好像在吃一种不容易嚼碎的东西。这究竟是怎么回事呢？

原来家牛的胃与众不同，一般动物的胃只有一个室，而它们却有四个室，就是瘤胃（第一室）、蜂巢胃（第二室）、重瓣胃（第三室）和皱胃（第四室）。其中前 3 个室是食道的变形，没有胃腺上皮，腺胃才是真正有腺体的胃。

瘤胃是四个室中最大的一个，占整个胃容量的 80%，其他三个加起来也不到它的一半。瘤胃前面与食管相连，前下方又与第二室相通，因为第二室的内面全是六角形的小方格子，很像蜂窝的形状，叫作蜂巢胃。蜂巢胃与椭圆形的重瓣胃相通。重瓣胃内有很多大大小小的褶皱，它的一端又与梨形的皱胃相连。皱胃上有分泌消化液的腺体。

家牛吃草时，伴随着唾液仅简单咀嚼后就成团地吞下，食物就暂时储在瘤胃内。瘤胃内没有消化腺，在瘤胃中共生的大量的纤毛虫和细菌、真菌的作用下，食物中的纤维素和其他糖类开始发酵分解，并同时产生大量的沼气。经过初步分解后的食物碎片进入蜂巢胃，未完全分解的食物在胃中被水分和唾液浸软，再经胃内微生物和原生动物初步消化后，又返回到口中细嚼，重新嚼过的食物经过被吞下，继续发酵。在这个过程中，蜂巢胃和瓣胃主要起到了食物转运站的作用，同时也吸收了大量的水分和酸。当细碎的食物进入蜂巢胃后，再进入重瓣胃，最后在皱胃里进行充分的消化，整个消化过程需要进行几十个小时以上。家牛在休息时不停地嚼着东西，就是储存在瘤胃内的草不断地返回到口中重新咀嚼。这种把吃下去的食物重新返回咀嚼的动物，叫作反刍动物。除了牛类、羊类外，骆驼和鹿类也是反刍动物，不过骆驼的胃只有 3 个室。

反刍是这些食草动物的一种生物学适应。它们能在旷野里很快地吃饱,将食物储于瘤胃中,然后回到隐蔽的地方,将吞下去的食物再返回口中充分地咀嚼。这些适应结构,使它们的祖先在新生代后期的食肉类动物发展起来以后,在生存斗争中仍然能够得到很好的生存和发展,从而在自然界中取得了优势地位。

头顶大角的和政羊

和政羊因在我国甘肃省和政县首次发现而得名。它的身体纤细,四肢修长。它们的头骨上有一对弯弯的大角。

和政羊主要分布于我国甘肃的和政、广河、东乡等地。栖息于河道曲折、布满大小湖泊的盆地中,岸边有大片的灌木丛,水中有丰富的水草和青苔。它是群居性动物,由雄兽担任首领。以植物性食物为食。善于奔跑,可以逃避敌害。头上的大角也是用来防御的武器。

1.类群特点

野生的羊包括绵羊类(或称为盘羊类)、山羊类、半羊类、羊羚类、羊牛类和高鼻羚羊类,通称为羊类。

野生羊类的共同特点是体质强壮,有适合长跑的腿。它们的脚上都有 4 个趾,属于偶蹄类动物。羊类的侧趾比鹿类更加退化,适于奔跑。

羊类最明显的特征就是头上都长着形状各异的角,它们的角与牛类、羚羊类相似。

羊类都是以草类和其他植物为食,因此它们也具有与此相适应的牙齿的结构。

羊类都是反刍动物,具有复杂的消化系统。不仅能使食物得到更好的消化和吸收,而且可以避免因长时间取食而遭到天敌的袭击,因此它们的祖先在新生代后期的食肉类动物发展起来以后,在生存斗争中仍然能够得到很好的生存和发展,并且在自然界中取得了优势地位。

和政羊的化石最早于 1998 年被发现的,它属于早期的麝牛类动物,但不一定是现生麝牛的祖先。

2.其他同类的现生动物

扭角羚

扭角羚又叫羚牛，是生活在我国西北、西南地区和不丹和缅甸北部等地亚高山森林中的一种大型食草动物。它的体毛厚而长，具有光泽，随分布地区的不同，从北向南呈白色或淡金黄色、灰褐色、棕褐色和黑褐色。体形如牛，粗壮敦实，体长 1.8~2.1 米，体重为 230~275 千克。肩高 1.3~1.4 米，明显高于臀部。尾短，长度仅有 18~22 厘米，但毛很多。四肢粗壮有力，蹄子也较宽大。头大颈粗，眼大而圆，吻部宽厚，与鼻尖均裸露，呈漆黑色，隆起较高，鼻孔位于侧上方，呈扁圆形，鼻腔较大。上唇具有稀疏的短毛，颌下和颈下则长着长度为 20~25 厘米的胡须状长垂毛。最奇特的是，雄性和雌性的头上都有粗大的角，基部至 2/3 处具宽厚的横棱，角尖光滑，从顶骨后边先弯向两侧，然后向后上方扭转，曲如弯弓，角尖向内，因此得名"扭角羚"。

扭角羚沿秦岭、邛崃山、凉山、高黎贡山和喜马拉雅山等山系分布，共分化为 4 个亚种，毛色均有差异，其中川西亚种和秦岭亚种是我国的特产。秦岭亚种分布于陕西南部和甘肃南部，因为青壮年毛色纯白，老年毛色金黄，分别称为"白羊"及"金毛扭角羚"，此外还有一些灰色型、黑色型和黑色、黑褐色、黄色混杂的杂色型；川西亚种体色为灰棕色，分布于四川西部和西北部；不丹亚种体色主要为黑色，分布于西藏南部；指名亚种体色主要为浅茶黄色至褐黑色，分布于西藏东南部、云南西部和四川西南部。

扭角羚主要栖息在海拔高度为 2000~4000 米之间的针叶林和高山草甸带，当冬季食物缺乏时，则向低山地带迁移。

麝牛

麝牛躯体敦实。体长 180~250 厘米，尾长 7~10 厘米，身高一般 125~136 厘米，体重 250~350 千克，最重可达 400 千克，雌性略小。吻、鼻部裸露，前额有簇毛。眼大而圆，瞳孔紫蓝色，唇和舌尖也是紫蓝色。两只小耳也被毛所遮。体毛长，绒毛丰满，为黯黑棕色，颈背至肩部有鬣毛，长逾 30 厘米，略有卷毛，下垂如披风。毛分成两层，长毛下面还有一层厚绒毛，叫毛丝，既坚韧，又柔软，可挡住寒冷和潮气，上层针毛可防雨、雪并耐磨。躯干背部是鞍形的浅色毛。年龄愈大，白色区愈明显。尾很短，隐在长毛下面。四肢短而强壮，蹄子宽大开阔，蹄下生有白色的毛，能踏冰雪而不滑。有趣的是，它的左、右蹄并不对称。雌、雄均有角，角基部扁厚，由正中均分，贴着头骨向外侧生长，两角先向下弯曲,而后又向上挑起。长度在 60 厘米左右,最长的纪录是 70.5 厘米,雌角短小得多。

麝牛产在阿拉斯加、加拿大北部和格陵兰、挪威等地北极苔原地区极端荒凉的不毛之地。

北山羊

北山羊又叫原羊、悬羊、野山羊等,分布于我国西北以及印度北部、阿富汗和蒙古等地。它的体长为 105~150 厘米,尾长 12~15 厘米,肩高 100 厘米左右,体重 40~60 千克,但最大的体重可达 120 千克。雌兽的体形较小,通常只有雄兽的 1/3。头顶凸起,额部平坦,眼睛大小中等,耳朵较短。雄兽的颏下长有长须,长度大约为 15 厘米,雌兽的须较短。四肢稍短,显得比较粗壮,蹄子狭窄。尾巴较长。毛色随季节不同而变化,夏季背部为棕黄色,体侧为浅棕色,腹面为白色,雄兽从头的枕部沿背脊一直到尾巴的基部,有一条黑色的纵纹。冬季毛长而色浅,呈黄色或白色。

北山羊的雄兽和雌兽的头上都有角,雄兽的角更是极为发达,与众不同,长度一般为 100 厘米左右,最高纪录为 147.3 厘米。角的形状为前宽后窄,横剖面近似三角形,粗度在 25~30 厘米之间,角的前面还有大而明显的横嵴,数目大约有 14~15 个,虽然并不盘旋,但弯度一般也达到半圈乃至 2/3 圈,却像两把弯刀,倒插长在羊头上,真是威风凛凛,别具一格。

北山羊栖息于海拔 3000~5000 米的高原裸岩和山腰碎石嶙峋的地带,冬天也不迁移到很低的地方,所以堪称栖居位置最高的哺乳动物之一。它非常善于攀登和跳跃,蹄子极为坚实,有弹性的跖关节和像钳子一样的脚趾,能够自如地在险峻的乱石之间纵情奔驰。

3.本类群的小故事

为什么说麝牛并不属于牛类?

麝牛又叫麝香牛,在外形上很像牛,角也似牛,同时,四肢没有臭腺和雌兽有 4 个乳头等方面都与牛类相似,但它的尾特别短,耳朵很小,眼睛前面具有臭腺,四肢也非常短,吻边除了鼻孔间的一小部分外,都被毛所覆盖,这些又与牛类不同。牛的角是从头顶侧面长出,而麝牛和其他羊类一样,是从头顶上长出。它的臼齿与山羊类似。麝牛学名的意思就是"羊牛",说明它是牛与羊之间的过渡类型动物。

麝牛怎样自卫?

麝牛是群居性动物,冬季集成 100 多只的大群,夏季则分散成小群活动,由一成年雄性和数只雌性以及它们的幼仔组成。早、晚活动,有一定活动区域。大部分时间在地上打盹,以减少能量消失。它们看上去粗笨,但行动起来却是令人意外地敏捷。它们腿短但跑得很快。麝牛有一种十分有趣的自卫方法,当它们遇到敌害时,成年个体便头朝外排成半圆形阵,将幼仔置于圈中,雄兽居中,由长着锋利长角的雄兽列阵以待,以角向敌,虽有一两头被击倒,也不四散逃命。在合群防守时,狼群虽然也会联合起来进攻,但是往往难以得逞,这却不失为有效的自卫方式。主要食物是草和树叶、树皮、苔藓、地衣等。

山羊的祖先是谁?

分布于我国西北地区的北山羊并不是家畜山羊的祖先。家畜山羊的野生祖先一般被认为是分布于亚洲中部和西部的野山羊。

野山羊比家畜山羊体形更大,体长 120~160 厘米,身高 70~100 厘米。雄兽的角呈半圆形,长达 150 厘米。角的前面有不规则的横棱。雄兽和雌兽都密生着黑色的颌须。背部有黑色的纵线。

野山羊分布于印度西部、巴基斯坦、土耳其、伊朗的山岳地带,再往西一直到希腊及地中海附近岛屿,北边到高加索和土库曼斯坦一线。其行动范围自海边至海拔 4000 米左右的高山地带。行动甚为敏捷,能爬到难于登攀的地方。通常由 40~50 只组成群体而共同生活,到了秋天的交配季节再分化成小的群体。雌兽在冬季的末期生产,每胎产 2~3 仔。

山羊和绵羊有哪些区别?

山羊与绵羊虽然都称为羊,却是两种不同的家畜。它们在外部形态、解剖构造、生理机能和上有不少相同之处,也有许多不同点。它们的血缘关系较远,细胞染色体的数目也不同,山羊有 30 对染色体,绵羊有 27 对染色体,这两种羊交配不具有繁殖能力。

绵羊体形较为丰满,身上有细软稠密的卷毛,富油汗。面部一般稍隆起。颌下没有胡须和肉垂。角呈螺旋形向两侧伸展。两角的基部距离宽,角的断面呈三角形或方形。虽然角的大小及形状有所不同,但角的弯曲形式却都和牛类相同,右角往左弯且向末端伸直,左角则恰好相反。山羊的体形轮廓清晰,棱角分明,毛粗直而刚硬,毛脂少。面部平直。颌下有胡须,部分颈下有肉垂。角与羚羊类相似,为弓形或镰刀状,向上向后呈倒

"八"字形，不像绵羊角那样程度的弯曲，而且弯曲的方向刚好与绵羊角相反。两角的基部距离较窄，角的断面呈扁三角形。山羊眼睛前面没有臭腺，趾间也没有臭腺，但在颌须部分却有臭腺，发出强烈的膻味，公山羊尤其强烈，而绵羊不具颌须，没有特别的臭味。绵羊的眼睛前面有眶下腺，四蹄有趾间腺，大腿内侧有鼠鼷腺，而山羊没有这几种腺体。绵羊的尾长而下垂，山羊的尾大都短而上翘。山羊脂肪沉积的能力比绵羊弱，山羊脂肪主要沉积在腹腔脏器周围，绵羊则主要沉积在尾部、皮下和肌肉层中。

山羊采食能力比绵羊强，它可以扒开地面积雪寻找草吃，还能扒食草根。在山羊与绵羊混群放牧时，山羊总是走在前面抢食，绵羊则慢慢地走在后面吃草。在青草季节，山羊喜食嫩树叶，绵羊喜食豆科、禾本科牧草；在枯草期，山羊以吃落叶为主，绵羊以吃杂草和落叶为主。

绵羊和山羊均具有较强的合群性，但绵羊比山羊更喜欢成群结队，常常是一只领头羊在前，一群羊在后面紧跟。山羊比绵羊的生活力、适应性更强，山羊具有耐热、耐寒、耐旱、耐湿的特性。山羊耐高温的能力比绵羊强，耐寒冷的能力却比绵羊弱。山羊耐口渴的能力也比绵羊强，即使处在半饥饿状态下仍能生长和繁殖。

绵羊属于沉静型，性情温驯，反应迟钝，懦弱胆小，行动缓慢，不善于攀登高山陡坡，喜欢在平缓地带采食低草。山羊属于活泼型，反应灵敏，行动敏捷，活泼好动，喜欢登高，一般绵羊不能攀登的陡坡和悬崖，山羊可以行动自如。当树叶离树干远时，它会把前腿抬起来，身子向上如同走路的猴子一样采食树叶和嫩枝条。小山羊常有前肢腾空、躯体直立、跳跃、嬉戏等动作。山羊易于领会人的意图，容易训练调教，所以有经验的牧羊人在绵羊、山羊混群放牧时，常选择山羊作为"头羊"带领羊群行进。

在通过角的冲撞建立在社群中的等级地位时，山羊先用后肢站立，直起身体，然后再向前用角接触对手，这一技巧显示了山羊对陡峭地形的良好适应。绵羊可以在5米或更远的距离内冲撞对手，它们或是四肢着地，或是只用后肢着地。

山羊大部分的攻击行为都包括公然的威胁和进攻，较弱的个体会逃避这种攻击。但是，绵羊则更多地以一系列动作测试对方的力量并进行示威。事实上，较弱的绵羊个体在受到威胁时，会用角和脸部摩擦占优势个体的同样部位，做出友好的姿势表示自己地位低。

在遭遇入侵攻击时，绵羊经常使用踢的动作，但山羊却没有。

第三章　低等动物

海绵动物

海绵的形状十分奇特,有的像瓶子,有的像号角,有的呈圆球形或椭圆形,不同类的海绵分别具有鲜艳的紫色、粉红色、橙色或蓝色。它们的身体结构十分简单,有一个或多个具有孔或洞的囊。只有一个孔,同时起着口和肛门的作用。身体的外部具有能分泌毒液的触手。

海绵动物大多生存在浅海、深海中,少数附着于河流、池沼的底部。在海岸边上可以看到成群的海绵。

海绵

大多数海绵具有骨架,而且它们的形状也各不相同。最大的海绵有 1 米高,直径约 90 厘米,像个大花瓶。最重的海绵像一个大球,里面可盛 100 升水,这些水的重量是干海绵的 30 倍。

海绵看上去很像植物。它们像植物一样固定在一处生长,但它们的确是动物。它们身上的孔帮助它们获取海水中的浮游生物。它们总是口朝下附着于海底。

海绵由许多没有分化的细胞组成,这些细胞已初步懂得了分工的好处。它们具有鞭毛,让水在体内流动,以获取食物。造骨细胞专门分泌制造各种形状的骨针,骨针聚合起来构成了海绵的骨架。

千姿百态的海葵

海葵是附在礁石和海岸边的防坡上，或住在浅水里的生物。潮退时，海葵看起来像一团团的糊状物。完全浸在海水里时，它们看起来就像花朵，因为海葵的身体呈瓶状，顶部周围有一些短小的触角，像花瓣一样。可是，它们并不是植物而是动物。海葵是食肉动物，以碰及其触手的小动物作为食物。触手上布满刺螫细胞，可使游过的小鱼小虾麻痹，然后用触手把这些鱼、虾拉进口里。海葵静静地躲在海底的沙地中享受着悠闲的岁月，它们从不挪动身体寻找食物。海洋中的食物真是太丰富了，它们只要伸伸触须，就可以捕捉到那些大意的家伙了。

尽管海葵的触须有毒，而且在捕食时十分有用，但是它们还是不可避免地成为一些动物的牺牲品。这些海生动物能分泌出某种化学物质来中和海葵触须的毒性，使它无法再蜇别的动物。

海星

海星是一种模样美丽、色彩鲜艳的海洋动物。海星没有头也没有脑，在它的身体下面有口腔。海星通常有5条手臂，每条手臂下面都覆盖着一些小小的充水吸盘叫管足。这些管足非常强而有力，海星就是靠它们来移动身体和捕食的。甲壳类动物是海星最爱的美食。可是海星虽然美丽，渔民们可不会因此而对它有任何的好感，因为它以牡蛎、文蛤、贻贝等软体动物为食，这直接损害了渔民的利益。以前渔民抓到海星之后，恨不得将它碎尸万段。一开始他们把海星切成很碎很碎的一小块一小块，然后把它们扔回大海，以为这样肯定会要了它的命。可是他们想错了。回到大海之后，海星的每一块碎片都能重新繁殖出新的海星，危害更加大了。不过后来人们发现了这个事实，就不再用这个方法对付海星了。

以前，由于科学不发达，渔民们认为海星有许多条命。其实，这是典型的动物再生现象。再生是某些动物的一种特殊本能，是动物和外界恶劣环境做斗争的一种手段。研究动物的再生能力，对探讨人的肢体再生途径有很大启发。

海胆

海胆形体一般呈球形或半球形，长着许多刺，排成放射状，向四面八方伸展，所以它又叫海刺猬。生活在中国沿海的海胆有 70 种。有些海胆卵有毒，如生活在大西洋群岛的喇叭毒刺海胆等。

抛肠逃命的海参

海参是生活在浅海海底的一类棘皮动物。圆筒形的身体上长满肉刺，形似黄瓜。它没有强有力的自卫武器，但有快速游泳的本领。它一头的嘴部围着一圈触手，用来吮吸收集食物微粒。海参遇到危险时，它就从肛门中射出长长的黏稠纤维。有时带毒，类似洗衣机的管子，把侵犯者包裹住。而当海参刚刚被吃掉时，它会迅速排出自己的内脏，经过几个星期的休养生息，这些内脏会再生出一个完整的新的动物体来。若把海参切成两段放回海中，几个月后，每段都能生成一个海参。这种抛出内脏诱惑敌人的自卫方式，在动物界可是独一无二了。海参种类很多，广布世界各大海洋中，中国出产的可供食用的就有 20 多种，其中刺参、梅花参为上品。

可以预测风暴的水母

水母是一种古老的生物，属于浮游生物，一般都是独居，非常分散，有时偶尔也成群结队。水母绝大部分时间都在游动，收缩、放松是水母游泳的规则动作。水母都以活的生物为食，是一种肉食性动物。猎物一旦接近水母的触手陷阱，触手的恐怖机关立即启动，触手皮肤上有刺丝囊的特殊刺细胞，囊内有毒液和细倒钩，触手的纤毛一探测到猎物就释放毒液，使猎物中毒。水母没有骨骼、外壳、保护甲，所以非常脆弱。

水母是海洋中一种像降落伞似的古老的腔肠动物。每当大海风平浪静时，水母就在近海处悠闲自得地升降、漂游；每当风暴来临之前，它们会纷纷离开海岸，游向大海深处，从来都不会判断错误。水母为什么能预知风暴的来临呢？科学家经过多年的观察与研究,发现水母有一套构造特殊的听觉器官。当海上风暴来到之前,空气与海浪相摩擦,会产生出一种人身体感觉不到的振动频率为 8~13 赫兹的次声波。次声波传播的速度比风暴快得多,它冲击着水母的听石,听石又刺激神经感受器,水母就能预感到即将来临的风暴了。科学家模仿水母的感受器,设计了风暴预报仪,一般可以提前十几个小时做出风暴预报,从而大大保证了海上航行的安全。

珊瑚

在温暖清澈的海水中,常有珊瑚岩石,珊瑚的外观如同植物,但实际上它们却是地地道道的动物,与海葵同属腔肠动物中的花虫类。其枝上的"花"便是由无数的珊瑚虫聚集而成的。珊瑚虫是一种水螅状的腔肠动物。它们利用触手捕食浮游生物,每个珊瑚虫栖居在一个杯状的珊瑚骨骼中。一些珊瑚虫死后,另外的珊瑚虫在老的珊瑚骨骼顶上营造新杯。因此,珊瑚不断增大增高。

大海中的珊瑚,五颜六色,变化万千。它们有的像松树,有的像花朵,看上去真像千姿百态的植物。形成的珊瑚礁是五光十色的小虾、海葵、海星、海蛞蝓和海环虫的家园。珊瑚礁间还有色彩斑斓的刺尾鱼、雀鲷等鱼类。各种动物在珊瑚礁间产下大量的卵和后代,其中许多被生活在珊瑚礁的其他动物吞食。珊瑚虫同样常遭吞食,蝴蝶鱼会把珊瑚虫逐个吞吃;嘴像鹦鹉喙一样的鹦嘴鱼,一口能咬下一大块珊瑚。美丽的珊瑚是由珊瑚虫所分泌的石灰质构成的,而珊瑚虫本身则凭靠它们的触须捕捉漂浮而过的海藻微生物为生。生活在西太平洋的鹿角珊瑚是生长得最快的珊瑚。在适当的条件下,每年可以增高 10 厘米。它们生活在较浅的水域中,通常在落潮时可以看见它们的尖端露出水面。像所有的珊瑚一样,它们附有两种珊瑚虫,一种负责"建筑"主干,而另一种负责两侧。

吃泥土的蚯蚓

蚯蚓对人们来说是非常熟悉和普通的。蚯蚓的身体由许多环节构成,每一节都生有刚毛,用来支撑身体伸缩运动。蚯蚓在进食的过程中会促进植物成分的分解,使得其中有益的营养成分渗入土中。它们不断地在土里掘洞,使空气循环流通,也使雨水可以适量排走。如果没有蚯蚓,泥土很快就会变得坚硬,毫无生命力。

蚯蚓在掘洞时会将泥土堆放在一边或直接将其吞下作为食物,有些蚯蚓把吞咽下的泥土带到地表,又以小土粒或蚯蚓粪的形式将其排泄出来。

蚯蚓也会爬出洞外,拖一些地上的植物残叶为食。

如果一条蚯蚓失去了身体的一部分,它具有再生这部分的能力,新的节将生长在身体的前后两端。

吸血的蚂蟥

蚂蟥的学名叫水蛭,是一类高度特化了的环节动物。大多数种类生活在淡水中,少数为海水或咸淡水种类,也有陆生的。体上无刚毛,在水中以身体的肌肉伸缩作波浪式路线前进,在物体上用吸盘吸附,然后身体收缩前进。常吸食人畜血液,吸食时由于它的唾液中的水蛭素能使血液不凝,所以水蛭的吸血量很大,一次吸血可维持生活200多天,甚至一年内不再吸血。因此,中医药中用活体吸取病人的脓血,或减轻断指等再植术后的瘀血,中医还将水蛭干燥炮制后入药,通瘀活血,治疗中风、痈肿。当然吸血也会给人畜带来疾患,被吸部位产生溃疡或被传播某些寄生虫。

砗磲

如果你看到砗磲,一定为其之巨大而感到惊讶。砗磲的贝壳大而厚,一般长1米,大的可达1.8米,重约250千克,为双壳贝之冠,一扇贝壳可比浴盆还大,因而往往有人用砗磲的贝壳作浴盆洗澡。它的肉可食。

砗磲生长在浩瀚的太平洋和印度洋的热带海域中,我国的海南岛、西沙群岛均有分布。它的贝壳通常为白色,外面披一层薄薄的灰绿色的"外衣",不仅有孔雀蓝、粉红、翠绿、棕红等鲜艳的颜色,而且还有各色的花纹。在蔚蓝的海水中,看上去宛如盛开的花朵。砗磲的寿命很长,有人估计它可以活数百年。这样长的寿命,可以与爬行动物中的龟相比。

砗磲与藻类的共生关系也是十分有趣的。砗磲在外套膜中"种植"了许多藻类作为

食料,在一般情况下作为补充食料,特殊情况下成为主要食物,所以砗磲千方百计使藻类长得快、长得多。当砗磲被潮水淹没时,它把壳张得大大的,使着生藻类的组织充分外露,吸收光线;砗磲的外套膜边缘还生有许多特殊的"透光器",它可以聚散光线,并可把光线散到外套膜组织的深层,扩大藻类的繁殖区。而藻类借砗磲外套膜提供的条件,充分利用空间、光线和代谢产物以及二氧化碳进行繁殖。它们彼此都有利。有人猜想,砗磲长得如此巨大,与以藻类为食有关。

美丽的海螺

如果你在海滩上随手捡起一只贝壳,多半是一个空的海螺壳,海螺属于软体动物中的腹足类。所谓腹足类动物就是体内的重要器官,都集中在巨大的足部附近。腹足类是软体动物中最庞大的家族,分布地球各大海洋的腹足类,起码超过 4 万种。

海洋中的贝类

海螺、扇贝、牡蛎、珍珠贝、鹦鹉螺等,这些生活在海洋中的贝类,都长着色彩纷呈、形状各异的壳,看上去非常坚硬,而事实上,它们都属于软体动物。它们柔软的身体表面有一层膜,能产生富含钙质的液体,贝类的外壳就是这样形成的。海贝类都有头和足,体内有内脏团。它们在内脏团中完成消化、循环、排泄、生殖等各种功能。它们用鳃呼吸,许多贝类没有眼睛。海贝的体形差别较大。小型贝类的壳径和壳高只有几毫米,最大的贝类的外壳长达 1.5 米,重达 300 千克。

海贝死去后空壳会被冲到海滩上。它们的品种繁多,但可以分成两大类:海蜗牛和双壳贝。海蜗牛像陆地上的蜗盾,有一个螺旋状的壳,双壳贝有两个半壳铰接在一起。海蜗牛有嘴而且长满了小而尖的牙,用来吃海藻或其他动物;而双壳贝是直接从海水中滤取食物碎片的。

鹦鹉螺

鹦鹉螺为一种古老的软体动物,在3.5亿年前的地球上就出现了,目前仅存约4种,它们生活在热带或者亚热带的深海中。鹦鹉螺有个美丽又坚硬的外壳,在一层灰白色的底色上,分布着橙红或者浅褐色的花纹,壳内是闪光的银白色珍珠层,算得上是一件艺术品。鹦鹉螺柔软的身体藏在壳里,左右对称。从壳中心到壳口,有一道道隔膜将壳分成许多像房间一样的气室。

鹦鹉螺是靠浮边游动的。鹦鹉螺的壳主要由气囊组成,它的身体大部分都在壳外,当鹦鹉螺长大时,壳中又会形成新的气囊,来补偿新生长的身体重量。鹦鹉螺的口周围和头的两侧长有约七八十只触手,捕食时触手全部展开,休息时触手都缩回壳里,只留一两个进行警戒。

会施放墨汁的乌贼

乌贼是海中软体动物的一种,它不仅能像鱼一样在海中快速游泳,还有一套施放"墨汁"的绝技。乌贼体内有一个墨囊,囊内储藏着能分泌天然墨汁的墨腺,在遇敌害或危急时,墨囊收缩,射出墨汁,霎时,海水中"黑雾"滚滚,一片漆黑,自己则趁机逃之夭夭。它还能利用墨汁中的毒素麻醉小动物,所以又叫墨鱼。

在软体动物中,乌贼堪称强兵悍将。它的头较短,两侧有发达的眼。头顶长口,口腔内有角质颚,能撕咬食物。乌贼的足生在头顶,所以又称头足类鱼。头顶的10条足中有8条较短,内侧密生吸盘,称为腕;另有两条较长、活动自如的足,称为触腕,只有前端内侧有吸盘。腕和触腕是乌贼的捕食和作战武器,不仅弱小的生命将丧生于乌贼的腕下,即便是海中的庞然大物鲸,遇到体长达十余米的大乌贼也难对付。

八爪章鱼

章鱼有个圆球形的身体,它的嘴巴就位于身体前端,8只有吸盘的手臂围在嘴的四周;嘴巴内有一对强有力的角质颚,可将猎物的身体咬碎,即使有像螃蟹那么硬的壳保护也无法幸免。

章鱼的身体下方有一个吸管,连接到一个包含有鳃的外套膜腔。章鱼就靠着将海水吸进外套膜腔后再喷出的方式来呼吸。此外,靠着这种方式还可使它获得一种作用力来使身体往后移动,以便捕捉食物、逃避敌人或者到处旅行。

章鱼

蛞蝓、蜗牛

蛞蝓和蜗牛都是属于腹足类的软体动物,它们的血缘非常接近,但是有一个最大的不同:蜗牛身上有一个自己造的壳可以保护身体,而蛞蝓却没有。

蜗牛和蛞蝓的内部构造,有很多相似的地方:它们都有一个肉足,可以在地上休息或爬行;头部的前方有嘴,嘴的上面长着两对可以伸缩的触角,上面那对触角的末端有眼睛,下方的触角较小,其上有一些感觉器官。

蛞蝓和蜗牛靠着肉足到处爬行,它们以植物为食,鲜嫩的枝叶更是它们的美味佳肴。不过也有一些肉食性的蛞蝓,以吃其他蛞蝓或蚯蚓为生。

在蛞蝓的前半部身体的上表面,有一圆形隆起,那就是它的外套膜。蜗牛也有外套膜,不过它的外套膜藏在壳内。外套膜里面有一个空腔,内壁就像肺壁一样布满血管,具有类似肺的作用,可用来呼吸,空气便是由外套膜边缘的小洞进入体内。有的蜗牛也可以生活在河流或湖泊中,但数量最多、体形最大的则是色彩鲜艳的海蛞蝓和海蜗牛,它们用鳃呼吸,以海绵、海藻和腔肠动物为食。

昼伏夜出的蝎子

在世界上所有暖热地区都能发现蝎子,蝎子是一种很古老的陆地动物,早在大约四亿五千万年前,地球上就有 650 多个种类的蝎子遍布世界各地。

蝎子是肉食性的节肢动物,与蜘蛛是亲戚,但它的形态不像蜘蛛。蝎子浑身全副武装,周身披着壳质的铠甲,在不分节的头胸部,有单眼和复眼以及六对行动灵活的附肢。第一对钳状附肢叫螯肢,第二对是巨大的螯足叫脚须。其余四对是用来奔跑的步足。蝎子的腹部较长,分布明显,前腹七节、较阔,后腹五节、较窄,末端有一球体,内藏毒液,突起部分形成尾刺,高高举起。蝎子昼伏夜出。一旦遇到猎物,立即用脚须钳住,尾巴钩转,用尾刺注射一针,将猎物毒死。它依靠一对大螯和一个尾刺,捕食蜘蛛或昆虫等。蝎子种类较多,分布在墨西哥和印度尼西亚、印度等地的毒蝎子能致人死亡。蝎子不仅对猎物凶猛,而且对"同类"也很残忍。一旦雄蝎子完成授精作用,雌蝎子就凶相毕露,一口咬死雄蝎子作为食物。有趣的是蝎子对后代却倍加爱护。蝎子是卵胎生的,产下的小蝎子往往攀登在母蝎子背上,逍遥自乐。母蝎子负子而行,极尽保护职责,直到幼蝎子成长到能够独立谋生。

蜈蚣

蜈蚣又名百脚,是多足类陆生动物,全世界有 3000~5000 种,其体形构造大致相同,身体分头与躯干两部分,有许多体节,每一个体节具有一对结构相似的步足,末端有爪,适于在山地迅速爬行。蜈蚣均有毒,毒性强弱因种类及个体大小而异。蜈蚣头部第一对步足突化为三角形的颚足,称颚牙,先端尖锐,形呈钩状,内通毒腺,能分泌毒汁。蜈蚣的个体大小悬殊很大。如分布在南美洲的一种蜈蚣,个体甚小,它的体长仅为 0.48 厘米,很容易被人误认为是黑蚂蚁,这是已知蜈蚣中最小的一种。

龙虾

龙虾是虾中之王,一般最小的个体也有 20~40 厘米长,体重都在 0.5 千克以上。其中的锦绣龙虾,是龙虾中的魁首,重量在 3~4 千克以上,是世界上最大的虾,被称为"虾中之王",它身上的"盔甲"五光十色,极为艳丽。

龙虾盔甲坚硬,浑身长刺,个头又大,显得威风凛凛。它们生性好斗,常攻击其他鱼类。但根本不会让人害怕，因为它们除了一些防身武器之外，根本就没有什么攻击性的武器，而且又有勇无谋。在与乌贼的搏斗中往往一味地猛攻，横冲直撞，毫无一点战略战术，动作迟缓而笨拙。乌贼往往巧妙地左躲右闪，避其锋芒，待龙虾累得精疲力竭，乌贼就寻机将其擒获，美餐一顿。还有的鱼喜捕食龙虾，遇到龙虾时先一口咬下触须，再把附肢一截一截咬掉，龙虾却束手无策，既不逃避，也不反抗，直到被全身肢解，吞食殆尽。

龙虾生活在温暖的海洋里，我国有 7~8 种，东海和南海都有它们的踪迹。它们栖息在海底，白天隐匿在礁石缝里，夜间出来觅食。形态构造与游泳虾类相比有显著的不同，头胸部粗大，腹部比较短小，游泳足退化，基本上失去游泳的功能，适应于爬行生活。龙虾第二对触角的基部有特殊的构造，摩擦眼睛下方的骨质板，会发出"吱吱"的响声，招引同类。

龙虾的繁殖是颇有意思的：在夏秋繁殖季节，雌虾把卵紧紧地抱在腹部，一次要抱 50~100 万颗之多。幼体在母体的"怀抱"里发育孵化。刚孵出来的幼体同成体毫无相似之处，身体扁平如一片叶子，故叫"叶状体"。叶状体经过半年的漂泊生活，几次蜕皮，终于变得像龙虾的样子。小龙虾又经过一个时期的游泳生活之后，"定居"海底过爬行生活。在野生情况下，每一万颗卵约有一颗能长至成熟期。

龙虾的肉厚质实，滋味鲜美，是比较名贵的海味。

南极磷虾

南极磷虾是南极海域里的特有水产品。它的外貌同对虾很相似，只是要小一些，通常的长度为 4~5 厘米，最大的可达 9 厘米。南极磷虾的鳃是裸露在外面的，它的眼柄腹面、胸部和长腹部附肢的基部，长有几粒金黄而微带红色的球形发光器官，能够在夜晚发出浅蓝色的磷光，所以被称为南极磷虾。

如果要说到世界上哪一种动物的数量最多，那就要算是南极磷虾了。由于繁殖极快，天敌少，所以南极磷虾的数量多得惊人。最多的地方，每立方米水中有 63000 只。有人做过估计，南极海域里每年蕴藏的鳞虾可达 50 亿吨，如果每年捕捞 15000 万吨，就相当于目前世界上渔业总捕捞量的 2 倍，这样既不破坏其资源，又可保证全人类对水产品的需要。由于南极磷虾能给人类提供充足的食物资源，所以我们把它称为未来食品。

我们都吃过大虾和螃蟹，它们的味道都十分鲜美，是人们餐桌上的佳肴。生虾和生螃蟹，大都是青灰色或白色的。可是，一旦把它们煮熟了，虾、蟹的外壳就变成了红色，这是为什么呢？

原来，这是一种叫"虾青素"的鲜红色色素在起作用。虾青素这类色素不仅仅虾蟹有，许多甲壳动物也含有，如虫青素、蝶红素等。这种色素大量而广泛地分布在自然界中，它们的化学名叫"酮类胡萝卜素"，是虾蟹这类动物所含色素的主要成分。

虾蟹等甲壳类动物活着的时候，色素都是同蛋白质结合在一起的，在这些动物体内担负着一定的生理功能，所以不显现颜色。而在烹煮时，由于受热，色素蛋白质发生变性，色素就被分离出来，于是就使虾蟹的外壳变成了红色。另外，死后的虾蟹，由于体内的蛋白质变性，色素分离，也会使外壳变成红色。

横着走路的螃蟹

螃蟹是味道鲜美的餐桌佳品，小朋友们都喜欢吃。

如果你仔细观察过活螃蟹，就会发现它是横着走路的，这实在是很奇怪的事。那么，螃蟹为什么横行呢？这是由它奇特的身体构造决定的。螃蟹的头部和胸部在外表上无法区分，因而就叫头胸部。螃蟹的 10 只脚长在身体两侧。第一对螯足，既是掘洞的工具，又是防御和进攻的武器。其余 4 对是用来步行的，叫作步足。每只脚都由 7 节组成，关节只能上下活动。

大多数蟹头胸部的宽度大于长度，因而爬行时只能一侧步足弯曲，用指尖抓住地面，另一侧步足向外伸展，当指尖够到远处地面时便开始收缩，而原先弯曲的一侧步足马上伸直了，把身体推向相反的一侧，于是，螃蟹就不断地横向移动了。需要说明的是，由于步足的长度不同，螃蟹实际上是向侧前方运动的。

寄居蟹与海葵

寄居蟹是一种节肢动物，它的模样可真怪，既像虾，又像蟹。它腹部缺乏甲壳保护，非常害怕"敌人"的攻击，所以它就向海螺进攻，将螺壳主人吃掉，自己住进去，以增强防御能力。但是,仅仅这样还是会被凶狠的海洋动物吃掉,于是,寄居蟹就重新物色新的伙伴,来加强自己的防线。

海葵非常美丽,它长着不少触手,上面有许多刺细胞,还能分泌剧毒,吓退敌害。而海葵自身并不能移动,靠"守株待兔"的方法觅食,不免饥一顿,饱一顿,这样它就需要有一个同伴背着它遨游大海,以获取丰富的食物。

寄居蟹找到海葵来抵挡敌害,海葵也利用寄居蟹这个"坐骑"在大海中自由旅行。于是,它们生活在一起,共利共存,相依为命。这种现象在生物学上叫作"共栖"或"共生"。寄居蟹逐渐长大了,"旧居"呆不下了,怎么办? 这时候,海葵就分泌出一种几丁质来帮助寄居蟹扩建住宅,或者寄居蟹另找新"住宅"。新"住宅"哪里来呢? 当然只有向别的大海螺抢夺了。寄居蟹搬进"新居"时,还总不忘将自己的伙伴海葵一起搬来,重新开始共同生活。有时寄居蟹失去了海葵,它就惊慌失措,感到很不安全。于是,它就四处寻找老的或新的伙伴。当它与"旧友"重逢时,会用触角抚摸海葵,要它寄居下来。就这样,它们会一直共同生活到死。

织网的蜘蛛

蜘蛛能消灭各种害虫,是人类的朋友。网是蜘蛛狩猎的工具。苍蝇、蚊子等小昆虫从网旁飞过,往往会自投罗网,成为蜘蛛的大餐。不同的蜘蛛编织网的地点也不同,比如,在屋檐下织网的蜘蛛,有的叫大腹圆网蛛,有的叫球腹蛛。另一些蜘蛛喜欢在草丛中织网,如横纹金蛛等,它们以草为家。

也许你没想到,并不是所有的蜘蛛都结网,也有许多蜘蛛是不织网的。如在墙上爬来爬去捕捉苍蝇的蝇虎,在草丛中活动的狼蛛等就不织网,它们过的是游猎式生活。虽然不像织网蜘蛛那样织网狩猎,但这些蜘蛛的活动和狩猎却离不开蛛丝。它们的腹部拖着一根安全丝,只要将丝的一头固定,就能上下爬行,既方便又安全。有一种蜘蛛叫唾沫蛛,当它发现猎物后,口中还会喷出黏性的液体,突然将猎物粘住。可见,虽然不结网,但它们的捕食能力却一点儿也不差。

有一则谜语:"将军多威风,独坐大网中,布下八卦阵,捕捉飞来虫。"聪明的小朋友会脱口而出,谜底就是蜘蛛。一点也不错,蜘蛛有一个很特别的本领,它用不着像其他的昆

动物百科

虫一样四处觅食,而是织好了网以后,就可以坐等美味自己上门了。

更令人不可思议的是,蜘蛛网能粘住其他昆虫,但从来不粘蜘蛛自己,你知道这是怎么回事吗?

蜘蛛织网时,先做一个由放射线组成的框架,在这个框架上铺设很稀疏的圆形网线,这些丝都不粘。蜘蛛最后铺设的圆形网线才是粘丝,蜘蛛通常从外圈往中央织网,这种丝不但粘,而且铺得也密,每当靠近原先铺设的圆形网线时,蜘蛛都会把那些不粘的丝吃掉。一直织到中央后,再从网中央到藏身处拉一根细丝。如果昆虫被粘在了网上,这根丝会振动,蜘蛛就会踩着不粘的放射线去吃猎物。如果蜘蛛不当心踩着了粘丝,也不要紧,因为它爪上分泌有油,还是不会被粘在网上。看起来,蜘蛛的这种"踩钢丝"的水平还真高!

蜘蛛属于节肢动物门,它有 8 条腿,腹部后端有 6 个吐丝器。平时蜘蛛织网纺出的丝是白色的,可是在它织储藏卵的卵袋时,却可纺出不同颜色的丝来。

蜘蛛织卵袋时的步骤是:先用些长丝连起树枝和树叶。架子搭好了,从下面开始,逐渐地织成一个 1 厘米左右深的口袋,再用许多条丝把口袋连在附近的丝上。蜘蛛开始产卵了,许多卵掉进了张开的袋口中。这口袋的容积也好像是预先经过精确计算过的,所产的卵正好装满到袋口,于是蜘蛛又以波浪式移动,在袋口织了一个毡子盖。接着要织第二层了,此时,丝囊吐的丝变成了细软红棕的丝,不再是白色的了,这些东西像云片般涌出,把中央的卵袋包了起来,蜘蛛用它的后腿把它们拍成一层疏松的棉胎,接着,丝囊又改变了吐出的丝:白色的丝又出现了。这次是要织厚的外层了。在袋颈部的边上,织得最仔细。在织好了包围的坚层后,丝囊就又出现一种深褐色到黑色的丝,做成了漂亮的带子围在袋的外面,工作完成,母蜘蛛就离开这里。

母蜘蛛在 8 月间织卵袋产卵,过了冬天,到了明年 6 月,正好在卵受阳光孵化出的时候,卵袋就自动打开,小蜘蛛们就爬了出来。小蜘蛛从卵袋中爬出来以后,就在树枝上拉出丝来,而当一阵风吹来时,丝就断了,断了头的丝就把蜘蛛一只只地带到地上,一根根断了头的丝成了降落伞,这又是一个巧妙的法子。

所以,我们从蜘蛛的卵袋由各种不同颜色质地的丝所组成看出,蜘蛛是一位伟大的化学家和纺织纤维制造家;从卵袋受阳光照射而炸裂打开和小蜘蛛用降落伞的原理飞散开看出,蜘蛛又是一位数学家。

千足虫

千足虫又称马陆,是一种陆生节肢动物。全球共有1万多种。它体形呈圆筒形或长扁形,分成头和躯干两部分,头上长有一对粗短的触角;躯干由许多体节构成,多的可达几百节。除去第1节无足和第2~4节是每节一对足外,其余每节有两对足,所以足很多。在北美巴拿马山谷里有一种大马陆,全身有175节,加起来共有690只足,可以说是世界上足最多的节肢动物了。千足虫行走时左右两侧足同时行动,前后足依次前进,密接成波浪式运动。不过,它行动很迟缓。千足虫平时喜欢成群活动,一般生活在阴暗潮湿的地方,如枯枝落叶堆中或瓦砾石块下。千足虫是纯粹的素食主义者,专吃落叶、腐殖质;也有少数种类吃植物的幼芽嫩根,是农业上的害虫。

千足虫虽然无毒颚,不会螫人,但它也有防御的武器和本领。当它一受触动就会立即蜷缩成一团,等危险过后才慢慢伸展开来爬走。千足虫体节上有臭腺,能分泌一种有毒臭液,气味难闻,使得家禽和鸟类都不敢啄它。

第四章　鸟类动物

鸟类的起源与发展

鸟是脊椎动物中的一类,属温血卵生,用肺呼吸,通常全身被有羽毛。

鸟类利用后肢行走,前肢在逐步地演化中变为翅。大多数的鸟类都具有飞行能力。

鸟类最初可能是由生活在侏罗纪时期的近鸟类进化而来的。最早的鸟类从外形上与恐龙家族中的恐爪龙类具有相似性。

鸟类在白垩纪得到了很大的发展。到了新生代,鸟类的外形已经进化到与现代鸟类的外形结构没有明显差别。

关于鸟类祖先的推想

鸟类的演化过程一直是古生物学研究上一个较难解答的问题。

鸟类的骨骼较轻且非常脆弱,而且大部分鸟类的体型较小,所以它们可以自由自在地在空中飞翔。当然了也有部分鸟类不具备飞行能力,例如企鹅。

鸟类的飞行特性给鸟类可考化石的形成带来了不利,减少了可考化石形成的机会,所以人类现在获得的关于鸟类起源的化石资料并不是很多。

迄今为止,世界上已知发掘出土的原始鸟类的化石不到 10 例,且都是在德国巴伐利亚州的石灰岩层中被发现的。这些鸟类化石距今已有 1.5 亿年,被命名为始祖鸟。这些化石的发掘出土,将鸟类的起源推进到了中生代侏罗纪时期,并且为鸟类的起源提供了证据。

人们在德国巴伐利亚州的石灰岩底层中发现的始祖鸟化石,同时兼具了鸟类和爬行类的身体特征。

始祖鸟化石的锁骨部分愈合成叉骨,耻骨向后伸长,具有牙齿,前肢已经特化成帮助其飞行的翅膀,有十分清晰的羽毛印痕,人们根据其特征将其分为初级飞羽、次级飞羽及尾羽。在其翅膀的尖端都有未退化的指爪,后足有 4 趾,呈三前一后排列。

针对这些特征,一些古生物研究者提出了一个大胆的推测,他们认为,鸟类的祖先很有可能是恐龙家族中的"飞行者"。同时科学家们还推演出,始祖鸟的最小飞行速度约为7.6 米/秒,它们能够利用鼓翼来完成飞行,但这种飞行无法维持很久。

近年来,考古工作者们先后在中国东北地区发掘出土了中华龙鸟和孔子鸟的化石,它们被认为是连接恐龙和鸟类的一环。从形体上来说,中华龙鸟和孔子鸟更像是有羽毛的恐龙。古生物学家对其化石进行了仔细的研究后推断,中华龙鸟和孔子鸟应该生活在比始祖鸟生存的年代更为久远的时期。

鸟类的分类

地球鸟类从形成开始就在随着时间和环境的变化发生着演化,鸟类的类型也越来越多并趋于繁复。据生物学家推测,第三纪中新世是鸟类的全盛时期,鸟类在这一时期得到了极大的发展。到了冰期来临,鸟类家族受到沉重的打击,种群骤然衰退。据估计,历史上曾经存在过大约 10 万种鸟类,而幸存至今的只有 1/10 左右。

按照不同的分类原则可以将目前已知的鸟类分成不同的类别。

1.依鸟类的生活环境和形体特征

按鸟类的生活环境和形体特征,可以将突胸总目的鸟类分为六大生态类群:

游禽

游禽指喜欢在水面游弋的鸟类,主要包括鸭雁类、鸥类等。

涉禽

涉禽指经常在滩涂、湿地进行涉水活动,但多不会游泳的鸟类。涉禽常具有"腿长、颈长、嘴长"的特征,主要包括鹤类、鹳类、鸻鹬类等。

鸣禽

鸣禽是鸟类中进化程度最高的一个类群,主要包括雀形目鸟类。

攀禽

攀禽是指适应攀援生活的鸟类,通常趾形多为对趾足或转趾足,主要包括啄木鸟、鹦鹉等。

陆禽

陆禽指大部分时间生活在地面上的鸟类,通常具有适合在地面行走的体态,一般飞行能力不强。主要包括雉类、鹑类、鸠鸽类等。

猛禽

猛禽主要以其他动物为食物,具有锐利的脚爪和喙、敏锐的视觉等适应捕猎生活的特征。主要包括鹰、隼、鹞、鹗、鸮等。

2.依科学分类法

目前完全依照科学分类法的鸟类分类系统主要有两种:

(1)中国鸟类界的泰斗郑作新院士以鸟类形态学特征为基础创立的分类系统。这一分类系统目前被中国大部分鸟类研究学者所采用。

(2)20 世纪七八十年代,查理士·西伯来等人应用 DNA 杂交技术,对鸟类的系统发育和亲缘关系进行了反复的实验,最终以鸟类的进化过程为依据衡量了科和属之间的亲缘关系,建立了鸟类的另一种分类系统。这个分类系统较之以前应用的郑氏分类系统有着较大的调整,其中最引人关注的是扩大了鹟形目和鸦科。目前这一分类系统被中国之外的研究者们广泛采用。

鸟类的骨骼

鸟类的骨骼是鸟类能够自由飞翔的重要因素之一。

鸟类的骨骼通常都轻且坚固;其骨片薄,长骨内中空,有气囊穿入;鸟类的骨骼通常是由许多骨片合在一起构成的,这样就在一定程度上增加了其骨骼的坚固性。

脊柱是鸟类骨骼中较为重要的组成,可分为颈椎、胸椎、腰椎、荐椎和尾椎 5 部分。

鸟类的颈椎数目较多,通常椎体呈马鞍形,这就使鸟类的颈部极为灵活,头部的转动范围约可达到 1800。

鸟类的部分胸椎、尾椎以及全部腰椎、荐椎完全愈合在一起,合称综荐骨,是鸟类腰部的坚强支柱。

鸟类的肋骨上有互相钩接的钩状突,可以帮助其提高胸廓的坚固程度。

鸟类的翅膀是由其前肢退化而来的,其翅膀各骨呈一直线排列,骨间有能动的关节,末端的腕骨、掌骨、指骨愈合变形,使翼扇动时成为一个整体。

鸟类的肩带由肩胛骨、乌喙骨和锁骨组成。

鸟类的锁骨呈"V"字形,细且有弹性,能在鼓翼时阻碍左右乌喙骨的靠拢,也能增强鸟类肩带的弹性。

鸟类的整个体重都落在其后肢上,因此其后肢的骨骼相对来说比较强大。和其他陆栖脊椎动物的后肢骨相比,鸟类跗骨延伸,在一定程度上增加了弹性。

鸟类的羽毛

羽毛是鸟类特有的生理结构,是其体表表皮的角质化衍生物。鸟类的羽毛与爬行类的鳞片属于同源。

鸟类的羽毛通常非常轻且数量众多。根据统计,通常每只鸟的身上都会有超过2000枚羽毛,这些羽毛的总羽重约为其体重的6%。

体表被羽对鸟类来说具有非常重要的意义。鸟类的羽毛能够形成隔热层,帮助其保持体温;鸟类羽毛还具有保护皮肤的作用;羽毛的颜色和斑纹就是鸟类的保护色;有些部位的鸟类羽毛还具有触觉功能。

鸟类的肌肉

肌肉是鸟类身体的发动机,其约占鸟类体重的1/5。

鸟类的胸肌非常的发达,能产生牵引其翅膀的强大动力。与其胸肌相比,其背部肌肉则已经退化。

鸟类的胸肌分为两种,即大胸肌和小胸肌。

鸟类的大胸肌起于龙骨突,止于肱骨腹面。当其大胸肌收缩时,就会控制鸟类的翼下降。

鸟类的小胸肌起于龙骨突,而以长的肌腱穿过由锁骨、乌喙骨和肩胛骨所构成的三骨孔,止于肱骨近端的背面。当鸟类收缩其小胸肌时,其翅膀就会相应地呈上举状态。

鸟类后肢的肌肉,基本上都集中在其大腿的上部,以长的肌腱连到趾上。

总体来说,鸟类支配前肢和后肢运动的肌肉几乎都集中于身体的中心部分,这对于其在飞翔时保持身体重心的稳定性具有重要意义。

鸟类的神经系统和感觉器官

鸟类的大脑、小脑、中脑都很发达。

由于鸟类大脑底部纹状体的增大,所以其大脑半球也相对较大,但其大脑皮层并不发达。

鸟类的小脑很发达,这种天生的生理优势,就决定了鸟类在空中飞翔时,可以保持一定的协调性和平衡性。

鸟类的中脑在背部构成一对发达的视叶。在鸟类的感觉器官中,其视觉器官起着至关重要的作用。鸟眼依靠发达的睫状肌可以迅速地调节视力,由远视改变为近视。因此,当鸟在树木中疾飞时,通常不会和树枝相碰;或由高空俯冲到地面觅食时,也能极为精准地掌握好距离,及时停住。

与其发达的视觉器官相比较,鸟类的嗅觉器官就显得逊色很多了。

鸟类的呼吸系统

鸟类的呼吸系统是非常特别的,它们为鸟类飞行提供了充足的氧气。

鸟类高效的呼吸系统主要由3部分组成:①分别位于锁骨、颈以及胸前部的前气囊;②鸟类的肺部;③分别位于腹部和胸后部的后气囊。

鸟类的肺部主要是负责空气流通的,鸟类的气囊主要负责存储空气。

大多数鸟类有9个气囊,其中只有锁骨气囊是单独出现的,其他的气囊都是成对出现的。一部分鸟类只有7个气囊,如雀形目,这部分鸟类的胸前气囊和锁骨气囊是相通的，甚至是融合在一起的。

鸟类在进行吸气的时候，吸入的新鲜空气中的一部分会直接进入后气囊，另一部分则会经由肺部进入前气囊。

当其呼气的时候，储存在后气囊中的新鲜空气就会经由肺部进行气体交换，之后排出；而前气囊中储存的含氧量低的空气则不经过肺部直接排出体外。

鸟类的消化系统

几乎所有的现代鸟类都是缺齿的，其对食物的咀嚼主要是由砂囊代替的。

鸟类的消化腺很发达，主要包括了肝、胰两部分，它们分别分泌胆汁和胰液并注入十二指肠，参与小肠内的消化作用。

鸟类的消化能力相对较强，其食量大且进食频率高。这与鸟类飞翔时较大的能量消耗有关。

鸟类的排泄和生殖系统

鸟类的肾脏特别大，约可占体重的2%以上。如此发达的肾脏，推动了鸟类新陈代谢的速度。

鸟类没有膀胱，所以其尿中水分较少，且通常呈白色浓糊状，随粪排出而不单独排尿。

大多数的鸟类是不具备外生殖器的。在交配前，雄性会将精液存储于泄殖腔乳突内的储精囊内；在交配的时候，雌性会将尾部偏向一旁，而雄性或从后方、或从前方、或骑于其上、或以其他方式接近，最后泄殖腔互相接合，使精液进入雌鸟的生殖道中。这一过程发生得非常快，甚至在半秒之内即可完成。

雄鸟的精液在雌鸟体内储存的时间因种类的不同而有所差别，最短的为一周左右，最长的可以储存一年以上。鸟类的卵在离开卵巢之后会被分别受精，之后以蛋的形式产于雌鸟体外，在雌鸟体外继续孵化发育。

带着黄色"面罩"的大天鹅

大天鹅又名鹄、白天鹅,属于鸟纲雁形目鸭科天鹅属,目前被列为我国的渐危鸟类。

大天鹅是一种体型较大的游禽,一般体长约为120~160厘米,翼展约为220~240厘米,体重约为8~12千克。

大天鹅周身被有白色羽毛,羽毛量非常丰富。

大天鹅的喙部是由黑黄两色组成的,其喙的基部主要呈黄色,范围较小天鹅的喙部黄色范围更大。大天鹅喙部的黄色区域超过了鼻孔的位置。

大天鹅的身体较为丰满,其脖子长度在整个身体中所占的比例较大。大天鹅的腿部较短,蹼呈黑色。在游泳前进时,大天鹅的腿和脚会折叠在一起,以此来减少阻力;向后推水的时候,大天鹅通常会将其蹼全部张开,交替划水。

大天鹅的尾部具有尾脂腺,能够分泌油脂。大天鹅常常会将这些油脂涂抹在自己的羽毛上,以达到防水的效果。

大天鹅主要在冰岛和欧亚大陆北部,从斯堪的纳维亚经芬兰,一直到库页岛、中国西北和东北地区进行繁殖;在英国、欧洲西北部、地中海、黑海和里海沿岸地区以及印度北部、朝鲜、日本等地越冬。

在我国,大天鹅主要分布于北京、河北、山西、内蒙古、辽宁、吉林、黑龙江、上海、山东、河南、湖南、四川、云南、陕西、甘肃、青海、宁夏、新疆、台湾、香港等地。

大天鹅是一种候鸟,没有亚种的分化。春秋两季在中国北方、俄罗斯西伯利亚等繁殖地和中国长江流域及以南的越冬区之间进行迁徙。

大天鹅通常会在每年的9月中下旬陆续离开繁殖地向越冬地迁徙,并在10月下旬至11月初前后到达越冬地。到了第二年2月下旬至3月上旬离开越冬地迁徙至繁殖地,并于3月下旬至4月上旬左右到达繁殖地。

大天鹅的迁徙群体一般不会很大,最多的时候约为20几只。大天鹅通常以"一"字形、"人"字形或"V"字形队列迁飞。其飞行高度较高,是世界上飞得最高的鸟类之一。据相关资料显示,大天鹅的最高飞行高度约在9000米以上,也就是说其可以轻松地飞越世界屋脊——珠穆朗玛峰。

作为大型涉禽,大天鹅非常喜欢栖息于开阔的、水生植物繁茂的浅水水域。

大天鹅生性机警、胆怯,除繁殖期外都会成群生活,昼夜均有活动。

大天鹅通常以水生植物的根、叶、茎、种子为食,偶尔也以软体动物、水生昆虫等小型动物为食。

朴素高雅的黑天鹅

黑天鹅属鸟纲雁形目鸭科天鹅属。

黑天鹅是天鹅家族中的重要成员之一,也是公认的世界著名观赏珍禽之一。

黑天鹅周身除了初级飞羽中的小部分为白色和背覆花絮状灰羽,其余羽毛均呈黑色。

黑天鹅的喙为鲜红色,通常前端有"V"形白色带,其虹膜为赤红色,蹼呈黑色。

黑天鹅体态端庄,非常美丽。成年黑天鹅的身长大约在 1.1~1.4 米之间,翼展约为 1.6~2 米,体重约为 6~9 千克。黑天鹅有细长的颈部,通常呈优雅的 S 型。

黑天鹅可单独行动,也可成群活动。其在飞行或划水时偶尔会发出如军号般响亮的叫声,有时也会发出低低的轻哼,如果在孵育或是筑巢过程中受到惊吓时,还会发出嗤鸣声。

从体型来说,雄体黑天鹅在体型方面较雌体黑天鹅稍大,躯体微粗圆、颈部稍粗、站立时稍高;从行为来说雄体黑天鹅的胆子较大,对外界干扰也较雌体黑天鹅敏感。

在发情初期,雄体黑天鹅会主动追逐雌性。配对成功后,总是雄性在前面带领雌性进行活动。雄体黑天鹅对配偶有保护行为,在繁殖季节中,特别是孵化期和育雏期,雄性黑天鹅会变得异常凶猛,甚至会主动进攻靠近其巢区的人和动物。

黑天鹅喜欢栖息在海岸、海湾、湖泊等水域。以水生植物和水生小动物为食。

黑天鹅主要分布于澳大利亚南部、塔斯马尼亚岛和新西兰及其邻近岛屿。

"发型"很酷的斑头雁

斑头雁又名白头雁、黑纹头雁,属鸟纲雁形目鸭科雁属。

斑头雁在雁属鸟类中体形较大，其两性外形相似，但雌鸟略小。

通常斑头雁的雄雁体重约 2.3~3.0 千克，体长约 70~85 厘米，翼展约 44~48 厘米；雌雁体重约 1.6~2.7 千克，体长约 62~73 厘米，翼展约 39~44 厘米。

斑头雁的成鸟头顶呈污白色，有棕黄色羽缘，尤其在眼先、额和颊部较深。斑头雁的头顶后部有 2 道黑色横斑，前一道位于头顶稍后的位置、较长，呈马蹄铁状延伸至两眼；后一道位于枕部、较短。斑头雁的头部白色向下延伸，在其颈部两侧分别形成一道白色纵纹；后颈暗褐色。

斑头雁的背部羽毛一般呈淡灰褐色，羽端缀有棕色鳞状斑。翅覆羽呈灰色，外侧初级飞羽呈灰色，先端呈黑色；内侧初级飞羽和次级飞羽主要呈黑色；腰上被有白色羽毛；尾部被羽呈灰褐色，具白色端斑。

斑头雁的颏、喉呈污白色，缀有棕黄色；前颈一般为暗褐色；胸和上腹为灰色，下腹及尾下覆羽污白色；两胁暗灰色，具暗栗色宽端斑。

斑头雁在欧亚大陆及非洲北部、印度次大陆及中国的西南地区均有分布，且数量较多。

斑头雁是高原鸟类，多生活在高原湿地湖泊或耕地中，具有迁徙性。

斑头雁一般在每年的 3 月中旬开始从中国南部越冬地迁往北部和西北部繁殖地，到达繁殖地的时间通常为 3 月下旬至 4 月上旬，最迟在 4 月中下旬到达；到了每年的 9 月初，它们会开始从繁殖地迁往越冬地，一般最晚 10 月中下旬到达越冬地。

斑头雁在迁徙时多呈小群，通常 20~30 只一同迁飞。在迁飞的过程中，有边飞边鸣的习惯。通常是呈"人"字或"V"字形队列迁飞。斑头雁大多习惯在晚上飞行，白天多是休息或觅食。

斑头雁主要以禾本科和莎草科植物的叶、茎及豆科植物的种子等为食，偶尔也吃贝类、软体动物和其他小型无脊椎动物。

斑头雁家族实行"一夫一妻"制，通常在每年的三四月份进入繁殖期。每窝产卵 2~10 枚，每隔 1 天产 1 枚卵，产卵时间多在清晨 2 点左右。由雌雄共同完成育幼工作。

浓情蜜意的鸳鸯

鸳鸯又名乌仁哈钦、官鸭、匹鸟、邓木鸟，属鸟纲雁形目鸭科鸳鸯属。

鸳鸯的雄鸟是鸭科鸟类中最华丽的。其胸腹部呈白色；背部被有浅褐色羽毛；肩部两侧有两条白纹；头戴是由红、紫、绿和白色长羽组成的羽冠，斑斓、华丽；眼后有白色眉纹；两个翅膀内侧最里面具有一对栗黄色的三级飞羽，这对飞羽扩大成扇状饰羽，竖立在背部两侧，被称为剑羽或思羽。

鸳鸯的雌雄鸟之间略有差异，雌鸟体型略小于雄鸟，外表较雄鸟朴素很多。鸳鸯的雌鸟头部呈灰色，顶部没有漂亮的羽冠，背部被有褐色羽毛，腹部呈纯白色，翼上没有帆羽。

鸳鸯属于候鸟，通常会在每年的白露和秋分时节前后由北方迁飞到我国长江中下游以及东南沿海各地的江河、湖泊边越冬，夏天的时候返回我国东北的乌苏里江、黑龙江和长白山地区的水域附近进行繁殖。

鸳鸯喜欢栖息在内陆湖泊及山麓的溪水河塘中，非常擅长游水。鸳鸯的食性很杂，春夏季节通常会吃昆虫、蜗牛、野葡萄种子、稻谷及禾本科草类的芽等；秋季吃一些软体动物、稻谷、大豆、山毛榉的坚果等；繁殖季节则主要以鱼、蛙、昆虫等为食，也会兼食部分植物性食物；迁徙季节以植物性食物为主，兼食少量鱼、蛙等。河流中的蜊蛄、石蛾、泥鳅等是鸳鸯最喜欢的食物。

鸳鸯在睡眠中会始终保持高度的警惕性，一旦有人接近，它们就会立刻做出反应。

鸳鸯的潜水能力也很强，一旦遇到敌人，它们可以潜入水中躲避约1小时，等到敌人无奈地无获而去才从水底钻出来。

鸳鸯家族实行的是"一夫一妻"制，当双方互相属意、确立了"夫妻"关系后，就会相携离群，营造浪漫的"二人世界"。

鸳鸯会在临水而生的树木上或沼泽区的高地上搭建自己的巢穴。雌鸳鸯在产卵前会精心地布置"新房"，它不仅会将柔软的木屑铺在巢穴中，还会忍痛将自己身上最柔软的绒毛拔下来，为即将出生的鸳鸯宝宝铺出最温暖的"婴儿床"。

体大嘴长的琵嘴鸭

琵嘴鸭又名琵琶嘴鸭、铲土鸭、杯凿、广味凫，属鸟纲雁形目鸭科鸭属。

琵嘴鸭体型较大，体长约为49～52厘米，翼展约70～84厘米，体重约500～700克。

琵嘴鸭的生命约为 20 年左右。

琵嘴鸭的雄鸟腹部呈栗色,胸部为白色,头、颈通常被有具有光泽的深绿色羽毛,虹膜呈金黄色;雌鸟被有褐色斑驳羽毛,尾近白色,色彩似雌绿头鸭,虹膜呈褐色。

琵嘴鸭的嘴部非常的长,通常呈黑褐色;其喙端宽大如铲,可以帮助其捞取水边或水面的食物。

琵嘴鸭喜欢栖息于开阔地区的湖泊河流附近,或生活在山区以及高原上的水域边,偶尔也会在村镇附近的污水池塘中出现。琵嘴鸭不喜欢在长满挺水植物的水域中觅食,也很少出现在沿海地区。

琵嘴鸭的食性偏动物性,喜欢在浅水处用匙形嘴掘着泥沙来获取甲壳动物、鱼卵、蛙、小鱼等食物;冬季的时候,也会吃包括蓼科植物的种子、茄科植物的浆果、莎草科植物的瘦果、眼子菜科、浮萍科、槐叶萍科等植物性食物。

琵嘴鸭的繁殖期通常在每年的 5~7 月,它们一般会将巢筑于沼泽地区。琵嘴鸭每窝产卵约为 8~14 枚,其卵呈淡黄色或浅灰绿色。孵化期间,雄鸭会用很大一部分时间来负责鸭巢的守卫工作。

琵嘴鸭通常会在中国新疆西部、东北北部和欧洲、西伯利亚、蒙古大部以及北美洲西部,以及日本北海道北部地区进行繁殖;在中国长江中下游以南各省和台湾省、西藏自治区南部地区以及英国、爱尔兰、欧洲南部、亚洲大陆南部、非洲北部北美洲南部等地区越冬,部分个体被发现在密克罗尼西亚群岛越冬。

琵嘴鸭未被列入濒危名单,但这不表示其种群生存没有受到威胁。近年来,琵嘴鸭在栖息地不断被破坏、人类大量猎杀等威胁中,数目骤减。因此,琵嘴鸭的种群保护已经成为不容忽视的问题。

爱美的白眉鸭

白眉鸭又名溪的鸭、巡凫、小石鸭,属鸟纲雁形目鸭科鸭属。

白眉鸭属于中型游禽,一般身长约 37~41 厘米,翼展约 63~69 厘米,体重约 300~440 克。

白眉鸭的雄鸟额与头顶一般呈黑褐色,其余头、颈部呈淡栗色,间有白色细纹。

白眉鸭最特别的就是其眉纹，白眉鸭的眉毛宽长呈白色，一直延伸到后颈。

白眉鸭的身体上部呈暗褐色，羽缘为淡棕色；内侧有绿色、尖长肩羽，具有显著的白色中央羽轴纹和白色狭边；外侧肩羽较短而稍宽，内翈大都灰褐色，外翈呈蓝灰色，均具白缘。

白眉鸭的翅上被有浅蓝灰色羽毛，大覆羽具宽白端斑；初级覆羽呈淡灰褐色，外翈具宽阔白边；初级飞羽暗褐色，外侧 3~4 枚具棕色端斑，内侧染有灰色，羽轴均为白色；次级飞羽外翈灰褐色而闪金属绿色光泽，形成绿色翼镜，白色端斑形成翼镜后缘白边；三级飞羽稍微延长，内翈褐色，外翈黑褐色而具白色狭边，最外侧 1 枚外翈呈蓝灰色，具较宽的白色羽缘，形成翼镜内侧边缘。

白眉鸭非常爱美，经常会精心地梳理自己的羽毛。其喜欢在干净的水域中活动、觅食，经常栖息于淡水湖畔、江河、湖泊、水库、海湾或沿海滩涂盐场等水域。

白眉鸭主要以水生植物的叶、茎、种子为食，也到岸上觅食青草或到农田地觅食谷物，特别是在迁徙季节和冬天。在春夏季节时，白眉鸭也会吃软体动物、甲壳类和昆虫等水生动物。

白眉鸭多在夜晚觅食，不会潜水取食；白天在开阔水面或水草丛中休息。

白眉鸭常成对或集成小群活动，迁徙和越冬期间会集成大群。

白眉鸭生性胆怯且机警，常在有水草的隐蔽处活动，如有声响会立刻从水中冲出，直接飞走。白眉鸭飞行速度很快，起飞和降落均很灵活。

叫声多变的黑喉潜鸟

黑喉潜鸟属鸟纲潜鸟目潜鸟科潜鸟属。

黑喉潜鸟属于中型游禽。雄性体长约为 70~76 厘米，体重约为 3.2~3.7 千克，翼约为 29~33 厘米；雌性体长约为 50~72 厘米，体重约为 2.0~3.0 千克，翼约为 27~33 厘米。

黑喉潜鸟的身体被羽有夏羽和冬羽的区别。其夏羽额、头顶、后颈灰色，颊灰黑色；肩、背黑色，具蓝绿色光泽，上背两侧和肩部有呈瓦片状排列的长方形白斑；腰部羽色较浅；其两翼被有黑色羽毛，其上具有细小白色斑点；尾部较短，被有黑色羽毛；颏、喉、前颈均为黑色，具有绿色光泽，下喉和前颈之间有一不连续的白色横带；颈侧、胸侧为黑色。

黑喉潜鸟的冬羽上体呈黑色,头顶和后颈为黑灰色,尾羽具白色羽缘,下体呈白色,胸侧有黑色细纵纹,两胁有黑色斑纹。

黑喉潜鸟在北欧、亚洲和美国西部等地区都较为常见。黑喉潜鸟在我国数量稀少,是不常见的稀有鸟类。

黑喉潜鸟非常喜欢在岸边植物茂密且富有鱼类的河流与湖泊中生活:在繁殖期的时候主要栖息在北极和亚北极苔原、岛屿上的内陆湖泊、河流及大型水塘中,也常出现在山区森林的河流、湖泊中;冬季多栖息于沿海海面、海湾及河口地区。

黑喉潜鸟非常擅长捕鱼,它们可以潜到水面下觅食。黑喉潜鸟食性非常广泛,主要以各种鱼类、甲壳类、软体动物为食,偶尔也吃蜻蜓及其幼虫、甲虫及其幼虫等无脊椎动物。

黑喉潜鸟的飞行能力较强,快且有力。它们通常沿直线飞行,飞行时会伸长颈部,快速扇动两翅。黑喉潜鸟在水面起飞较为困难,通常需要在水面助跑才能起飞,所以当其遇到危险的时候,通常会选择潜入水中躲避危险。

黑喉潜鸟的叫声是非常动听多变的,其十分擅长高声调的嚎叫。

黑喉潜鸟一般在每年的3~4月迁徙到繁殖地,于9月下旬至10月上旬迁往越冬地,迁徙时习惯成对或集成小群同行。

"体型最大的鸬鹚"凤头鸬鹚

凤头鸬鹚又名浪里白、水驴子,属鸟纲鸬鹚目鸬鹚科鸬鹚属。

在鸬鹚家族中,凤头鸬鹚是无人能及的大个子。凤头鸬鹚的雌鸟和雄鸟很相似。鸬鹚的体长通常为50厘米左右,一般重约0.5~1千克,从大小上来说,与一只普通的鸭子差不多。

凤头鸬鹚的脖子很长,通常与水面呈垂直状态,向上方直立。凤头鸬鹚的颈部围有一圈长的饰羽,饰羽基部呈栗棕色、端部呈黑色,就像是披在其身上的小型斗篷。凤头鸬鹚的两侧和颏部通常会在夏季时长出白色的羽毛,其前额和头顶呈黑色,头后会长出两搓黑色羽毛,这也是凤头鸬鹚名字的由来。

凤头鸬鹚的喙长且尖,喙边长有一条黑线直达眼部;鼻孔透开,靠近喙的基部;眼睛前面的部位裸露;翅膀短小,具 12 枚初级飞羽,次级飞羽缺少第五枚,尾巴短,仅有几根柔软绒羽;双足位置靠近臀部,跗跖侧扁,适于潜水生活;4 趾上都有宽阔的花瓣状脚蹼,爪钝且宽阔,呈指甲状,中趾内缘呈锯齿状,后趾短小,位置较高。

凤头鸊鷉的身体被羽短且稠密,具有抗湿性,通常不透水;其具有副羽,尾脂腺被羽;消化道中缺少盲肠。

凤头鸊鷉喜欢栖息于低山和平原地带的江河、湖泊、池塘等水域中,特别中意有浓密芦苇和水草的湖沼。

凤头鸊鷉的潜水能力很强,受惊时通常不是飞离水面,而是潜入水中。

凤头鸊鷉很少登陆,摄食、活动通常都是在水中。

凤头鸊鷉的食性和一般的鸊鷉类相同,主要是以各种水栖昆虫、小型虾、鱼及一些水生植物为食。

凤头鸊鷉通常会在我国的黑龙江省进行繁殖。每年的 5 月中下旬,凤头鸊鷉都会在较为隐蔽的芦苇和蒲草中筑巢。它们的巢为浮巢,即一部分浸于水中、一部分在水面之上。

凤头鸊鷉的巢是由芦苇、水草等堆集而成,呈圆台状。巢的上部外径约 25—32 厘米,下部外径约 61~70 厘米,巢高约 50~60 厘米。

凤头鸊鷉通常每窝约产 4~5 枚卵,由雌雄共同孵化。亲鸟离巢时,会用金鱼藻、睡莲等水生植物盖在卵上,孵卵期约为 27~30 天。雏鸟孵出后不久就能跟随亲鸟下水活动。

"长翼的海上天使"漂泊信天翁

漂泊信天翁属鸟纲鹱形目信天翁科信天翁属。

漂泊信天翁属于大型海鸟。身长大约为 1.35 米(雌性比雄性略小),体重一般 6~12 千克。漂泊信天翁最具特色的就是其翅膀,漂泊信天翁的翼展非常的宽,平均翼展可达 3.1 米,有记录的最大翼展达到 3.7 米,被称为是"长翼的海上天使"。

巨大的翼展同时赋予了漂泊信天翁优秀的滑翔能力,它们通常可以在空中停留几个小时而不用挥动翅膀;同时,每将飞行高度下降 1 米,其就可滑翔约 22 米,因此人们也赞誉其为"杰出的滑翔员"。

漂泊信天翁的羽毛颜色通常与其年龄有关。成年漂泊信天翁的身体一般为白色，翅膀呈黑色。白色漂泊信天翁雌鸟的翅膀会比雄鸟的更白一些，尖端和翅膀后缘呈黑色。漂泊信天翁的喙和脚均呈粉红色。漂泊信天翁的头部侧边具有1个不明显桃子状斑点，这是其与其他几种

信天翁

从漂泊信天翁分离出去的新品种的重要区别。

漂泊信天翁是典型的滑翔鸟，它们会利用海浪上方的气流变化盘旋。

漂泊信天翁的平均寿命约为22年，一生有9/10的时间都是生活在海上的。

漂泊信天翁4岁以后，就能准确地飞回自己的出生地，开始寻觅合适的配偶，通常要"恋爱"一两年才会步入"婚姻的殿堂"，并结为终身伴侣。

漂泊信天翁大约在6~7岁时开始产卵。漂流信天翁的繁殖力较低，通常每两年才产一枚卵，由雌雄双方轮流负责孵化和寻找食物。从产蛋到雏鸟离巢出飞大约需要1年的时间。幼鸟羽毛丰满后便会开始其海上的漂泊生活。

漂泊信天翁的胃很奇特，会因为天气的变化而改变食物的种类。它们非常喜欢吃尸肉，浮在水面上的死鱼或头足类软体动物都是其最爱。

漂泊信天翁擅长潜水，也是最会潜水的信天翁种类。其通常可以潜到水下12米左右。

"杰出的飞行家"海燕

海燕属鸟纲鹱形目海燕科，是大约20种海鸟的统称。

海燕与信天翁体型相似，但个头较小，不同种类之间略有差别。一般体长约为13~25厘米。其翅短，翅尖呈圆形；嘴长适中；鼻管和上嘴的表面融合在一起；除后趾外，均具蹼，后趾小且高位；尾长或中长，方形、叉形或楔形；体呈暗灰或褐色，有些个体身体下部色淡，腰呈白色。

海燕的飞行能力非常强，被称为是"杰出的飞行家"。

海燕通常每次只产一枚卵,由雌鸟和雄鸟共同完成孵化、育幼工作。

海燕分布于世界各大洋,在南极地区数量较多。

雪海燕是海燕家族中最美丽的成员。

雪海燕拥有一身洁白的羽毛,全身只有眼睛前面的羽毛和喙部是黑色的。

雪海燕通常以小鱼、软体动物和甲壳类动物为食。

在南极大陆的边缘,常常能够看到雪海燕在距离岸边不远的海面上空盘旋,与皑皑白雪相映衬,煞是美丽。

暴风海燕又被称为威尔逊暴风海燕。

暴风海燕的身体上部呈黑色,尾部呈白色,腿很长。暴风海燕有一对非常强壮的翅膀,能够帮助暴风海燕实现几乎垂直地上升。暴风海燕在海上翱翔的时候,是依靠像扇子一样展开的尾巴来控制飞行方向的。暴风海燕还可以依靠两条腿来协助身体掌握平衡。

暴风海燕通常是以鲸油和海洋小动物为食。在繁殖季节会成群遍布于南极海滩。

进入发情期的暴风海燕会不停地重复它们枯燥而嘈杂的叫声。

"大嘴巴"的鹈鹕

鹈鹕属于鸟纲鹈形目鹈鹕科鹈鹕属。鹈鹕科只有1属,目前包含了8个种类。

鹈鹕的雌雄个体相似,但雄体略大,不同种之间略有差别。一般体长约为1.5米,全身被有密而短的羽毛,羽毛颜色通常为桃红色或浅灰褐色。在其短小的尾羽根部具有黄色的油脂腺,能够分泌大量的油脂。鹈鹕会利用喙部蘸取油脂涂抹在全身,使羽毛变得光滑柔软、具有防水性。

鹈鹕最大的特征就是其嘴部下方的大皮囊,这是鹈鹕特殊的捕鱼工具。鹈鹕的皮囊是其下嘴壳与皮肤相连接而成的,能够自由伸缩。

鹈鹕虽然在陆上活动时动作很笨拙,但飞翔时的姿势却很优美,通常成小群飞行。

鹈鹕一般栖息于湖泊、河流与海滨之中,主要以鱼类等为食。

鹈鹕一般在3~4岁时达到性成熟,开始产卵。雌鹈鹕通常会将卵产在由树枝构成的巢中。其一般每窝产卵1~4枚。

鹈鹕的分布很广,在全世界的许多水域中都有分布。

穿着"蓝色大鞋"的蓝脚鲣鸟

蓝脚鲣鸟又叫结巴鸟,属鸟纲鹈形目鲣鸟科鲣鸟属。目前,蓝脚鲣鸟已成为濒危鸟类,被列为我国国家二级保护动物。

蓝脚鲣鸟是一种大型的热带海鸟,平均身长约为 80 厘米,体重约为 1.5 千克。嘴长粗且尖,呈圆锥状,无鼻孔,脖子粗壮,翅膀较为狭长,脚粗而短。

蓝脚鲣鸟身上被有白色羽毛,飞羽通常为黑色,具有 14 枚黑色楔形尾羽;雄鸟的嘴为亮黄色,雌鸟的嘴为暗黄绿色;眼睛呈黄色,雌鸟的瞳孔比雄鸟的大。

蓝脚鲣鸟最引人注目的就是它们那一双仿佛穿了"蓝色大鞋"的脚。

蓝脚鲣鸟广泛分布于北美、中美、南美、加拉帕戈斯群岛等地区。

蓝脚鲣鸟主要栖息于热带的海洋、海岬和岛屿上,除了繁殖期外,大部分时间都在海上活动。

蓝脚鲣鸟非常善于飞行和游泳,常呈小群飞行于海面或者在海面上游泳。

蓝脚鲣鸟的捕鱼本领很高,通常以水中的沙丁鱼、凤尾鱼、鲭科鱼、飞鱼等为食。蓝脚鲣鸟一般会在距离水面 30 米左右的空中飞行,一旦发现爱吃的鱼,就会立刻收拢双翅,流星一般俯冲而下,扎入水中。蓝脚鲣鸟的最高入水速度可达 97 千米/时,如此高速的入水产生的震荡,可以将水面下约 1.5 米处游动的鱼震晕,这就方便了蓝脚鲣鸟取食。蓝脚鲣鸟在咬住猎物后,会直接在水下将其吞食入腹,然后浮出水面。

蓝脚鲣鸟的雄鸟在繁殖期间会不断地交替抬起自己醒目的蓝色大脚,并会上扬双翅配以"舞蹈",以此吸引雌鸟的注意力。

蓝脚鲣鸟通常是"一夫一妻"制,有极少的个体会出现"重婚"的状况。

蓝脚鲣鸟通常每窝产卵 2~3 枚,通常在产完第一枚卵后,相隔 6 天左右才产第二枚卵。雌雄亲鸟共同完成孵化工作。

"飞行冠军"军舰鸟

军舰鸟是一种大型热带海鸟,全世界目前已知的有 5 种,主要生活在太平洋、印度洋的热带地区;我国有 3 种,分布在广东、福建沿海及西沙、南沙群岛一带。

军舰鸟全身羽毛呈黑色,夹有蓝色和绿色光泽,喉囊、脚趾为鲜红色。雌鸟下颈、胸部为白色,羽毛缺少光泽。军舰鸟最突出的特点是:有一个比较大的红色喉囊。充气时,喉囊膨胀长大,像一个红色的气球一样;压缩空气时可以发出"呵呵"的声音。这喉囊和声音都是为了吸引雌鸟的。雌军舰鸟嘴巴呈玫瑰红色。军舰鸟胸肌发达,善于飞翔,素有"飞行冠军"之称。

军舰鸟胸肌发达的两翅展开有 2~5 米长,捕食时的飞行时速可达 400 千米左右,是世界上飞行最快的鸟。它不但能飞达约 1200 米的高度,而且还能飞往离巢 1600 多千米的远方,最远处可达 4000 千米左右。有人曾看见军舰鸟在 12 级的狂风中临危不惧,安全地从空中飞行、降落。

军舰鸟一般栖息在海岸边树林中,主要以食鱼、软体动物和水母为生。它白天常在海面上巡飞遨游,窥视水中食物。一旦发现海面有鱼出现,就迅速从天而降,只见它将 12 厘米长的喙一下插入水中,马上衔着一条鱼急剧飞起,全身竟然滴水不沾。原来军舰鸟的羽毛上没有防水的油脂,一旦海水浸湿羽毛,它们就会被淹死。因此,军舰鸟们都生活在海岸边或沿海岛屿,而不敢深入到大洋中心的岛上去。军舰鸟从不潜水捉鱼,而是喜欢追逐军舰或渔船,捡食被浪花击晕的鱼和船上丢弃的碎鱼块。军舰鸟脚上没有蹼,它们不会游泳,但可以栖息在树枝上。

军舰鸟酷爱吃飞鱼,在捕捉飞鱼时,鲷鱼成了它的天然合作者,凡有飞鱼的地方,总会有鲷鱼尾随。飞鱼是暖水性上层鱼类,喜集群在海面盘旋。当它们受到鲷鱼攻击时,就会张开翼状胸鳍,尾部迅速摆动,惊慌失措地跃出水面,在波峰浪谷之间快速地滑翔。但当鲷鱼冲向鱼群中,迫使飞鱼跃出水面到空中滑翔时,军舰鸟便疾速俯冲下去,准确地瞄准飞鱼,一张口就叼住了正在空中滑翔的飞鱼。据研究,军舰鸟十分擅长利用万有引力,它出"嘴"叼住飞鱼的时刻,正是飞鱼在空中滑翔受地球引力束缚而即将下降的时刻,此时会出现滑翔的瞬间"暂停"。军舰鸟叼住飞鱼后立即飞向空高,到达某一理想高度后突然松口,飞鱼即成自由落体而下降,军舰鸟则以更快的速度飞到飞鱼降落的下方,张开大口毫不费力地再次借助于地球引力,使落下的飞鱼顺着它的食道进入腹中。

军舰鸟主要以鱼类为食,也吃软体动物和水母,有时刚刚出世的海龟也会成为它的盘中餐。军舰鸟还嗜食鹈鹕、鲣、海鸥等的幼雏。它常常盘旋在上述鸟群营巢的上空,一旦发现没有父母守护的幼鸟,便以迅雷不及掩耳的速度直落下去,捕捉到手,以饱口福。

有趣的是,军舰鸟时常懒得亲自动手捕捉食物,而是凭着高超的飞行技能,拦路抢劫其他海鸟的捕获物。如果它看到邻居红脚鲣鸟捕鱼归来时,便对它们突然发动空袭,迫使红脚鲣鸟放弃口中的鱼虾,然后再急速俯冲,攫取下坠的鱼虾,占为己有。由于军舰鸟的"抢劫"行为,人们贬称它为"强盗鸟"。

每年的 2~3 月份是军舰鸟的繁殖季节。新婚的军舰鸟喜欢在海岛上选择一个僻静处建造新巢,雄鸟每天起早贪黑外出收集树枝,雌鸟则负责营巢任务。雌鸟每次产卵 1~2 枚,产卵后即开始孵卵。雄鸟不但要忙于寻找食物,还要替换"妻子"孵卵 20 天左右。经过大约四五十天的孵卵期,雏鸟终于破壳而出。它们全身裸露,细眼紧闭,仅能从父母嘴中啄取食物充饥。6 个月后,小军舰鸟就能展翅扑飞了,但还要靠父母喂养一段时间,等到 1 岁之后才能独自生活。

军舰鸟可驯养为通信鸟。白腹军舰鸟被列为国家一级保护动物。

"穿着燕尾服的绅士"企鹅

企鹅是一种极为可爱的鸟类,属鸟纲企鹅目企鹅科。

目前全世界已知的企鹅有 18 种,全部分布于南半球。其分别是小白鳍企鹅、白鳍企鹅、黄眼企鹅、麦哲伦企鹅、秘鲁企鹅、加拉帕戈斯企鹅、帝企鹅、王企鹅、阿德利企鹅、南极企鹅、巴布亚企鹅、史氏角企鹅、角企鹅、响弦角企鹅、马可罗尼角企鹅和直冠角企鹅。

其中我们比较熟悉的是生活在南极冰原上的"穿着燕尾服的绅士"——王企鹅和阿德利企鹅。

企鹅身体臃肿,脚生长在身体的最下部,以直立的姿势行走,趾间有蹼,特征为不能飞翔,跖行性,前肢成鳍状,羽毛短,羽毛间存有一层空气,用以绝热。背部为黑色,腹部为白色。各个种之间的主要区别在于其头部色型和个体大小。

1."大个子"的帝企鹅

帝企鹅是公认的已知现存的体型最大的企鹅。成年皇帝企鹅的身高可达 120 厘米左右,体重可达 46 千克左右。

帝企鹅的喙呈赤橙色;脖子下被有一片橙黄色羽毛,向下逐渐变淡,就像是系在其颈部的领结;帝企鹅的耳后也被有橙黄色羽毛,较颈部颜色更深。

帝企鹅全身色泽协调,背呈黑色、腹部呈白色,就像一位打算去参加舞会的绅士,穿着白色的衬衫,搭配了一件合体的燕尾服。

帝企鹅身形健硕,通常取食大海里鱼、虾和头足类动物。

帝企鹅的游速约为 5.4~9.6 千米/时,平均寿命约为 20 年。

帝企鹅通常在南极冬季严寒的冰上繁殖后代。雌企鹅每次产 1 枚卵,由雄企鹅负责孵化。

2.性情温顺的王企鹅

王企鹅又名国王企鹅,在人们没有发现帝企鹅之前,被认为是企鹅家族中个头最大的成员。

王企鹅的身长大约为 90 厘米,体重约为 11~16 千克。

王企鹅从外形上来说与帝企鹅非常的相似。王企鹅的嘴巴细长,头上、喙、颈部呈鲜艳的橘黄色,且颈下的橘黄色羽毛向下和向后延伸的面积较大,极为艳丽。

王企鹅在南极企鹅中是姿势最优雅、性情最温顺、外貌最漂亮的。王企鹅虽然步行摇摇摆摆很笨拙,但遇到敌害时,可以将腹部贴于冰面,以双翅快速滑雪,后肢蹬行,速度很快。

3.憨态可掬的巴布亚企鹅

巴布亚企鹅又名金图企鹅、白眉企鹅,是继帝企鹅和王企鹅之后体型最大的企鹅物种。

巴布亚企鹅的身长约 60~80 厘米,重约 6 千克。在巴布亚企鹅的眼睛上方有一个十分明显的白斑;嘴细长,呈红色。

巴布亚企鹅憨态可掬,行为十分可爱有趣。

巴布亚企鹅被称为是"企鹅中的战斗机",是企鹅家族中的游泳高手,其最高游速可达 36 千米/时。

巴布亚企鹅主要分布于哥伦比亚、委内瑞拉、圭亚那、苏里南、厄瓜多尔、秘鲁、玻利维亚、巴拉圭、巴西、智利、阿根廷、乌拉圭以及福克兰群岛、南极大陆、南极半岛以及南乔治亚岛等若干座岛屿上。

独具灵气的丹顶鹤

丹顶鹤又叫作仙鹤,属鸟纲鹤形目鹤科鹤属。

丹顶鹤是典型的涉禽,其因头顶具有一个明显的"红肉冠"而得名。

丹顶鹤的身长约为120~150厘米,翼展约为200厘米。丹顶鹤具备了鹤类的基本特征,即嘴长、颈长、腿长。丹顶鹤的头部皮肤呈裸露状态,为鲜红色。其成鸟除了颈部和飞羽后端呈黑色外,身体其他部分均被有洁白的羽毛。丹顶鹤的尾脂腺被粉。其幼鸟体羽呈棕黄色,喙为黄色。亚成体羽色多黯淡,2岁后头顶裸区红色越发艳丽。

丹顶鹤为东亚地区特有的鸟类物种,多栖息于开阔的平原、沼泽、湖泊、海滩及近水滩涂,被称为是"湿地之神"。

丹顶鹤的食性较杂,主要以浅水中的鱼、虾、水生昆虫、软体动物及水生植物的叶、茎、块根、球茎、果实等为食。丹顶鹤的食性会根据季节的不同而发生相应的变化,在春季主要偏食植物,到了夏季则较为偏好动物性食物。

丹顶鹤

丹顶鹤具有迁徙性(目前已知只有分布于日本北海道的丹顶鹤为留鸟),平时多成对或集成小群进行活动,到了迁徙时则会集成大群同行。丹顶鹤通常在入秋后,从东北繁殖地迁飞到南方越冬。迁徙时排成"一"字形或"V"字形。丹顶鹤十分机警,在其活动或休息时均有充当哨兵的个体。

丹顶鹤家族实行的是"一夫一妻"制,通常情况下,这种夫妻关系会维持一生。

丹顶鹤的繁殖期一般为每年的3~9月。它们会在浅水处或有水湿地上用芦苇等禾本科植物营巢。丹顶鹤每年会产一窝卵,平均每窝产卵2~4枚,由雌雄亲鸟轮流进行孵化。

我国在丹顶鹤等鹤类的繁殖区和越冬区建立了扎龙、向海、盐城等自然保护区。在江苏省盐城自然保护区,越冬的丹顶鹤一年最多可达600多只,成为目前世界上已知的

越冬个体数量最多的丹顶鹤越冬栖息地。

丹顶鹤由于体形大、颜色分明，很容易辨认。人们对丹顶鹤的了解较多。中国的许多地方志书籍中也多有对丹顶鹤的记录，丹顶鹤很早就被人们所饲养，唐宋年间尤为盛行。现在许多地方都有饲养供人观赏的丹顶鹤。

"千岁"灰鹤

灰鹤又名千岁鹤、玄鹤，属鸟纲鹤形目鹤科鹤属。

灰鹤是一种大型涉禽，成鸟两性相似，雄鸟体型略大。一般体长约为1.0～1.4米，体重约为3～5.5千克。

灰鹤的前额和眼呈黑色，被有稀疏的黑色毛状短羽；冠部几乎无羽，裸出的皮肤为红色；眼后有穿过耳羽至后枕的白色宽纹，该宽纹通常沿颈部向下至上背；灰鹤身体的其余部分多为石板灰色，背、腰颜色较深，胸、翅颜色较淡，背常沾有褐色；灰鹤的喉、前颈和后颈均为灰黑色。

初级飞羽、次级飞羽端部、尾羽端部和尾上覆羽均为黑色；三级飞羽灰色，先端略黑，且延长弯曲成弓状，其羽端的羽枝分离成毛发状。幼鸟体羽已呈灰色但羽毛端部为棕褐色，冠部被羽，无下垂的内侧飞羽；第二年头顶开始裸露，仅被有毛状短羽，上体仍留有棕褐色的旧羽。

灰鹤是鹤类中分布最广的物种。分布于欧亚大陆及非洲北部，包括整个欧洲、北回归线以北的非洲地区、阿拉伯半岛等地区；在印度次大陆及中国的西南地区也有分布，包括印度、孟加拉国、不丹、锡金、尼泊尔、巴基斯坦、斯里兰卡、马尔代夫以及中国西藏的东南部地区等。

灰鹤多栖息于开阔平原、草地、沼泽、河滩、旷野、湖泊以及农田地带，尤其喜欢富有水边植物的开阔湖泊和沼泽。在迁徙途中的停歇地和越冬地，主要为河流、湖泊、水库或海岸。

灰鹤常到农田中觅食，回到河漫滩、沼泽地或海滩夜宿。灰鹤属杂食性鸟类，以植物的根、茎、叶、果实、种子（尤其喜欢芦苇的根和叶）和昆虫、蚯蚓、蛙、蛇、鼠类等为食。在草海越冬的灰鹤，主要吃豆类、玉米、马铃薯、胡萝卜、萝卜、白菜、菠菜、冬小麦、水葱及荆三棱的根茎,也兼吃一些动物性食物,常见的有中华田螺、铜锈环棱螺、胀肚环棱螺和犁型环棱螺。

灰鹤通常为"一夫一妻",但是不具有"终生"性,一般配偶丧生后,另一方会重新寻找配偶。

灰鹤喜欢在深水沼泽区的草台子或明水区岛状草丛中营巢。它们通常在每年的 4 月下旬开始产卵,5 月较集中,一直到 6 月仍有筑巢产卵的。灰鹤一般每窝产卵 2 枚,卵呈灰褐色,与丹顶鹤的卵的颜色接近,布满大小不等的深褐色斑点及斑块,钝端较密集;产卵间隔通常为 2 天(也有的为 1 天、3 天或 4 天),由雌雄鹤轮流换孵。

灰鹤的繁殖地横贯了整个欧亚大陆,通常都是就近进行南北方向迁徙。在新疆和青海繁殖的灰鹤会向南迁到印度东部越冬;在中国中部北方地区(如内蒙古等地)繁殖的灰鹤会迁到长江中游及贵州、云南等地越冬;在中国东北和西伯利亚中部繁殖的灰鹤,会迁到中国山西及其以南地区的长江下游越冬。每年的 9 月下旬至 10 月初,灰鹤会先后离开繁殖地,到 10 月中旬至 11 月中旬陆续到达越冬地。

鹤中"闺秀"蓑羽鹤

蓑羽鹤又名闺秀鹤,是我国的国家二级保护动物。

蓑羽鹤是世界上已知现存的鹤中,体型最小的一种,属于中型涉禽。成年的蓑羽鹤身高约为 98 厘米,体长约为 75 厘米,体型异常纤细。

蓑羽鹤的体羽以石板灰色为主,背部具蓝灰色蓑羽;颊部两侧各生有一丛白色长羽,蓬松分垂,状若披发;前颈和胸部羽毛黑色,上胸黑羽延长呈披针状;飞羽和尾羽端部黑色,喙呈黄绿色,脚为青灰色;蓑羽鹤雌鸟虹膜为橘黄色,雄鸟虹膜为红色,雌鸟橘黄。

蓑羽鹤经常栖息于沼泽、草甸、苇塘等地,以水生植物和昆虫为食,也兼食鱼、蝌蚪、虾等。

蓑羽鹤生性羞怯,除繁殖期成对活动外,多呈家族群或小群活动,有时也会单独活动的,常在水边浅水处或水域附近地势较高的羊草草甸上进行活动。蓑羽鹤在飞行时颈伸直、向前。因其举止娴雅、端庄大方,故又名"闺秀鹤"。

蓑羽鹤具有迁徙性,通常于每年的 3 月中旬到达我国吉林省西部繁殖地,3 月末至 4

月初到达黑龙江和内蒙古呼伦贝尔。秋季于 10 月中下旬南迁,成家族群或小群迁飞。

蓑羽鹤通常不营巢,会直接把卵产在干燥的、长着稀疏苇草的地面上。通常每窝产卵 1~2 枚,雌雄亲鸟轮流孵化。

"南非国鸟"蓝鹤

蓝鹤作为象征南非的国鸟是最合适的了。这种个头较大、体形独特优美、外表安详自信的鸟类有 99% 都是以南非为家的。

蓝鹤又名蓝蓑羽鹤。它们通常在地上生活,高约 100~120 厘米,重 4~6.2 千克。它们身体大部分被羽呈淡蓝灰色,有白冠,喙呈粉红色,双翼羽毛呈深灰色并很长。

蓝鹤的头形很一般,仿佛只给自己挑选了一顶朴素无沿的便帽。但头后部的羽毛却长得特别长,顺滑地构成一个弧形,使头部看起来非常圆润,也将颈部衬托得特别纤细。

蓝鹤常栖息在干旱的高地,只会花很少时间在湿地,主要吃种子及昆虫。它们是候鸟,一般会在高草原筑巢,待到了冬天向低海拔迁徙。很多时它们会留在农地。

蓝鹤一般在春天筑巢孵蛋,通常每窝产卵 2 枚。蓝鹤雌鸟经常直接将卵产在光秃秃的地面上。但如果仔细观察,你会在蛋的底部发现一层不很明显的、薄薄的垫子。这层垫子是由干草、动物排泄物甚至小石头等物构成的。

高鸣的美洲鹤

美洲鹤又名高鸣鹤、咳鹤、美洲白鹤,属鸟纲鹤形目鹤科鹤属。

美洲鹤是北美洲个头最高的鸟类,体长约为 1.27 米,体高约为 1.50 米。

美洲鹤的面颊和头顶裸露,呈鲜红色,飞羽和颈项均为黑色,其余部分的羽毛为纯白色。美洲鹤的喙呈淡黄色,腿和脚均呈黑色的。

美洲鹤有着非常发达的器官,其气管卷曲在胸部的龙骨突内,长度可达 1.5 米左右,甚至超过其体长。

美洲鹤主要栖息于湿地(特别是天然湿地)。美洲鹤喜欢在辽阔的天空盘旋。其由于气管特别发达,所以鸣声十分嘹亮。

美洲鹤主要以甲壳动物、蛙类等小型水生动物为食，偶尔吃鱼。

美洲鹤一般 3 岁即配对繁殖。其求偶行为十分奇特，包括了一连串的鸣叫、鼓翼和点头行为，偶尔会做出惊人的弹跳动作。

美洲鹤会用芦苇、香蒲、蓑衣草等植物营巢。每年产一窝卵，一窝通常有卵 2 枚。每对美洲鹤幼鸟只能活 1 只，另一只通常会在相互间的激烈争斗中死亡。

纯洁的白鹤

白鹤又名西伯利亚白鹤、雪鹤，属鸟纲鹤形目鹤科鹤属。

白鹤是一种大型的涉禽，体型略小于丹顶鹤。一般体长约为 130 厘米翼展约为 210~250 厘米，体重约为 7~10 千克。

白鹤的头部的前半部为红色裸皮，嘴和脚也呈红色；除初级飞羽为黑色之外，周身被有洁白色的羽毛，站立时黑色初级飞羽不易见，仅飞翔时黑色翅端较为明显。

白鹤的幼鸟在秋季南迁时，额和面部无裸露部分，被有稠密的锈黄色羽毛；头、颈及上背呈棕黄色，翅上也有棕黄色羽毛，但初级飞羽为黑色。从秋天到第二年春天，白鹤幼鸟的头、颈、体和尾覆羽白色羽毛逐渐增加，越冬后的亚成体除颈、肩尚留有黄色羽毛之外，其余部分的羽毛已换成白色，与成体相似。

白鹤在我国主要分布于河北、内蒙古、辽宁（双台河口、大连）、吉林、黑龙江、安徽、山东、河南等，越冬地主要在江西和湖南，越冬期间零星个体见于辽宁瓦房店、江苏盐城和东台、浙江余姚、山东青岛沿海以及新疆霍城等。

白鹤是最特化的鹤类，对浅水湿地的依恋性很强，对栖息地的要求也很高。

在世界范围内，白鹤有 3 个分离的种群，即东部种群、中部种群和西部种群。东部种群在西伯利亚东北部繁殖，在长江中下游越冬；中部种群在西伯利亚的库诺瓦特河下游繁殖，在印度拉贾斯坦邦的克拉迪奥国家公园越冬；西部种群在俄罗斯西北部繁殖，在里海南岸越冬。

在我国出现的白鹤主要属东部种群，它们一般不在北极苔原营巢，也不在近海河口低地和河流泛滩或高地营巢，而是在有大面积的淡水、视野开阔的低地苔原进行营巢，其夏季主要营巢区约为 8.2 万平方千米，定期营巢范围不超过 3 万平方千米。

白鹤在繁殖地为杂食性,会吃包括植物的根、地下茎、芽、种子、浆果以及昆虫、鱼、蛙、鼠类等在内的食物;当有雪覆盖、植物性食物难以得到时,主要以旅鼠和鼠平等动物为食;当5月中旬气温低于0℃时,主要吃蔓越桔;当湿地化冻后,它们吃芦苇块茎、蜻蜓稚虫和小鱼;在营巢季节主要吃藜芦的根、岩高兰的种子、木贼的芽和花蔺的根、茎等植物性食物;在南迁途中,会在我国内蒙古大兴安岭林区的苔原沼泽地觅食水麦冬、泽泻、黑三棱等植物的嫩根及青蛙、小鱼等;在越冬地鄱阳湖,主要挖掘水下泥中的苦草、马来眼子菜、野荸荠、水蓼等水生植物的地下茎和根为食,也吃少量的蚌肉、小鱼、小螺和砂砾。

白鹤为"一夫一妻"制,通常在每年的5月下旬达到营巢地。产卵期常从5月下旬到6月中旬,每窝产卵2枚,卵由雌雄鹤交替孵卵,但以雌鹤为主。

喜欢点头的矶鹬

矶鹬属于鸟纲鸻形目鹬科鹬属。

矶鹬雄鸟体长约为160~200毫米,体重约为41~59克,嘴峰约为24~24毫米,尾长约为54~76毫米,跗蹠约为18~28毫米;雌鸟体长约为180~210毫米,体重约为40~61克,嘴峰约为24~26毫米,尾约为50~67毫米,跗蹠约为23~29毫米。

矶鹬头部、颈部、背部和翅、肩等都被有橄榄绿、褐色具绿灰色光泽的羽毛。各羽均具细而闪亮的黑褐色羽干纹和端斑,其中尤以翅覆羽、三级飞羽、肩羽、下背和尾上覆羽最为明显。飞羽黑褐色,除第一枚初级飞羽外,其他飞羽包括次级飞羽内翈均具白色斑,且越往里白色斑越大,到最后两枚次级飞羽几乎全为白色。翼缘、大覆羽和初级覆羽尖端亦缀有少许白色。中央尾羽橄榄褐色,端部具不甚明显的黑褐色横斑,外侧尾羽灰褐色具白色端斑和白色与黑褐色横斑。眉纹白色,眼先黑褐色。头侧灰白色具细的黑褐色纵纹。颏、喉白色,颈和胸侧灰褐色,前胸微具褐色纵纹,下体余部纯白色。腋羽和翼下覆羽亦为白色,翼下具两道显著的暗色横带。冬羽和夏羽相似,但上体较淡,羽轴纹和横斑均不明显,颈和胸微具或不具纵纹,翅覆羽具窄的皮黄色尖端。幼鸟似成鸟非繁殖羽,但羽缘多缀有皮黄色,翅上覆羽和尾上覆羽尖端缀有显著的皮黄褐色横斑。虹膜褐色,嘴短而直、黑褐色,下嘴基部淡绿褐色,跗蹠和趾灰绿色,爪黑色。

矶鹬喜欢栖息于沿海滩涂、沙洲以及海拔比较高的山地稻田及溪流、河流两岸。它们通常会沿着水边跑跑停停,行走时候头会不停地点动,停息时尾羽不停还会上下摆动,让人感觉其非常欢快。

矶鹬主要以昆虫、螺类、蠕虫等为食。繁殖期一般为每年的 5~7 月,会在河边的沙草丛中地上营巢,每窝产卵 4~5 枚。

"嘟嘴"的反嘴鹬

反嘴鹬又名反嘴鸻。为鸟纲鸻形目反嘴鹬科反嘴鹬属。

反嘴鹬属包含了大约 10 个种类,通常体高约为 43 厘米,体长约为 42~45 厘米,腿长约为 7.5~8.5 厘米,翼展约为 76~80 厘米。

反嘴鹬的身体被白色羽毛,间有黑色斑块羽毛;其腿长、呈灰色;黑色的嘴细长且上翘,就像是在"嘟嘴"一般。反嘴鹬的虹膜呈褐色,脚呈蓝灰色。

当反嘴鹬飞行时,从下面看体羽呈全白,仅翼尖为黑色。具黑色的翼上横纹及肩部条纹。

反嘴鹬大多分布在欧洲,在西亚和中亚的温带地区也有分布。在我国主要分布于华北和华南等地。模式种在意大利。

反嘴鹬为迁徙鸟类,大部分通常会在冬季迁徙至非洲或亚洲南部,小部分冬季会停留在分布地区最温暖的区域,例如西班牙南部和英格兰南部。

反嘴鹬家族中实行的是"一妻多夫"制,通常 1 只雌鸟会与多达 10 只雄鸟进行交配,产下的卵多由雄鸟孵化、照顾。

身披"红袍"的火烈鸟

火烈鸟又名大红鹳、红鹤,属鸟纲鹳形目红鹳科红鹳属。火烈鸟是一种处于濒危状态的大型涉禽。

火烈鸟的体型大小似鹳,翼展约为 160 厘米;其嘴短且厚,上嘴中部突向下曲,下嘴较大呈槽状;颈部长且弯曲呈"S"形;脚极长、裸出,向前的 3 趾间有蹼,后趾短小、位高;

翅大小适中；尾短；体羽白而带玫瑰色，飞羽呈黑色，覆羽为深红。

火烈鸟

火烈鸟的羽毛非常的艳丽鲜艳、引人注目，这身美丽的"红袍"不仅不能成为火烈鸟的保护色，反而使其成为非常容易被攻击的对象。

除了火红的羽毛是其特色外，一双细长的红腿也是火烈鸟的魅力资本。

火烈鸟静立于水中时美艳大方，有如亭亭玉立的少女；徐徐踱步时高贵典雅，又如端庄的贵妇。

火烈鸟主要分布于地中海沿岸，东达印度西北部，南抵非洲，亦见于西印度群岛。

火烈鸟生性怯懦、喜欢群居，常万余只结群。一般栖息于温热带盐湖水滨，涉行浅滩。

火烈鸟主要靠滤食藻类和浮游生物为生，偶尔也以小虾、蛤蜊、昆虫为食。有些火烈鸟受水域鱼类的影响较大，如智利火烈鸟由于食性较窄，故只生活在没有鱼的湖中，以免出现鱼类与其争食。

火烈鸟在觅食时，会将头部往下浸，嘴倒转，将食物吮入口中，把多余的水和不能吃的渣滓排出，然后徐徐吞下。

火烈鸟通常以泥筑成高墩作巢，巢基位于水中，高约 0.5 米。孵卵时亲鸟伏在巢上，长颈后弯藏在背部羽毛中。每窝产卵 1~2 枚。

火烈鸟经常会成群地在浅水区进行活动，或于岸畔信步、或交颈嬉戏、双翅舒展、或长颈猛摇、或翩然起舞、或腾空冲天，与湖光相映，构成"世界禽鸟王国中的绝景"。

"长脖老等"苍鹭

苍鹭又名老等、灰鹳、青庄，属鸟纲鹳形目鹭科鹭属。

苍鹭是一种大型涉禽，其头、颈、脚和嘴都非常长，因而身体显得非常细瘦。

苍鹭的雄鸟体重约为 0.9~1.8 千克,体长约为 75~105 厘米,嘴峰长约 10~12 厘米,翼约为 37~46 厘米,尾长约为 15~18.5 厘米,跗蹠长约 13~16 厘米;雌鸟的体重约为 1.0~1.7 千克,体长约为 75~100 厘米,嘴峰长约 11~13 厘米,翼约为 41~46 厘米,尾长约为 14~17.5 厘米,跗蹠长约 13.5~16 厘米。

苍鹭雄鸟头顶中央和颈均呈白色;头顶两侧和枕部为黑色;羽冠分为两条位于头顶和枕部两侧,状若辫子,由 4 根黑色细长羽毛构成;前颈中部有 2~3 列纵行黑斑;上体自背至尾上覆羽苍灰色;尾羽呈暗灰色;两肩有长尖而下垂的苍灰色羽毛,羽端分散,呈白色或近白色;初级飞羽、初级覆羽、外侧次级飞羽黑灰色,内侧次级飞羽灰色;大覆羽外部呈浅灰色,内部呈灰色;中覆羽、小覆羽浅灰色;三级飞羽暗灰色,具长尖、下垂的羽毛;额、喉白色,颈的基部有呈披针形的灰白色长羽披散在胸前;胸、腹白色,前胸两侧各有一块大的紫黑色斑,沿胸、腹两侧向后延伸,在肛周处汇合;两胁微缀苍灰色,腋羽及翼下覆羽灰色;腿部羽毛为白色。

苍鹭通常栖息于江河、溪流、湖泊、水塘、海岸等水域岸边及其浅水处,也见于沼泽、稻田、山地、森林和平原荒漠上的水边浅水处和沼泽地上。

苍鹭喜欢成对或成小群活动,迁徙期间和冬季集成大群,有时也可见其与白鹭混群,喜欢长时间站在水边不动。颈常曲缩于两肩之间,并常以一脚站立,另一脚缩于腹下,站立可达数小时之久而不动。

苍鹭在飞行时两翼鼓动缓慢,颈缩成"Z"字形,两脚向后伸直,远远地拖于尾后。它们晚上多成群栖息于高大的树上休息。

苍鹭的食性偏动物性,主要以小型鱼类、泥鳅、虾、喇蛄、蜻蜓幼虫、蜥蜴、蛙和昆虫等为食。清晨和傍晚是其一天中主要的觅食时间。其觅食时,或分散地沿水边浅水处边走边啄,或是拉开一定距离独自一动不动地站在水中等候食物游过。它们有时可以几个小时不动地站在一个地方等候食物,故有"长脖老等"之称。

苍鹭的繁殖期通常在每年的 4~6 月。繁殖开始前雌雄亲鸟多成对或成小群活动在环境开阔、且有芦苇水草或附近有树木的浅水水域和沼泽地上活动,并在其生存水域附近的树上或芦苇与水草丛中营巢。有时一棵树上有巢数对至十多对。营巢由雌雄亲鸟共同进行,雄鸟负责运输巢材,雌鸟负责营巢。

营巢结束后立即开始产卵。通常每隔 1 天产 1 枚卵,每窝产卵 3~6 枚,其中以 5 枚居多。由雌雄亲鸟共同完成孵化任务。

苍鹭在我国是较为常见的涉禽种类，几乎全国各地水域和沼泽湿地都可见到，数量较普遍。但近年来，由于沼泽的开发利用，苍鹭生境条件的恶化和丧失，其种群数量开始出现明显减少，因此保护苍鹭的生境已经成为不可忽视的问题。

"吉祥之鸟"朱鹮

朱鹮又名朱鹭、日本凤头鹮、朱脸鹮鹭，属鸟纲鹳形目鹮科朱鹮属。

朱鹮体长约为55～80厘米，体重约为1.4～1.8千克，嘴长约为18厘米，腿长约为9厘米。

朱鹮雌雄鸟羽色相近，周身被羽红中夹红，其颈部披有下垂的长柳叶型羽毛；额至面颊部皮肤裸露，呈鲜红色；初级飞羽基部粉红色较浓；嘴长而下弯，基部为黑色，嘴端呈红色；腿不算太长，胫的下部裸露呈绯红。朱鹮的亚成鸟呈灰色，部分成鸟仍呈红色。虹膜呈黄色。

朱鹮曾经是一种分布非常广泛的鸟类，历史上中国东北、日本、朝鲜和俄罗斯的西伯利亚都有关于朱鹮分布的记录。其性情温顺，体态秀美典雅，行动端庄大方、十分动人，被认为是"吉祥之鸟"。

20世纪中叶以来，由于人类社会生产活动对环境的影响，使得朱鹮对变化的环境难以适应，种群数量急剧减少。人们曾一度认为日本的朱鹮已不存在，但后来又发现少量残存于佐渡和能登半岛的个体。

作为稀世珍禽，朱鹮于1952年被日本定为"特别天然纪念物"；1960年在东京召开的第十二次国际鸟类保护会议上被定为"国际保护鸟"；1967年，韩国政府也将朱鹮定为"198号天然纪念物"。

20世纪60年代末苏联境内朱鹮绝迹，20世纪七八十年代朝鲜半岛上的朱鹮也消失，后日本血统的最后一只朱鹮阿金去世，日本朱鹮灭绝。幸而随后在我国陕西省洋县又发现了几只朱鹮。现在，成群的朱鹮在陕西省洋县快乐地生活着。

朱鹮性情孤僻、沉静，胆怯怕人，平时成对或小群活动。

朱鹮对生境要求较高，只喜欢在具有高大树木可供栖息筑巢，附近有水田、沼泽可供觅食，天敌又相对较少的幽静的环境中生活。朱鹮通常会在大树上过夜，白天在没有施用过化肥、农药的稻田、泥地以及清澈的溪流等环境中觅食。

朱鹮主要以小鱼、蟹、蛙、螺等水生动物和昆虫为食。朱鹮通常为留鸟,秋、冬季成小群向低山及平原作小范围游荡。每年的4~5月份开始筑巢,每年繁殖一窝,每窝产卵2~4枚。由雌雄亲鸟共同完成孵化和育幼工作。

"风漂公子"大白鹭

大白鹭又名白鹭鸶、鹭鸶、风漂公子、白漂鸟、冬庄、大白鹤、白鹤鹭、白庄、雪客,属鸟纲鹳形目鹭科白鹭属。

大白鹭是我们常见的观赏鸟类之一,属于大型涉禽。

大白鹭的雌鸟较雄鸟小。雄鸟体长约为89~98厘米,体重约为0.8~1.1千克,嘴峰约为10~11厘米,尾约为11~16厘米,跗蹠约为14.5~17.0厘米;雌鸟体长约为82.0~85.5厘米,体重约为0.6~1.0千克,嘴峰约为10厘米,尾约为12~14厘米,跗蹠约为13~14厘米。

大白鹭的嘴和眼先部分被有黑色羽毛,非繁殖期呈黄色;嘴角有一条黑羽直达眼后;周身呈白色,冬羽和夏羽相似;前颈下部和肩背部无长蓑羽;虹膜呈黄色;颈裸出部肉红色;跗蹠和趾黑色;繁殖期间肩背部着生有3列长直、羽枝分散状的蓑羽,一直向后延伸到尾端,蓑羽羽干呈象牙白色,基部较强硬,到羽端渐次变小,羽支纤细分散,且较稀疏。

大白鹭在非洲、欧洲、亚洲及大洋洲均有分布。

大白鹭通常栖息于开阔平原和山地丘陵地区的河流、湖泊、水田、海滨、河口及其沼泽地带。通常在水边浅水处涉水觅食,以昆虫、甲壳类、软体动物、水生昆虫以及小鱼、蛙、蝌蚪和蜥蜴等为食。

大白鹭常单独或集小群活动,在繁殖期间也可见多达300多只的大群。大白鹭主要在白天进行活动,行动极为谨慎,遇人即飞走。

大白鹭在刚飞行时两翅扇动较笨拙,脚悬垂于下,达到一定高度后,飞行开始变灵活,两脚亦向后伸直,远远超出于尾后,头缩到背上,颈向下突出成囊状,两翅鼓动缓慢。

大白鹭在站立时,会将头缩于背肩部,呈驼背状。步行时也常缩着脖,缓慢前进。

大白鹭大部分为夏候鸟,少部分为旅鸟和冬候鸟。

大白鹭的繁殖期为每年的4~7月。它们经常将巢搭建在高大的树上或芦苇丛中,喜集群营巢,有时一棵树上同时有数对到数十对巢。大白鹭通常每年繁殖1窝,每窝产卵3~6枚,由雌鸟负责孵化,雌雄亲鸟共同完成育幼工作。

牛背上的牛背鹭

牛背鹭又名黄头鹭、畜鹭,属鹳形目鹭科牛背鹭属。

牛背鹭属中只有牛背鹭一种,属于中型涉禽。

牛背鹭的身长约为48~53厘米,翼展约为90~96厘米,体重约为300~400克,寿命在15年左右。

牛背鹭喙厚,颈粗短,冬羽近全白,脚沾黄绿;繁殖期头、颈、背等变浅黄,嘴及脚沾红;雄性成鸟繁殖羽期头、颈、上胸及背部中央的蓑羽呈淡黄至橙。

牛背鹭主要分布于欧洲、亚洲、非洲等地。

牛背鹭通常栖息于平原草地、牧场、湖泊、水库、山脚平原和低山水田、池塘、旱田和沼泽地上。

牛背鹭常成对或集小群活动,有时也单独活动或集成数十只的大群。牛背鹭在休息时喜欢将颈部缩成“S”形,站在树梢上;也常伴随水牛活动,喜欢站在牛背上或跟随在耕田的牛后面啄食翻耕出来的昆虫和牛背上的寄生虫。

牛背鹭性活跃、温驯,活动时寂静无声。飞行时头缩到背上,颈向下突出像一个喉囊,飞行高度较低,通常成直线飞行。

牛背鹭主要以蝗虫、蚂蚱、蜚蠊、蟋蟀、蝼蛄、螽斯、牛蝇、金龟子、地老虎等昆虫为食,也吃蜘蛛、蚂蟥和蛙等其他动物。

生活在我国长江以南繁殖的牛背鹭种群多数为留鸟;生活在我国长江以北的牛背鹭则多为夏候鸟,通常会于每年的4月初到4月中旬迁到北方繁殖地,9月末至10月初迁飞到南方越冬地。

牛背鹭的繁殖期为每年的4~7月,常集群营巢,或与白鹭、夜鹭一起营巢。每窝产卵4~9枚。雌雄亲鸟轮流孵卵。

"凌波仙子"水雉

水雉又名菱角鸟,属鸻形目水雉科水雉属。

水雉的体长约为 310~580 毫米;嘴峰约为 26~30 毫米;翅约为 190~240 毫米,尾羽长度冬夏不一,通常夏羽约为 190~376 毫米、冬羽约为 110~117 毫米;跗蹠 45~59 毫米。

水雉的夏羽头、颏、喉和前颈呈白色;后颈呈金黄色;枕为黑色,往两侧延伸成一条黑线,沿颈侧而下与胸部黑色相连,将前颈的白色和后颈额金黄色分开;背、肩均呈棕褐色,具紫色光泽;腰、尾上覆羽和尾呈黑色;翅上覆羽为白色;第一和第二枚初级飞羽黑色,第二枚的内翈基部有一白点;第三枚初级飞羽为黑色,内翈大部为白色;次级飞羽则全为白色;下体呈棕褐色;腋羽和翼下覆羽为白色;虹膜一般呈褐色;喙为蓝灰色,尖端缀有绿色;跗蹠和趾淡绿色。

水雉的冬羽头顶和后颈黑呈褐色,具白色眉纹,颈侧具黄色纵带;一条粗的黑褐色过眼纹沿颈侧黄色纵带前面而下,与宽阔的黑褐色胸带相连;下体大部分为白色;上体被羽颜色较夏羽淡,呈绿褐色或灰褐色。冬羽的飞羽同夏羽,外侧和内侧翅覆羽均为白色,中间翅覆羽具有淡褐色横斑;虹膜为淡黄色;喙呈黄色,喙端为褐色;脚、趾为暗绿色至暗铅色。

水雉主要分布于印度、缅甸、泰国、马来半岛、中南半岛、菲律宾和印度尼西亚等国;在我国主要分布于云南、四川、广西、广东、福建、浙江、江苏、江西、湖南、湖北、香港、台湾和海南岛等长江流域和东南沿海省区,有时亦向北扩展到山西、河南、河北等省。

水雉喜欢栖息于富有挺水植物和漂浮植物的淡水湖泊、池塘和沼泽地带,常在小型池塘及湖泊的浮游植物如睡莲及荷花的叶片上行走,挑挑拣拣地找食,间或短距离跃飞到新的取食点。

水雉一般为我国的香港、台湾、云南和南部沿海地区为留鸟;在较北地区为夏候鸟,通常于每年的 3 月末至 4 月上旬迁到北部繁殖地,9 月末至 10 月上旬迁离繁殖地。

水雉家族实行的是"一妻多夫"制,雄鸟常常会因为争夺配偶而发生殴斗。

水雉的繁殖期为每年的 4~9 月,通常营巢于莲叶、百合叶、水仙花叶以及大型浮草上。在一个繁殖季节雌鸟可产卵 10 窝以上,每窝产卵 4 枚,分别由不同的雄鸟负责孵化工作。

体态优美的白鹳

白鹳是一种大型的涉禽，体态优美。长而粗壮的黑色喙部十分坚硬，在其基部缀有淡紫色或深红色。

白鹳身体上的羽毛主要以纯白色为主。其翅膀宽而长，前颈的下部有呈披针形的长羽，在求偶炫耀的时候能竖直起来。

白鹳在繁殖期主要栖息于开阔而偏僻的平原、草地和沼泽地带，特别是有稀疏树木生长的河流、湖泊、水塘以及水渠岸边和沼泽地上，有时也栖息和活动在远离居民区、具有岸边树木的水稻田地带；越冬季的时候，白鹳主要栖息在开阔的大型湖泊和沼泽地带。

除了在繁殖期成对活动外，其他季节白鹳大多组成群体活动，特别是迁徙季节，常常聚集成数十只，甚至上百只的大群。

白鹳生性安静，较为机警。其在飞行或步行时举止缓慢，休息时常单足站立。时常在栖息地的上空飞翔盘旋。开始起飞时，需要先在地面进行助跑，并用力煽动两翅，待获得一定的上升力后才能飞起。

白鹳在飞翔时颈部向前伸直，腿、脚则伸到尾羽的后面，尾羽展开呈扇状，初级飞羽散开，上下交错，既能鼓翼飞翔，也能利用热气流在空中盘旋滑翔，姿态轻快而优美。

白鹳觅食时步履轻盈矫健，边走边啄食，常以一些小鱼、蛙、昆虫等为食。

白鹳通常在夏季繁殖。亲鸟会首先在大树的高处以枝丫、茅草等营巢，每窝产卵3~5枚，由雌雄白鹳共同负责孵化工作。

荷兰国鸟白琵鹭

白琵鹭属于鸟纲鹳形目朱鹭科琵鹭属。

白琵鹭是荷兰的国鸟，因为喙部极像琵琶而得名。

白琵鹭属于大型涉禽，其体长约为70~95厘米，体重约为2千克。

白琵鹭的喙部长直且上下扁平，并且扩大形成铲状或匙状，很像一把琵琶，十分有趣;白琵鹭的喙部主要呈黑色,只有喙端为黄色。白琵鹭的虹膜为暗黄色,长长的脚呈黑色。

白琵鹭的被羽分为夏羽和冬羽两种。其夏羽周身为白色,后枕部具有长的橙黄色发丝状冠羽,颜色为橙黄色,前颈下部具橙黄色颈环,额部和上喉部裸露无羽,颜色为橙黄色;冬羽和夏羽相似,但后枕部没有羽冠,前颈部也没有橙黄色的颈环。

白琵鹭主要分布在欧洲南部和亚洲,少数分布于非洲。在欧洲的繁殖地,仅限于荷兰和西班牙。

白琵鹭通常栖息于开阔的平原和山地丘陵地区的河流、湖泊、水库岸边及其浅水处;也有一部分栖息于水淹平原、芦苇沼泽湿地、沿海沼泽、海岸红树林、河谷冲积地和河口三角洲等生境中;极少部分会栖息于河底多石头的水域和植物茂密的湿地。

白琵鹭主要以虾、蟹、水生昆虫、昆虫幼虫、蠕虫、甲壳类、软体动物、蛙、蝌蚪、蜥蜴、小鱼等为食,偶尔也吃少量植物性食物。

白琵鹭一般都是在清晨和黄昏觅食,偶尔在晚上觅食。其觅食地点一般为不深于 30 厘米的水边浅水区域,栖息于海边的种群常在潮间带和河入海口处觅食。

白琵鹭觅食不是通过眼睛直接捕食可见食物,而是一边在浅水处行走,一边将嘴张开,伸入水中左右不停扫动,当碰到猎物时,立刻捉住。有些白琵鹭还喜欢将嘴放到一边,拖着嘴迅速奔跑觅食,模样十分奇特。

白琵鹭生性机警、畏人,通常都是成群活动,偶尔可见单独活动的个体。休息时常在水边成一字形散开。长时间站立不动,受惊后则飞往他处。

白琵鹭在飞翔时,会快速鼓动两翅,平均振翅频率可达 186 次/分。白琵鹭不仅可以鼓翼飞翔,也能利用热气流进行滑翔,而且常常是鼓翼和滑翔交相替换。白琵鹭在飞行时两脚伸向后方,头颈向前伸直。白琵鹭在飞翔时常排成稀疏的单行,或成波浪式的斜列飞行。

在我同北方繁殖的白琵鹭种群均为夏候鸟,通常会在每年的 4 月初至 4 月末从南方越冬地迁到北方繁殖地,并于每年的 9 月末至 10 月末再度南迁越冬。白琵鹭在迁徙时常会集成 40~50 只的小群,排成一纵列或呈波浪式的斜行队列飞行。它们多在白天迁飞,傍晚停落觅食。

在我国南方繁殖的白琵鹭种群主要为留鸟,一般不具有迁徙性。繁殖期通常为每年的 5~7 月。在繁殖期经常会发出小猪一般的"哼哼"声,还会因兴奋用长嘴上下敲击发出"嗒嗒"声。

白琵鹭喜欢集群营巢，由几只到近百只组成。有时也与鹭类、琵鹭类和其他鸟类组成混合群体营巢。白琵鹭喜欢将巢搭建在有厚密芦苇、蒲草等挺水植物和附近有灌丛或树木的水域及其附近地区。

白琵鹭通常每窝产卵3~4枚，偶尔有少至2枚和多至5~6枚的，通常间隔2~3天产1枚卵。孵卵由雄雌亲鸟共同承担孵化工作，通常仅在晚上孵卵。

衣着华丽的红嘴相思鸟

红嘴相思鸟又名相思鸟、五彩相思鸟、红嘴鸟，属鸟纲雀形目画眉科相思鸟属。

相思鸟

红嘴相思鸟属于小型鸟类。雄性红嘴相思鸟的体重约为14~28克，体长约为129~154毫米，嘴峰约为11~15毫米，翅约为62~74毫米，尾约为50~68毫米，跗蹠约为22~27毫米；雌性红嘴相思鸟的体重约为19~29克，体长约为127~151毫米，嘴峰约为11~14毫米，翅约为60~72毫米，尾约为50~67毫米，跗蹠约为23~27毫米。

红嘴相思鸟的喙部为赤红色，这也是其名字的由来。雄鸟额、头顶、枕部和上背呈橄榄绿色间有黄色，额和头顶前部稍浅淡；其下背、腰和尾上覆羽均呈暗灰、橄榄绿色，最长的尾上覆羽具淡黄色端斑。

红嘴相思鸟的眼先、眼周呈淡黄色；耳羽呈浅灰或橄榄灰色；颏和喉辉为黄色；上胸有一明显的橙红色胸带；下胸、腹和尾下覆羽呈黄白色或乳黄色；腹中部羽毛颜色较白；两胁为橄榄绿灰色或浅黄灰色；翅下覆羽灰色，腋羽黄绿沾灰。

红嘴相思鸟的雌鸟和雄鸟在外形上大致相似，但翼斑为橙黄色，眼先白色微沾黄色。

红嘴相思鸟主要分布于印度次大陆及中国的西南地区。

红嘴相思鸟主要栖息于海拔1200~2800米的山地常绿阔叶林、常绿落叶混交林、竹林和林缘疏林灌丛地带；冬季多栖息在海拔1000米以下的低山、山脚、平原与河谷地带，有时也会进到村舍、庭院和农田附近的灌木丛中。

红嘴相思鸟主要以毛虫、甲虫、蚂蚁等昆虫为食,也吃植物果实、种子等植物性食物,偶尔也吃少量玉米等农作物。

红嘴相思鸟除了在繁殖期间会成对或单独活动外,其他时期多集成小群活动,有时也会与其他种类的小鸟混群活动。

红嘴相思鸟生性大胆,喜欢在树上或林下灌木间穿梭、跳跃、飞来飞去,偶尔也到地上活动、觅食。

红嘴相思鸟善鸣叫,繁殖期间鸣声响亮,尤其是雄鸟的鸣声更是婉转动听。红嘴相思鸟常站在灌木顶枝上高声鸣唱,其声似"啼—啼—啼—"或"古儿—古儿—古儿—"。

红嘴相思鸟雌雄鸟通常是形影不离的,其繁殖期一般为每年的5~7月。喜欢在林下或林缘灌木丛或竹丛中营巢,其巢穴多由苔藓、草茎、草叶、树叶、竹叶、树皮、草根等构成。红嘴相思鸟每窝产卵3~4枚。

"山呼鸟"黑喉噪鹛

黑喉噪鹛又名珊瑚鸟或山呼鸟,属鸟纲雀形目鹟科噪鹛属。

黑喉噪鹛属于小型鸟类。以滇南亚种为例,其雄鸟体重约为80~99克,体长约为225~290毫米,嘴峰约为21.5~25毫米,翅约为108~118毫米,尾约为116~135毫米,跗蹠约为38~43毫米;雌鸟的体重约为82~92克,体长约为236~278毫米,嘴峰约为21.6~24毫米,翅约为103~120毫米,尾约为108~118毫米,跗蹠约为37~44毫米。

黑喉噪鹛的雌雄羽色相似。其额基、眼先、眼周、颊、颏和喉均呈绒黑色,额基的黑斑上接有一白斑,其后的头顶至后颈部分呈灰蓝色,颈侧橄榄灰色或棕褐色。黑喉噪鹛的胸部为橄榄灰色或橄榄灰褐色,向后转为橄榄褐色,海南亚种胸呈棕褐色。

黑喉噪鹛的背、肩等其余上体指名亚种橄榄灰沾绿,滇西亚种橄榄褐色沾棕,海南亚种后颈至上背棕褐色,其余上体橄榄褐色;两翅覆羽与背同色,飞羽黑褐色,外侧飞羽外翈灰色或银灰色,内侧飞羽与背同色。尾为暗橄榄褐色或橄榄灰褐色、具黑色端斑,越往外侧尾羽黑色端斑越扩大,到最外侧一对尾羽几全为黑色,中央一对尾羽具不明显的暗色横斑(除海南亚种外)。

黑喉噪鹛主要分布于缅甸、泰国、老挝、越南和柬埔寨等国家。在我国主要分布于云南西部和南部、广西西南、海南、香港等地区。

黑喉噪鹛主要栖息于海拔1500以下的低山和丘陵地带的常绿阔叶林、热带季雨林和竹林中，有时也见在农田地边、村寨附近以及滨海的次生林和灌木林中活动和觅食。其主要以蚂蚁、蜻象、甲虫、象甲、步行虫等昆虫为食，偶尔也会吃植物的果实和种子。

黑喉噪鹛喜欢集成小群活动，在林下灌木丛间跳来跳去，边振翅边点头，并带有间歇性的鸣叫，这种活动在每天的早晚尤为频繁。黑喉噪鹛群间个体会通过叫声保持联系，即使被冲散也能够很快通过叫声再度聚集在一起。黑喉噪鹛的鸣叫声响亮清晰，圆润悦耳，声似"滴卟-滴卟-"。

黑喉噪鹛在海南岛的繁殖期为每年的3~8月，每年繁殖2窝，第一窝通常在3~6月，第二窝在7~8月。黑喉噪鹛会将巢建造在林下茂密的灌木丛或竹林里。每窝产卵3~5枚。

歌声婉转的画眉

画眉属于鸟纲雀形目鹛科画眉亚科。

画眉鸟鸣声洪亮，婉转动听，能仿效多种鸟的叫声；还会学猫狗叫、笛声等各种声音，是我国常见的鸣禽之一。

画眉鸟不同的亚种个体在外形上略有差别。一般体长约为24厘米，体重约为50~75克。上体通常呈橄榄褐色，头和上背具褐色轴纹；眼圈白、眼上方有清晰的白色眉纹，向后延伸呈蛾眉状的眉纹（画眉的名称就是由此而来）；下体呈棕黄色，腹中夹灰色。

画眉喜欢在灌丛中穿飞和栖息，常在林下的草丛中觅食，不善作远距离飞翔。喜欢单独生活，秋冬结集小群活动。画眉生性机敏、好斗。

雄鸟在繁殖期极善鸣啭，声音十分洪亮，尾音略似"mo-gi-yiu-"，因而古人称其叫声为"如意如意"。

画眉的食性较杂。繁殖季节时食性较偏动物性，嗜食包括很多农林害虫在内的昆虫，如蝗虫、蜻象、松毛虫以及多种蛾类幼虫等；在非繁殖季节多以野果和草籽等为食，偶尔也啄食豌豆及玉米等幼苗。

画眉生性机敏胆怯、好隐匿。常立树梢枝权间鸣啭,引颈高歌,音韵多变、委婉动听,还善仿其他的鸟鸣声、兽叫声和虫鸣,尤其是在2~7月间,喜欢在傍晚鸣唱。

画眉喜欢在地面草丛中或灌丛基部以细草茎及叶片等营巢,巢呈浅杯状,结构十分疏松。画眉每年可繁殖2窝,每窝产4~5枚卵。

带着"蓝丝巾"的蓝枕八色鸫

蓝枕八色鸫属于雀形目八色鸫科八色鸫属。

蓝枕八色鸫属于雀形目里的中型鸟类,其体长约为220~233毫米,嘴峰约为23~26毫米,翅约为104~112毫米,尾约为54~61毫米,跗蹠约为48.5~52毫米。

蓝枕八色鸫的雌雄鸟在体被羽毛的颜色上略有差别。

蓝枕八色鸫雄鸟除头顶及颈部被有辉蓝色羽毛外,前头、眉纹、颊及耳羽均为褐黄色均被有茶黄色羽毛,前额基部的较浅淡,耳羽和颈侧较浓,眼后有一黑纹伸达颈侧;其背、肩被有辉绿微具茶黄色及褐色细纹的羽毛;腰和尾上覆羽为蓝绿色,翅上小覆羽为草绿色,中覆羽、大覆羽和内侧飞羽橄榄绿色缀有茶黄色斑;初级覆羽和飞羽呈暗褐色,尾暗橄榄绿色;下体颏、喉为灰白色沾棕;羽轴延长呈褐色羽须;胸和两胁呈褐色沾有棕;腹中部茶黄色较淡,尤以下腹最淡,几近棕白;腋羽为褐色,羽端为茶黄色,翼下覆羽呈褐色,尾下覆羽淡茶黄色。蓝枕八色鸫雌鸟的身体被羽主要为褐色;枕至后颈暗绿。

蓝枕八色鸫主要分布于包括印度、孟加拉国、不丹、锡金、尼泊尔、巴基斯坦、斯里兰卡、马尔代夫以及中国西藏的东南部地区等印度次大陆及中国的西南地区;另外,在缅甸、越南、老挝、柬埔寨、泰国以及中国的东南沿海地区也有所分布。

蓝枕八色鸫通常栖于500~1000米的常绿阔叶林中,有时也上到海拔2000米左右的森林地带。尤其喜欢稀疏的次生林、竹林、灌丛、竹林灌丛混交林等环境,偶尔可见于荒弃的农田地带。蓝枕八色鸫通常以蚂蚁、鞘翅目昆虫、蜗牛、蟋蟀、小甲虫、蠕虫、青蛙等为食,偶尔也吃蜥蜴、老鼠或小型无脊椎动物。

蓝枕八色鸫常喜欢单独或成对进行活动,一般在清晨和黄昏活动频繁。蓝枕八色鸫的飞行能力较强,且速度较快;其在地面活动时,常呈大步跳跃。蓝枕八色鸫习惯在地面或树上发出极动听的双哨音,偶作轻柔似笑的鸣声。

蓝枕八色鸫的繁殖期通常为每年的 4～8 月,它们通常在竹林、次生林或灌丛中地上营巢,很少到茂密的森林中营巢。蓝枕八色鸫的巢呈球状,结构粗糙,通常以植物的细枝、竹叶、草茎和根构成。

蓝枕八色鸫每窝可产卵 3～7 枚,由雌雄亲鸟共同完成孵化、育幼的工作。

"剪刀尾"家燕

家燕又名燕子,属鸟纲雀形目燕科燕属。

家燕属于小型鸟类。其雄鸟体重约为 14～22 克,体长约为 13～20 厘米,嘴峰约为 6～9 厘米,翅约为 10～12 厘米,尾约为 7～11 厘米,跗蹠约为 0.8～1 厘米;雌鸟体重约为 1.4～2.1 克,体长约为 13～18 厘米,嘴峰约为 0.6～0.9 厘米,翅约为 10.5～11.5 厘米,尾约为 0.6～1.0 厘米,跗蹠约为 0.9～1.2 厘米。

家燕雌雄体羽色相似。前额深栗色,上体从头顶一直到尾上覆羽均为蓝黑色而富有金属光泽;两翼小覆羽、内侧覆羽和内侧飞羽亦为蓝黑色而富有金属光泽;初级飞羽、次级飞羽和尾羽黑褐色微具蓝色光泽,飞羽狭长;尾长、呈深叉状;最外侧一对尾羽特形延长,其余尾羽由两侧向中央依次递减,除中央一对尾羽外,所有尾羽内翈均具一大型白斑,飞行时尾平展,其内翈上的白斑相互连成"V"字形,就像是一把张开的大剪刀;颏、喉和上胸栗色或棕栗色,其后有一黑色环带,有的黑环在中段被侵入栗色中断,下胸、腹和尾下覆羽白色或棕白色,也有呈淡棕色和淡赭桂色的,随亚种而不同,但均无斑纹;虹膜暗褐色;嘴黑褐色;跗蹠和趾黑色。

家燕是较为常见的鸣禽,在欧亚大陆和非洲北部等地区均有分布。

家燕是我们生活中常见的一种夏候鸟,非常喜欢栖息在人类居住的环境中。从房前屋后到河滩、田野都可以看到其身影。

家燕主要以蚊、蝇、蛾、蚁、蜂、叶蝉、象甲、金龟甲、叩头甲、蜻蜓等昆虫为食。

家燕喜欢成对或集群活动,大部分时间都会成群地在村庄及其附近的田野上空飞翔。

家燕的飞行能力较强,不仅迅速敏捷,而且耐力也很强。家燕有时可以飞得很高,像鹰一样在空中翱翔;有时又会紧贴水面一闪而过;有时栖于房顶或房檐下横梁上,并以清脆婉转的声音反复鸣叫。家燕的飞行不存在固定的方向性,通常都是随性地时东时西、忽上忽下。

家燕的活动范围通常不大,一般在其栖息地的 2 平方千米内。但其活动时间较长,某些种群可以从早上 4 点钟开始活动直到晚上 7 点钟才会休息。

家燕的繁殖期一般在每年的 4~7 月,通常一年可繁殖 2 窝,第一窝在 4~6 月,第二窝在 6~7 月。

太平鸟又名十二黄、连雀,属鸟纲雀形目太平鸟科太平鸟属。

太平鸟属于小型鸣禽。体长约为 18 厘米,翼展约为 34~35 厘米,体重约为 40~64 克,平均寿命在 13 年左右。

太平鸟雄鸟的额及头顶前部呈栗色,越向后色越淡;头顶后部及羽冠呈灰栗褐色;上嘴基部、眼先、围眼至眼后形成黑色纹带,并与枕部的宽黑带相连构成环带;背、肩羽灰褐色;腰及尾上覆羽通常为褐灰至灰色,越向后灰色愈浓;翅覆羽灰褐色;初级飞羽为黑色,自第 2 枚以内的外翈端部以及内翈端缘有明显的黄斑;次级飞羽内翈为黑褐色;次级飞羽的羽轴延伸出羽端 2~8 毫米,形成扁片红色蜡质突起;尾羽为黑色,近端部渐变为黑褐色,羽端有 5~7 毫米宽的黄端斑;中央 2 对尾羽羽轴的端部红色,并向外伸出红色的细针状蜡质突起;颏、喉呈黑色;颊与黑喉交汇处被有淡栗色羽毛,其前下缘近白,形成不清晰的颊纹;胸羽与背羽同色,腹以下褐灰;尾下覆羽栗色。

太平鸟的雌鸟羽色与雄鸟相似,但颏、喉的黑斑较小,并微杂有褐色;初级飞羽羽端的黄色缘较雄鸟小,有的标本呈淡黄或近白色;次级飞羽端的红色蜡突极小;尾端黄色较淡。

太平鸟主要分布于北美、北欧至西伯利亚东部(夏候鸟);中美洲、欧洲中南部、中亚、蒙古、日本也有分布(旅鸟、冬候鸟)。

太平鸟在我国主要分布于黑龙江、吉林、辽宁、甘肃、内蒙古、陕西、山西、四川、河北、河南、山东、安徽、浙江、江苏(旅鸟、冬候鸟),新疆、福建、台湾(冬候鸟)。

太平鸟的生活习性

太平鸟主要栖息于针叶林、针阔叶混交林和杨桦林中。非繁殖期多见于杨桦次生阔叶林、人工松树林、针阔叶混交林和林缘地带,偶尔也可在果园、城市公园等人类居住环境的树上发现其身影。分布于我国的种群大部分见于冬季和春、秋迁徙季节,属于冬候鸟和旅鸟。

太平鸟除繁殖期成对活动外,其他时间多集群活动,有时甚至集成近百只的大群。通常活动在树木顶端和树冠层,常在枝头之间跳来跳去,有时也到林边灌木上或路上觅食。太平鸟飞行时会快速鼓动两翅,飞行速度非常快。

太平鸟在繁殖期主要以昆虫为食,其他时间则以浆果为主食,也吃酸果蔓、野蔷薇、山楂等植物的果实以及落叶松的球果。

太平鸟的繁殖期为每年的5~7月,喜欢将巢穴搭建于针叶林或杨桦针阔叶混交林中树上。每窝产卵4~7枚。由雌鸟单独负责孵化工作。

以孝当先的乌鸦

乌鸦又名老鸹,属鸟纲雀形目鸦科鸦属。

乌鸦是雀形目鸟类中个体最大的鸟类之一。

乌鸦的羽毛大多为黑色或黑白两色,黑羽具紫蓝色金属光泽;翅远长于尾;嘴、腿及脚纯黑色。乌鸦的名字就来自于其身上几乎全黑的羽色。

乌鸦属于森林草原鸟类,喜欢栖于林缘或山崖,并到旷野挖啄食物。其食性较杂,很多种类喜食腐肉,并对秧苗和谷物有一定害处;在繁殖期间,主要取食小型脊椎动物、蝗虫、蝼蛄、金龟甲以及蛾类幼虫等。此外,由于乌鸦喜欢腐食和啄食农业垃圾,所以能消除动物尸体等对环境的污染,间接起到净化环境的作用。

乌鸦

乌鸦的集群性非常强,时常可见具有几万成员的种群。除少数种类外,常结群营巢,并在秋冬季节混群游荡。

乌鸦的行为较为复杂,非常具有智慧性和社会性活动。一般性格凶悍,富于侵略习性。繁殖期的求偶炫耀也比较复杂,并伴有类似于杂技的飞行。

乌鸦家族实行的"一夫一妻"制，并且通常这种夫妻关系可以维持一生。

乌鸦在繁殖期是通常会雌雄共同营巢。巢呈盆状，以粗枝编成，枝条间用泥土加固，内壁衬以细枝、草茎、棉麻纤维、兽毛、羽毛等，有时垫一厚层马粪。乌鸦每窝产卵5～7枚。由雌鸟单独完成孵化工作。

乌鸦是一种懂得反哺的鸟类，是人们公认的鸟类中的"孝子"。

乌鸦是鸟类中的智者，他们懂得使用各种方法，使自己的活动、取食变得方便。

例如，乌鸦在遇到大块的食物时，会先将其切割成方便携带的小块，然后分批运走；当其发现散落的饼干时，会先将其一块一块地垂直叠起，然后一次带走；同时，为了迷惑有可能抢夺其食物的敌人，乌鸦还会建造一个虚假的"食物贮藏室"。

乌鸦的这些行为特征都证明了乌鸦具有奇特的推理能力，能够计划出多个行为方式，然后选择其中较好的一个。

另外，科学家还通过实验观察得出，乌鸦具有一定的学习能力。它们能够通过"死记硬背"的方式，记住某些特定的动作。

科学家还进一步推测认为，乌鸦具有天生的游戏行为，并能够在游戏过程中积累经验，这就是它们具有学习和分析推理能力的前提。

乌鸦与人类文化

乌鸦是人们很早就认识的一种鸟类。其在不同的国家和地区有着不同的文化含义。

在我国唐代以前，乌鸦一直被认为是吉祥和具有预言作用的神鸟，故有"乌鸦报喜，始有周兴"的历史传说。

我国汉代董仲舒所著的《春秋繁露·同类相动》中，曾经引用《尚书传》："周将兴时，有大赤乌衔谷之种而集王屋之上，武王喜，诸大夫皆喜。"另外，古代史籍《淮南子》《左传》《史记》等中也均有名篇记载。

自唐代以后，才有了乌鸦主凶兆的说法，并一直延续至今。人们认为乌鸦体被黑羽、叫声沙哑粗粝是一种不吉利的鸟。唐段成式的《酉阳杂俎》中说道："鸟鸣地上无好音。人临行，鸟鸣而前行，多喜。此旧占所不载。"

虽然乌鸦在我国有着"不吉之鸟"的恶名，但是在英国，乌鸦却被认为是镇国宝鸟。

在英国有着一个关于乌鸦左右国运的传说：如果伦敦塔里乌鸦全部离开的话，不列颠王国和伦敦塔就会崩溃。因此英国王室为了尊重古老的传说，由政府出资在伦敦塔内饲养乌鸦。以确保塔内常有乌鸦在,并庇佑英格兰不受侵略。

象征吉祥的喜鹊

喜鹊又名客鹊、飞驳鸟、干鹊,属鸟纲雀形目鸦科喜鹊属。

喜鹊的体形很大,体长通常可达 45~50 厘米。

喜鹊身体大部被羽呈黑色;肩、腹被有白色羽毛;飞羽和尾羽为近黑色的墨绿色,带辉绿色金属光泽;初级飞羽为洁白色,飞行时可见双翅端部洁白,另外在飞行中可见本物种背部的白色羽区形成一个 V 形。

喜鹊的叫声相对较为单调,多是“洽—洽—”声。当遇到危险时会发出连续而急促的“洽—洽—洽—”向同伴传达“危险到来”的讯息。

喜鹊的适应能力较强,因此不但可以在山区、平原、农田、荒野等环境中看到其身影,也可以在人类活动频繁的城市中看到它们。并且往往人类活动越多的地方,喜鹊种群的数量也就越多;而人迹罕至的环境中则很难见到喜鹊出现。

喜鹊喜欢成对或集群活动。它们白天觅食、活动,晚上在高大的乔木上栖息。

喜鹊的食性较杂,繁殖期多以蝗虫、蝼蛄、地老虎、金龟子、蛾类幼虫以及蛙类等动物性食物为食,有时也会盗食其他鸟类的卵和雏鸟;非繁殖期则多以瓜果、谷物、植物种子等为食。

喜鹊的繁殖期相对较早,在气候温和的地区,一般在 3 月初即开始筑巢繁殖;在气候寒冷的地区,通常在 3 月中下旬进入繁殖期。

喜鹊通常将巢穴搭建在松树、杨树、柞树、榆树、柳树、胡桃树等高大乔木上,有时也在村庄附近和公路旁的大树上营巢。喜鹊每年都会重新营巢,且有另建疑巢的习惯。

喜鹊每窝通常产卵 5~8 枚,1 天产 1 枚卵。产卵结束后,统一由雌鸟孵化,并由雌雄亲鸟共同完成育幼工作。

“天生的歌者”百灵鸟

百灵鸟属于鸟纲雀形目百灵科。

百灵鸟属于草原性鸟类，是一种小型鸣禽。

百灵鸟的头上常有漂亮的羽冠；喙部较为细小、呈圆锥状，有些种类长且稍弯曲；鼻孔上常有悬羽掩盖；翅膀稍尖长，尾较翅为短，跗蹠后缘较钝，具有盾状鳞，后爪又长又直；我国常见的种类有沙百灵、云雀、角百灵、小沙百灵、斑百灵、歌百灵和蒙古百灵等。

百灵鸟从平地飞起时，喜欢边飞边鸣。由于其飞得很高，所以往往是只闻其声、不见其踪。百灵鸟是天生的"歌者"，它们的叫声就仿若是音乐家的奏乐，高低起伏、婉转动听、美妙异常。

百灵鸟和草原共同经过了百万年的风云变幻，获得了与绿草共存的各种生理特征。百灵鸟具有很强的抗干旱能力，它们可以调节身体对水的需求量，或快速飞往很远的地方汲水。冬季，百灵鸟多会集群生活，几十只甚至上百只为一群，作为一个整体，发挥众多感官的功能，增加在恶劣环境下的集体防御能力。

百灵鸟多以草原上的草籽、嫩叶、浆果以及昆虫为食。

百灵鸟一般在每年的3月末进入繁殖期。配对成功的雌雄鸟常双双飞舞，常常凌空直上，直插云霄，在几十米以上的天空悬飞停留；歌声中止，骤然垂直下落，待接近地面时再向上飞起，又重新唱起歌来。

百灵鸟喜欢营巢于地面的草丛中，通常其巢穴由草叶和细蒿秆等构成，呈杯状。每窝产卵2~5枚。

1.头戴"凤冠"的凤头百灵

凤头百灵又名凤头阿鹨儿，属鸟纲雀形目百灵科凤头百灵属。

凤头百灵属于小型鸣禽。其身长约为17厘米，翼展约为29~34厘米，体重约为35~45克。

凤头百灵具有羽冠，冠羽长且窄。上体呈沙褐色，且具近黑色纵纹；尾部覆羽为皮黄色。下体呈浅皮黄，胸密布有近黑色纵纹。飞行时两翼宽，翼下呈锈色；尾部深褐色，两侧被有黄褐羽毛。

凤头百灵主要栖息于沙漠边缘、半荒漠或绿洲附近，也常见于农田等环境。模式种产于奥地利的维也纳。

凤头百灵主要分布于印度、苏联、阿富汗、蒙古、伊朗以及中国大陆的东北、河北、河南、山东、山西、陕西、内蒙古、甘肃、宁夏、青海、新疆、四川、西藏、江苏等地。

2."快活精灵"——云雀

云雀又称告天子、告天鸟、阿兰、大鹨、天鹨、朝天子,属鸟纲雀形目百灵科云雀属。

云雀是云雀属中的代表物种之一,其身材中等,体长约为 18 厘米左右。

云雀具灰褐色杂斑;顶冠及耸起的羽冠具细纹;尾分叉,羽缘白色:后翼缘的白色于飞行时可见。云雀与日本云雀、小云雀等其他云雀属的种类极易混淆。

云雀能从地面拔地而起,直冲云霄,在空中保持着上、下、前、后力的平衡,悬翔于一点放声鸣唱。

奏响"小夜曲"的夜莺

夜莺学名新疆歌鸲又名夜歌鸲,属鸟纲雀形目鸫科歌鸲属。

夜莺与其他鸟类不同,通常都是在夜间鸣唱,故得其名。

夜莺的体型较小,其体长大约为 15~16.5 厘米长,属于小型的鸣禽。

夜莺身体大部分被有赤褐色羽毛。尾部羽毛呈红色,腹部羽毛颜色由浅黄到白色。

夜莺虽然没有绚丽的羽色,但是却有着音域极宽的歌喉,其鸣声悠远、清晰,可以快速发出多变的弹舌音。夜莺的叫声包括了刺耳的"errrk",响亮悠长的"hweet"及生硬的"chack"等。

近来科学家还发现,夜莺在城市里或近城区的叫声要更加响亮,这是为了盖过市区的噪音。

夜莺性隐蔽,因此喜欢栖于茂密的低矮灌丛及矮树丛中。

夜莺非常擅长在地面跳动。跳动的时候会轻轻扇动翅膀,尾部半耸起向左右反复弹动。

夜莺一般都具有迁徙性。在欧洲和亚洲度过繁殖期,在低的树丛里筑巢;冬天迁徙到非洲南部。

夜莺通常以昆虫为食。据说,生活在欧洲的夜莺也常常混入羊群中,偷吸羊奶,因此又被当地人称为是"吮羊奶鸟"。

夜莺的繁殖期为每年的 5~7 月。卵由雌雄亲鸟轮流孵化。

"金衣公子"黄鹂

黄鹂又名黄莺,古人也称其为黄鸟、黄栗留、黄伯劳、鸧鹒,属鸟纲雀形目黄鹂科黄鹂属。

黄鹂是一种非常美丽的小型鸣禽,其体长约为25厘米。

黄鹂的羽色非常鲜艳,全身大部分被有金黄色羽毛;喙基部有一条黑纹,贯穿了眼、耳,并在其枕部相连;翅和尾羽为黑褐色,间有黄色斑纹,外侧几对尾羽大部分为黄色;嘴呈粉红色,脚呈铅色。黄鹂因羽毛金黄、鲜丽,被唐明皇誉为"金衣公子"。

黄鹂

黄鹂属于典型的树栖性鸟类,极少会在地面活动。黄鹂通常集成小群活动,在林木间栖息、觅食。

黄鹂的飞行速度非常的快,其飞行时金黄色的羽体在绿丛中呈波浪状穿梭飞翔,犹如金光一闪一闪,转瞬即逝,非常绚丽。

黄鹂主要以昆虫为食,是非常有名的农林益鸟,偶尔也吃一些植物的果实和种子。

黄鹂的叫声极为动听,仿若行云流水,声色与西洋乐器中的黑管相似,因此黄鹂也被誉为是"黑管吹奏手"。黄鹂平时常会发出"嘎-嘎-嘎-"的单音鸣声,有时还能发出尖厉的似"阿-儿-"的叫唤声。雄黄鹂的鸣声婉转多变、清脆悦耳,雌黄鹂相较逊色。

大部分的黄鹂具有迁徙性。夏季的时候,通常会在我国东北、内蒙古、华北和四川等地栖息、繁殖,是当地的夏候鸟;秋末飞往印度、马来西亚、斯里兰卡等地越冬。在我国台湾和海南等地的黄鹂为留鸟。

黄鹂的繁殖期一般为每年5~8月。黄鹂会先在高大的阔叶树上营巢。其巢穴非常精致,多由麻丝、碎纸、棉絮、草茎等编成,形如深杯。通常每窝产卵2~4枚,孵化工作由雌鸟肚子完成。

"花脸"大山雀

大山雀又名仔伯、仔仔黑、黑子、山仔仔黑、白面只、灰山雀、花脸雀、花脸王、白脸山雀,属鸟纲雀形目山雀科山雀属。

大山雀的体型比一般的山雀科鸟类大,身长约为 14 厘米。

大山雀的头部、喉部被有黑色羽毛,与脸侧白斑及颈背块斑形成对比;翼上有一道醒目的白色条纹;胸带呈黑色,沿胸中央而下(雄鸟胸带较宽);眼呈褐色;喙、脚均为黑色。中央一对尾羽呈深蓝色,羽干为黑色;其余尾羽为蓝黑色;飞羽呈黑褐色。

大山雀擅长鸣叫,且鸣声清脆悦耳。人们在野外的时候,能够依靠其特征性的鸣叫对其进行辨识。大山雀的鸣唱变化较多,不同的叫声代表了不同的含义。鸣唱其基调通常为"仔嘿—仔仔嘿—仔仔嘿嘿"或"仔仔嘿嘿嘿"。

大山雀通常栖息在山区和平原林间,尤其喜欢阔叶林和针叶林。夏季的时候它们可以上到海拔 3000 米的山区中生活,冬季则向低海拔平原地区移动。

大山雀活泼、胆大,好奇心极强,不怕人,可以做出非常出色的即兴行为和动作,时而在树顶雀跃,时而在地面蹦跳,除睡眠时间外很少静止下来。大山雀喜欢成对或集成小群活动。

大山雀的喙钝而短,属于典型的食虫鸟类。它们的食物中以鳞翅目昆虫最多,其次为鞘翅目昆虫。冬季的时候常以树皮内的虫卵为食,属于农林益鸟。

大山雀的繁殖期为每年的 3~8 月。通常对营巢地点没有特殊要求,除了亲自营巢外,也会使用废旧的鹊巢。大山雀通常每年产卵 2 窝,每窝产 6~9 枚卵。由雌雄亲鸟共同完成孵化、育幼工作。

"最优秀的纺织工"织布鸟

织布鸟属鸟纲雀形目织布鸟科,约有 70 个不同的品种。

织布鸟的体型大小与麻雀相似。喙部坚硬;第 1 枚飞羽较长,超过大覆羽;除了繁殖季节雄鸟有着鲜艳的羽毛,其他时间里,雌雄鸟都呈暗褐色。

织布鸟主要分布于非洲热带和亚洲地区。

织布鸟主要活动于农田附近的草灌丛中,喜欢集群活动,常结成数十或数百只的大群。

织布鸟生性活泼,主要取食植物种子,在稻谷等成熟期中,也窃食稻谷。

织布鸟是鸟类中最优秀的"纺织工"。其雄鸟会在繁殖季节的时候负责担负起筑巢工作。

织布鸟的雄鸟会先用草根和细长片的棕榈叶织成一个圈,再不断往上添进材料,一直到织出一个具有长约60厘米的入口的空心球体为止。雄鸟们辛苦建造的"新房"要经过挑剔的雌鸟的验收,如果雌鸟表示出不满的话,雄鸟就会立刻拆除,重新营巢。

如果雄鸟营造的"新房"得到雌鸟的赞许,它们就会结为夫妻,并共同对巢穴内部进行布置。雌鸟从入口钻进去,用青草或其他柔韧的材料装饰内部,在巢内飞行通道的周围,雌鸟还会特意设置栅栏,以防止鸟卵跌出巢外。织布鸟通常每窝产卵2~5枚。

羽冠美丽的葵花凤头鹦鹉

葵花凤头鹦鹉又名大葵花凤头鹦鹉、大葵花鹦鹉。属鸟纲鹦形目凤头鹦鹉科凤头鹦鹉属。

葵花凤头鹦鹉体长约为40~50厘米,体重约为815~975克。

葵花凤头鹦鹉雌雄同色,无法从羽色鉴别雌雄。

葵花凤头鹦鹉的体羽主要以漂亮的白色为主;头顶有黄色冠羽,在受到外界干扰时,冠羽会以扇状竖立,呈一朵盛开的葵花状,因此得名葵花凤头鹦鹉。

雄鸟虹膜为黑色,雌鸟为褐色;翅膀和尾巴内侧面是浅淡黄色;鸟喙、脚多呈黑色或暗灰色。

凤头鹦鹉

葵花凤头鹦鹉主要分布于澳洲的北部、东部、南部,印度尼西亚的东摩鹿加群岛、新几内亚、国王岛、阿鲁岛等。

分布于澳大利亚的葵花凤头鹦鹉主要栖息于森林、林地和农田中；分布于新几内亚的亚种则主要栖息在海拔1400米以下的森林、低地。

葵花凤头鹦鹉经常活动于森林或是森林边缘地带，偶尔也会到农田中觅食农作物，或在公园绿地进行活动。

葵花凤头鹦鹉喜欢群居，通常会集成有数百成员的大群；在觅食时会各自分散为一小群。

葵花凤头鹦鹉的成鸟一般在4~5岁时达到性成熟。分布于澳洲南方的葵花凤头鹦鹉的繁殖期为每年的8月至翌年1月；分布于澳洲北方的葵花凤头鹦鹉的繁殖期为每年的5~9月。葵花凤头鹦鹉通常每窝产卵2~3枚。

艳丽的金刚鹦鹉

金刚鹦鹉产于美洲热带地区，是色彩最漂亮、体型最大的鹦鹉种类。金刚鹦鹉科包含了6属17个品种。金刚鹦鹉属于大型的攀禽，寿命最长可达80年左右。

1.灰绿金刚鹦鹉

灰绿金刚鹦鹉又名浅蓝绿金刚鹦鹉，主要分布于哥伦比亚、委内瑞拉、圭亚那、苏里南、厄瓜多尔、秘鲁、玻利维亚、巴拉圭、巴西、智利、阿根廷、乌拉圭等地区。

灰绿金刚鹦鹉身长约为70厘米。其鸟体大部分被羽为浅蓝绿色，头部呈灰色，喙为黑色，眼部周围有黄色眼圈，下鸟喙边缘镶有半月形的黄色裸皮。

灰绿金刚鹦鹉通常栖息于具有丰富核果的棕榈树林中，喜欢成对或集小群活动。主要以吃棕榈树的坚硬种子为食，有时也吃植物果实、蔬菜等。

灰绿金刚鹦鹉的繁殖速度相对较慢，通常一对灰绿金刚鹦鹉每年只繁殖一窝，每窝产卵1~2枚。

2.紫蓝金刚鹦鹉

紫蓝金刚鹦鹉也被称为蓝紫金刚鹦鹉。主要族群分布在巴西北部，在玻利维亚的东部及巴拉圭北部也曾发现其踪迹。另外在哥伦比亚、委内瑞拉、圭亚那、苏里南、厄瓜多尔、秘鲁、玻利维亚、巴拉圭、巴西、智利、阿根廷、乌拉圭等地也有分布。

紫蓝金刚鹦鹉是鹦鹉家族中个头最大的成员之一。其体长可达 1 米左右,体重可超过 1.5 千克,翼展约为 1.2 米。

紫蓝金刚鹦鹉具有艳丽的纯蓝色羽毛和弯钩一样的巨大黑色鸟喙。紫蓝金刚鹦鹉雌雄羽色和体型相似,很难从其外表来分辨雌雄。

紫蓝金刚鹦鹉是鹦鹉的"外交家",其既聪明又顽皮。

紫蓝金刚鹦鹉是世界上最珍稀的生物之一,由于其身价昂贵,所以一直是被逐猎的对象。如今这种珍稀的鸟类正面临着生存的危机。

3.蓝黄金刚鹦鹉

蓝黄金刚鹦鹉又名琉璃金刚鹦鹉,是最常见的金刚鹦鹉,产于美洲热带地区。

蓝黄金刚鹦鹉是色彩最漂亮、体型最大的鹦鹉之一。其面部无羽毛,布满了条纹,就像是在其面部勾画的京剧脸谱。

蓝黄金刚鹦鹉属于大型攀禽,其身长约为 86~94 厘米,翼展约为 104~114 厘米,尾长约为 40~50 厘米(差不多占体长的一半),体重约为 1~1.4 千克。

蓝黄金刚鹦鹉的额部呈黄绿色;自额后至整个上体为翠蓝色;眼先及颊部裸露,呈肉白色;自鸟喙基部经眼睛下方至耳部有 3 条黑色羽排列而成的横纹;眼先部有 6~7 条由黑色毛羽排列而成的竖纹;颏部和喉部为黑色;从耳的后部至胸部、腹部为橙黄色;翅膀和尾羽为紫蓝色;虹膜呈淡黄色。

野生的蓝黄金刚鹦鹉常栖息于原始森林中,尤其喜欢生活在有河流流经的密林里。

野生的蓝黄金刚鹦鹉喜欢集群活动。通常在清晨和傍晚时分出来觅食,其他时间在林荫中休息。

蓝黄金刚鹦鹉能利用其强有力的喙部协助双脚在树上进行攀援,有时还会用双脚抓住树枝,头部向下倒挂在树枝上。

通常情绪激动的时候,蓝黄金刚鹦鹉会发出"嘎-嘎-嘎-"的响亮叫声。

野外的蓝黄金刚鹦鹉主要以水果、坚果、各种棕榈树的果实、种子、花朵、嫩芽以及寄生植物、昆虫等为食。

蓝黄金刚鹦鹉非常亲近人类,而且能够和其他种类的鹦鹉友好相处,所以人们经常会将其饲养、驯化。黄蓝金刚鹦鹉的语言能力非常强,智商也较高,只要满足其食物需要,就会非常容易驯化。

4.金领金刚鹦鹉

金领金刚鹦鹉又名黄领金刚鹦鹉,主要分布于哥伦比亚、委内瑞拉、圭亚那、苏里南、厄瓜多尔、秘鲁、玻利维亚、巴拉圭、巴西、智利、阿根廷、乌拉圭以及马尔维纳斯群岛等地。

金领金刚鹦鹉是一种体形中等的鹦鹉,身长约为 37 ~ 45 厘米,体重约为 240 ~ 250 克。

金领金刚鹦鹉雌雄个体从外表上没有明显差别。鸟体大部分为绿色;前额以及脸颊附近为黑褐色;头部到颈部两侧带点蓝色的色调;颈部后被有横向条状黄色羽毛,就像是系在其颈部的黄色方巾。金领金刚鹦鹉的初级飞羽为蓝色,次级飞羽带明显绿色滚边;翅膀内侧的羽毛呈橄榄黄;尾巴上方的羽毛为红棕色,尖端带有蓝色,内侧为橄榄黄;鸟喙为黑石板色,喙端腊黄;虹膜为橙色;裸露的脸颊呈白色。

金领金刚鹦鹉栖息于各种不同形态的地区,包含林地、潮湿的森林、农业耕作区等。它们主要以水果、种子、核果、嫩芽等为食,偶尔会在谷物田或玉蜀黍田中觅食。食物充足时会集成大群,在树上和灌木丛中觅食。

金领金刚鹦鹉的飞行速度较快、动作敏捷、直接。

金领金刚鹦鹉通常在每年的 12 月份进入繁殖期。一般在距地面20 米高空的树洞中营巢。每窝产卵 3~4 枚。

金领金刚鹦鹉的语言能力较强,且生性十分活泼和友善,环境适应能力强,非常适合作为宠物饲养。

穿着"花衣"的虎皮鹦鹉

虎皮鹦鹉又名阿苏儿、鹦哥、娇凤,属鸟纲鹦形目鹦鹉科虎皮鹦鹉属。

虎皮鹦鹉属于小型攀禽,体长约为16~18 厘米,体重约为 35 克。

虎皮鹦鹉的头部及背为黄绿色遍布细的黑色横纹,如同虎身上的条纹,也因此而得名。虎皮鹦鹉的腰、胸及腹部羽毛均为绿色;尾羽几乎与身体等长,中央尾羽两只为最长呈深绿色;其他尾羽呈绿色,对称排列。虎皮鹦鹉的喙下至颈部羽毛为黄色;面颊部各有一块蓝紫色椭圆斑;颈部有一圈黑色近圆形斑。喙呈黄色,具钩;虹膜呈黑色;跗跖很短,被羽毛遮住；足为利于抓握的对趾足。

虎皮鹦鹉原产于大洋洲，广泛分布于澳大利亚内陆地区，东部、西南部、北部的沿海地区、约克角半岛、塔斯马尼亚岛也有少数分布。

虎皮鹦鹉主要栖息于开阔的草原地区、干燥的马利植被区、穆拉加灌木丛和开阔的茂密林区、充满桉树和金合欢属植物的平原地区、农耕区，通常不会离河岸或是水源太远。

虎皮鹦鹉喜欢集群活动，经常会集成20只甚至数百只的群体，如果受到惊扰，则整群飞起，在空中不定向盘旋。

虎皮鹦鹉在破晓时分会先前往水源处饮水，然后再开始觅食。虎皮鹦鹉主要以植物的种子为食；到了正午时，通常会在较为浓密的树荫下休憩，到了下午比较凉爽时再继续觅食；黄昏前后整群回巢休息过夜。

虎皮鹦鹉生性友善顽皮、不怕人，是目前世界上人工饲养最普遍的鹦鹉种类之一，深受人们喜欢。

嗜食花蜜的虹彩吸蜜鹦鹉

虹彩吸蜜鹦鹉又称彩虹鹦鹉、五彩绯胸鹦鹉、绿颈吸蜜鹦鹉，属鸟纲鹦形目鹦鹉科。

虹彩吸蜜鹦鹉的体长约为25～30厘米，体重约为120～130克。

虹彩吸蜜鹦鹉的喙部呈橘红色；头顶、下颌及脸颊部为深蓝色；枕部和颈上部有紫褐色和黄绿色的环带；背部、翅膀和尾羽为绿色；胸部为红色，具有黑色的带状块斑；腹部、两胁为暗绿色，有红色横斑；尾下覆羽为黄色；脚为蓝灰色。

虹彩吸蜜鹦鹉主要分布于我国台湾省、东沙群岛、西沙群岛、中沙群岛、南沙群岛以及菲律宾、文莱、马来西亚、新加坡、印度尼西亚的苏门答腊、爪哇岛以及巴布亚新几内亚等太平洋岛屿上。

野生的虹彩吸蜜鹦鹉多栖息于低地森林、公园和庭院等环境中，常常成对或集群活动。

虹彩吸蜜鹦鹉生性活泼好动，叫声嘈杂。虹彩吸蜜鹦鹉一般呈直线飞行，且飞行速度非常快。

虹彩吸蜜鹦鹉主要食物以植物的果实、种子、嫩芽、花蜜等为食,特别喜欢吃苹果、梨以及玉米、高粱等,偶尔也吃一些昆虫。

虹彩吸蜜鹦鹉的舌尖端部布满了刷状突起,为其吸食花粉、花蜜及柔软多汁的果实提供方便。每当到了开花季节,彩虹吸蜜鹦鹉就会像蜜蜂一样穿行于不同的植物之间,采蜜传粉。

虹彩吸蜜鹦鹉非常聪明,学习能力也很强,可以很快学会许多小把戏或是小技巧。虹彩吸蜜鹦鹉的语言能力很好,也能够快速了解饲主的指令,掌握简单的词汇或句子。彩虹吸蜜鹦鹉对饲主相当忠诚,尤其是其成鸟,通常只认一位饲主。

野生的虹彩吸蜜鹦鹉通常在每年 12 月份进入繁殖期,一般会在高高的空心树干中营巢。每窝产卵 2~3 枚,由雌雄亲鸟共同负责孵化。

"养子"杜鹃

杜鹃在我国古代又被称为子规,属于鸟纲鹃形目杜鹃科。

杜鹃通常指包含了杜鹃亚科和地鹃亚科在内的约 60 种树栖鸟类。

杜鹃科分布于全球的温带和热带地区,在东半球热带种类尤多。

杜鹃通常栖息于植被稠密的地方,生性胆怯,常闻其声而不见其形。

大多数杜鹃种类为灰褐或褐色,但少数种类有明显的赤褐色或白色斑。有些热带杜鹃的背和翅为蓝色,有强烈的彩虹光泽。

其中的大杜鹃又名布谷鸟、郭公,属于鸟纲鹃形目杜鹃科杜鹃属,主要分布于北极圈以外的欧洲、非洲、亚洲等地区。模式种产自瑞典。

大杜鹃体长约为 30 厘米、翅长约为 21 厘米。

大杜鹃的雄鸟上体呈纯暗灰色;两翅暗褐,翅缘白而杂以褐斑;尾黑,先端缀白;中央尾羽沿着羽干的两侧有白色细点;颏、喉、上胸及头和颈等的两侧均浅灰色;下体余部白色,杂以黑褐色横斑。

大杜鹃通常栖息于开阔林地,特别喜欢在有水的地方生活。大杜鹃常在晨间鸣叫,鸣叫频率约为每分钟 24~26 次,连续鸣叫半小时左右会稍做停息。

大杜鹃生性懦怯,常隐伏在树叶间。飞行速度较快,经常循直线前进;在停落前,会滑翔一段距离。

大杜鹃的食量非常大,喜欢取食鳞翅目昆虫的幼虫、蜘蛛、螺类等,属于农林益鸟。

大杜鹃喜欢单独行动,即使是在繁殖期也不成对生活。大杜鹃雌雄交配杂乱,不亲自营巢。

梳着"披肩发"的麝雉

麝雉俗名爪羽鸡,属于鸟纲鹃形目麝雉科麝雉属。

麝雉是目前世界上现存的最原始的鸟类之一,非常珍贵稀有。

麝雉的大小和普通的雉鸡差不多,体长65厘米左右,体重通常不超过1千克。

麝雉的身体大部分呈褐色,下身颜色较淡;面部没有羽毛,呈蓝色;眼睛呈栗色;头上有红褐色尖冠。麝雉的幼鸟的每个翅膀上都生有两只爪子,可以帮助其攀登。这些爪子会随着幼鸟的成长而消失。

麝雉的嗉囊极大,分为两部分,可以用来贮存和消化其主要食物之一——海芋属具有弹性的植物叶子。

麝雉经常栖息于水淹的森林中,不善飞行,但擅长游泳。白天常在树上休息,不时发出尖叫声;在清晨和黄昏较为活跃。主要以植物的叶片、花、果等为食,有时兼吃小鱼、虾蟹。

麝雉通常以家庭为单位进行活动,每个家庭通常有10~15个成员,势力范围半径一般为35~40米,如果越界便会引起家庭之间的争斗。

麝雉的繁殖期通常开始于每年的四五月份,它们会先在溪流、沼泽等环境的边缘地带划分自己的领地,之后用草棍、树枝等搭建出较为简陋的巢穴。麝雉每窝产卵2~4枚,由雌雄亲鸟共同完成孵化工作。

"没有脚的鸟"雨燕

雨燕科鸟类通称雨燕,属鸟纲雨燕目,包含了18属84种。

雨燕的体型与燕十分近似,长约9~23厘米。

雨燕的翅膀特别长，身体结实有力。羽衣致密，具暗淡的或有光泽的灰、褐或黑色，有时在喉、颈、腹或腰部有淡色或白色斑纹。雨燕的头宽，嘴短宽且微弯。雨燕的尾羽通常都很短，但也有部分个体的尾羽长且叉深。雨燕的足弱小，通常只靠尖爪攀附在陡直面上。

雨燕

雨燕通常在空中觅食、活动，很少栖息，偶尔栖息于树枝上。

雨燕的飞行速度非常快，飞行能力也较强。

雨燕喜欢不停息地在空中快速盘旋、飞翔，几乎从不落到地面或植被上，被称为是"没有脚的鸟"。一些候鸟种类在繁殖季节的身影使雨燕成为温带地区夏季的一个典型标志。

雨燕取食时，会不倦地前后飞逐，张开大嘴巴捕捉昆虫。雨燕通常在飞行中就可以完成喝水、洗澡、交配等行为。

除了少部分生活在热带地区的雨燕种群为留鸟外，大部分的雨燕都具有迁徙性。雨燕一般在热带地区越冬，到高纬度地区繁殖。

雨燕一般营巢于洞壁上或烟囱的内壁、岩缝、空心树内，只有少部分营巢于棕榈叶上。其巢穴由黏性的唾液黏合细枝、芽、苔藓和羽毛而成。雨燕每窝产卵 1~6 枚。

形似老鼠的鼠鸟

鼠鸟属鸟纲鼠鸟目鼠鸟科，仅分布撒哈拉沙漠以南的非洲大陆。

鼠鸟是小型鸟类，体型大小似雀，构造与蜂鸟相似，头上有羽冠，其羽毛质感和爬行动作都与鼠类极为相似。

鼠鸟具有流线型的身体，体表被羽毛，前肢特化成翼，骨骼坚固、轻便而多有合，具气囊和肺。鼠鸟的气囊可以在其飞行时为其提供足够的氧气。

鼠鸟气囊的收缩、扩张与其翅膀的动作相互协调。两翼举起，气囊扩张，空气一部分进入肺中进行气体交换，另一部分迅速地经过肺部直达气囊，进行含氧空气的暂时贮存；

两翼下垂，气囊收缩，气囊中的空气经过肺部进行气体交换，排出体外。

鼠鸟具有很强的飞翔能力，能进行特殊的飞行运动。

鼠鸟类群具有很强的社会性，喜欢集群生活。鼠鸟非常贪食，喜欢吃植物的花、芽和果实。

鼠鸟常悬在树上，有时甚至可以将双腿分别悬挂在不同的树枝上，在悬挂时腿上升至"肩膀"的高度；鼠鸟偶尔也会用弯曲如雀类的喙抓住树枝，像鹦鹉一样在树上攀援；鼠鸟还可以像雨燕一样，用后趾握住树枝，倒悬在树枝上摆动。

鼠鸟一般营巢于树上，巢呈杯形。每窝产卵 2~7 枚，由雌雄亲鸟共同完成孵化工作。

古老的咬鹃

咬鹃属于鸟纲咬鹃目咬鹃科，共包含了 6 属 39 种，主要分布于美洲、非洲和东南亚。

咬鹃属于小型攀禽，大多数种类体长 24~46 厘米。

咬鹃的羽色非常艳丽，具有金属光泽；翅膀较短且圆，次级飞羽及内侧初级飞羽甚短；尾部宽长，成鸟尾羽羽端近平截形、幼鸟呈形尖，最外侧 3 对长短差异大，越向外侧越短；跗蹠上半段被羽；颊部分裸露；两性异色。

咬鹃通常具有树栖性，善爬不善走、跳，飞行能力一般，不具有迁徙性。

咬鹃是一种生活在森林中的现存的最古老的鸟类之一。它们的皮肤非常脆弱，羽毛也很容易被破坏，即使是用手轻轻触碰也可能会导致其羽毛脱落。

咬鹃主要的食物是昆虫和其他小型动物，生活在新大陆的部分物种也会进食大量的植物果实。

1.橙胸咬鹃

橙胸咬鹃属于鸟纲咬鹃目咬鹃科咬鹃属。

橙胸咬鹃体长约为 28 厘米。

雄鸟头部和颈部呈橄榄黄色；眼周围皮肤裸露，呈青蓝色；虹膜为暗褐色；喙部呈黑褐色，短阔且粗厚，尖端微微向下钩曲，边缘具有不明显锯齿，下喙基部生有发达的须；背部为栗色，翅上覆羽具有细窄且密集的黑白斑纹；颏部、喉部和前颈等处为橄榄黄色；下胸部呈深橙红色；其余下体均为橙黄色。

雄鸟的尾部共有 12 枚尾羽，色彩搭配非常复杂。其中一对中央尾羽呈栗色，羽端为黑色，呈平截状；3 对外侧的尾羽基部为黑色，羽端为白色；邻近的其余 2 对尾羽则全部是黑色。

雄鸟的腿和脚趾都是铅灰色。脚部为异趾型，三、四趾在前，一、二趾在后，趾的基部有部分合并，适于攀援。

雌鸟的头顶与后颈为暗橄榄褐色；向后转为棕褐色；翅上覆羽具有棕色横斑；额部、喉部和前颈为灰橄榄色；其余的下体都是鲜黄色；下胸部的色泽更为浓著而呈橙黄色。

橙胸咬鹃的一般在西伯利亚北极海岸到白令海峡、北美洲极北部、欧洲西部及格陵兰岛西部繁殖；在北美洲、墨西哥、里海、黑海、地中海、中亚、印度、缅甸、日本、朝鲜等地区越冬。

在我国，橙胸咬鹃主要在中国长江中下游、东南沿海和台湾地区越冬。

橙胸咬鹃主要栖息于海拔 600~1500 米之间的低山常绿阔叶林中，也可见于小块丛林、竹林和疏林中。

橙胸咬鹃性情胆怯、孤僻，喜爱安静的环境，经常单独或成对活动，不善鸣叫，多隐匿在林木的阴暗处，或停留在树木的中上层部位，偶尔活动于地面。

橙胸咬鹃在林间飞行时，飞行路线多呈上下起伏的波浪式。橙胸咬鹃的飞行距离通常都较短，但速度非常快。

橙胸咬鹃在空中和地面上均能捕食，主要以蝗虫、螳螂、蛾类、蝶类、蜂类等昆虫以及其幼虫为食，有时也吃蜗牛等小型无脊椎动物或植物的果实、浆果、种子等。

橙胸咬鹃的繁殖期通常为每年的 3~5 月。它们喜欢营巢于天然的树洞之中，或者在残存的树干上掘洞筑巢。每窝产卵 2~4 枚，雌雄亲鸟共同完成孵化工作。

2.古巴咬鹃

古巴咬鹃属于鸟纲咬鹃目咬鹃科。它们是古巴加勒比海岛屿上的特有种。

古巴咬鹃的雌鸟体型比雄鸟小，一般体长约为 24~46 厘米，翼展约为 25~35 厘米。

古巴咬鹃的头颈部呈深蓝色；虹膜为红色；上喙黑、下喙红，内有锯齿状角质；背部为深绿色，略带金属光泽；胸部被有白色羽毛；腹部为红色；脚爪呈黑色；两翼夹杂有黑白条纹；尾羽呈月牙形。

古巴咬鹃通常栖息于热带雨林环境中，喜欢单独生活。

古巴咬鹃白天会栖息于溪流附近，或栖止在灌木丛中或高枝上啁啾鸣啭。虽然其飞行速度很快，但其生性懒惰，不喜飞行。

古巴咬鹃属于杂食性鸟类，主要以植物的种子、水果和昆虫等为食。

古巴咬鹃的繁殖期通常为每年 3~6 月，通常为"一夫一妻"制。雌雄鸟共同营巢于树洞之中。古巴咬鹃通常每窝产卵 3~4 枚，由雌雄亲鸟轮流育雏。

几乎所有咬鹃科鸟类都不适合笼养。一旦自由被限制，其就会烦躁忧郁而死，古巴咬鹃也不例外。古巴咬鹃这种不羁的性格正好体现了古巴人民热爱自由的精神，因此被选定为该国的国鸟，而古巴的三色国旗图案也是取自于咬鹃的羽毛颜色。

聒噪的油鸱

油鸱属于鸟纲夜鹰目油鸱科油鸱属。

油鸱是夜行性食果鸟类，体型较大，非常喧闹。

油鸱的尾部呈扇形；翅长且宽大，呈暗红褐色，并间有黑色横斑和白色斑点。油鸱的喙部强壮，末端钩曲；嘴裂宽阔，长有长须；眼大且黑。

油鸱主要分布于从玻利维亚到委内瑞拉的安第斯山麓的热带森林中，也可见于巴拿马和特里尼达。

油鸱通常都会在洞穴中营巢，可以像蝙蝠一样利用回声定位法探路。油鸱会在营巢的过程中发出急促、凄厉的叫声，频率可达 250 次/秒。其还因此被称为是"号哭者"。

油鸱会在夜间飞出巢穴进行觅食，通常一面盘旋，一面从树上采果。

繁殖季节里，油鸱会在岩洞中的岩壁凹洼处营巢，它们从嘴里吐出一黏液，将半消化的果肉粘在一起形成巢壁。油鸱通常每窝产卵 2~4 枚。

雏鸟的油无异味，印第安人用作烹调和点灯，俗名、学名均由此而来。

"贴树皮"夜鹰

夜鹰又名蚊母鸟，属鸟纲夜鹰目夜鹰科。

全世界已知的夜鹰约有 80 种，在我国境内较为常见的有 7 种。

夜鹰的嘴短宽，长有发达的嘴须，鼻孔呈管形的。夜鹰的身体被羽非常的柔软，主要呈与树皮颜色相近的暗褐色，间有细形横斑；喉部有白斑；雄鸟尾上亦具白斑，飞行时尤为明显。

夜鹰在白天的时候，喜欢蹲伏在树木众多的山坡地或树枝上。在树上停栖时，身体贴伏在枝上，有如枯树节，所以也有人称其为"贴树皮"。

夜鹰通常在夜间活动，黄昏时较活跃，不停地在空中捕食蚊、虻、蛾等昆虫。

夜鹰在飞行时，振翅频率较低，能长时间滑翔；在捕捉昆虫时，能够突然曲折绕飞；遇到敌人时，可以无声地迅速飞走。

夜鹰的繁殖期通常为每年的5~7月。夜鹰一般不营巢，雌鸟将卵直接产在地面、岩石上、或茂密的针叶林、矮树丛间，有时也产在野草或灌木下面。夜鹰每窝产卵2枚，由雌雄亲鸟交替完成孵化工作。

夜鹰嗜食鳞翅目、鞘翅目等昆虫，是著名的农林业益鸟。

夜鹰在我国的分布较为广泛，从东北至海南岛地区都可见。

"森林女神"蜂鸟

问起体型最小的鸟类是什么，相信大家都会异口同声地说是蜂鸟。

的确，世界上目前已知的最小的鸟类就是分布于从北美洲的阿拉斯加到南美洲的麦哲伦海峡，以及其间的众多岛屿上的蜂鸟了。

全世界已知的蜂鸟约有315种，它们的体形差异其实非常大。最大的巨蜂鸟体长达21.5厘米，当然我们不能说它是世界上最小的鸟。而产于非洲的麦粒鸟的体长只有5.6厘米，其中喙和尾部约占一半，体重仅2克左右，其大小和蜜蜂等昆虫差不多，这类蜂鸟就是世界上体形最小的鸟类了。

最小的蜂鸟的卵也是世界上最小的鸟卵，比一个句号大不了多少。

蜂鸟的羽毛大多十分鲜艳，并且闪耀着金属的光泽。它们的飞行本领高超，可以倒退飞行，垂直起落，翅膀振动的频率很快，每秒钟可达50~70次，所以有"神鸟""彗星""森林女神"和"花冠"等称呼。

我国近几年有很多地方都声称发现了蜂鸟，但最后都证明是误传。

"自我囚禁"的犀鸟

犀鸟是鸟纲佛法僧目犀鸟科鸟类的通常。

犀鸟的长相十分的奇特。其头部长着一个被称为"盔突"的铜盔状突起，看起来就像是犀牛的角，其名字就是由此而来的。

不同种类的犀鸟之间，体长的差距较大。小者如弯嘴犀鸟属，体长约为 4 厘米；大者如双角犀鸟，体长约为 160 厘米。

犀鸟的外形非常有特点，除了长有"犀牛角"外，其还有着大大的眼睛和长长的睫毛。犀鸟一般头大、颈细，喙的长度占整个身长的 1/3～1/2。犀鸟的翅膀很宽，尾巴很长。

犀鸟的体表被羽大部分为棕色或黑色，通常具鲜明的白色斑纹。

大部分犀鸟都生活在非洲和亚洲的热带雨林地区，喜欢栖息在密林深处的参天大树上，啄食树上的果实，有时也捕食昆虫、爬行类、两栖类等小型的动物。犀鸟吃东西时，往往先用嘴将食物向上高高抛起，然后再用大大的嘴巴准确地接住，就像是调皮的孩子一样。

在我国西双版纳的密林中生活的犀鸟种群有着庞大的身形，其飞行速度较为缓慢，飞翔时翅膀会发出类似飞机飞过的极大声响，停落在树顶时，会不时地发出响亮、粗粝的如同马嘶一般的鸣叫声。

每年春季以后，成对的犀鸟便会选择高大树干上的洞穴作巢（一般都是利用白蚁蛀蚀或树木天长日久朽蚀后形成的大洞）。犀鸟通常会精心地用腐朽木质垫在洞底，然后在上面铺上柔软的羽毛。犀鸟通常每窝产卵 1～4 枚。

产卵结束后，雌鸟会在雄鸟的帮助下，将自己和卵封在"婴儿房"内，仅留一个可以供雌鸟的嘴伸出的小口，以免在孵化期间被蛇、猴子等天敌伤害。这种"自我囚禁"大概会维持 28～40 天左右，直到雏鸟破壳，雌犀鸟才会用嘴把洞口啄开，为自己解除"禁闭"。

我国的犀鸟大多生活在云南西部和南部，以及广西南部，共有 4 个种分别是：双角犀鸟、冠斑犀鸟、白喉犀鸟、棕颈犀鸟，均被列为国家二级保护动物。

"幸福的青鸟"翠鸟

翠鸟又名鱼虎、鱼狗、钓鱼翁、金鸟仔、大翠鸟、蓝翡翠、秦椒嘴、钓鱼郎、拍鱼郎,属于鸟纲佛法僧目翠鸟科翠鸟属,是西方人心目中象征幸福的青鸟。

翠鸟是翠鸟科里数量最多、分布最广的鸟类之一。本科共有约 93 种,分布于世界各地,我国已知的有 11 种。主要种类有普通翠鸟、白胸翡翠、蓝翡翠、斑头大翠鸟、三趾翠鸟等。

翠鸟体型大多数矮小短胖,只有麻雀大小,体长大约 15 厘米。翠鸟头大,身体小,嘴壳硬,嘴长而强直,有角棱,末端尖锐。

翠鸟的身体被羽以亮蓝色为主。头顶为黑色,额具白领圈。浓橄榄色的头部有青绿色斑纹,眼下有一青绿色纹,眼后具有强光泽的橙褐色。喉部色黄白,嘴特别大而呈赤红色。面颊和喉部白色。上体羽蓝色具光泽,下体羽橙棕色。胸下栗棕色,翅翼黑褐色。足短小,二趾相并,脚珊瑚红色。

翠鸟分水栖翠鸟和林栖翠鸟两大类型,常采取伏击的方式捕食。

水栖翠鸟是翠鸟中最常见的类群,它们是捕鱼的高手。

林栖翠鸟则大多捕食各种小动物。林栖翠鸟以澳大利亚和新几内亚一带为分布中心,其中澳大利亚的笑翠鸟是澳洲最著名和常见的鸟类之一,也是体型最大的翠鸟之一,以蛇和蜥蜴为食。

分布于我国中部和南部的翠鸟主要为留鸟。

翠鸟生陛孤独,平时常独栖在近水边的树枝上或岩石上,伺机猎食,食物以小鱼为主,兼吃甲壳类和多种水生昆虫及其幼虫,也啄食小型蛙类和少量水生植物。

翠鸟常在水边的土崖或是堤岸的沙坡上用喙部凿穴为巢。巢室为球状,直径通常在 16 厘米左右。巢内会铺以鱼骨和鱼鳞等。翠鸟一般在春夏季进入繁殖期,每窝产卵 4~5 枚,由雌雄亲鸟共同完成孵化工作。

"猎蜂者"蜂虎

蜂虎属鸟纲佛法僧目蜂虎科,是这一科鸟类的统称。

蜂虎的嘴细长且尖,稍向下弯,尾脂腺裸出,尾羽共 12 枚,后爪较中爪为短,羽色艳丽,上背呈紫栗色,下背至尾上淡蓝色,肩与翅呈辉深绿色,胸辉绿色,向后渐淡而近白。

蜂虎飞行敏捷,善于在飞行中捕食。蜂虎因嗜食蜂类而得名。除蜂类外亦捕食象甲、榆毒蛾、虻、蜻蜓、白蚁、蝴蝶等昆虫以及甲壳类动物。蜂虎的食性随地点和季节的变化而变化。

蜂虎喜欢集群繁殖,常几百对在同一巢区,一般在堤坝的高处挖洞为巢,也常营巢于山地坟墓的隧道中。蜂虎每窝产卵 5~6 枚。

蜂虎广泛分布于东半球的热带和温带地区,常见于非洲、欧洲南部、东南亚和大洋洲。

在我国分布有 2 属 6 种。其中夜蜂虎属仅有夜蜂虎一种;蜂虎属中的绿喉蜂虎和黑胸蜂虎是我国的国家二级保护动物。

1.栗喉蜂虎

栗喉蜂虎是蜂虎科蜂虎属的鸟类。

栗喉蜂虎有热带鸟类艳丽的羽毛,具有黑色的过眼纹,喉部呈栗红色,翅膀和背部呈绿色,尾翼为蓝色,翅下被有橙黄色羽毛。在阳光照射下的栗喉蜂虎,全身闪烁着金属般的艳丽光泽,因此也称之为中国最美丽的鸟之一。

栗喉蜂虎具有非常优秀的飞行能力,能在空中做出急速飞行、滑翔、悬停、急速回转和仰俯等高难度动作。栗喉蜂虎喜欢在飞行的过程中发出哀怨的颤声。

栗喉蜂虎主要以蜻蜓、蝴蝶、蜜蜂、甲虫、苍蝇等为食物,常在飞行时凌空捕捉猎物。

栗喉蜂虎通常生活在开阔的原野上,常常集成大群,共同筑巢。

在我国,栗喉蜂虎主要分布于云南的局部地区、海南岛、香港和广东、福建的部分沿海地区。

2.蓝喉蜂虎

蓝喉蜂虎是蜂虎科蜂虎属的鸟类。其模式种产自爪哇。

蓝喉蜂虎中等体型,成鸟头顶及上背部为巧克力色,具有黑色的过眼线,双翼呈蓝绿色,腰部及长尾被羽呈浅蓝,下体主要为浅绿色,以蓝喉为特征。蓝喉蜂虎的亚成鸟尾羽无延长,头及上背为绿色。

蓝喉蜂虎喜欢栖息于近海低洼处的开阔原野及林地。繁殖期会集成大群,聚于多沙地带。蓝喉蜂虎非常的懒惰,它们不喜欢飞行,即使是捕食,也多是采用"守株待兔"的方式。

在我国,蓝喉蜂虎主要分布于云南、广西、广东、海南、湖南、江西、福建、河南等地。

"森林医生"啄木鸟

啄木鸟属于鸟纲䴕形目啄木鸟科。

啄木鸟最具特点的就是其如凿的喙部;舌长且能伸缩,先端列生短钩;脚稍短,具 4 趾,2 趾向前,2 趾向后;尾呈平尾或楔状,尾羽大都 12 枚,羽干坚硬富有弹性,在啄木时支撑身体。

啄木鸟科中大约有 180 多个种类,是比较常见的留鸟(极小一部分种类具有迁徙性),除大洋洲和南极洲外,在世界各地均有分布。在我国分布较广的种类有绿啄木鸟和斑啄木鸟。

啄木鸟主要以天牛、透翅蛾、蠹虫等有害虫

啄木鸟

为食,同时啄木鸟的食量很大,每天大约可吃掉 1500 条虫子,是非常著名的森林益鸟。人们亲切地称其为"森林医生"。

大黄冠啄木鸟

大黄冠啄木鸟为啄木鸟科绿啄木鸟属的鸟类。

大黄冠啄木鸟体形较大。雄鸟体长约为 310~360 毫米,体重约为 155~180 克,嘴峰约为 35~40 毫米,翅长约为 160~178 毫米,尾长约为 118~142 毫米;雌性体长约为 299~332 毫米,体重约为 122~138 克,嘴峰约为 24~34 毫米,翅长约为 145~152 毫米,尾长约为 109~122 毫米。

大黄冠啄木鸟的雄鸟额、头顶和头侧呈暗橄榄褐色,额和头顶缀有棕栗色,枕冠为金黄色或橙黄色,整个上体和内侧飞羽辉黄绿色,初级飞羽黑褐色,除翼端外,概具宽阔的深棕色横斑;内侧飞羽外翈绿色,内翈黑色,具深棕色横斑。其余两翅表面与背同色,尾羽黑褐色,中央尾羽基部羽缘绿色。颏、喉柠檬黄色。前颈褐色沾绿,杂有白色条纹。胸暗橄榄褐色,其余下体逐渐转为橄榄灰色。雌鸟与雄鸟相似,但上喉栗色,下喉白色而具粗着的黑色纵纹。虹膜棕红色,嘴铅灰色,先端淡黄色,脚和趾铅灰沾绿,爪角褐色。

大黄冠啄木鸟的繁殖期通常为每年的 4~6 月。它们喜欢在树洞中营巢。多选择腐朽的树干凿巢,巢洞由雌雄亲鸟自己啄凿而成。每窝产卵 3~4 枚,由雌雄亲鸟共同完成孵化工作。

大黄冠啄木鸟主要分布于印度次大陆、中国的西南地区以及东南沿海。

"七面鸟"火鸡

火鸡又名吐绶鸡、七面鸟,属鸟纲鸡形目雉科火鸡属。

火鸡是一种原产于北美洲的家禽。其体型庞大,翼展可达 1.5~1.8 米,体重可达 10 千克以上,是美国人在感恩节和圣诞节上的传统食物。

火鸡的外形和其他鸡形目的鸟类差别不大,雌鸟比雄鸟体型小,体表羽毛颜色也比雄鸟暗淡。

墨西哥的普通火鸡亚种与美国东南和西南部的普通火鸡在羽毛斑点和腰部颜色上稍有差别,但羽衣基本上都呈黑色,并带有青铜色和绿色的虹彩光泽。

成年雄火鸡头部裸露,有皮瘤,一般情况下呈鲜红色,但兴奋时会变成白色,带亮蓝色。

普通火鸡的其他明显特征是从额至喙有一个长形红色肉质饰物;喉部有肉垂,胸部具有一个黑色、质地较粗、似被毛的羽簇,称为髯,有脚距突起。

野生火鸡通常都栖息于水边林地中,喜欢吃种子、昆虫,偶尔也吃蛙类和蜥蜴等。

火鸡在受惊时会迅速跑到隐蔽地方,或短距离飞行。火鸡是鸡形目鸟类中飞翔力较强的种类,单次飞行可达 500~2000 米左右。它们平时栖于地面上,发出咯咯声,夜间结群宿在树上。

火鸡家族通常实行的是"一夫多妻"制。在繁殖期,雄鸟会展开尾羽,垂下翅膀,抖动羽翎作声,缩头阔步行走,并发出急促的"咯咯"叫声,以博得雌鸟的青睐。

火鸡通常营巢于地面较为隐蔽的凹处。每年产卵两次,每窝产卵 8~15 枚。由雌鸟单独完成孵化、育幼工作。

火鸡肉和其他肉类产品比较所含蛋白量甚高,但是热量和胆固醇却是最少的;火鸡肉所含的脂肪是不饱和脂肪酸,不会导致血液中胆固醇量的增加;其次,火鸡胸肉的铁含量也相当高,对于生理期、妊娠期和受伤需调养的人而言,火鸡肉是供应铁元素的最佳食物来源之一。

"动物人参"鹌鹑

鹌鹑属鸟纲鸡形目雉科。

鹌鹑体形较小,成体体重约为 66~118 克,体长约 148~182 毫米,尾长约为 46 毫米。

鹌鹑的体表被羽有夏羽和冬羽的区别。

鹌鹑雄鸟的夏羽:

额部几乎全部为栗黄色;头顶、枕部和后颈呈黑褐色;羽端呈深栗黄色;额头中央具一条狭窄的白色冠纹。鹌鹑雄鸟的眉纹也呈白色,从前额后达颈部;眼圈、眼先和颊部均呈赤褐色;耳羽呈栗褐色。

鹌鹑雄鸟的上背为浅黄栗色,具黄白色羽干纹;下背至尾上覆羽黑褐色,多具两端尖的浅黄色羽干纹;内外翈具黄褐色波状细横斑;肩羽亦然。

两翅大部呈带黄橄榄色,间有黄白色横斑;第一初级飞羽外翈狭,缘以淡黄色,其他初级飞羽的外翈均具浅赤褐色波状横斑;次级飞羽的内外翈亦具同色横斑,向内转浅。

尾羽黑褐色,具白而略带浅黄色的羽干纹和羽缘,并具赤褐色横斑。

颏、喉和颈的前部赤褐色,颊部和眼先的赤褐色连在一起;从颈部开始,伸出一个黑褐宽条,沿中线至喉部中央,扩大成黑褐色锚状纹,两侧向上延伸,几与耳羽连接。

上胸灰白沾栗,羽干白色;颈侧和胸侧黑褐,杂以栗褐色,并具明显的白色羽干纹;两胁栗褐,杂以黑色,具更宽的白色羽干纹;下胸以至尾下覆羽灰白。

虹膜红褐色,嘴角蓝色,跗蹠部淡黄色。

鹌鹑雄鸟的冬羽:

从头顶至后颈前部,栗黄色羽缘较夏羽为宽,黑褐色大都被遮盖着。背部前为浅黄褐色,向后大都黑褐色,黄白色羽干纹较夏羽发达;翅和尾的羽色几与夏羽相同。

颏及喉部上方的羽片变长,末端变尖;此两部的羽片白色,杂以栗色;颏及喉部中央具一个不明显的褐色锚状纹,两侧翘起部分转为黑褐色,直达耳羽;喉部下方白色;前颈与上胸交界处有一浅栗黄色圈;上胸浅黄色;具白色羽干纹。两胁白,杂以栗黄色的宽阔纵纹,并具黑褐和浅黄色相间的横斑;腹白色。

鹌鹑雌鸟夏羽:

与雄鸟冬羽相近似,但颏和喉的羽不变长,羽端圆形,浅灰黄色;颈侧亦浅灰黄色,羽端黑色;上胸黄褐色,具左右并排的黑斑,或连成黑色纵斑块。

鹌鹑雌鸟冬羽:

与雌鸟夏羽相近似,但颏和喉上方的羽片变长,羽端变尖,呈浅黄色。

背部黄褐色增多并加深;上胸斑点呈黑褐,沾栗褐色;胸侧和胁部黄褐色增多,具宽阔的白色羽干纹,黑褐色几乎消退。

野生鹌鹑通常生活在平原、丘陵、沼泽、湖泊、溪流的草丛中,有时也在灌木林活动。

鹌鹑主要以植物种子、幼芽、嫩枝为食,有时也吃昆虫及无脊椎动物。其受惊时仅作短距离飞翔,又潜伏于草丛中,迁徙时多集群。

野生鹌鹑非常喜欢在水边草地上营巢,有时也在灌木丛下作窝。鹌鹑的巢穴构造简单,一般就是在地面挖出的浅坑。鹌鹑通常每窝产卵 7~14 枚。

生于雪线之上的雪鸡

雪鸡是鸟纲鸡形目雉科雪鸡属鸟类的统称。

雪鸡在外形上和鹌鹑非常相似,但个体要比鹌鹑大得多。

雪鸡是世界上海拔分布最高的鸡形目鸟类,通常分布于海拔 3000~6000 米的地区,一部分分布于雪线以上。

雪鸡以植物的茎、根、叶、芽等为食,有时兼吃昆虫和小型无脊椎动物。

雪鸡的繁殖期通常为每年的 5~7 月。它们喜欢营巢于悬崖绝壁之上,以枯枝、杂草作为筑巢材料,巢内铺草叶、羽毛等。雪鸡每窝产卵 4~6 枚。

世界上目前已知的雪鸡大约有 5 种,我国境内主要分布有淡腹雪鸡和暗腹雪鸡两种。

1.淡腹雪鸡

淡腹雪鸡体长约为 500~610 毫米。

淡腹雪鸡的头顶、后颈、颈侧均为青石板色,耳羽污白。上背呈土棕色,近颈部有一淡棕色半环,其余背部羽毛黑褐。前胸和后胸之间有一灰色带状羽毛,胸部和腹部白色。尾羽 20 枚,最外侧尾羽较短。

淡腹雪鸡通常栖息在海拔 3000~6000 米之间的高山裸岩、荒漠或半灌丛漠地地带,也常在雪线附近活动。

淡腹雪鸡主要以早熟禾等的花及球茎、草叶等为食,兼食昆虫。

淡腹雪鸡为留鸟,具有垂直迁徙性。

淡腹雪鸡的繁殖期为每年的 5~7 月,每窝产卵 4~6 枚。

淡腹雪鸡主要分布于我国内的甘肃、青海、新疆、西藏和四川等地。

2.暗腹雪鸡

暗腹雪鸡体形较大,体长约为 52~60 厘米,体重约为 2~2.5 千克。

暗腹雪鸡通体呈土棕或红棕色,密布以具黑褐色虫蠹状斑。头顶至后颈灰褐色,侧有一缘以栗色的白带。初级飞羽白色,具暗色羽端,并杂以黑褐色斑纹;次级飞羽暗褐色,具灰褐色虫蠹状细斑;尾羽棕色,中央尾羽淡棕色,各羽杂以暗褐色虫蠹状斑。颏、喉白色,额、眼线、眉纹、脸、耳羽土黄色,胸部浅棕具黑褐色斑,趾赤橙色,爪黑色,下腹和腹部暗灰而杂以砖红色粗纹。

暗腹雪鸡喜欢栖息于海拔 2500~5500 米的高山和裸岩地区及高山草甸和稀疏的灌丛附近。夏季通常在高山地带的永久积雪的雪线附近,冬季下迁到山势较低的灌丛附近或草坡。其属于留鸟,但有垂直迁徙性。

暗腹雪鸡为严格的昼出性鸟类,活动时间与日照长短关系密切,日活动光照总时数在 10~14 小时,觅食时间约 8 小时左右,日间活动有 2 个高峰,分别在清晨和黄昏。

暗腹雪鸡一般在较为开阔的地带进行觅食。觅食过程中,雌雄保持一定距离,雄鸟在高处,雌鸟在低处。暗腹雪鸡春季主要以羊茅草、委陵菜和野葱为食;夏、秋季主要以棘豆、羊茅草为食;冬季主食羊茅草。

暗腹雪鸡在非繁殖期是通常集群活动,繁殖期多成对散居。繁殖期后由亲鸟带领幼雏组成族群,秋末冬初,几个这样的族群合在一起,有时可多达 20~30 只,一般在 10 只左右,少则 3~5 只。

在我国,暗腹雪鸡主要分布于新疆阿尔泰、布克赛尔、塔城、托里、温泉、博乐、霍城、昭苏、温宿、喀什、和田;青海柴达木盆地德令哈、都兰、祁连山系西部及以南各山脉;西藏阿里地区日土、改则;甘肃西北部张掖、武威、酒泉、天祝、肃南、肃北、阿克塞、碌曲、玛曲等地。

拥有十色美羽的锦鸡

锦鸡属鸟纲鸡形目雉科锦鸡属。

锦鸡雌雄鸟从外形上来说略有差别,尤其是体色的差别较大。雄鸟的羽毛颜色通常十分艳丽,头顶、背、胸为金属翠绿色;羽冠紫红色;后颈披肩羽白色,具黑色羽缘;下背棕色,腰转朱红色。飞羽暗褐色。尾羽长,有黑白相间的云状斑纹。腹部白色。嘴和脚蓝灰色。而雌鸟的上体及尾大部分都呈棕褐色,缀满黑斑。胸部棕色具黑斑。

野生锦鸡多栖息于海拔 2000~4000 米的山地中,喜欢在荒芜山地、灌丛及矮竹间活动。锦鸡主要以农作物、草籽、竹笋等为食,兼食昆虫。

锦鸡一般从每年的 4 月下旬进入繁殖期,营巢于人畜罕至的山坡地面的倒木枯枝下或巨岩缝隙里。每窝产卵 5~9 枚。

1.红腹锦鸡

红腹锦鸡属于中型的鸡形目鸟类,体长约为 59~110 厘米,尾长约为 38~42 厘米。

红腹锦鸡雄鸟的额和头顶羽毛延长成丝状,形成金黄色羽冠披覆于后颈上。脸、颏、喉和前颈锈红色,后颈围以具有蓝黑色羽端的橙棕色扇状羽,形成披肩状。上背浓绿色,羽缘绒黑色;下背、腰和短的尾上覆羽深金黄色,羽支离散如发。自腰以后的两侧,羽端转为深红色。较长的尾上覆羽基部桂黄色,具黑褐色波状斜纹,羽端狭长而为深红色;尾羽 18 枚,中央一对尾羽黑褐色,满缀以桂黄色斑点;外侧尾羽桂黄色而具黑褐色波状斜纹;最外侧 3 对尾羽暗栗褐色,具黑褐色斜纹。肩羽暗红色,翅上最内侧覆羽和飞羽深蓝色;中、小覆羽以及次级飞羽大都栗色而具黑斑;大覆羽黑色而杂以棕黄色横斑和具棕黄色羽干和羽缘。初级覆羽和飞羽黑褐色,具棕白色羽端。下体自喉以下纯深红色,羽支离散如发。肛周淡栗红色。

红腹锦鸡雌鸟头顶棕黄色而具黑褐色横斑;脸棕黄而缀黑色;耳羽暗银灰色,背棕黄至棕红色,具粗的黑褐色横斑;腰及尾上覆羽棕黄色,密布黑褐色虫蠹状斑。尾棕黄色,具不规则的黑褐色横斑及斑点。两翅与背同,但黑色横斑较宽,棕黄色羽端亦满杂以黑点。额和喉白色而沾黄色;胸、两胁和尾下覆羽棕黄色,具黑色横斑。腹淡棕黄色,无斑。

红腹锦鸡主要栖息于海拔 500~2500 米的阔叶林、针阔叶混交林和林缘疏林灌丛地带,也常见于岩石陡坡的矮树丛和竹丛地带,冬季会到林缘草坡、耕地中进行活动和觅食。

红腹锦鸡喜欢集群活动,特别是在秋冬季,有时集群多达 30 余只;春、夏季也可见单独或成对活动的个体。

红腹锦鸡

红腹锦鸡生性机警,胆怯怕人。听觉和视觉敏锐,稍有声响,立刻逃遁,当危险尚远时,多在地下急速奔跑逃窜;当危险迫近时,则多急飞上树隐没。

红腹锦鸡十分擅长奔走,途中遇低岩或小片空地时,会展翅滑翔而过。红腹锦鸡飞翔既快速又灵巧,可在林中飞行自如。

红腹锦鸡白天大都在地上活动,尤以早晨和下午活动较多。中午多在隐蔽处休息,晚上多栖于靠沟谷和悬岩的松、栎等乔木树上。

红腹锦鸡主要以野豌豆、野樱桃、青蒿、蕨叶、野蒜、悬钩子、酢浆草、蔷薇、胡颓子、羊奶子、箭竹、橡子、华山松种子、稠李、漆树、杜鹃、雀麦、栎树、茅栗和青冈子等植物的叶、芽、花、果实和种子为食,也吃小麦、大豆、玉米、四季豆等农作物。偶尔也会吃甲虫、蠕虫、双翅目和鳞翅目昆虫等动物性食物。

红腹锦鸡的繁殖期一般为每年的 4~6 月,通常实行的是"一夫多妻"制。每窝产卵 5~9 枚。

红腹锦鸡为我国的特有鸟类,主要分布于青海、甘肃、陕西、四川、湖北、云南、湖南等地区。

2.白腹锦鸡

白腹锦鸡又名铜鸡、笋鸡、衾鸡、箐鸡、宽宽鸡。

白腹锦鸡的雄鸟体长113~145厘米,体重650~960克;雌鸟体长54~67厘米,体重585~900克。

白腹锦鸡的雄鸟的头、顶、背、胸等均为翠绿色,散出金属光泽;头上有一绺发状羽形成的紫红色羽冠,披散在后颈;颈部由白色镶黑边的羽毛形成翎领;下背和腰部是明黄色,往下转朱红色;腹部银白色;尾羽银灰色,具黑白相杂的云状斑纹和横斑。虹膜褐色;嘴蓝灰色;腿、脚青灰色。

白腹锦鸡通常栖息于海拔从1000到4000米的山地常绿阔叶林、针阔叶混交林和针叶林中,也可见于林缘灌丛、草坡和矮竹林间。

白腹锦鸡夜晚栖于树冠隐蔽处,白天下到地面进行活动。喜欢集成小群。

白腹锦鸡非常善于奔走,在林中的行走速度极快,与之相比飞行能力则较差,一般很少飞翔。白腹锦鸡在遇到危险时多通过疾速奔跑和藏匿来避敌,仅在万分危急时才起飞上树,或沿山坡向下滑翔。

白腹锦鸡的食性较杂,主要以植物的茎、叶、花、果实、种子和农作物为食,偶尔也捕食昆虫等动物性食物。白腹锦鸡的觅食活动多在上午和下午,在清晨和傍晚前后尤为频繁,中午多休息。冬季也可见其在林缘灌丛草坡和农田地觅食。

"日本国鸟"绿雉

绿雉属于鸟纲鸡形目雉科雉属。

绿雉属于大型的鸡形目鸟类,全长约为80厘米。

绿雉的雄鸟头顶有一簇青铜色至红铜色的羽冠。上体羽多呈紫铜、蓝绿等色,具金属光泽;下背及腰部羽白色。飞羽黑褐具绿缘,尾羽蓝绿色。下体黑色,嘴角灰色,脚黄灰色。

雌鸟体羽暗褐色,背白色,飞羽及尾羽具褐色横斑。

雌雄之间的大小、色彩差异明显,雄雉脸部为红色,颈部、胸部、腹部为暗绿色,尾长,有不少黑色的带状羽毛。雌雉为淡褐色,身上带黑色的斑纹,尾部短。

野生绿雉通常栖息于海拔3300~4400米的灌丛、草甸及裸岩处。以植物的根、茎、叶、花及昆虫为食,因其嗜食贝母的根茎,故又称"贝母鸡"。

绿雉的繁殖期通常为每年的3~5月。进入繁殖期后，雄鸟会不停发出清脆洪亮的"咯咯"声，并伴有拍打双翅等轻盈的舞蹈动作，以博得雌鸟的青睐。

绿雉喜欢营巢于人迹罕至的野草和山林丛中，以草茎、枝叶为筑巢的材料。每窝产卵6~12枚。

"家鸡的祖先"原鸡

原鸡属鸟纲鸡形目雉科原鸡属。

原鸡是家鸡的祖先，外形与家鸡相似。雄鸟体长约为70厘米，雌鸟体长约为40厘米。

原鸡雌雄异色。雄鸟体色艳丽，被有具金属光泽的金黄、橙黄或橙红色，并具褐色羽干纹。脸部裸皮、肉冠及肉垂红色，且大而显著。飞羽褐黑色，具栗色外缘。尾羽黑色具金属绿色光泽，中央两枚尾羽最长，下垂如镰刀状。下体褐黑色。脚蓝灰色。雌鸟上体大部黑褐色，上背黄色具黑纹，胸部棕色，往后渐变为棕灰色。

野生原鸡主要分布于印度次大陆北部、东北部及中国南部、东南亚、苏门答腊及爪哇等地。

在我国主要分布于云南、广西、广东、海南等地。

野生原鸡通常栖息于热带和亚热带山区的密林中。常至林缘的田野间觅食，植物主要以植物种子、嫩芽、谷物等为主，偶尔也吃虫类及其他小型动物。

野生原鸡能飞善跑，生性机警。

原鸡的繁殖期一般为每年的2~5月。它们喜欢营巢于地面稍凹陷处，巢穴内会铺以落叶和杂草等。原鸡雄鸟在繁殖季节为保卫自己的地盘和争夺雌鸟经常互相打斗。

原鸡每年产卵1~2次，每窝4~8枚。由雌鸟单独完成孵化工作，而雄鸟则专门负责觅食饲喂雌鸟。

生活在北半球的松鸡

松鸡属鸟纲鸡形目松鸡科。

松鸡是一种半树栖半地面生活的鸟类。其身体形状与家公鸡相似,其体表被羽近纯黑色。翼羽、覆羽先端和下体杂有白斑。尾长大而平整,像把鹅毛扇。雌鸟喉部乳白色,具有黑色细斑。上体锈棕色,具有褐色横斑,羽毛先端灰色。

所有松鸡科的野生种类都生活在北半球,其中的大部分为留鸟。

在我国常见的松鸡有黑嘴松鸡、黑琴鸡、花尾榛鸡、镰翅鸡与柳雷鸟。

1.黑嘴松鸡

黑嘴松鸡的体长约70~90厘米。

黑嘴松鸡的雄鸟体羽呈黑褐色,头、颈黑而上面闪着金属光彩,颏、喉及胸等具绿色反光;背纯黑褐色;肩羽黑褐色,外端部具白色中央纹;尾羽纯黑褐色。雌鸡上体大部呈棕色而具黑褐闪蓝的横斑。雌雄鸡的肩、翅上覆羽、尾上覆羽和尾下覆羽等均具显著白端。

黑嘴松鸡只有在繁殖期时会集成小群生活。

黑嘴松鸡主要以植物的嫩枝、叶芽孢等为食;夏秋季节也吃蔷薇、草籽和昆虫。

黑嘴松鸡的繁殖期为每年的4~6月。进入繁殖期后,雄鸟会来到求偶场高声鸣叫,鸣叫时头颈向上伸直,羽毛蓬松,两翅半张下垂,尾向上并散开成扇形,边跳边鸣叫。黑嘴松鸡的求偶炫耀非常精彩,所以有泰加林中的"舞蹈家"之称。当雌鸟来到身边时,雄鸟一侧翅膀下垂,并急速小步向雌鸟靠近,然后成对飞走。

黑嘴松鸡一般营巢于松软的土地上,由雌鸟在地面先刨一个凹坑,再垫以松针、树皮、细小松枝和羽毛。一般由雌鸟负责孵化、育雏工作。

2.黑琴鸡

黑琴鸡又名黑野鸡,属鸟纲鸡形目松鸡科。

黑琴鸡身材中等,全长约为55厘米。雄鸟全身体羽黑色,头、颈、喉、下背具蓝绿色金属光泽。翅上具白色翼镜。尾呈叉状,外侧尾羽长而向外卷曲成琴状。嘴暗褐色。脚踝皮橘红色。雌鸟全身体羽黄褐色,具黑褐色斑;颏、喉棕白色;翅上翼镜不明显;尾羽叉状,不向外弯曲。

黑琴鸡通常栖息在落叶松白桦林、山杨白桦林、樟子松林之中,也见于幼林及林间空地。

黑琴鸡属于留鸟，秋季和冬季因觅食而游荡，游荡路线不定。秋、冬季常成群活动觅食，多则上百只，少则 3~5 只。夏季主要食物为乔灌木的嫩枝、叶、芽、花絮、果实和浆果等。冬季主食桦树、柳树、榛树的嫩芽和嫩枝等。

黑琴鸡的活动力较强，善于在地上奔跑，也很善于飞翔，但不能进行持久的远距离飞翔。

黑琴鸡的警觉性不如松鸡高。黑琴鸡善于鸣叫，尤其是雄鸟能颤动整个身体，发出一连串类似于吹水泡和拉风箱的动听声音。

黑琴鸡在每年的 3 月末至 4 月初进入繁殖期，喜欢营巢于树下的阴凉处。每窝产卵6~8 枚。

长着"马尾"的马鸡

马鸡是雉科马鸡属的禽类的通称，包括褐马鸡、蓝马鸡和藏马鸡 3 种，它们均分布于中国境内。

马鸡耳部有一簇特别发达的羽毛，长而稍硬，往往突出于颈项，因而又称为角鸡或耳鸡。马鸡的尾略侧扁或平扁，具尾羽 20~24 枚，而中央尾羽比最外侧尾羽约长 1 倍。由于中央尾羽的羽支大都披散下垂，犹如马尾，所以得名"马鸡"。

马鸡大都栖息于丘陵和高山，善奔走，常成群活动。飞行速度慢，通常不远飞。受惊时常往山上狂奔，至岭脊处才振翅飞起，滑翔至山谷间。

马鸡用嘴挖土觅食，以植物块茎、细根、种子等为主，也兼吃昆虫。

马鸡通常在春夏间繁殖，实行的是"一夫一妻"制。雄鸟经常会为争偶发生格斗。

马鸡喜欢营巢于地面，巢穴通常是由枯枝、苔藓、枯草等构成，呈浅碟状。

长着红眼圈的冕鹇鸪

冕鹇鸪属鸟纲鸡形目雉科鹇鸪属。

冕鹇鸪是一种非常漂亮的鸡形目鸟类。大小和鹌鹑差不多，体长约为 26 厘米，雄性体重约为 240~300 克，雌鸟体重约为 225~275 克。

冕鹇鸪的雄鸟整体呈带有光泽的蓝紫色，背部略显浅绿色，头上生有一撮艳丽的鲜红色羽毛,腿为赤红色;雌鸟除翅膀呈红褐色外浑身翠绿,雌雄成鸟都长着红眼圈,喙附近长着细长的须。

冕鹧鸪属于杂食性鸟类,主要以植物的种子和甲虫、蚂蚁、蜗牛等为食,也经常吃玉米、豌豆、西兰花、胡萝卜、西葫芦、红薯等蔬菜。冕鹧鸪还非常偏爱水果,苹果、梨、葡萄、蓝莓、李子、香蕉、木瓜、猕猴桃、柑橘都是它比较喜欢的品种。

冕鹧鸪可以在一年中的任何时间交配繁殖,通常为"一夫一妻"制。每窝产卵4～6枚。

冕鹧鸪主要分布于缅甸、泰国、马来西亚、文莱、印度尼西亚以及加里曼丹和苏门答腊等地,生存范围横跨东南亚各岛国。

"百鸟之王"孔雀

孔雀属鸟纲鸡形目雉科。因其能开屏而闻名于世。

雄孔雀羽毛翠绿,下背闪耀紫铜色光泽。尾上覆羽特别发达,平时收拢在身后,伸展开来长约1米左右,就是所谓的"孔雀开屏"。这些羽毛绚丽多彩,羽支细长,犹如金绿色丝绒,其末端还具有众多由紫、蓝、黄、红等色构成的大型眼状斑,开屏时反射着光彩,好像无数面小镜子,鲜艳夺目。

孔雀

孔雀的身体粗壮,雄鸟长约1.4米,雌鸟全长约1.1米。头顶上那簇高高耸立着的羽冠,也别具风度。雌孔雀无尾屏,背面浓褐色,并泛着绿光,不过没有雄孔雀美丽。

孔雀双翼不太发达,飞行速度慢且显得笨拙,只是在下降滑飞时稍快一些。腿却强健有力,善疾走,逃窜时多是大步飞奔。觅食活动和行走姿势与鸡一样,边走边点头。

孔雀喜欢成双或集成小群居住在热带或亚热带的丛林中,主要分布于亚洲南部,我国只有云南才有野生孔雀。

孔雀平时走着觅食,爱吃黄泡、野梨等野果,也吃谷物草籽。

孔雀被视为"百鸟之王",是最美丽的观赏品,也是吉祥、善良、美丽、华贵的象征,有特殊的观赏价值。

孔雀的羽毛可用来制作各种工艺品。而且人工饲养的蓝孔雀肉质具有高蛋白、低能量、低脂肪、低胆固醇等特点，可作为高档的珍稀佳肴。

蓝孔雀

印度人民把蓝孔雀看成是吉祥之物。在印度的传说中，天神迦尔迪盖耶骑着孔雀云游四方，着那教神祖的交通工具也是孔雀，印度教大神因陀罗封它为鸟王。因此，在众多文化的熏染下，印度人民于1963年1月将蓝孔雀定为自己国家的国鸟。

蓝孔雀也被称为印度孔雀，是雉科孔雀属两种孔雀之一，另一种是绿孔雀。蓝孔雀主要产于巴基斯坦、印度和斯里兰卡。

蓝孔雀一般生活于热带落叶林中，在林中的开阔地或耕地上觅食种子、浆果及植物茎叶，也食昆虫及鼠类等小动物。繁殖期间，一只雄鸟可与多只雌鸟生活数天，逐一交配后，每只雌鸟独自营巢产卵，雄鸟继续单独活动。雌雄孔雀都可以十分敏捷地飞到高枝上栖宿。

雌蓝孔雀一年可产卵20~30个。蛋壳厚而结实，呈乳白色、棕色或黄色，无斑点。蛋重120~140克。一般每隔1日产1个蛋，多在早晚产蛋。

蓝孔雀生长速度快，作为肉用特禽很适宜，经济成熟期为8个月。

蓝孔雀每年8~10月间换羽，10月份后大部分羽毛换齐。公蓝孔雀尾屏依年龄和体质不同，需要11~12个月才能长成。

"家鸽的祖先"原鸽

原鸽在鸟类中属中等体型，通体呈石板灰色，颈部胸部的羽毛具有悦目的金属光泽，常随观察角度的变化而显由绿到蓝而紫的颜色变化，翼上及尾端各自具一条黑色横纹，尾部的黑色横纹较宽，尾上覆羽白色。

原鸽喜欢集群活动，经常会在天空盘旋飞行。

原鸽的雌雄鸟从外形上就可区分，除了大小上的区别外，雄鸽的肩膀宽、头形圆大、脚长、脊椎长。

此外，雄鸽的颈子粗短，颈羽富有金色光泽，叫声响亮，步伐大，求偶时会一边旋转，或是一边跳跃;雌鸽的颈子细,叫声也较轻柔。

野生原鸽主要分布于印度次大陆的部分地区,目前已经引种至世界各地,如今许多城镇都有野化的鸽群。

原鸽主要以植物性食物为主,包括各种植物的果实和种子,如玉米、花生、芸豆、豌豆、高粱、甜瓜、蒲公英等。

原鸽喜欢用干草和小树枝搭建成平板状巢穴,通常每窝产卵 2 枚。

"美国国鸟"白头海雕

美国的国鸟是白头海雕,其形象最初出现在美国的旗帜上是在独立战争时期。1782年 6 月 20 日,美国国会通过决议,把白头海雕定为美国的国鸟,并把它作为国徽图案的主体。它是力量、勇气、自由和不朽的象征。

白头海雕是北美特有的大型猛禽,又名美洲雕。

白头海雕体型庞大,一只完全成熟的海雕,体长可达 1 米,翼展 2 米多长。

成年白头海雕的羽毛呈棕色,头部和尾部呈白色。尾部颇长,形状像楔子。白头海雕属于两性异形的鸟类,雌性的体型比雄性约大 25%。它们的喙、脚部和虹膜均呈鲜黄色。它们的脚部没有羽毛,脚趾短而强有力,其尖端有长而尖锐的钩爪。前一部分的爪是用来把猎物抓牢,而后面的爪则是用来穿透动物的身躯致之死地。它们黄色的喙大而呈钩状。

未成熟的白头海雕的羽毛呈棕色,且带有白色斑驳,直到 4~5 岁踏入性成熟时才消失。

白头海雕较喜欢栖息在海岸、河流、大湖泊附近,因为这些地方有很多鱼类,对它们来说是极丰富的食物资源。研究显示它们较喜欢周长超过 11 千米的水源,而面积大于10 平方千米的湖泊就最适合要繁殖的白头海雕。

白头海雕会在较老的松柏或硬木树上栖息和筑巢。它们会选择结构开放和方便捕猎的树木,但选择的树木的高度或种类并不及水源的重要,若环境许可的话,它们宁可选择在水源附近的大树。

白头海雕是飞行的能手。它们在滑翔和鼓翼时的飞行速度可达时速 56~70 千米,若飞行时抓着鱼,其飞行速度仍可达时速 48 千米。

白头海雕虽具有迁徙性，但并不经常迁飞。若它们的领地接近水源的话，它们就不会迁徙，整年待在那里；但是如果它们的领地不接近水源的话，它们就会在踏入冬季时往南迁，或是往海岸的那一方迁徙，让自己在冬季期间仍可方便地觅食。

白头海雕选择的迁徙路线与沿途的暖流、上升气流及食物资源是否有利密切相关。在迁徙期间，它们会靠暖流往上攀升，而后往下滑翔，就这样使用暖流前进，而当遇上断崖和一些峭壁时则使用上升气流，掠过这些地带。一般而言，它们会在日间进行迁徙，因为白天太阳照射充足可以形成足够的暖流，帮助它们飞行。

"冰岛国鸟"矛隼

冰岛上的白色型矛隼是非常稀有的鸟类物种，其数量也是非常稀少的，因此非常珍贵。冰岛人民更是将其定为自己国家的国鸟。

矛隼是一种非常美丽的中型猛禽，在中国其被称为"海东青"。矛隼作为隼类其体型是比较大的，因此又有巨隼之称。

通常情况下，矛隼的体长约为 56~61 厘米，体重约为 1.3~2.1 千克。其覆盖体表的羽色差别较大。有暗色型、灰色型。

在冰岛少数冰天雪地的高寒地区，矛隼为了适应环境还存在遍体洁白的个体，因此又被叫白隼。

矛隼具有非常快的飞行速度，其飞行能力也非常强，可以说是鸟类家族中的短距离飞行冠军。

矛隼主要分布于欧洲北部，亚洲北部和北美洲北部。在我国主要分布于黑龙江、辽宁瓦房店和新疆喀什等地。矛隼是极为罕见的猛禽，其中在我国的黑龙江、辽宁地区为冬候鸟，在新疆地区为留鸟或繁殖鸟。矛隼是我国的国家二级保护动物。

矛隼栖息于寒温带的森林地区，主要以野鸭、海鸥、雷鸟、松鸡、岩鸽等各种鸟类为食，也捕食中小型哺乳动物，还可以对付鹿等大型食草动物。矛隼在捕猎时飞行的速度非常快，矛隼的名字就源于飞行中的它像掷出的矛枪一样迅疾无比。

"比利时国鸟"红隼

红隼属于小型猛禽,以猎食时有翱翔习性而著名,其踪迹遍布世界各地,是农林益鸟。比利时人因为对其十分喜爱而将其定为国鸟。

红隼一般体长31~36厘米。雄鸟头顶、后颈、颈侧蓝灰色,具黑褐色羽干纹,额基、眼先和眉纹棕白色,耳羽灰色,髭纹灰黑色,背、肩及上覆羽呈砖红色,各羽具三角形黑褐色横纹,腰和尾上覆羽蓝灰色,尾羽蓝灰色,具黑褐色横斑及宽阔的黑褐色次端斑,下体棕白色,颏近白色,上胸和两胁具褐色三角形斑纹及纵纹,下腹黑褐色纵纹逐渐减少,覆腿羽和尾下覆羽为黄白色,尾下呈银灰色。雌鸟上体深棕色,头顶具黑褐色纵纹,上体其余部分具黑褐色横纹,其他部分与雄鸟同。虹膜暗褐色,嘴蓝灰色,先端黑色,嘴和蜡膜为黄色,附蹠和趾深黄色,爪黑色。眼睛的下面有一条垂直向下的黑色口角髭纹,是它与黄爪隼的最明显的区别之一。另外,它的尾羽的形状呈凸尾状,与燕隼、猛隼等的圆尾不同。

红隼平常喜欢单独活动,尤以傍晚时最为活跃。红隼经常在空中盘旋,飞翔力强,喜逆风飞翔,可快速振翅停于空中。它们的视力非常敏捷,并且取食迅速。飞翔中的红隼会搜寻地面上的老鼠、雀形目鸟类、蛙、蜥蜴、松鼠、蛇等小型脊椎动物,也吃蝗虫、蚱蜢、蟋蟀等昆虫。

"菲律宾国鸟"食猿雕

食猿雕,也被称作菲律宾鹰,是菲律宾的国鸟,目前仅存不到500对,主要集中在菲律宾棉兰老岛的雨林中。

食猿雕是世界上体型最大、数量最稀少的雕类之一,属于大型雕类,被人们赞为世界上"最高贵的飞翔者",更有"雕中之虎"的美誉。

食猿雕体态强健,其相貌凶狠,平均体长1米左右,可达9千克之重,其翅展长达3米左右。食猿雕的上半身羽色一般呈深褐色,下半身通常为浅黄或白色相间,头部后面有许多柳叶状冠毛,色黄有斑点。食猿雕的面部和嘴为黑色,遇对手或猎物时冠羽会立即竖起成半圆形。

食猿雕主要栖息于低山至开阔的草原地带,习性与哈佩雕非常相似,它们非常喜欢"占地为王",一对食猿雕差不多要占领30平方千米的领域,并捕杀这个领域内的各种动物。

食猿雕十分善于在低空盘旋,当它们发现猎物时,就会如闪电般俯冲而下,先啄瞎猎物眼睛,之后将无法逃离的猎物撕成碎块吞食。

食猿雕的主要猎物是各种树栖动物,如猫猴、蝙蝠、蛇类、蜥蜴、犀鸟、灵猫、猕猴及野兔等。它们还经常在村庄附近捕杀狗、猪等家畜。食猿雕也会埋伏在犀鸟的洞穴附近,捕杀为雌犀鸟喂食的雄犀鸟。由于其在啄食猴子时十分凶残,所以有"食猿雕"之称。

和其他猛禽一样,食猿雕一生只追求一个伴侣,任何变故都不能动摇它们对伴侣的忠贞。

每年10~12月,食猿雕会将巢穴筑于岩壁、乔木或灌木丛中,以枯枝和芦苇等编成,内铺兽毛和草。

食猿雕通常在每年的4~5月份产卵,每窝仅产1枚卵,孵化期大约为2个月。

在食物贫乏的情况下,由于雄鸟带回的食物有限,饥饿的雌鸟常常要自己离巢觅食,这种情况下就有可能会造成孵化失败,最终发生弃巢的情况。

在自然状态下,食猿雕的繁殖率极低,不仅由于其每次产卵的数目少,还因为每只食猿雕幼鸟的成长时间都非常长。单单是幼鸟长齐羽毛就需要4个多月,而且即使已经长齐了羽毛,幼鸟仍然要在亲鸟的领域中逗留到第二年。幼鸟在自己学习捕食技术期间,可能仍然需要亲鸟的喂养。所以只有当幼鸟离开亲鸟的领域之后,亲鸟才可能再次营巢,进行繁殖。

"墨西哥国鸟"凤头卡拉鹰

凤头卡拉鹰俗称长脚鹰。传说几千年前,墨西哥土著居民的祖先——阿兹特克人奉太阳神神谕,寻找立国之地,他们穿越炎热的沙漠,看见一张嘴衔毒蛇的长脚鹰,立在仙人掌上,四周湖水如镜,就在湖边建立了特诺奇蒂特兰城,即后来的墨西哥城。现在墨西哥国旗、国徽上的图案就源自这个传说。凤头卡拉鹰也成为墨西哥国鸟。

凤头卡拉鹰产于拉丁美洲,体型比隼略大,腿长而擅长奔跑,以腐肉为食,常与美洲鹫争食,有时候也自己捕食猎物并袭击其他鸟类的巢穴。

凤头卡拉鹰已经在公元 1900 年灭绝。

"最长寿的猛禽"安地斯神鹰

安地斯神鹰名康多兀鹫、安地斯秃鹰、南美神鹰、安地斯神鸢。

安地斯神鹰是西半球最大的飞行鸟类,其翼长可达 2.7~3.1 米,雄鹰体重可达 11~15 千克、雌鹰体重可达 7.5~11 千克,身长约为 117~135 厘米。

安地斯神鹰的羽毛是黑色的,有白色羽毛围绕颈部底。它们的翼上有白色斑纹,在雄鹰身上尤为显眼,但要第一次换羽后才会出现。头部及颈部都是红色至暗红色的,只有很少羽毛。它们会很小心地保持头部及颈部的清洁,而秃头也是一种卫生的适应性,可以让紫外线照射及脱水来帮助皮肤消毒。它们的头顶扁平,雄鹰有一个暗红色的肉冠。它们头部及颈部的肤色会随着情绪而有所变化,可以作为沟通的工具。雏鹰一般呈灰褐色,头及颈都是黑色的,有褐色的环状领。

安地斯神鹰的中趾很长,后趾则发育不全,所有趾上的爪都相对较直及钝。所以它们的脚很适合行走,很少会用爪来作为武器或抓住东西。它们的喙弯曲,可以撕开腐肉。雄鹰的瞳孔是褐色的,而雌鹰的则是深红色的。眼皮没有眼睫毛。

安地斯神鹰飞行时会在空中盘旋,姿势优美。它们会水平张开双翼,初级飞羽末端会向上。它们没有支撑大型肌肉的胸骨,由此可以看出它们主要是以滑翔的方式飞行。它们会在地上拍动双翼,上升至一定高度时,拍动的次数变得很少,只依赖气流来保持高度。·

安地斯神鹰主要栖息在辽阔的草原及高达海拔 5000 米的山区,喜欢开阔及没有森林的地区,如岩石区或山区等,方便在空中寻找尸体。它们有时也会在玻利维亚东部及巴西西南部的低地、智利及秘鲁的沙漠地区及巴塔哥尼亚的假山毛榉属森林出没。

安地斯神鹰主要以腐肉为食,喜欢如鹿或欧洲牛等大型动物的尸体。野生的安地斯神鹰栖息在大片土地,一日会飞行超过 200 千米来觅食。在内陆地区,它们喜欢吃大型的尸体;而在近岸地区,它们则喜欢吃水生哺乳动物的尸体。它们也会袭击细小鸟类的巢穴,偷鸟蛋吃。

安地斯神鹰在 5~6 岁时达到性成熟。在求爱时,雄鹰的颈部会由暗红色变为鲜黄色,并且会张开。它们会伸出颈来接近雌鹰,显示它们的颈部及胸部,并且发出嘶嘶声,接着会张开双翼,直立及摆动其舌头,一边跳一边叫或用跳舞来示爱。

安地斯神鹰喜欢在海拔3000～5000米的地方营巢。它们的巢通常是由树枝组成,放置在岩壁上。安地斯神鹰每窝产卵1～2枚,由雌雄亲鸟共同完成孵化工作。

"草原上的清洁工"秃鹫

秃鹫又称座山雕或秃鹰,是一类以食腐肉为生的大型猛禽。

秃鹫体形大,全长约110厘米,体重约7～11千克,翼展可达2米多长。

秃鹫

成年秃鹫头部为褐色绒羽,后头羽色稍淡,颈裸出,呈铅蓝色,皱领白褐色。上体暗褐色,翼上覆羽亦为暗褐色,初级飞羽黑色,尾羽黑褐色。下体暗褐色,胸前具绒羽,两侧具矛状长羽,胸、腹具淡色纵纹,尾下覆衬白色,覆腿黑褐色。秃鹫虹膜褐色,嘴端黑褐色,腊膜铅蓝色,跗跖和趾灰色,爪黑色。

秃鹫的栖息范围较广,通常栖息在海拔2000～5000多米的高山裸岩,草原均有分布。筑巢于高大乔木上,以树枝为材,内铺小枝和兽毛等。

秃鹫喜欢单独活动,有时也会集成具有3～5个成员的小群进行活动。

秃鹫在飞翔时,两翅会伸成一直线,振翅频率较低,通常都是利用气流长时间翱翔于空中。

当秃鹫发现地面上的尸体时,会飞至附近取食。秃鹫食物主要是大型动物和其他腐烂动物的尸体,也捕食一些中小型兽类。人们称其为"草原上的清洁工"。

秃鹫喜欢营巢于高大的乔木上,以树枝为材,内铺小枝和兽毛等。

秃鹫通常每窝产卵1～2枚,卵呈污白色,具有深红色条纹和斑点。卵由雌雄亲鸟共同孵化。

凶猛的金雕

金雕属鹰科，是北半球上一种广为人知的猛禽。

金雕身长约为 76~102 厘米，翼展可达 2.3 米，体重约为 2~6.5 千克。

金雕的头顶呈黑褐色，后头至后颈羽毛尖长，呈柳叶状，羽基暗赤褐色，羽端金黄色，具黑褐色羽干纹。上体暗褐色，肩部较淡，背肩部微缀紫色光泽；尾上覆羽淡褐色，尖端近黑褐色，尾羽灰褐色，具不规则的暗灰褐色横斑或斑纹，和一宽阔的黑褐色端斑；翅上覆羽暗赤褐色，羽端较淡，为淡赤褐色，初级飞羽黑褐色，内侧初级飞羽内翈基部灰白色，缀杂乱的黑褐色横斑或斑纹；次级飞羽暗褐色，基部具灰白色斑纹，耳羽黑褐色。下体颏、喉和前颈黑褐色，羽基白色；胸、腹亦为黑褐色，羽轴纹较淡，覆腿羽、尾下覆羽和翅下覆羽及腋羽均为暗褐色，覆腿羽具赤色纵纹。

金雕幼鸟和成鸟大致相似，但体色更暗，第一年幼鸟尾羽呈白色，具宽的黑色端斑，飞羽内翈基部白色，在翼下形成白斑；第二年以后，尾部白色和翼下白斑均逐渐减少，尾下覆羽亦由棕褐色到赤褐色到暗赤褐色。虹膜栗褐色，嘴端部黑色，基部蓝褐色或蓝灰色(雏鸟嘴铅灰色，嘴裂黄色)，蜡膜和趾黄色，爪黑色。

金雕分布较广，遍及欧亚大陆、日本、北美洲和非洲北部等地。在中国的分布范围也很大，包括东北、华北、西北、西南以及东南的局部地区。

目前金雕共分化为 5 个亚种，中国分布有 2 个亚种。其中加拿大亚种分布于内蒙古东北部、黑龙江、吉林、辽宁等地，分布于其他地区的都属于中亚亚种。

大部分金雕都属于留鸟，只有个别种类为旅鸟或冬候鸟。

金雕通常栖息于草原、荒漠、河谷，特别喜欢在高山针叶林中生存、活动。

金雕通常单独或成对活动，冬天有时会集成较小的群体一同活动，但偶尔也能见到 20 只左右的大群聚集在一起捕捉较大的猎物。

金雕白天常待在高山岩石峭壁之巅或空旷地区的高大树木上，也可见其在荒山坡、墓地、灌丛等处捕食。

金雕善于翱翔和滑翔，常在高空中一边呈直线或圆圈状盘旋，一边俯视地面寻找猎物。金雕在飞行的时候两翅上举呈"V"状，用柔软而灵活的两翼和尾的变化来调节飞行的方向、高度、速度和飞行姿势。

金雕生性凶猛，主要捕食大型鸟类和中小型兽类，所食鸟类有赤麻鸭、斑头雁、鱼鸥、雪鸡，兽类有岩羊幼仔、藏原羚、鼠兔、兔、黄鼬、藏狐等。金雕有时也会捕食家畜和家禽。

金雕通常营巢于针叶林、针阔叶混交林或疏林内高大的红松和落叶松树上，也常营巢于悬崖峭壁之上。

金雕的繁殖期因地而异。在北京地区，2月上旬即见成对在空中盘旋追逐进行求偶，2月中旬开始产卵；分布于俄罗斯的金雕，繁殖期较晚，通常是在每年的4月中旬才开始产卵。

金雕每窝产卵2枚，偶尔有少至1枚和多至3枚的。卵由雌雄亲鸟轮流完成孵化、育雏工作。

擅长飞行的雀鹰

雀鹰属于鸟纲隼形目鹰科鹰属。

雀鹰是一种小型猛禽，雄鸟体重约为130~170克，体长约为310~350毫米，嘴峰约为11~13毫米，翅长约为205~255毫米，尾长约为150~197毫米，跗蹠约为51~63毫米；雌鸟体重约为193~300克，体长约为360~410毫米，嘴峰约为12~15毫米，翅长约为240~260毫米，尾长约为145~223毫米，跗蹠约为58~73毫米。

雀鹰雄鸟上体呈鼠灰色或暗灰色，头顶、枕和后颈较暗，前额微缀棕色，后颈羽基白色，常显露于外，其余上体自背至尾上覆羽暗灰色，尾上覆羽羽端有时缀有白色；尾羽灰褐色，具灰白色端斑和较宽的黑褐色次端斑；另外还具4~5道黑褐色横斑；初级飞羽暗褐色，内翈白色而具黑褐色横斑；其中第五枚初级飞羽内翈具缺刻，第六枚初级飞羽外翈具缺刻；次级飞羽外翈青灰色，内翈白色而具暗褐色横斑；翅上覆羽呈暗灰色。

眼先为灰色，具黑色刚毛，有的具白色眉纹；头侧和脸呈棕色，具暗色羽干纹；下体为白色；颏和喉部满布以褐色羽干细纹；胸、腹和两胁具红褐色或暗褐色细横斑；尾下覆羽亦为白色，常缀不甚明显的淡灰褐色斑纹，翅下覆羽和腋羽白色或乳白色，具暗褐色或棕褐色细横斑；尾羽下面亦具4~5道黑褐色横带。

雌鸟体型较雄鸟大。上体灰褐色，前额乳白色或缀有淡棕黄色，头顶至后颈灰褐色或鼠灰色，具有较多羽基显露出来的白斑，上体自背至尾上覆羽灰褐色或褐色，尾上覆羽通常具白色羽尖，尾羽和飞羽暗褐色，头侧和脸乳白色，微沾淡棕黄色，并缀有细的暗褐色纵纹。下体乳白色，颏和喉部具较宽的暗褐色纵纹，胸、腹和两胁以及覆腿羽均具暗褐色横斑，其余似雄鸟。

幼鸟头顶至后颈栗褐色，枕和后颈羽基灰白色，背至尾上覆羽暗褐色，各羽均具赤褐色羽缘，翅和尾似雌鸟。喉黄白色，具黑褐色羽干纹，胸具斑点状纵纹，胸以下具黄褐色或褐色横斑。

其余似成鸟。虹膜呈橙黄色，喙为铅灰色、尖端黑色、基部黄绿色，蜡膜黄色或黄绿色，脚和趾橙黄色，爪黑色。

雀鹰通常栖息于针叶林、混交林、阔叶林等山地森林和林缘地带，冬季主要栖息于低山丘陵、山脚平原、农田地边以及村庄附近。尤其喜欢在林缘、河谷，采伐迹地的次生林和农田附近的小块丛林地带活动。

雀鹰常单独生活，或飞翔于空中，或栖于树上和电柱上。飞翔时先两翅快速鼓动飞翔一阵后，接着滑翔，二者交互进行。飞行有力而灵巧，能巧妙的在树丛间穿行飞翔。

雀鹰喜欢在"伏击"飞行中捕食。其飞行能力很强，速度极快，每小时可达数百千米。飞行有力而灵巧，能巧妙地在树丛之间穿梭飞翔。

雀鹰主要以鸟、昆虫和鼠类等为食，也捕鸠鸽类和鹑鸡类等体形稍大的鸟类和野兔、蛇等。

雀鹰发现地面上的猎物后，就急飞直下，突然扑向猎物，用锐利的爪捕猎，然后再飞回栖息的树上，用爪按住猎获物，用嘴撕裂吞食。

雀鹰在攻击鸡类等体形较大的猎物时，常采取反复进攻的手段，有时第一、二次仅能使猎物受到轻伤或散落一些羽毛，但在多次打击下，猎物也难免被击垮，失去抵抗能力，成为雀鹰的"盘中餐"。

雀鹰的繁殖期通常为每年的5~7月。它们喜欢营巢于中等大小的椴树、红松树或落叶松等阔叶或针叶树上，有时也利用其他鸟类的旧巢。

雀鹰每窝产卵3~4枚，通常1天产1枚卵。孵化工作主要由雌鸟完成，雄鸟偶尔也参与孵卵活动。

色盲猫头鹰

猫头鹰属鸟纲鸮形目，目前世界上已知约有130余种，在除南极洲以外所有的大洲都有分布。大部分的种类为夜行性肉食性动物。

猫头鹰眼周的羽毛呈辐射状,细羽的排列形成脸盘,使其面形似猫,因此得名"猫头鹰"。

猫头鹰身体的大部分被羽都呈褐色,散缀细斑,稠密而松软,飞行时无声。

猫头鹰的雌鸟体形一般较雄鸟为大。头大而宽,嘴短,侧扁而强壮,先端钩曲,嘴基没有蜡膜,而且多被硬羽所掩盖。它们还有一个转动灵活的脖子,使脸能转向后方,由于特殊的颈椎结构,头的活动范围可达270°。

猫头鹰的左右耳不对称,左耳道明显比右耳道宽阔,且左耳有发达的耳鼓。大部分还生有一簇耳羽,形成像人一样的耳廓。

猫头鹰的食物以鼠类为主,也吃昆虫、小鸟、蜥蜴、鱼等动物。猫头鹰有吐"食丸"的习性,即把吃进去的不能消化的骨骼、羽毛、毛发、几丁质等残物渣滓集成块状,形成小团经过食道和口腔吐出。科学家可以根据对食丸的分析,了解它们的食性。

猫头鹰的听觉神经非常发达,视觉神经也极其敏锐。猫头鹰的视网膜中没有锥状细胞,无法辨认色彩,所以是鸟类中的色盲。

猫头鹰通常都栖息于树上,部分种类栖息于岩石间和草地上。大部分种类具有昼伏夜出的习惯,白天隐匿于树丛岩穴或屋檐中不易见到;少部分种类,如斑头鸺鹠、纵纹腹小鸮和雕鸮等白天也常外出活动。

第五章　两栖动物

　　两栖动物这个十分特殊的类群，是从水生过渡到陆生的脊椎动物，具有水生脊椎动物与陆生脊椎动物的双重特性。它们既保留了水生祖先的一些特征，如生殖和发育在水中进行，幼体生活在水中，用鳃呼吸，没有成对的附肢等；同时幼体变态发育成成体时，拥有了真正陆地脊椎动物的许多特征，如用肺呼吸，具有五趾型四肢等。

　　两栖动物是第一种呼吸空气的陆生脊椎动物，多数两栖动物在水中产卵，发育过程中有变态，幼体（蝌蚪）接近于鱼类，而成体可以在陆地生活。但是，有些两栖动物却是胎生或卵胎生，不需要产卵，有些从卵中孵化出来几乎就已经完成了变态，还有些终生保持幼体的形态。

　　两栖动物由于其幼体要在水中完成发育，成体适应力远不如更高等的其他陆生脊椎动物，既不能适应海洋的生活环境，也不能生活在极端干旱的环境中，在寒冷和酷热的季节则需要冬眠或夏蛰。所以目前只有一个亚纲——滑体亚纲存活下来。

　　两栖动物大多栖于陆上，少数种类栖于水中。皮肤裸露，有黏液腺，借以润湿皮肤，并起到辅助呼吸作用。心脏分两心耳、一心室，血液循环分大、小循环，但不完全。体温不恒定。现存的两栖类，可分无足目（例如鱼螈）、有尾目（例如大鲵）和无尾目（例如蟾蜍、青蛙）三目。全世界有4000余种（亚种），中国有270余种。

　　爬行动物是真正的陆生脊椎动物。皮肤具有由表皮形成的角质鳞或真皮形成的骨板，一般缺乏皮肤腺。用肺呼吸。心脏由两心耳和分隔不完全的两心室构成（仅鳄类的心室有发达的隔壁，将心室隔成左右两部分；仅在大动脉基部与肺动脉基部之间，还有一孔称"潘尼兹氏孔"相通）。体温不恒定。现存的爬行类，可分为喙头目（例如楔齿蜥）、龟鳖目（例如金龟、鳖）、蜥蜴目（例如草蜥、壁虎）、蛇目（例如蝮蛇）和鳄目（例如鼍、湾鳄）五目。全世界约有6300种，中国有近400种。

　　随着全球变暖引起的环境变化，致使某些爬行动物已濒临灭绝。

　　2010年8月8日法新社报道，哥斯达黎加当地媒体公布的一份科学报告称，气候变暖导致哥斯达黎加河流中雄性鳄鱼大大多于雌性鳄鱼，20年后该物种有可能面临绝种危险。

将哥斯达黎加生物学家胡安·拉斐尔·博拉尼奥斯的这份研究报告部分内容公布于众的《民族报》认为，"这一假设基于更多雄性鳄鱼的出生与气候变化及太阳强辐射致气温始终居高不下有关。"

该报强调，"鳄鱼巢穴中的温度决定孵卵的性别。当孵化温度在28℃左右时，出生的就是雌性鳄鱼，当温度达到32℃时，则为雄性鳄鱼。"

这一研究的主要对象是栖息于哥斯达黎加北太平洋区域的十几条河流中的鳄鱼群。

《民族报》还指出："在捕获后又被放生的74条鳄鱼中，雌雄比例为1∶5，而在正常情况下，这一比例应该是3∶1。"

据该报说，"如果国内的美洲鳄鱼群雄性化趋势得以证实，该物种有可能在20年后趋于消失。"

2010年5月13日，美国趣味科学网站也做了相关的报道，据称科学家对全球蜥蜴种群展开的一次调查发现，由于气温升高，蜥蜴种群正在以令人震惊的速度走向灭绝。这项新的研究报告发现，如果照这个趋势发展下去，到2080年，有20%的蜥蜴种群可能灭绝。

报告认为，目前的情况及预测到的灭绝趋势与1975年以来气候变暖密切相关。

加利福尼亚大学生态学和进化生物学家巴里·西内尔沃说："经过多轮实地考察，我们对抽样进行了反复比对，结果证明（目前）这种灭绝是由于气候变化造成的，而不是由于栖息地遭受破坏造成的。这些栖息地未受到任何干扰，它们大部分在国家公园或其他保护区内。"

研究人员说，如果人类能够减缓气候变化的速度，那么研究人员对2080年的预测可能会改变，但它的确显示出蜥蜴已迈进了走向灭绝的门槛，并且它们大幅度减少的趋势至少会持续数十年。

研究人员还估计，到2050年将有6%的蜥蜴种群会灭绝。他们说，这个数字不可能改变，因为大气层附近的温室气体（二氧化碳）会滞留数十年。

蜥蜴种群的消失可能会对食物链产生影响。因为蜥蜴是许多鸟、蛇和其他动物捕食的对象。

动物百科

"活的救生圈"海龟

海龟是棱皮龟、玳瑁、海龟、蠵龟的统称。它们的形状跟陆地上、河中的龟差不多，背上也长着硬壳：有的是完整的一块，叫龟板；有的是分成一片一片的，叫角质鳞。

世界上的龟类中，海龟最大，几十千克到几百千克的都有。它是用肺呼吸，每隔 20 多分钟就要游到水面上来，用鼻孔呼吸空气。不过，海龟的肛门也能跟鼻孔一样起呼吸作用。

海龟的繁殖生育也十分有趣。它的繁殖季节一般是在六七月间。雌雄海龟

海龟

在海洋中交配以后，雌龟就在每天早晨三四点钟吃力地爬到海滨沙滩上，用四肢挖坑，然后把卵产在坑里。一只棱皮龟能产卵 90~100 颗，也有的能产 300 颗；一只玳瑁能产卵 130~250 颗；一只海龟能产卵 60~70 颗；一只蠵龟能产几十颗卵。产完卵以后，它们用四肢扒沙土把卵掩盖好，然后悄悄回到海洋中去了。卵完全靠阳光的热量来孵化。经过 70 天左右，小海龟就破壳而出了。这时候，雌海龟就又回到原来的地方，把小海龟们领到海洋中去。

海龟特别能忍饥挨饿。有人做过试验，有的海龟绝食 3 年也不会死，这在动物界可以算是冠军了。海龟的寿命也很长，有的可以活到 300 岁。据说，海龟的寿命还有更高的纪录，海龟是名副其实的长寿动物。

海龟捕食龟虾是很凶猛的。但是它有一怕，就是怕四脚朝天，只要被弄得翻转过来，它就一点办法也没有了。

在太平洋、大西洋和印度洋的热带和亚热带海洋里，生活着世界上最大的龟——棱皮龟。

棱皮龟的背甲并不像其他龟那样具有坚硬的角质龟壳，而是被以柔软的革质皮肤。背甲为心脏形，上有 7 条纵行的棱起，棱间凹陷似沟，这些棱起是由许多不规则的多角形小骨板组成。腹甲骨化，有 5 条纵行棱起。四肢由于长期适应于海洋中游泳生活而成桨状，前肢很长。背甲长一般为 1~2 米，体重在 200 千克左右；而最大纪录者，背甲长可达

2.5 米以上，体重达 715 千克。

棱皮龟生活于海洋中，善于游泳。1970 年，在我国长江口捕获一只棱皮龟，根据它身上所挂的标记得知，这只棱皮龟是从英国沿海被投放大西洋的，可见它游泳本领之强。

前些年，波兰的报纸刊载了一条消息——"活的救生圈"。说的是一艘利比亚商船在尼加拉瓜沿岸遇到风暴的袭击，船员们顽强地同风浪做斗争。忽然，暴风把船员基姆从甲板上刮进大海。当时因为忙乱，谁也没发现基姆的失踪，商船继续按原来的航向航行。基姆在汹涌的大海中得不到别人的救护，只能独自同波浪搏斗。他很清楚，如果只靠自己的力量，最多还能坚持十来个小时。正在绝望之际，突然，他眼前出现了一个椭圆形的东西，这是一只巨大的海龟，他毫不犹豫地抓住了龟甲的边缘，吃力地爬了上去，于是大海龟用"背"驮着他向岸边游去。大约过了两个小时，瑞典邮船"堡垒"号在离开尼加拉瓜海岸 300 千米的地方发现了基姆。邮船迅速地接近他，把他救了上来。

事后，有关的海洋学家建议，船员应配备遇险时自救用的专门吸盘，这种东西可以很方便地固定在龟甲上。如果发生了上述情况，这种装置就将显出巨大的威力了，因为像棱皮龟、蠵龟这样大的海龟龟甲上能站不少人。

由于海龟有了这个"救人"的事例，所以被人们誉为"活的救生圈"。海龟的行为大大启发了人们，目前不少海洋生物学家认为海龟可以帮助人类，而且有些国家正在对海龟进行专门训练，使海龟在海洋环境里帮助人类工作。例如帮潜水员把仪器送到 60 多米深的水下，将缆绳从船上拉到水下作业区，拖拉舢板，还可以让海龟把人从一条船上送到另一条船上，或者送到岸上，等等。

日本学者还训练大海龟进行专门的拯救作业，包括让海龟把舢板和其他装置拖拉到"遇险"区和用无线电控制海龟在外海"航行"等。

海龟能长时间潜在水下，在这方面，它是善于潜水的其他动物（例如海豚、海豹等）所不能比的。它能连续在水下待上几昼夜而不需浮到水面换气，这是它进行水下作业的有利条件。

海龟每年都循着一定的洄游路线作长距离的往返游行，且从不迷失方向。就连从未出过远门的幼龟，也能沿着母龟走过的老路，且游回原来的栖息地。据专家研究，海龟这种远航的本领是由海龟体内的生物钟所控制的，它可以根据太阳的位置，参照海流和水温，来校正它们的前进方向。科学家正在努力探索这一奥秘，以便根据它的原理来研制新的导航仪器。

"罕见的绿色动物"绿毛龟

有一种绿毛龟,被视为我国的一种珍奇龟,有"水中翡翠"之称。它身上长的绿毛,实际上是一些水生的低等绿色植物——丝状的绿藻,包括刚毛藻、基枝藻等,附生在金龟和水龟的背甲上,很像绿色的毛。这些藻类繁殖很快,布满整个背甲。绿藻进行光合作用,必须有充足的阳光和养料。因此,绿毛龟生活在经常有散射光的环境中。

绿毛龟既是吉祥物,又是点缀美化家庭生活的观赏动物,也是滋补佳肴。绿毛龟,原产于湖北蕲春,名蕲龟,与蕲蛇、蕲竹、蕲艾合称为"蕲春四宝"。蕲龟,体色金黄,身披绿毛,寿命可达90年。其鲜品供食用,味甘、气平、性温、无毒,有滋阴补血的功效。此外,龟肉中富含脂肪、蛋白质、维生素A、钙、磷、铁等营养元素。

绿毛龟喜欢在洁净的山泉或井水中生活。人工养殖是以黄喉水龟作种龟,用山溪藻接种,在适宜的水质、光照、温度条件下,使藻体附生在龟背和其他部位而成。当其附生绿毛后,就称为"成缨"。按其附生的绿毛的部位称呼其品名,如背甲有毛,称为本毛;背腹有毛,叫天地缨;头部有毛,则称牡丹头;单足有毛,叫单缨;双足有毛,为双缨等。如果头部、四足、背甲均有毛则称之为"五子夺魁",是上品,最为难得。

绿毛龟因其为动植物的结合体,人工饲养要格外小心。首先,在选种上要选择福建产的黄喉水龟,其底板为象牙色,脚板为黄绿色,连盖面共"十三块",条纹清晰无伤,也就是要选择头绿、颈黄、爪长的种龟来饲养,这样易于接种藻类,附长后也坚固。江苏、浙江以及上海江阴路花鸟市场等地均有种龟出售。值得注意的是,切忌选择草龟接种。藻类最好选择生长在浙江山区的野生山溪藻与黄喉水龟接种,成活率高。当然,接种的气候、季节要适当,一般要选择温度适中的夏季或初秋季节;气温过高、过低,都会影响藻类接种成活率。

绿毛龟可承受的最高温度为30℃,最低温度为0℃,因此遇上大热天,太阳光强烈,超过30℃时,就要及时把绿毛龟放到阴凉处"歇凉",否则龟背上的藻类就会焦脆;冷天,气温低于0℃,藻类易冻坏,需把它移到朝阳房间"取暖",冬夏季节更要注意气温变化。

要用井水、江水以及山溪水养殖,有条件的最好用活水养殖。这样,可以增大水流面积,有利于藻类、绿毛龟的生长。若用自来水养殖,必须预先将自来水曝晒1~2天或放置10天以上方可使用,以防水中漂白粉污染影响绿毛龟生长。至于水温,一般掌握在18℃

~30℃左右。还要经常梳去附在藻体上的污物。

　　绿毛龟的食饵是黄鳝、泥鳅、小鱼、小虾、螺蛳肉、肉类或饭粒等饲料,也可喂食一些植物性饲料,如煮熟的青菜、瓜皮等,每隔 3~5 天投饵一次,喂的料量为龟体重的 1/20。当然,摄食的多少,也要根据气温高低变化而定。气温高,吃得多;气温低,吃得少。气温在 20℃左右,可每天喂食一次;当气温在 8℃左右,基本可以不投饵,但必须仔细观察,适时定量喂饵。

　　绿毛龟很像"五针松",四季常春,饲养在"玻璃缸"里,漂浮着浓密的绿色茸毛极为美丽,既象征着"迎客""吉利",又是美化房间的极好艺术观赏品。

　　在拉丁美洲,有一种罕见的绿色爬行动物,叫鳞蜥。它生活在树上,身体表面长着绿色的角质鳞片,酷似树叶的绿颜色,很容易隐蔽。它外形丑陋,体长 180 厘米,能在爬行中一次产蛋 24 枚左右。在当地印第安人的民间传说中,鳞蜥是所在部落兴盛发达的象征,所以备受保护。它是一种无害的食草动物,肉质细嫩,比嫩鸡还鲜美且富含营养。近些年来,由于其生存环境遭到破坏,再加上人们乱捕滥杀,巴拿马等国的鳞蜥已经绝迹。目前,德国已研究人工培养并获成功。

甲鱼的身价

　　龟、龙、凤、麒麟,被古人称为"四灵",把龟崇拜成吉祥如意、先知先觉的灵物。在神话故事中,有龟帮助女娲补天,帮助夏禹驮运"息壤"制伏洪水的传说。古时候,凡帝王登基、出征、祭祀、狩猎及生老病死等,都要用炙灼龟壳所出现的裂纹来占卜预测吉凶。并用刀子在龟壳上刻下占卜的内容,这种占辞,成为我国最早的文字——甲骨文。汉代丞相、将军用的印,其上都铸有龟的形象。唐代规定只有五品以上

甲鱼

的官员死了,墓前才能竖龟的石碑。唐代诗人陆龟蒙还以"龟"取名。受中国古代文化影响较深的日本,至今在姓氏里还保留有"龟"字。

　　龟以长寿闻名于世。科学家们发现,在动物和人的细胞里,有一个日夜运转的钟表,叫"生物钟",它规定了寿命的长短。龟的全身细胞分裂可高达 110 次,所以龟的寿命可

长达 300 岁。在我国洞庭湖内曾捕捉到一只 300 年以上的大乌龟。不过,与其他动物相比,龟长得十分缓慢,一只体重 500 克的龟,至少要长 6 年以上。

乌龟,也叫甲鱼,俗称"王八",是一种具有较高经济价值的半水栖性爬行动物。分布在热带和温带,我国 18 个省市均有分布。乌龟食性粗杂,生命力强。

乌龟有趣的呼吸方式,给了人们以新的启示。乌龟没有肋间肌,凭借头、足的一伸一缩使肺部一张一收,以获取氧气。古人发现了乌龟这一特殊的呼吸方式,仿效练习,在实践中又结合其他动物的特殊动作,于是便产生了"气功",成为人们锻炼身体,延年益寿的法宝。

龟全身可供药用。龟肉不仅营养丰富,食用能滋补身体,还有治疗小儿遗尿、子宫脱垂、糖尿病、血痢、筋骨疼痛等病的作用。中医临床用得最多的是龟板(龟的腹甲)和"龟板胶"。龟板有清热、益肾健骨、补虚强壮、消肿治痈等功效。临床上常用其滋补降火、治疗因虚火引起的盗汗、心悸、眩晕、耳鸣、足心和手心发热等。龟板还有抗结核功效,可用于治疗肺结核、淋巴结核和骨结核;也可用于治疗慢性肾炎、神经衰弱、慢性肝炎等。龟板胶的滋补效果比龟板好,能止血补血,适用于肾亏所致的贫血、子宫出血、虚弱等症。龟血可活血补血;龟头能治疗头痛、头晕等症。

1962 年,日本科学家小岛孝治教授做了一个有趣的实验。小岛孝治把癌细胞分别注入鸡和甲鱼的体内,5 个小时后作活检,发现注入鸡体内的癌细胞还活着,而且比较活跃;而注入甲鱼体内的癌细胞已被甲鱼的淋巴细胞包围着,成抑制状态,少数已被消灭。一周后,他又对进行实验的鸡和甲龟作活检,结果在两者体内都没有找到癌细胞,也没找到致癌物质。这说明注入的癌细胞已被鸡、甲鱼体内的"卫士"消灭了。

紧接着,小岛孝治又做了一次实验:将癌细胞分别注入鸡、甲鱼的肌体,5 小时后宰杀了鸡和甲鱼,都放在锅里煮,加温到 100℃ 并煮上两分钟取出来检验,都没有查到癌细胞,也没有发现其他致癌物质及毒素。

甲鱼是高蛋白低脂肪的食物,对人体极为有益。甲鱼所含的蛋白质大部分是人体必需的氨基酸。特别值得一提的是,甲鱼所含的类似甘碳戊烯酸的不饱和脂肪酸是抵抗人体血管衰老的重要物质。不过到目前为止,人们在甲鱼体内还未找到可直接抗癌的物质。

甲鱼性味甘平,能"滋阴""补虚""去烦热"。对于癌肿病人来说,无论是早期手术的,还是进行化疗和放疗的,食用它都可起到辅助治疗作用。

癞蛤蟆勇斗大公鸡

这是发生在广州市郊的一个真实的故事。

一天上午,一只拳头般大小的癞蛤蟆正趴在稀疏的草丛中休息。这时,一只长着鲜红鸡冠的大公鸡正昂首阔步地向癞蛤蟆这边走来。突然,它发现了癞蛤蟆,于是立即收住了脚步,两眼紧紧地盯着它。这时,癞蛤蟆也毫不示弱,它鼓起那像小鼓似的肚皮,气呼呼地瞪着公鸡。双方如此这般"对峙"了十多秒钟后,突然各自同时退后了几步,摆出一副跃跃欲斗的架势。终于,大公鸡威武地鸣叫了一声,首先发起进攻。它猛扑过来,用它那坚硬而锐利的嘴在癞蛤蟆头上、身上一阵乱啄。癞蛤蟆没有"武器",看来它似乎连招架的能力都没有了,而只有东躲西闪。不过它却临危不惧,而且把嘴巴张得大大的,直对着大公鸡喷气,那涨得像个圆球似的肚子也急促地起伏。它的头部和身上渗出了点点乳白色的液浆。不到3分钟,癞蛤蟆已被公鸡啄得血迹斑斑、伤痕累累了。围观的十多名群众以为这下子大公鸡已经稳操胜券了,不料就在这时,形势急转直下,只见大公鸡的攻势越来越缓慢,而且像个喝醉酒的醉汉,脚步不稳,身子东倒西歪,突然一个趔趄栽倒在地上,昏了过去。小小的癞蛤蟆居然斗败了大公鸡,赢得了胜利。

癞蛤蟆学名"蟾蜍"。它的外形比青蛙大,背部呈暗褐色或土黑色,腹旁有灰色的直纹,腹部肥大,黄白色中杂有黑色的斑纹,一对眼睛放着金色的光彩,口部阔大,趾端无蹼,性鲁纯,步行极缓慢。它平常多栖息在池塘、沼泽或湿地处,常在夏秋薄暮或黄昏时爬出来寻吃昆虫,冬季即转入地下蛰伏。

蟾蜍外貌很丑陋,背部有很多内含毒腺的疣状突起物,看起来像癞子,不然人们是不会送给它一个"癞蛤蟆"的称呼了。

其实,癞蛤蟆并不癞,而且在诗人笔下被形容为如鼓如虎;人们还把月宫称为"蟾宫"。

诗人词家褒奖蟾蜍不无原因,因为蟾蜍是个实干家,整个夏秋季夜夜都悄然无声地吞食着农田林间害虫。例如严重危害农作物的蝼蛄、天牛、蚱蜢、金龟子、水稻螟等,都是它的"家常便饭",蟾蜍一生中吃掉的纯动物性害虫约占总食量的80%,称得上是个"捕虫能手"。

癞蛤蟆一般在水边繁殖,且多在早春季节繁殖。雌体产卵于水中,体外受精,体外发育,卵外有胶质膜包围(即次级卵膜),卵数可达数千枚,卵呈黑色,在卵带中多呈双行排列。个体发育中有变态。幼体称为蝌蚪,用鳃呼吸,长大后鳃消失而生肺,长出四肢,尾部被吸收而消失,逐渐登陆生活。它的个体发育迅速而简短,反映了由水生到陆生的过程,对于研究动物演化提供了胚胎学方面的证据。

蟾蜍身上含有蟾蜍毒素、华蟾蜍素、华蟾蜍次素、去乙酰基华蟾蜍素、精氨酸、辛二酸等物质。实验证明华蟾蜍毒素、华蟾蜍素均有强心作用,能加强心脏的舒缩能力,扩张冠状动脉,其作用与泽地黄甙相似。此外,它们还有升高血压和利尿作用。

蟾蜍的耳后腺和皮肤腺能分泌一种乳白色的毒液浆(因此大公鸡啄它越多,中毒就越快),这种有毒浆经过加工,可以制成供药用的"蟾酥"。蟾酥为常用的动物药材,性温、味甘、辛、有毒,能强心、镇痛、抗毒,治疗慢性心脏衰弱、胃痛、腹痛等病,外用可治痈肿、恶毒及牙龈出血等。药理试验表明,蟾酥有兴奋心肌和迷走神经中枢的作用,能增强心肌收缩,升高血压。古方用于治疗疳疾和肿毒,现代仍用作六神丸的主要成分。

蟾头可治小儿五疳;蟾皮可制取蟾蜍色胺等十几种药剂,有传热解毒、利尿消胀、治疗胃癌等功效:蟾舌可拔疗;蟾肝可敷痈肿疗毒;蟾胆能治疗气管炎。

据报道,蟾酥对组织培养的癌细胞、动物肿瘤模型有抑制作用,临床应用有不同程度的抗癌作用。

日本国立遗传学研究所的研究人员发现癞蛤蟆很喜欢吃蟑螂,是蟑螂的天敌。该研究所的小动物饲养房里,早已成为蟑螂的天国:蟑螂"泛滥成灾",令人束手无策。后来,他们在那里放养了癞蛤蟆,不久,蟑螂便绝迹了。解剖癞蛤蟆胃部,并检查它的粪便,发现它吞食的食饵中,除少量其他昆虫外,几乎都是蟑螂。

珍奇的哈什蚂

哈什蚂,又叫"哈什蟆""油蛤蟆""黄蛤蟆"。它是一种典型的森林蛙类,所以又称"林蛙"。

林蛙是一种经济价值很高的无尾两栖类动物。其体较宽短,体长一般为 65~72 毫米,最大的雌蛙体长可达 80 毫米。它的前肢短,趾较细长。关节下瘤小而明显。皮肤略显粗糙,背及体侧有排列不规则的大小疣粒。背侧褶不平直。有明显的胕蹠。腹部皮肤平滑。生活时背面、体侧及四肢上部为土灰色,有黄色及红色小点。鼓膜处有三角形黑色斑。两眼间常有一黑横纹或在头后方有八形斑。雄蛙有一对咽侧下内声囊。四肢背侧有显著的黑横纹。腹面乳白色,衬以许多小红点儿,尤以大腿腹面为最多。

林蛙分布于我国黑龙江、吉林、辽宁等地,与黑龙江特产飞龙、熊掌、猴头并列为四大山珍。唐朝宫廷大庆宴席时都少不了它,被列入"八珍"。东北民间煮饺子时把活林蛙下锅,它则抱住饺子不放,成为有趣味的食品。

林蛙在长白山区分布甚广,数量很多。林蛙繁殖季节,几乎所有的水塘和水沟内都有。从海拔400米的山麓地带一直分布到海拔1800米的温泉和岳桦林。4月末5月初,林蛙复苏后由越冬地进到水塘和小溪中产卵,卵成团状,每个卵团含卵粒500~2000个不等。5月中下旬产完卵上岸后开始陆地生活,主要生活在茂密的森林中,尤以混交林和阔叶林中较多。它们多在晚间出来活动,白天多匿藏在倒木下或枯枝落叶层中。其食物主要为拟齿蚜、鳞翅目幼虫、叶蜂、树粉蝶、金花虫等昆虫,也吃蜘蛛、蛞蝓等无脊椎动物。

中国林蛙是一种有益的动物。它不仅能捕食大量森林害虫,而且还可入药,特别是雌蛙的输卵管,是传统的名贵药材。

在哈什蚂产地,人们一年要进行三次捕捉。一是春季"开江",二是秋天"割地",三为冬令"避素"。开江后的哈什蚂经漫长冬眠,肚内净空,肉特别鲜嫩;割地时则养分丰盈,肉质肥美;冬眠期的哈什蚂肉素血清,尤为珍贵。大量捕获期是在秋季9~11月间。捕捉的蛤什蚂除少量雄性者供鲜食外,绝大部分立即以木板击头将其处死,然后穿串风干,以备四时之用或剥取哈什蚂油。

哈什蚂的干制品,每100克含蛋白质43.5克,脂肪仅1.4克,碳水化合物36.4克,无机物质3.8克。哈什蚂较一般青蛙肉质细嫩,味道更加鲜香,为酒席佳肴和名贵补品,自古为人喜食。

"哈什蚂油"是人们的习惯称呼,实际上并不是"油",主要是蛋白质,含量高达50%,脂肪仅占4%,糖为10%,此外还含有无机盐、维生素A、B、C、D,以及多种激素。哈什蚂油最主要的用处是作为一种强壮补益药,用于补虚退热、肺虚咳嗽。一般患病体弱,特别是消耗性疾病,服用哈什蚂油,有助于强身健体,抵抗疾病。其他凡精力不足需要加强营养、提高体质的人,也可适当服用。民间在妇女产后乳汁不足或无乳时服用哈什蚂油,有催乳作用。

哈什蚂是我国珍贵的野生动物药材,目前,哈什蚂、哈什蚂油已从一种地方性用药发展成为全国性,甚至全球性用药,其需求量迅猛增长。哈什蚂的需求过大,导致其价格猛涨。出口一吨哈什蚂,可换取小麦50吨,化肥45吨。价格暴涨,又刺激了人们更积极地捕杀哈什蚂,导致了一种恶性循环:乱捕滥杀——哈什蚂减少——哈什蚂价格上涨——更猖狂地捕杀。

目前,人工养殖哈什蚂已获得成功。人工养殖哈什蚂,必须选择有水源、森林、向阳的山区坡地,两山夹一沟最好。山坡以阔叶林为佳,针叶林中不能养殖。

哈什蚂生性怯弱,抗敌能力差,本身又无防御器官,只有消极隐蔽或借保护色保护自己,其不同时期有着不同的天敌。卵期和蝌蚪期主要天敌是家鸭、野鸭等,另外,鲶鱼、鲤鱼、鲫鱼等也很喜欢吃它。幼蛙期的天敌主要是青蛙等,一只青蛙每天可吃幼蛙8~9只。幼蛙上山时,常常受到水禽山雀的袭击;上山后,蛇、乌鸦、狐狸等动物经常袭击哈什蚂。冬眠时,狐狸、水獭、山耗子等经常伤害哈什蚂。因此,一定要加强看管,采取各种措施驱赶或消灭哈什蚂的天敌,以保障哈什蚂的正常发育生长。

蛙声十里出山泉

齐白石是我国杰出的艺术家。作家老舍以"蛙声十里出山泉"这句诗为题,请齐白石老人画一幅画。究竟如何将这句诗表达的意境在画面上形象地表现出来呢?这的确是一个难题。齐白石老人一连思索了几天,终于画出了一幅杰作:画面上抹了几笔远山,一片急流从山涧乱石中泻出,水中浮游着几只小小的蝌蚪。画面上根本没有"蛙",但从浮游在乱石流水中的蝌蚪,人们自然会联想到"十里"以外的"蛙声"。这是多么巧妙而含蓄的想象。

青蛙,动作异常敏捷,善于跳跃,是捕虫的能手,是庄稼的卫士。我国蛙类资源非常丰富,据调查,有180多种。其中有体重达200~300克的虎纹蛙、棘胸蛙、棘腹蛙;有小如蚕豆大小的浮蛙、姬蛙;有叫声像弹琴一样悠扬动听的弹琴蛙;有生活在树上的树蛙;有生活在水流湍急的小溪里的湍蛙;还有无斑雨蛙、东北雨蛙、黑斑蛙、粗皮蛙、林蛙、北方狭口蛙等。

青蛙靠肺呼吸,能以陆地为家,它的幼虫蝌蚪用鳃呼吸,只能在水中生活,所以青蛙属水陆两栖的脊椎动物。蛙类以各种昆虫为食,是农业害虫的主要天敌。生活在田野的青蛙,主要捕食水稻螟虫、叶蝉、夜蛾和蚊、蝇等害虫。

蛙类弹跳敏捷,适矛水陆两栖生活,无论在森林、池塘还是稻田里,都不愧为扑虫能手。据观察,一只体型中等的林蛙,每天能吞食60~70只害虫,一只成龄雌林蛙一天能吃掉 260 只害虫，一只黑斑蛙每天可捕食害虫 90 多只，一只泽蛙每天可捕食 200 多只。

蛙类的扑虫能力主要依靠它发达的后腿和构造奇特的口腔、舌头、眼睛。

蛙的后腿发达，跳得很高，轻轻一跃便可扑到 60~70 厘米高处的昆虫。

蛙的嘴巴宽大，能吞食较大的食物。上颌生有小齿，又可防止食物从口中滑掉。

蛙的舌头比较特殊，舌根长在下颌前端，舌尖反而伸向嘴里。当舌头翻出嘴外，能伸出很长，扩大了取食范围。舌头的表面有许多黏液腺，经常分泌出大量黏液，以此粘住食物。蛙舌富有弹性，伸缩力强，能有力地把食物拉进嘴里。所以，舌头是蛙类捕食的重要工具。

蛙眼突出，对静物反应迟钝，对动物观察敏锐、判断准确，可以在瞬间捕捉到飞过的昆虫，然后伸舌卷回。科学家们根据蛙眼的构造及功能，已经仿制出十分精密的科学仪器，加速了我国科学事业的发展。蛙的眼球突出，能扩大视野，除了正后方和上后方以外，其余各个方位的活动物体都能迅速发现。同时，蛙的眼睛同口腔只隔着一层薄膜，眼眶底部又没有硬骨头。这样，蛙类在吞咽食物的时候，可以靠眼睛来帮助，眼睛一闭，眼球陷入眼眶底部，向下推压口腔顶壁，就能很快把食物咽下去，然后继续捕食。

春天，雌蛙、雄蛙在交配产卵时，雄蛙因有鸣囊，能发出"咯、咯"的求偶叫声，雌蛙无鸣囊，闻声而来。我国劳动人民总结出的通过蛙声判断附近青蛙的多少，预测年景的好坏的经验，是相当有科学根据的。宋代著名爱国词人辛弃疾在《西江月·夜行黄沙道》中有"稻花香里说丰年，听取蛙声一片"之句，把丰年和蛙声紧密地联系在一起。

青蛙还能预报气象。唐诗说："田家无五行，水旱卜蛙声。"农谚也说："青蛙叫，雨来到。"这些话是很有科学道理的。因为天将下雨时，空气中湿度大，气压低，影响了皮肤的呼吸，青蛙会感到不舒服而叫个不停。

在农村，农民亲昵地称蛙为"护谷虫"。因为青蛙善于在碧水清波之间游泳，人们叫它"水仙子"；又因为它喜欢引吭高歌，便赢得了"蛙诗人"的雅号。

蛙类是征服自然界的强者。在漫长的历史演变中，蛙类练就了一套对付敌人的本领：产婆蛙能将卵缠在后足上，然后伏于穴中；大鼻蛙的雄蛙将快要孵化的卵送入咽部的囊中，等小蝌蚪长到 1.3 厘米时，再送出来；巴西的雨蛙和南美洲的树蛙还会筑窝保护幼蛙。蛙类变色的本领也堪称一绝。稻田里的蛙，皮肤颜色很像稻叶；河边水草里的蛙，肤色像草叶那样碧绿；雨蛙的肤色更是变化多端，栖息在绿草中，呈现出绿色，爬在树干上，则变成褐色。

一只雌蛙在春季能产 5000~10000 个卵，按 1/3 或 1/10 成活率计算也有上千只新蛙出生。

蛙的高超的筑巢本领

蛙的种类很多,有泽蛙、黑斑蛙、金线蛙、虎纹蛙、姬蛙、雨蛙、树蛙等。

蛙是水陆两栖动物。它由蝌蚪长成幼蛙后,登上陆地,用肺呼吸。但是,它的肺构造简单,呈囊状,吸入的氧气不够需要,还要靠湿润黏滑的皮肤协助呼吸。因此,青蛙一般生活在阴凉潮湿的场所,并经常进入水中,以保持皮肤湿润,有利于呼吸。

蛙类不分昼夜都捕食,三化螟、二化螟、稻纵卷叶螟、稻螟蛉、稻蝗、稻苞虫、黏虫、叶蝉、稻飞虱、稻椿象、稻瘿蚊、蝼蛄、斜纹夜蛾、金龟子等,都是蛙类的佳肴美味。据观察,一只泽蛙一天可吞食叶蜂等害虫 260 多只,一只黑斑蛙可吃 70 多只。一年之中,按蛙的活动期为 6~8 个月计算,一只泽蛙可消灭害虫 56000 多只。倘若每亩稻田有 600 只青蛙,则防治螟害的效果比施 1500 克甲六混合粉的效果还好。

蛙类善跳。蛙类跳远的成绩总是以其连续三次跳出的距离计算的。蛙类三级跳远的最高纪录是 10.2 米,这是一只名叫"桑蒂耶"的雌性南非尖鼻蛙于 1977 年 3 月 21 日在南非纳塔尔举行的蛙类比赛中创造的。

一年一度在美国加利福尼亚州安琪儿营举行的"卡拉韦拉斯跳蛙节"上,三级跳远的最高纪录是 6.55 米,这是一只名叫"铆工罗齐"的美国牛蛙在 1986 年 3 月 18 日创造的。"桑蒂耶"参加不了这种比赛,因为这一比赛规定,参加者"脚爪至臀部"的长度必须超过 10 厘米。

我们这里要介绍的是蛙的筑巢本领。

当蛙"成家立业"后,就开始考虑筑巢了。

南美集叶蛙像鸟一样是用植物的叶筑巢的。巢筑在离地一定高度的树枝上,从 1 米到 7 米不等;但有一点却是肯定的,即巢必须筑在伸出到水面上方的树枝上。当发现合适的树枝后,雌蛙就攀缘上去,用前肢牢牢地抓住枝梢,用后肢将叶子围绕着肚子卷成筒状:同时,从体内分泌出大量黏液将叶子粘住,这样就得到了很牢靠的巢。接着,雌蛙就在里面产下 300~600 粒卵。如果第一个巢筑得太小,容纳不下这么多的卵,于是就需要重新造第二个巢。由巢里孵化出来的透明小蝌蚪会顺势掉落在下面的水中,在水中完成发育,最终变成一只只幼蛙。

但上述这种在空中摇摇摆摆的软叶巢，除了少数蛙喜爱外，并不受大部分蛙的青睐。因为蛙是两栖动物，它们最喜欢的是浴盆似的水巢。另一种雌性的"锻造"蛙擅长为自己的子女筑这样的水巢。当它们选定合适的浅水地后，就用前肢趾蹼托一块盘状物作为微型的小铲，用淤泥封住水巢底部，并用肚子和下颚抚平巢底内表面。这种水巢挂在树枝上，底部不脱离水面，内径一般不超过30厘米。接着，雌蛙就在水巢中产卵，孵化出的蝌蚪在里面度过童年时代，完全不必担心来自鱼或其他水栖动物的侵袭，因为水巢对于浅水中外来者来说是欲进无门的。

巴西蛙也会给子女造类似"锻造"蛙的水巢，只是选择巢址有其独特的癖好，建筑技术也迥然不同。通常巴西蛙将巢筑在树上。当找到合适的老树孔后，雌蛙就用树脂堵上裂隙，并把孔内壁也用树脂抹平，防止水透进巢内。随后它就耐心地等待热带雨季的到来，以便雨水将树孔灌满。但雌蛙会经常更换树孔，因为里面的积水很快会变得不新鲜，而这种不新鲜的水是不适合它的后代生息的。

加勒比海安提耳群岛"树叶"蛙的后代降生则是另一番情景。舐犊情深的蛙妈妈会将巢固定粘在某个幽静处，并在贮满水的巢内产卵。当巢内有15~25粒卵孵出后，巢内的空气就会明显地不够用。因此小蝌蚪在没变成幼蛙前，会用尾巴紧贴巢壁，尽可能多地汲取由巢壁渗进来的氧气。

你看，两栖动物中的蛙也是动物界建筑巢穴的能工巧匠吧！

蜥蜴纵横谈

蜥蜴在受到捕食者的袭击时，会蜕去自己的尾巴而逃之夭夭。但蜥蜴却为这种逃脱付出了巨大的代价。从近年来对蜥蜴的研究来看，蜥蜴一旦失去尾巴，它在蜥蜴群中的地位就会降下来，这实际上会威胁它日后的生存。

美国俄克拉荷马州立大学的斯坦利·福克斯和玛格丽特·罗斯克通过模仿捕食者咬伤蜥蜴的方式，使其自断其尾。然后，他们仔细观察了蜥蜴断尾后其统治地位的变化，研究了蜥蜴的失尾对其在群体中的地位所产生的影响。

为了确定各个蜥蜴在群体中所处的地位，他们在实验室里先让一些尾巴完整的蜥蜴寻偶交尾。为了争夺配偶，蜥蜴之间展开了一场激烈的战斗。胜利者处于统治地位，失败者则处于从属地位。在经过第一次交锋之后，他们把胜利者的尾巴截去一部分，然后再次诱使它们进行争偶战。结果发现,失去 2/3 尾巴或失去更长尾巴的蜥蜴,表现出其统治地位的明显下降。起初处于从属地位,但尾巴完整的蜥蜴却能够恫吓起初处于统治地位,但尾巴失去 2/3 的蜥蜴。

蜥蜴

蜥蜴的尾巴上储存着丰富的脂肪,一旦失去了尾巴,它就不得不在体内搜寻必要的物质,以便修复其受伤的身体和重新长出尾巴。因此,蜥蜴的失尾对于它赖以生存的物质也是一种严重的生理消耗。这一新的研究表明,蜥蜴失去尾巴还会降低它统治其他蜥蜴的能力,致使它失去了居住的领地,失去吃食和繁殖的机会,从而也就缩短了它的生存期。因此,蜥蜴这种自断其尾的做法是在受到攻击时,当一切防卫办法都失败后,不得已而采取的最后一招儿。

一提起蜥蜴,人们便知道它是陆地爬行类动物。一说到爬行,总觉得它们爬行得慢慢悠悠。其实,有的蜥蜴的爬行速度是很快的。速度最快的蜥蜴是鞭尾蜥。1941 年在美国北卡罗来纳州麦科米克附近测量的一只身上有 6 条道的鞭尾蜥,它的爬行速度为每小时 29 千米。这也是所有陆地爬行类动物中最快的速度。

有记录的蜥蜴最长的寿命超过 54 岁,创造这一记录的是一条雄性的蛇蜥,自 1892 年到 1946 年,它一直生活在丹麦哥本哈根的动物园中。

据说,世界上最小的蜥蜴是分布于英属维尔京群岛中维尔京戈达岛上的一种极小的壁虎类蜥蜴。目前已知仅有 15 条,其中包括几条怀孕的雌性,它们是在 1964 年 8 月 10 日至 16 日被发现的。3 条最大的雌性从口鼻部至排泄孔的长度为 1.7 厘米,其尾巴也差不多同样长。

在海地发现的另一种壁虎类蜥蜴,和上面谈到的蜥蜴的长度相仿。唯一见到过的一条已经成年,这是一条雌性蜥蜴,口鼻部至排泄孔的长度也只有 1.7 厘米,尾巴长度与之相当。这条蜥蜴是 1966 年 3 月 15 日在海地岛马西夫德拉霍特西部一棵树的根须间发现的。

世界上现在最大的蜥蜴是科摩多巨蜥,又叫科摩多龙。1912 年一名欧洲飞行员由于飞机失事,被迫降落在印度尼西亚的科摩多岛上。他在该岛上发现了这种巨蜥。它属爬行纲、蜥蜴目、巨蜥科,最大的有 3 米长,体重达 150 千克。它的头很大,大嘴巴深裂,巨大的腭上长着很多尖锐的牙齿;舌头橙黄色,分叉;眼睛大;四肢很强壮,趾端有锐利的长爪;尾巴又粗又长。成年巨蜥的头部几乎都是黑色的,皮肤为深褐色,身体披有鳞片。它的视觉和听觉很灵敏,但嗅觉迟钝。它们大部分时间在陆地上度过,通常在山坡、有河流的岸边掘很深的洞穴并生活在里面。其食物主要是野猪、鹿、羊、猴等大型动物。此外,还吃一些雏鸟、昆虫等。它不怕海浪,常在岸边吃一些海浪冲上来的鱼、蟹。从科摩多岛运到动物园的巨蜥,平均每天要吃 6~8 千克肉。7 月是巨蜥繁殖期,成年雌巨蜥能产 30 枚卵,每枚卵重约 200 克。靠自然孵化,卵发育要 240~250 天。

经过精确测量的科摩多巨蜥体长最高纪录是 3.07 米,这是 1928 年由一位美国动物学家在比马的苏丹(印尼地名)测量到的。经过测量的这条雄性蜥蜴,1937 年曾在美国密苏里州路易斯动物园短期展出过,那时量得它的体长为 3.1 米,体重为 165.7 千克。

世界上最长的蜥蜴是产于巴布亚新几内亚的圆鼻巨蜥,经测量,这种巨蜥的体长超过 4.75 米。不过,这种巨蜥的尾巴占了体长的近 70%。

巨蜥看似笨拙,但实际行动敏捷,跑起来可以和狗比美。巨蜥性情温顺,但求偶时雄性之间的争斗却异常激烈。它们长长的尾巴和尖锐的爪和牙,是它们有力的"战斗武器"。当遇到敌害而难以逃脱时,它们同样以这些武器迎战。"战斗"时,它那大而有力的尾巴左右甩动,不但可吓跑敌害,甚至可致敌于死命。

神奇的变色动物

一种学名叫避役的动物又叫"变色龙",它以体色善变而著称于世。北京动物园爬行馆曾展出过英国来的变色龙,可变出红、黄、黑、白、绿五种颜色。把它放在不同的颜色环境中,两三分钟内就可变成与环境相接近的色彩。地处热带的马达加斯加岛上,也生活着一种变色龙。当它爬到草丛中,全身立即变成青绿色;当它蜷缩在岩石下或枯木上时,体色便呈褐黑色;把它放在红色土壤上,全身就变成红色。它的身体表皮和真皮之间有无数的色素细胞,色素细胞的扩张和收缩,就可以调节颜色的变化。它一旦受到惊吓或环境色彩的刺激,会立即改变体色。科学家最新发现,若变色龙在树上碰上敌害,身子会一蹬来个"金蝉脱壳"的动作,折断树枝落地。如果它在地上爬行碰到猛兽,会立即呼气鼓胀全身,发出"嘶嘶"的嘘声,让猛兽不敢轻易接近,然后它溜之大吉。变色龙之所以改变体色,在很多情况下是为了引起同类的注意,如雄性碰到雌性嘴唇变黄色,以取得"女朋友"的欢心。有的变色龙已由卵生进化为胎生,一次可生 30 多条小变色龙,以提高后代存活率。

古巴有一种变色蜗牛,它随食物的化学成分而改变颜色。它有时像晶莹的绿翡翠,有时像瑰丽的红宝石,有时又像五彩缤纷的贝壳,就好像树上开满了五颜六色的蜗牛"花"。它还发出奎宁苦味,任何鸟兽都不伤害它。还有一种雪鞋兔,夏天呈泥土色,冬天是一身白。

可以毫不夸张地说,绝大多数动物都具有保护色。所谓保护色,是指动物的体色与其所生存的环境颜色一致或近似,使自身与环境背景混淆不清,从而获得更多的生存机会。

令人惊异的是,有的动物不但能与周围的生活环境颜色保持一致,而当环境一旦变化,它们也能随机应变。例如欧洲有一种雨蛙,每年在4~5月间开始繁殖的时候,雌蛙和雄蛙一起来到水边,如果它们站到枯枝烂叶上,体色就呈现出黄色或褐色,若是停在菖蒲、芦苇或其他绿色植物上,身体又会变成绿色。海洋中有一种鲽鱼,简直是一位技艺高超的画家,它能将自己身体的颜色变成蓝、绿、黄、橙、褐色或玫瑰红色,把五彩缤纷的海底颜色表现得淋漓尽致,惟妙惟肖。

保护色不仅对那些弱小的动物有用,就是那些强壮有力、性情凶猛的动物也十分必要。因为这些性情凶猛的动物都捕食其他动物,有了保护色便于隐蔽,容易接近捕食对象而不被发现,使它们的捕获率更高,得到的食物更有保证。例如,号称兽中之王的老虎,全身黄色,并点缀着黑色的横条纹,这种花纹与它的生活环境有着密切的联系。老虎潜伏在树林草丛里,毛色就和枯草的颜色混在一起,一条条的黑色斑纹衬托其间,看起来就像一条条的树枝和枯草的影子,因此其他动物很难发现它。非洲狮的毛色和它生活环境的颜色相似,所以不易被猎人发现,因而也起着保护作用。

最爱睡觉的鳄蜥

鳄蜥是我国特有的珍稀爬行动物。其身体可以分为头、颈、躯干、尾和四肢几个主要部分。它的头似蜥蜴,躯干为圆柱形,尾长而侧扁似鳄鱼。根据这些特征,科学家给它起了个叫"鳄蜥"的名字。鳄蜥体长36厘米左右,体色为棕色,腹面浅黄或为金红色。它喜欢生活在山区溪流间的水坑内,食物主要是蝌蚪、蛙类、蚯蚓、小鱼,以及螳螂、蟋蟀等昆虫。

鳄蜥个子不大，力气又小，行动也不灵活，捕食和抗敌的"本领"都很低微，最致命的弱点是特别爱睡觉，整夜伏在岩石或树枝上闭着眼睛寸步不离，有时白天也如此"呼呼大睡"，因此当地人又称它为"大睡蛇"。

先前，人们一直认为鳄蜥仅分布于广西金秀瑶族自治县罗香乡龙军山的几条山冲内。后来，经过科学工作者反复调查，发现除罗香外，还有贺县姑婆山林区以东的江华水山冲，昭平县北陀乡北陀村附近的观牛顶圹冲和大冲，蒙山县长平林区山冲等地都有分布。这些地区多为原始森林，有柯木、栗木、柏木、毛竹等，气候温暖湿润，年绝对最低温为2.1℃，绝对最高温为34.9℃，年平均气温为18.6℃，雨量充沛，年平均降水量约2000毫米。

虽然鳄蜥"软弱可欺"，但在危机四伏的生物界里能苟延残喘地生存到今天，它自有一套"招数"。首先是"防"。鳄蜥身体表面的颜色和它所栖息的岩石、树枝、树干等的颜色极其相似，不易被发现，因此具有一定的保护作用。并且它最爱待在垂于水面上空的树枝上睡觉，一遇到惊扰即可松开四肢，自行落水，然后潜藏或逃跑，所以人们又送给它一个绰号："落水狗"。一旦被捉住了，它还会躺倒装死，这时任凭你怎样摆弄它都毫无反应，就像真的死了一样，但只要你稍微一放松，它便迅速地溜之大吉。

它还有一个"绝招"，就是自残肢体以求生存。原来，鳄蜥的尾巴与蜥蜴类一样，在受到外力时可以自动断掉，因此如果被捉到的部位只是尾巴，它就利用"牺牲"一段尾巴的办法保全生命，过一些时候仍可长出新尾巴来。

除了以上说的"防"的办法外，鳄蜥唯一"攻"的手段就是用嘴咬，而且一旦咬住东西就死咬不放，尤其是雄性的鳄蜥，有时也很凶狠呢！

鳄蜥这种弱势群体，目前已经处于濒临灭绝的境地。酿成这一后果的原因有多种：

一是鳄蜥的生活环境遭到严重的破坏。近些年来，鳄蜥生活的山林多被破坏，有些甚至被烧光、砍光，山上无林木，致使山溪干涸，鳄蜥无生存的余地。

二是鳄蜥本身条件的限制。鳄蜥的繁殖习性与其他爬行动物不太相同，每年8月前后是它的交配期，其孕期很长，一般约为9~11个月，交配后第二年6月左右才能产子，一次可产2~6只。鳄蜥的性格很冷酷，母鳄蜥在饥饿时有自食其子的现象：平时大鳄蜥饿急了会互相残杀吞食，所以每年增加的数量不多。再加上鳄蜥对环境的要求过高，产区比较狭窄。

三是人们对鳄蜥的任意捕杀。近些年来，对鳄蜥的乱捕滥杀现象十分严重。有的地方为牟取暴利而滥捕鳄蜥，使鳄蜥的存活数量锐减，处于濒危的境地。

鳄蜥具有很高的学术价值。它是我国特产,对国际交流、科研、教学、动物分类、进化等理论研究都提供了第一手材料,1978 年已被列为国家一级保护动物。在医疗方面,可治失眠和小儿虚弱症等疾病。

毒蜥·毒蛙

世界之大,无奇不有。产于美国亚利桑那州和新墨西哥州,令人望而生畏的毒蜥竟常常有人饲养。尽管它不像鸟雀那样婉转啾鸣,不像金鱼那样悠闲自在,不像猫儿那样性情温顺,也不像小狗那样讨人欢心,但是有些美国人还是喜欢喂养。据说完全是为了"好玩"。在农村,农民们将毒蜥围上栅栏圈养,喂青蛙等小动物;在城市,市民们则在花园的一角,把毒蜥用矮墙围起来饲养,经常喂鸡蛋等食物。

这种蜥蜴的毒性颇为强烈,所以称之为"美国毒蜥"。美国毒蜥的下颌前部具有毒牙,牙上有沟,与毒腺相通。它的毒汁对人和动物的神经、心脏和呼吸系统的功能都有影响。人被毒蜥咬伤,如不及时治疗,对人体的健康影响较大。青蛙、老鼠、兔子等小动物被毒蜥咬住后就会丧命。当然,毒牙注射毒液需要一定的时间和适当的剂量,才能使猎物致死。因此,毒蜥咬住猎物,从不轻易松口,等猎物一死,就成为它的可口食物。

生长美国毒蜥的亚利桑那州和新墨西哥州的山上,岩石大部分都裸露在外面,有些地方覆盖着毫无生气的干草,山间一些起伏不平的乱石中,沙地上则长着一些仙人掌。身体肥壮,体长超过半米的美国毒蜥就经常出没在这些仙人掌旁。它的头略呈扁平,眼睛小得出奇,可是发现猎物或者敌害时,则顿时变得目光炯炯。它的躯干和尾巴呈圆筒状,四条腿短短的,爬行时肚皮擦着地面,显得有些迟钝。它全身青白色,间或有淡红、橙黄和黑色的斑点,但很不规则。

美国毒蜥的尾巴十分奇怪,时粗时细,因时而异。这种奇异的变化,完全是适应当地的生活环境所致。原来这里气候比较干燥,全年的降雨次数远不及其他地区多。在雨季,毒蜥爱吃的食物——鸟蛋、青蛙、蛤蟆和老鼠等比较多。这时,毒蜥能吃到充足的食物,获得大量的营养,除了保证身体的正常需要外,还能把多余的营养转化成脂肪贮存到尾巴里去,随着进食的增加,尾巴变得越来越粗大,简直同整个躯体的比例极不相称。然而,如果长时间不下雨,地面越来越干燥,毒蜥的食物也少了。于是,它就只好动用"库存",慢慢地消耗贮存在尾巴里的脂肪。粗大的尾巴变小了,天长日久,尾巴得同整个身体的比例极不协调。

美国毒蜥不仅尾巴能够变化，它的动作、脾气也能变化。平时，它在沙地或乱石中爬行时，动作缓慢。但是，当它遇到猎物或敌害时，却会在瞬息之间变得非常机敏。当人们捕捉它的时候，它预感到危险的到来，还会张牙舞爪，露出利牙，闪动舌头，同时发出"嘘嘘"声，真是面目可憎，声色俱厉。然而，美国毒蜥一旦被人捕获，情况就完全不同了。它会一反常态，变得温顺起来。美国毒蜥从来不会无缘无故伤害它的主人，这也许是美国城乡某些人喜欢喂养它的一个重要原因吧！

世界上最毒的两栖动物应该算是箭毒蛙了，也称"毒标枪蛙"或"毒箭蛙"。

箭毒蛙体型非常小，通常体长为 1.5 厘米，但非常显眼，颜色为黑与艳红、黄、橙、粉红、绿、蓝的结合。箭毒蛙的皮肤内有许多腺体，它分泌出的剧毒黏液，既可润滑皮肤，又能保护自己。这些黏液中包含一些影响神经系统的生物碱。箭毒蛙毒液的毒性非常强，取其一克的十万分之一即可毒死一个人；五百万分之一克，可以毒死一只老鼠；任何动物去吃它，只要舌头触到一点毒液就会中毒，以致死亡。但是，最毒的种类还要数哥伦比亚艳黄色的"金色箭毒蛙"，仅仅接触就能伤人。它的毒素能被未破的皮肤吸收，导致严重的过敏。当地人并不杀死这种蛙来提炼毒素，而只是把吹箭枪的矛头刮过蛙背，然后放走它。哥伦比亚几个部落利用各种不同的箭毒蛙来提供毒素，并涂抹吹箭枪的矛头。

箭毒蛙分布于巴西、圭亚那、智利等国的热带雨林中。

箭毒蛙是全世界最著名的蛙类，这一方面是因为它们属于世界上毒性最大的动物之列，另一方面也是因为它们拥有非常鲜艳的警戒色，是蛙中最漂亮的成员。许多箭毒蛙的表皮颜色鲜亮，通身鲜明多彩，四肢布满鳞纹，多半带有红色、黄色或黑色的斑纹，其中以柠檬黄最为耀眼和突出。举目四望，它似乎在炫耀自己的美丽，然而这些颜色在动物界常被用作向其他动物发出的警告：它们是不宜吃的。这些颜色使箭毒蛙显得非常与众不同，它们不需要躲避敌人，因为攻击者不敢接近它们。

善于飞檐走壁的壁虎

夏日的晚间，在墙壁、屋檐、天花板等处的灯光照射下，人们常可看到一种外貌酷似蜥蜴的小动物，上蹿下跳，忙碌地捕食。这种动物善于飞檐走壁，人们称它为"守宫之虎"——壁虎。

壁虎在全世界大约有700种,广泛分布于各大洲热带和温带地区。我国有壁虎20多种,除少数分布在北方,大多分布于南方各省。按其特征又分为多疣壁虎、无蹼壁虎、锯尾蜥虎、西域沙虎、裸趾虎、睑虎以及鸣声像"蛤蚧"的大壁虎等。壁虎,俗名守宫、蝎虎、天龙,也有壁宫、蝘蜓、盐蛇等别称。

壁虎的外貌奇特,头部扁,吻钝圆,舌肥厚,耳孔小,眼大无睑,四肢短小,体、尾长度相差不多。其趾膨大,底部具有褶襞皮瓣,颇似吸盘,所以在光滑的墙壁、木板上活动自如,行走敏捷。据《唐本草》载:"蝘蜓……以其常在屋壁,故名守宫,亦名壁宫。"《本草纲目》也说:"守宫,善捕蝇蝎,故得虎名。"

壁虎属脊椎动物爬虫类,形体奇特,身怀绝技,在仿生学里,有重要的研究价值。它的眼球大而突出,中央有孔,能使光线进入。两只旋转的眼球可以各自独立运动,左眼向前看,右眼可以向后看,也可向上看,视野很广,有利于发现猎物。它的嘴巴很大,伸缩灵活有力,喷射出来的舌头可超过它的身长。壁虎专用舌头捕食,袭击各种昆虫百发百中,真像活动在墙壁上的猛虎。它对有毒的蝎子也敢捕捉,所以又有蝎虎之称。壁虎的尾巴呈圆锥形,易断裂,但断后又能长出,与蜥蜴相同。据科学家研究,这类动物的机体内含有一种特殊的生长素,当受到敌害追捕时,常常施"弃尾保身"的计策而逃之夭夭。更为有趣的是,断了的尾巴还会不断跳动,以此来转移敌害的视线,所以又有避役之称。有人说,壁虎的尾巴断后会钻到人耳朵里去。其实,这是无稽之谈。壁虎的尾巴很容易断,这是事实,人们称这种现象叫自割。因为断掉的尾巴里有很多神经,尾巴离开身体后,神经并没有马上失去作用,所以还能摆动,但它没有定向活动的能力,因此是不会钻到人耳朵里去的。

壁虎常栖于壁间、檐下隐蔽的地方,夏秋之夜活动频繁,捕食蚊、蝇、飞蛾等。据说,壁虎一小时能捕食37次,一夜之间可捕食数十只甚至上百只小型害虫,在夏、秋两季的100多天里,竟能消灭害虫上万只,人们称其为"捕虫能手",实非过誉。难怪古人有"家屋养壁虎,蚊蝇夜夜除"之说了。

由于壁虎其貌不扬,又带有"蛇名",所以有人认为它是有毒之物,民间还有"壁虎尿毒,人眼则瞎,入耳则聋"的传说。其实,壁虎虽有"盐蛇"的别称,但却名"蛇"非蛇,根本不会咬人使之中毒。说它的尿能致人眼瞎耳聋,也是没有科学依据的。壁虎的尾巴到底有没有毒,毒性如何,人们还没有掌握确切的证据。在爬行动物中,目前还没有把它列入有毒动物。过去,动物专家们曾不止一次地看到墙壁上落下来的壁虎,被猫捕食,但并没有发现猫产生任何中毒症状。因此,壁虎身体上某一个器官或分泌物,即使有毒,估计毒性也不会太强。

不过,壁虎从吞食害虫这一点来说,对人确实是有益的,应该保护它,不要任意杀害它。

壁虎除捕食害虫外,还可作药治病。如用壁虎焙干研末,用乳汁调匀,可治新生儿破伤风;用米醋调匀涂患处,可治各种疮疖;还可制成守宫丹、守宫膏、壁虎丸、蝎虎丹、祛风散等中成药,分别可治癫痫、子宫瘤、小儿疳积、类风湿关节炎等病。特别是治疗消化道癌症,有一定的疗效,已经引起医学界的广泛重视。

"活恐龙"扬子鳄

扬子鳄,又叫中华鼍。安徽俗称"土龙",浙江叫它"水壁虎",江苏又叫它"乌龟胆"。"扬子鳄"这个名字是外国人定的。18世纪时,一个法国人在中国发现这一生活在长江淡水里、与热带咸水鳄鱼有明显区别的种类,把它带到国外,国际学术界就给它起了现在这个名字。

因为扬子鳄的外形有点像龙,俗名又沾上了个"龙"字,所以在我国历史上早就身价百倍。传说在2000多年前,越王勾践复国曾祭祀鳄鱼,希望得到它的庇护。扬子鳄的另一个名字为"鼍",从字形上看,"鼍"字具有显著的中国象形文字的特点。见了这个字,很容易使人想到全身披着鳞甲,长着一条尾巴的动物。可见,

扬子鳄

鳄鱼在我国具有久远的历史。扬子鳄的头特别硬,尾巴灵活有力,利于自卫和进攻敌害。其体长约2米,体重一般为15~25千克,寿命达50~60年。它是世界上幸存鳄鱼中体型最小、性情最温驯、行动最迟钝、体笨且懒惰的一种淡水鳄鱼,仅分布在我国的安徽省宣城地区和浙江省、江苏省等少数地方。扬子鳄生于中生代,至今已有2.3亿多年的历史,是世界稀有动物,有活化石之称。由于它的体形、构造和古代恐龙接近,因此又有恐龙的活化石之称。在1958年,扬子鳄被列为国家一级保护动物。它是我国的稀世国宝。

扬子鳄的生活很有趣,它喜欢居住在河滩、湖泊、沼泽及丘陵山涧的滩地。这些地方长满了芦苇或翠竹,既便于隐蔽,又便于捕捉食物。扬子鳄是穴居动物,并各有各的

"家",除发生意外,一般都比较固定。它们很聪明,擅长造窝。扬子鳄的窝都选择在土质疏松的地方,先用前爪掘开较硬的表层土壤,厚约30厘米左右,再用尾巴把土圈围到旁边,然后用头使劲地钻进去、退出来,再钻进去、退出来,这样不断地钻进退出,终于造成了一个"理想的家"。扬子鳄的巢穴好比一个神奇的迷宫,构造不仅巧妙奇特,而且还很科学合理。穴是设在芦滩地隆起的小丘上,这样可以免遭水的浸渍,也适于产卵和育雏。穴有几个进出洞口,开在水塘或河沟的垂直岸上。此外还开有与地表垂直的气口,穴的底部平坦,设有临时休息室和供冬眠的卧室。再向下开一条岔道通达水潭,潭内贮满了水,这是扬子鳄的"地下水库",即使遇到大旱之年也不会干涸。

扬子鳄属于爬行动物,卵生。雌鳄的生殖能力很强,每次可产二三十个蛋。产的卵埋在沙土中,靠天然的温度孵化。为了保护下一代,母鳄在孵化期内几乎不吃食物,昼夜守卫在巢旁。倘若有别的动物到附近活动,母鳄会立即发起进攻。雄鳄是个甩手当家的,只负责传宗接代,其他的事一概不管。幼鳄出世不久,就在母鳄的带领下到水中嬉游、觅食。母鳄游到哪里,幼鳄也跟随到哪里。幼鳄经过锻炼,具有独立生活能力了,母鳄才放心地与子女分开,让它们独立生活。

扬子鳄是变温动物,因此每年冬季都要进行冬眠。它冬眠的地方离地面深度大约有2米,离洞口长达几十米,而且中间还要转几个弯,因此外界的冷空气进不来。这样,它所居住的地方的温度可保持在10℃左右,接近于恒温状态。当扬子鳄进入深度冬眠状态时,不仅双目紧闭,而且看不到它有任何呼吸征兆,即使凭借兽用听诊器也听不到呼吸声和心跳声,完全处于昏迷状态。冬眠期间,扬子鳄内分泌腺组织结构有变形收缩现象,机能大为下降,同时体内还产生一种被称为"冬眠素"的复杂物质,其中包括对睡眠起重要作用的五羟色胺,能使代谢迅速减缓,能量消耗急剧下降,这就大大增强了它忍饥挨饿的能力。

扬子鳄以鱼、龟鳖、虾、蚌、鼠、鸭、小鸟、青蛙等小动物为食。每当人们看到扬子鳄狼吞虎咽地吞食鸭子、河蚌等小动物时,也许有人会问:它如何消化这些食物呢?扬子鳄的牙齿是多换性同型齿,吃食只能撕碎吞食,没有咀嚼、切断食物的能力,而扬子鳄胃部的消化功能又很弱,那么食物又是怎样磨碎的呢?原来,在鳄鱼的胃里有许多石块,扬子鳄正是靠这些石块来帮助磨碎食物的。这和小鸡吞食碎石、沙粒具有异曲同工之妙。不过,扬子鳄吞食石块还有增加体重、提高潜水能力的作用。凡是胃里存有石块的扬子鳄,其潜水能力大大超过胃里没有大石块的同类。换句话说,扬子鳄吞食石块具有双重意义。扬子鳄与热带鳄不一样,是驯良的,至今还没有听说过它伤人的事,而有关同人和睦相处的故事倒不少。

鳄类是现存的、最古老的爬行动物，扬子鳄又是鳄类中的"兄长"，有2_3亿多年的历史。人们知道恐龙是远古时代的动物，其实鳄与恐龙曾共同生活过一亿多年呢！学术界认为，自从35亿年前，地球上出现最初的生命以来，到现在已有90%灭绝了，而鳄鱼却能奇迹般地幸存至今，这就为揭开大自然之谜提供了科研的材料，故有"活化石"之称。

鳄鱼的眼泪

公元819年3月25日韩愈抵达潮州，做了刺史。他问民疾苦，得知鳄鱼是当地人民的一大祸害，于是在4月24日写了著名的《祭鳄鱼文》，勒令鳄鱼限期迁归大海。

180年后，陈尧佐到潮州做了通判。他十分崇拜韩愈，便为韩愈建庙，将韩愈祭走鳄鱼的故事写成文字，画了壁画，刻在庙堂上。可是在第二年的夏天，一个年仅16岁的少年在溪中洗涤衣裳时，却被鳄鱼用尾巴卷走。陈尧佐十分悲愤，当即命县令李公诏、郡吏杨勖带人驾小舟操巨网去捕捉鳄鱼，并且说："苟不能致，予当请于帝，躬与鳄鱼决。"如果他们不能捕捉的话，他将向皇帝请命，亲自去和鳄鱼决斗，可见其决心之大了。县令和郡吏在他的鼓舞下带了100名勇士，和鳄鱼搏斗，终于使鳄鱼落了网。100名勇士把网拉起，将鳄鱼抓住，封住它的嘴，捆住它的脚，用大船运回潮州。陈尧佐当即写了《戮鳄鱼文》，隆重地举行戮鳄鱼的仪式。他令人把鳄鱼抬到街市中，击鼓召众，宣布了鳄鱼的罪状，当众把鳄鱼杀死后，送入鼎里烹。这在当时真是一件大快人心的壮举。《戮鳄鱼文》最后辞曰："矫口巨尾迎而搏兮，获而献之观者乐兮，鸣鼓召众舂而斫兮，而今而后津其廓兮。"

鳄鱼是陆地上最大的动物之一，除了特大的蛇以外，再没有别的动物能和它相比了。马尔加什的马岛鳄，竟有10米长！

最长寿的鳄鱼可活到300岁左右。只有巨大的海龟才能和鳄鱼在寿命上进行"竞争"。

鳄鱼的吼声有如雷鸣一般。当然，不是所有的鳄鱼都如此。有的专家认为在动物中，鳄鱼吼声的响亮程度居首位，居第二位的是河马，狮子只能退居第三位。鳄鱼属爬行动物类，其他的爬行动物都无声带，独有鳄鱼例外。

力大无穷的鳄鱼一旦被人握住了嘴巴，就像蛇被人握住了头颈，要想挣脱开，却没有劲了。南美就有一些猎人敢于赤手空拳地和鳄鱼进行搏斗。

西方有句话叫"鳄鱼的眼泪",意思是假慈悲。为什么会有假慈悲的含意呢？原来鳄鱼在吞食较大动物时,便会从眼睛里慢慢地流出水一样的液体来,看起来好像在流同情之泪。其实鳄鱼是没有泪腺的。

我们知道,浩渺的大海,是鱼儿的王国。但是,每一升海水的含盐量多达 35 克。换句话说,鱼儿是生活在盐的世界里。许多海洋生物的身上,都有一种提取盐分的器官,鱼鳃里的特殊细胞专门收集血液里的盐分,并把这些盐分排除。大海里的龟、蛇和蜥蜴(又叫四脚蛇)等,盐腺的排泄管口在眼角,它的分泌物从眼睛里流出来。经常与大海打交道的海鸟和一些冷血动物,也都有提取盐分的盐腺。鸟儿的盐腺在眼窝的上缘,它的排泄管道通向鼻腔。

其实,鳄鱼的流泪并非表示"悲痛",而是一种必需的生理排泄。倘若你有机会把鳄鱼的泪水放在嘴里尝一尝,就会感到其味道苦咸。这泪水正是鳄鱼排出的多余的盐溶液。

近年来,科学工作者在对海洋生物的考察研究中发现,有些动物的肾脏是不完善的,只靠肾脏不能排出体内多余的盐类。这些动物就形成了帮助肾脏进行工作的特殊腺体。鳄鱼就属于这类动物。它排泄溶液的腺体正好在眼睛附近,所以当它吞食"牺牲品"时,由于嘴巴张合牵动腺体而排泄盐溶液,竟被误认为"假悲伤"了。

我们知道,海水含盐量很大,不能喝,越喝越渴。海洋里的动物也是一样,需要喝淡水。对于肾脏不完善的鳄鱼、海龟等来说,排盐腺体就是天然的"海水淡化器"。

这种"淡化器"的构造很简单:当中一根管子向周围辐射出许多细管,状如洗瓶刷子。这些细管又同许多血管交织在一起,它们可以把血液中过剩的盐分离析出,再经过当中那根管子排泄到体外去。于是动物得到的就是淡水了。

动物的这种"淡化器"对人类是很有启示的。

我们在海洋上远航,船舰上须装有淡水,装少了不够用,装多了负荷大。最好是装上海水淡化设备,这样就可以少装或不装淡水了。但是,目前舰船上使用的淡化设备结构复杂、体积大、费用高、效率低。更何况海上遇难者既不可能随身携带淡水,也不可能背上目前这种笨重异常的海水淡化设备。

因此,出远海的人总是对淡水有一点担心。如果我们的科学工作者能够对上述动物那种体积小、重量轻、效率高的海水淡化器加以深入地研究,模拟出一种轻便的淡化设备,这对海洋远航者来说便是最大的福音了。

鳄鱼的神秘生活

　　鳄鱼是地球上最古老的生物之一。两亿年前,它已经是这个星球上的"居民"了。然而在今天,它却面临灭绝的厄运。许多自然科学家列举了一些悲剧性的事实。比如,在尼日利亚的一片沼泽地带,如果天气干旱引起干涸的话,那么栖息在那里的鳄鱼将成批地死亡,3年后会全部消失。特别严重的是,目前用鳄鱼皮制成的手提包和饰物价格越来越昂贵,许多鳄鱼被偷猎者捕杀,使鳄鱼的数量骤减。为了保护灭绝中的生物,许多自然科学家发出呼吁,并提出了许多保护性的措施。

　　鳄鱼这种两亿年前就出现的动物,随着时间的推移,已产生了巨大的变化。它们像恐龙一样,曾经在中生代有过辉煌的时刻。大约在6500万年以前的中生代后期,由于种种自然原因,大量动物灭绝,但鳄鱼却奇迹般地存活下来。安东尼·波利和卡尔·冈斯是两位研究鳄鱼的专家。他们在尼罗河畔考察了整整4个月,对生活在尼罗河的非洲鳄鱼作了出色的研究。根据一些猎手、传教士或博物学家的零星报道,人们只能把尼罗河的鳄鱼描写成一种笨拙迟钝的和患嗜眠症的动物。它们的大部分时间都用于在太阳底下取暖。每隔一段时间,它们苏醒过来,在水边捕食动物。而事实并非如此,它们像其他爬行动物一样,靠缓慢的代谢来节省能量。而尼罗河的鳄鱼还能把在太阳底下暴晒时所增加的体温储存起来。这种太阳能的直接利用可以使这种鳄鱼在食物稀少时(不管在什么时候,30%的鳄鱼的胃是空的)继续生存。到了食物充足的季节,鳄鱼马上补充能量,同时还为它们的生长和繁殖储存必需的能量。尼罗河的鳄鱼应该说是一种令人生畏的动物,它的身长一般可达4~5米,大者可达8米,体重达500千克,胃口很大。安东尼·波利从1957年就从事鳄鱼的研究。20世纪60年代中期,他建立了一个鳄鱼饲养站,除放养分布于尼罗河上游的非洲鳄以外,还放养其他种非洲鳄。在他进行研究之前,手头只有一些有关3岁以下鳄鱼的实验资料。由于鳄鱼的寿命在25~50岁,所以这种有限的资料如同人们以对婴儿的实验来研究成年人的生理一样困难。

　　经过仔细研究,他们发现鳄鱼的心脏与人类的心脏很接近,它的大脑肯定比所有爬行动物都复杂。依靠这些器官,鳄鱼完全能测定出猎物的位置,并主动地捕捉猎物。这项研究推翻了鳄鱼是无动于衷地等待猎物的"狩猎者"的论点。出于生活的需要,年幼的鳄鱼主要吃些小动物,如昆虫、蜗牛、青蛙和小鱼等。它们在捕获猎物后,竟会像猫逮住老鼠一样,先玩耍一阵,然后再把它吞下去。成年鳄能够捕食一些大动物,它们经常捕获的是羚羊,有时还能抓住并淹死同它们一般重的水牛。为了追捕猎物,鳄鱼能到陆地上奔走。通常,它们由水下游向目标,途中偶然一两次露出水面,以准确测定猎物的位置。当它露出水面捕捉猎物时,挥动粗壮的尾巴用力拍击,两只后脚间或触及水底以获得向前跃进的冲力。鳄鱼还具有互助的技巧,最常见的是多只鳄鱼一起把较大的猎物撕成小块,以便于吞食。为了扯碎猎物,鳄鱼通常是咬住猎物的某一块,然后不停地原地翻滚,直到绞断脱落为止。当然,猎物不能太小,否则猎物会跟着鳄鱼一起翻转,这就不能撕下来。当撕不下来时,鳄鱼就把猎物拖到一个同伴那儿,让同伴帮它咬住一头,它自己咬住另一头,然后翻滚身子,或者两只鳄鱼同时朝着不同方向翻滚。最后两只鳄鱼各吃自己撕下的那一块,而绝不向对方表示敌意。年幼的鳄鱼也会共同合作捕鱼。春天来临时,它们在河里排列成半圆形,然后认真地捕捉所有路过的鱼。波利和冈斯说:"在捕捉时它们都坚守岗位,从不争执。"鳄鱼还能共同开挖隧道,既可用来躲避,冬天还可借此取暖。

鳄鱼过群居生活。到了交配期,雄性鳄鱼之间为争当首领,要进行一场争斗。通常总是最大的雄鳄鱼获胜。

鳄鱼在水中交配后,雌鳄会到年年都去下蛋的窝产卵,一窝卵有16~80枚。幼鳄在出壳之前会发出一阵尖叫声,母鳄即使在20米之外也会听到叫声,便马上奔过去,把蛋掘出来。幼鳄一旦出壳,母鳄马上把它们叼到嘴里,小心地把它们放在两排牙床中间,母鳄把它的舌头放平,使整个口底组成一只育儿袋。然后这些幼鳄被放到水里,它们不停地发出叫声。父鳄听到幼鳄的叫声后,便游向母鳄,用庄严的声音向它表示致敬。

有时候,幼鳄不能破壳而出,雄鳄便要充当助产士的角色。它先把蛋叼到嘴里,然后让蛋在舌和腭之间由前到后地滚动,直到蛋壳破碎为止。要知道,成年鳄和幼鳄之间的重量要相差4000倍,而雄鳄用这副能压碎水牛股骨的颌,能叼着蛋而不伤害里面的幼鳄,充分说明这种表面笨拙迟钝的动物隐藏着一种高度的灵敏和肌肉控制的准确性。

吞人的蟒蛇

人们对蛇往往怀有本能的厌恶和畏惧;至于蟒蛇,则更以为它神通广大,可以把人整个地吞下肚去。

大蛇究竟是否攻击人?能否吞下人呢?其实蛇的长度的最高纪录不过10米左右。

蛇头也并不很硬,至少不如人的头硬,它是不会把人或其他动物打得丧失知觉的。蛇也不愿意用头来进行搏斗。此外,蛇的攻击也不像传说的那样疾如闪电。体重为125千克的蛇,攻击猎物的力量不会超过体重20千克的狗。

蛇向猎物进攻时,不是靠头部打击,而是用嘴咬猎物,只有当嘴紧紧咬住受害者以后,蛇才开始将身子缠上去。因此,如果与大蛇遭遇时,必须牢记抓住它的后颈部,这样蛇就没法咬你了。

即使蛇用嘴咬住受害者并在身上缠上几圈,也并不意味着受害者一定会"粉身碎骨"。

巨蛇缠死猪狗时,并不是把它们的骨骼弄碎,而是使其窒息。它缠紧受害者的胸骨,使其不能进行呼吸。持续的挤压有可能会使心脏停搏。科学家研究过被巨蛇弄死但尚未吞下的3只猪、3只家兔和3只老鼠,发现这些受害者身上没有一根骨头是断的。

蟒蛇通常不喜欢吃大的活食。据报道,7米长的极其贪食的蟒蛇,经过一小时的紧张努力,还是未能吞下34千克重的小羊。总之,还没有任何一位专家可以证实,巨蛇能吞下重量大于60千克的活物。由此看来,蟒蛇不可能把人弄死,更谈不上吞食人了。

不过,蛇的进食活动是别具一格的:凡是被捕获的动物总是整个儿地被生吞下去。蛇的身躯细长,"嘴巴"又不大,也许被它吞食的只不过是一些小动物吧!其实不然。蛇不仅能吞食比它的头稍大的食物,甚至还能吞食比它的头大好几倍的食物。例如,新疆的沙蟒能吞食五趾跳鼠,南方的蟒蛇能吞食小羊,蛇岛的蝮蛇则能吞食比它的头部周径大十来倍的海燕。

奥秘究竟在哪里呢?原来,蛇的下颌骨和头骨的关节非常松弛,下颌的左右两半也和其他动物截然不同,它们不是紧密相连,而是靠韧带很松弛地连接着。正因为如此,所以蛇的口可以在垂直方向上张得很开,并且下颌的两半既能同时向两侧扩展,又能独自或交替地向一侧扩展。

蛇类的吞食动作不是"一气呵成"的。美味到口以后,它们往往是先用一侧牙齿(如左侧)咬住捕获物的头,接着,右侧的牙齿向前推进一小段距离;而后是右侧牙齿咬住猎物,左侧牙齿向前推进。如此循环往复,直至整个猎物被它吞下口去。一般来说,食物越大,它们所花的气力也越大。小的食物只要一两分钟就可吞食完毕,而大的食物有时就得花费一小时左右的时间。

也许青少年朋友会提出这样的问题:蛇在吞食时,口、喉都张得很大,而且持续的时间较长,为什么它不会窒息而死呢?原来,蛇的喉头与众不同,其气管前端有一组特殊的肌肉,这组肌肉的活动可以使气管的前端越过舌头前伸,位于分开的两侧下颌之间,使之不会被食物所堵塞。除此之外,蛇的气管壁上又有环状软骨,这就使它不会在压力下坍陷。

许多蛇的吞食活动都不相同。美洲有一种钝头蛇,头部很大,身体却又细又长。它能吞食蜗牛壳中的软组织,而将壳吐出来。当钝头蛇用上颌齿咬住蜗牛的头部后,它的下颌齿就会咬入软组织之中,然后利用一种轻微的旋转运动将其从壳中拉出来,以便吞食。

蝮蛇捕食鸟类的情景也是相当有趣的。它的身子缠绕在树枝上,头部略微抬起。当发现了栖息在树枝上的鸟后,它便以"迅雷不及掩耳"之势,用嘴衔住鸟的头顶,使鸟喙很自然地弯向颈部,以便将鸟的头部和颈部吞进去。接着,蝮蛇便把上颌斜向左侧,似合拢折扇一般,把一只翅膀合拢;然后,再将上颌斜向右侧,把另一只翅膀合拢。最后,才使劲地将整只鸟往嘴里送。前后历时一刻钟左右。

碗口粗的巨蟒能吞下体长一米左右的一只麂子。巨蟒把尾巴卷在树上,向麂子发起突然袭击,先是袭击它的头部,使之昏厥过去,而后使用尾巴把麂缠死,最后才从头到脚,把整只鹿吞了进去。有时,蛇和麂子的搏斗相当激烈,但麂子最终还是成了巨蟒的腹中之物。

海蛇的故事

1947 年 12 月 30 日,这是一个晴朗的日子,希腊轮船"圣塔·卡拉拉"号正在大西洋北美海岸航行。三副突然大呼一声,两个助手立即奔了过去,他们三人同时看到离船舷 10 米处的洋面上露出一只动物的头,它很像蛇头。它的皮肤呈暗褐色,光滑无毛,可见部分并无鳍或任何其他突起物。这只怪物被轮船撞断,上半段约 11 米长,周围海水顿时被怪物的血染得殷红一片。经过一番挣扎之后,它终于消失在船尾后的远处。由于这一怪物的形态与海员们描述的大海蛇差不多,因此大海蛇之谜曾一度成为热议的中心。

关于大海蛇的存在,多数学者持否定态度,认为所谓的大海蛇,很可能是海中的大王乌贼。大王乌贼体长 20～30 米,触手长达 20 米,甚至更长一些。有些触手有小水桶那么粗,在海面蠕动时,常被误认为大海蛇。

海里有蛇,却是事实。只不过它们没有传说中的大海蛇那么大而已,其长度一般都不超过 3 米。

海蛇本和陆生蛇是一家,最早也生活在陆地上,后来由于自然环境的改变而再次下水,又重新返回生命的摇篮——海洋的怀抱里了。在长期的进化过程中,海蛇逐步适应了海洋生活,身体结构和陆生蛇有了很大差异。它们的身体较陆生蛇侧扁,在游泳时,腹部可收缩,使身体成棱柱

海蛇

形,以减少前进的阻力。蛇尾也侧扁,这是它强有力的游泳器官。海蛇游泳是靠尾部左右摆动拨水前进的,游泳速度很快,海蛇的鼻孔在吻端,朝上仰开,这样只要头部稍稍离开水面,便能呼吸到空气。海蛇和陆生蛇一样,都是用肺呼吸的。它的两个鼻孔内长有能随时启闭的瓣膜,可防止海水从鼻腔进入体内,一次吸足空气后,能潜泳很长时间。其舌下有盐腺,可把体内多过的盐分排出体外,体鳞下的皮肤也比陆生蛇厚,以防海水浸入。

海蛇主要分布于澳大利亚的西北和东部沿海、中美的西海岸,我国南方沿海也有分布,但南海最多。

海蛇多栖息在沿岸近海海底,特别喜欢待在半咸水的食物丰富的河口地带,多以鳗为食。绝大多数海蛇是卵胎生,直接产子。

世界上所有的海蛇都是毒蛇,其毒腺分泌含有神经性毒素的毒汁,毒性较强。海蛇的毒性是澳大利亚太潘蛇的一百倍。这种剧毒的蛇多在澳大利亚西北部帝汶海中阿西姆暗礁附近出没。

海蛇不但有毒,有的还带电。1985 年,巴西一位渔民在亚马孙河口捕获了一条长 2 米的电蛇。经测量,这条蛇的身上带有 350 伏特的电压,若人在水中碰到它,就会遭到电击。

海蛇虽然有毒,甚至带电,但它也有很多用途。海蛇皮可制胶膜,脂肪可炼油,肉可供食用。海蛇又是一种很好的药品,加中草药浸酒,有祛风活血、治疗风湿的功效。所以每当渔民起网后,若发现捕获的鱼中有个别的海蛇,总是把它当作珍品,不肯轻易放过。

随着现代科学的发展,国内外科技工作者对蛇毒的研究已经取得了丰硕的成果。利用毒蛇的毒液,制成了各种抗蛇毒血清的疫苗。目前,世界上已有 20 多个国家利用 50 多种蛇毒研制成 70 多种抗蛇毒血清。世界上对蛇毒的研究处于领先地位的,要算巴西坦

塔毒蛇研究所。这个研究所从建立至今已有上百年历史,拥有医生和研究人员 100 多人,饲养着各种有毒与无毒的蛇 2 万多条,收集了世界各地的蛇标本 5 万多件,还能用蛇毒制造 13 种不同的疫苗和 17 种血清。这些疫苗和血清不仅可以用来治毒蛇咬伤,还可以治疗流感、百日咳、白喉、骨髓炎、结核、伤寒等疾病。近几十年来,我国上海、浙江、广州等地也研制出了抗毒蛇的血清,抢救被毒蛇咬伤者的有效率达 98% 以上。

灭鼠能手响尾蛇

1982 年 6 月 9 日,黎巴嫩贝卡谷地的上空战云密布,电闪雷鸣,第五次中东战争进入了高潮阶段。近百架美制 F—15、F—16 的以色列飞机,突然对部署在贝卡谷地的叙利亚 19 个萨姆—6 防空导弹基地进行轮番轰炸。叙利亚立即起飞米格—21 和米格—23 飞机升空迎击。双方先后出动飞机 150 多架次,在空中进行了持续一个多小时的战斗。结果,叙利亚 29 架米格飞机被以色列击落,而击落叙利亚飞机使用的武器,是一种模仿响尾蛇颊窝的构造制造的"响尾蛇导弹"。

在美洲、澳洲、非洲的某些地区,常会听到一种"嘎啦嘎啦"的声音,没有经验的人以为这是溪水发出来的流水声,可是在这声音的四周,却没有小河小溪。原来这不是什么流水声,而是由一种毒性极强的蛇用尾巴剧烈地摇动而发出的响声。这就是大名鼎鼎的"响尾蛇"。

为什么响尾蛇的尾巴会发出响声呢?

大家在观看篮球比赛时,总看到裁判吹的哨子吧!它是一个铜壳子,里面装上一层隔膜,形成两个空泡,当人用力吹时,空泡受到空气的振动,就发出响声。响尾蛇的尾巴也有类似的构造,不过它的外壳不是金属,而是坚硬的皮肤形成的角质轮。由这种角膜围成了一个空腔,空腔内又用角质膜隔成两个环状空泡,也就是两个空振器。当响尾蛇剧烈摇动自己的尾巴时,在空泡内形成了一股气流,随着气流一进一出地反复振动,空泡就发出一阵一阵的声音来了。

响尾蛇的角质轮所发出的声音,很像溪流声,用这种响声来引诱口渴的小动物,所以这也是它的一种捕食方法。

响尾蛇经常捕捉耗子等小动物作为食物。奇怪的是,它的眼睛已经退化得快要成为瞎子了,怎么还能捉住行动那样敏捷的耗子呢?

　　科学家经过观察发现，响尾蛇的两只眼睛的前下方，都有一个凹下去的小窝，这是一种特殊的器官——探热器，能够接收动物身上发出来的热线——红外线。这种探热器反应非常灵敏，温度差别只有 1‰ 摄氏度，它就能感觉到。所以只要有小动物在旁边经过，响尾蛇就能立刻发觉，悄悄地爬过去，并且准确地判断出那个猎物的方向和距离，窜过去把它咬住。

　　早在 200 多年前，科学家就曾用多种方法试图探索蛇颊窝的结构和功能，但直到 20 世纪 30 年代，有人从解剖入手才摸清了颊窝的构造。原来凹窝生在颌上，凹窝内有一层 1/40 毫米的薄膜，薄膜上分布着第五对脑神经的神经末梢。薄膜将凹窝分为内外两室，外室直接与外界相通，内室有一个细胞管通向眼角前方，仅以一小孔与外界相通。

　　搞清楚颊窝的构造后，人们用响尾蛇做了一次有趣的实验，把蛇的感觉器官都封闭起来，只留着颊窝，然后用黑纸包着灯泡通电发热。蛇虽然看不见光，它却突然向灯泡冲去，这使人们第一次知道颊窝是蛇感觉温度的器官。

　　20 世纪 50 年代，科学家们对响尾蛇为什么能传导这种极微弱的生物电流进行了研究。他们麻醉了毒蛇，将颊窝上的神经分离出来接到仪表上，然后用动物或带有热度的物体去接近它。这时颊窝的内室保持正常温度，而外室则受到动物热量的影响，使颊窝薄膜的两边产生温差。由此证明，在薄膜上产生的微弱生物电流，是通过神经传导到中枢才产生感觉的。人们还发现，响尾蛇的颊窝结构非常精巧，对温热变化感受的灵敏度十分惊人，它不仅能感受到周围气温 3‰ 甚至 1‰ 摄氏度的变化，而且还能判断发出热量物体的准确位置，从而揭示了响尾蛇夜间捕捉田鼠的奥秘。原来，田鼠等小动物在夜间会辐射出人眼看不见的红外线，响尾蛇就靠它颊窝的"热感"来发现和捕捉这些猎物。因此，蛇的这种红外感受器，也就是热定位器，依靠它捕捉老鼠。

　　科学家们根据这些原理，在一些导弹上安装了类似的红外线自动导引系统，响尾蛇导弹就是其中的一种。它能感受目标的红外辐射，有红外线自动跟踪制导系统，发射后能寻找追踪喷气机尾部喷管及飞机机身辐射的红外线，直到击中目标为止。

　　不过，人们制造的"红外导引"装置只能适应 5‰ 摄氏度的差别，而且构造比响尾蛇的要复杂得多。

　　目前，经过军事科学家们进一步改进的响尾蛇导弹的击中率更高了。由于使用了先进的光学设备和电子设备，红外线自动引导系统的灵敏度比原来的要高出几十万倍，它不但能敏锐地观察到发动机尾部喷出的高温热气流的红外辐射，还可以"看见"喷出的二氧化碳废气的红外辐射，以追踪距离达 6 千米外的目标，并且可以分辨出是真正目标还是干扰信号,从而自动锁定目标,直至目标被摧毁。

"印度的圣蛇"眼镜蛇

祭台前,4个妇女跪伏在一条眼镜蛇面前,虔诚地献上她们的供品:几个铜盘中分别装着鲜花、粮食、牛奶和燃烧着的樟脑。她们嘴里默默地念着一首赞美眼镜蛇的诗:"我们默默地祈祷,我们热情地赞美……"她们跪伏在眼镜蛇能咬到她们的距离之内(眼镜蛇身体竖起部分的长度),以示她们的虔诚。令人惊讶的是,眼镜蛇并不攻击它那些忠实的信徒。这是印度"毒蛇节"中一个惊人的场面。

眼镜蛇是一种有剧毒的毒蛇。它颈部和躯干部的颜色和花纹变异甚大;颈部有一对白边黑心的眼镜状斑纹,躯干部呈黑褐色,有黄白色环纹15个,腹部黄白或淡褐色,当它一旦激怒时,前半身竖起,颈部胀大,怒目相视,发出"呼呼"的响声,这种凶恶的模样足以使人望而生畏、毛骨悚然。

但是在印度,眼镜蛇却受到人们的崇拜和敬仰。他们把它视为"生育"的象征,崇拜眼镜蛇,神灵就会赐予他们儿女。早在13世纪,印度马哈巴利普兰的一块巨石上雕刻了一座高达3米、背上有7条前半身竖起的眼镜蛇的神像,以表示人们对眼镜蛇的无限敬仰。

在整个印度,要数位于印度西部的小村庄——希拉立最崇拜眼镜蛇了。那里的村民相信这样一种传说:"相传在很久以前,神曾给予当地人一个恩惠:永远保佑村民免遭田地里的眼镜蛇的伤害。"从此以后,希拉立的村民们不必再害怕眼镜蛇了,而眼镜蛇便成了神的象征。因此每年7月在希拉立举行一次规模庞大、热闹非凡的庆祝活动——毒蛇节,从印度各地赶来参加这次圣会的人数可多达2万人。

在"毒蛇节"的前几天,希拉立的村民就在肥沃的田地里和泥洞中到处寻找眼镜蛇。一旦捉到眼镜蛇,他们就把它视为神灵养在家中。

在"毒蛇节"这天的黎明之前,村民们都进行沐浴。当太阳升起时,欢乐的人们捧着装有眼镜蛇的瓷罐来到集合地点。妇女们和姑娘们用金银饰品把自己打扮起来,赶来参加这一盛会。队伍拥过希拉立的街道,来到800米外的一个寺庙。村民们把眼镜蛇一条接一条地放在祭台之前。眼镜蛇盘着尾巴,竖起前半身,头部左右摇晃。此时,崇拜者们纷纷跪伏在它们面前,献上她们带来的供品。

等到所有的仪式进行完毕，妇女和孩子们把稻米撒在眼镜蛇的头上。甚至有人把鲜花放在眼镜蛇的头上，好似给它戴上一顶美丽的花冠。

傍晚，披着盛装的牛拉着一辆辆车子在村子的主要街道集中起来。眼镜蛇则被放在车子上的小神台上。到了深夜，眼镜蛇又被装进罐中，直至第二天再放它们出来。此时的村民们载歌载舞，饱餐一顿，这才是整个节日中最愉快的时刻。

我国体型最大的毒蛇——眼镜王蛇与大名鼎鼎的眼镜蛇同属一科，"长相"较为相似。

尤其是当它被激怒时，也像眼镜蛇一样，能使身体的前半部竖立起来，颈部扁平扩展，显出发怒的样子，只是颈背部的花纹没有眼镜斑。但它的"个子"比眼镜蛇大得多，一般眼镜蛇最长不过2米左右，而眼镜王蛇却能长到4米多，最长的甚至超过5米，就是刚孵出来的幼蛇都长达半米，真可称得上是毒蛇中体型最大的一种。

眼镜王蛇也是最毒的蛇种之一，它的毒液成分复杂，含有神经毒、血循毒、各种酶及多种溶细胞素。平时毒液贮存在位于眼后皮下的毒腺里，咬物时毒液靠肌肉收缩挤压通过毒牙排出。毒牙一般为一对，形状很像弯曲的圆锥，并具有纵沟，牢固地附着在上颌骨的前方，所以叫前沟牙。

眼镜王蛇主要分布于我国长江以南各省，喜欢栖息在200米以上的高山区，常在溪塘附近，隐匿在岩缝或树洞内。后半身能缠绕在树枝上，前半身悬空下垂或昂起。一般都是白天出来活动，它的食性很特别，专喜捕食各种蛇类。它的"脾气"比较暴躁，我们形容人吵架常说"脸红脖子粗"，而眼镜王蛇和眼镜蛇在盛怒时，虽然"脸"不会变红，但"脖子"却能向两边涨粗，并且头平直向前，随着竖起的身体摆动着，不时发出"呼呼"的示威声。它们的这种习性是一种特殊的活动方式，"脖"子能胀起的原因是，体内这段的肋骨较长，支撑着皮肤可向两侧扩展所致。

像所有爬行动物一样，眼镜王蛇冬季也要冬眠，出蛰后进行繁殖。蛇类没有声带不会鸣叫，它们是怎样互相寻找"对象"呢？原来在它们肛门孔下端长着一对臭腺，交配季节能分泌出特殊气味的液体，双方嗅到气味后就能互相找到。产卵时以落叶堆成巢窝，把卵产在里面，再用落叶盖住。一般每条蛇产卵20~25枚，多的可产到40枚。母蛇有护卵习性，产完卵便盘伏在上层的落叶堆上，有时雄蛇也帮助护卵。在饲养的条件下，其寿命可活到10年以上。

两栖动物中的"巨人"娃娃鱼

娃娃鱼又叫大鲵，是我国体型最大的两栖动物。它虽有"鱼"之名，却不是鱼，隶属于两栖纲的有尾类。从生物进化的观点来看，是从水中生活的鱼类演化到真正陆栖的爬行动物之间的过渡类型。它有四肢，用肺呼吸，但由于肺发育不完善，因而也像青蛙一样，需借湿润的皮肤进行气体交换，以作辅助呼吸，所以大鲵必须生活在水中或水域附近。

大鲵是两栖动物中的"巨人"。它比起其他两栖动物，无论是蛙类、蟾类、鲵类或蝾螈类，都大得没法比。成年的大鲵，身长 60~70 厘米，体重 10 千克左右，并不罕见。身长超过 1 米，体重达 20 千克的，也曾发现过。偶然还有身长 2 米左右，体重超过 50 千克的超级巨鲵。前些年，在湖南桑植县曾捕到一条长 3 米多、重 73.5 千克的巨鲵。据研究，一条大鲵需要 20 年才能长到 75~80 厘米，那么，一条长达一米甚至两三米的巨鲵，得多少年啊！

大鲵的分布非常广泛，黄河、长江及珠江中下游的支流中都有它的踪迹，遍及 17 个省（区）。大鲵在我国 2200 年前已有记载，所以很多古书中也提道：鲵有四足，如鳖而行疾，有鱼之体，而以足行，声如小儿啼，大者长八九尺……由此可见，大鲵的形状和生活习性早已为我国人民所熟知，娃娃鱼之名也一直传到今天。此外，还有人认为，大鲵有四条又短又胖的脚，特别是前脚连同它的四个指头很像婴儿的手臂，后脚有五趾，这是称它作娃娃鱼的又一个理由。

大鲵不仅体大，样子也长得丑。它有一个又宽又扁的大头，头和身躯一样，看不出头和身躯的分界。头顶上长着两只很小的鼻孔和一对绿豆大的眼睛；一张宽阔的大嘴，嘴里密排着锋利的小齿，身躯和头一样扁，体侧有纵行的皮肤褶，尾侧扁，尾端呈圆形，长度约占身长的 1/3。全身皮肤光滑湿润，在水里黑油油的颜色很深，其实以棕褐色为主，但有较多的不规则的乌褐色斑。

在两栖动物中，大鲵的生活环境较为独特，一般在山区水中多鱼、水质清凉、石缝和岩洞多的溪流中，选择滩口上下洞穴内栖息。白天常卧在洞里，夜间出来捕食。它常守候在滩口乱石间，发现猎物经过时突然张开大嘴囫囵吞下。鱼、蛙、蟹、蛇、虾及水生昆虫等，都是大鲵的盘中餐。

大鲵虽然分布于水温很低的山溪中，不怎么怕冷，但也有冬眠的习性。每年由初冬到来年开春，大约有4~5个月是卧在洞内休眠的时期。这时，它的新陈代谢变得很缓慢，可以不吃不动。4月份出洞后，至少有两个月拼命加餐，以补足冬眠时期的亏空。大鲵既善于忍饥耐寒，可以几个月不吃东西，但又是一个暴食者。据说它饱餐一顿，体重能增加1/5。大鲵还有同类相残的习性，当食物缺乏时，个儿大的便会残食个儿小的。由于同类相残，所以有些地方又称它为"狗鱼"（狗咬狗）。

大鲵一般在5~8月产卵，它的繁殖很有趣，产卵前先由雄鲵用头、足和尾巴把"产房"清扫干净后，雌鲵才进去。产卵多在夜间进行，一次可产数百枚。雌鲵产完卵后就算完成任务而溜走，卵由雄鲵监护。雄鲵也确实是很负责任的父亲，它常把身体弯曲成半圆形，将卵围住，或把卵带缠绕在身上，以防被水冲走和敌害的侵袭。

受精卵经过近20天的孵化期，孵化出来的幼鲵就像蝌蚪似的，用没有鳃盖的鳃呼吸。5~6年后才长大，改用肺呼吸。它在水中稍稍把头一抬，头顶上的细小鼻孔就露出水面了，它深深地吸一次气，再潜入水中，待上1~2个钟头以后，才出来换气。

大鲵的天敌是黄鼠狼等小型食肉动物。双方一旦遭遇，它就用锋利的牙齿、粗壮的四肢、有力的尾巴进行自卫。如果还不能脱身，它就"哇"的一声把胃里的臭鱼烂虾朝敌人喷去，吓得敌人会立刻跑掉；或者趁敌人抢吃这些"残羹剩饭"的时候，它便溜之大吉。如果被敌人一口咬住，脱不了身，它还有最后一招，从颈部毛孔分泌出一些黏糊糊的白色毒汁，弄得敌人口舌甚至全身都不舒服，只好把它放开。

大鲵是一种珍贵稀有的动物，被国家列为二级保护动物。它不仅在研究动物进化方面有重大的科学价值，而且也具有很大的经济意义。它肉味鲜嫩，是名贵食品。同时，它作为药用对贫血、霍乱、痢疾、疟疾等都有一定的疗效。

大鲵的分布区广，很难防止人们的乱捕滥猎。从20世纪70年代起，湖南、湖北、陕西等省，突破了亲鲵培养、激素催产和受精孵化三道难关，孵化出一批批幼鲵，实现了人工繁殖。

"滋补山珍"蛤蚧

蛤蚧，属蜥蜴类爬行动物，生长于亚热带的石山中，形似壁虎，头呈三角形；皮肤粗糙多棘突，皮色一般深灰；背有鳞，呈绿色和红色的斑点；趾有吸盘，因此善于"飞檐走壁"，能在光滑的石头上或天花板上奔跑自如。生性十分机灵，每当遇到敌害袭击，它会使尾巴突然断离,断下来的尾巴在地上蹦跳,分散敌害的注意力,而蛤蚧却逃之夭夭了。

蛤蚧由于其雄性能发出"蛤一蚧,蛤一蚧"的叫声而得名。在繁殖季节,它们的叫声尤其频繁而响亮。当山崖峭壁上的蛤蚧发出啼叫时,声闻数里,萦绕山间。

蛤蚧

蛤蚧生活于石山岩隙、树洞或墙壁上。它们昼伏夜出,出来后静静地守候着,当猎物从它面前通过时,那灵巧的舌头像箭一样射出又缩回来,把猎物吞进肚子里。蛤蚧喜欢吃蚊子、蜚蠊、蚱蜢、蟋蟀、金龟子等,也吃小蛇和雏鸟。

夏末秋初,蛤蚧最为肥壮,是捕捉的适宜时期。当你确定岩洞中有蛤蚧后,用一条细软的小藤条轻轻伸入洞内,胆小的蛤蚧以为是敌害来袭,便发出"蛤一蚧,蛤一蚧"的惊叫声,拼命咬住藤条不放。这时,将藤条慢慢拖出,用铁钳夹住它的颈部而捕取。也可将一团毛发或马尾扎在竹竿的一端,伸入洞内轻轻摆动,蛤蚧误认为是飞来的昆虫,便张开大嘴把毛发或马尾咬住,结果,蛤蚧那细小、锐利的牙被毛发缠住,便可将其拉出洞外。夜间,用灯火照射,蛤蚧见光而不敢妄动,也可乘机捉获。

蛤蚧含有丰富的动物淀粉和蛋白质、脂肪,是一种名贵的滋补品。明代李时珍所著《本草纲目》中已有记载:"药性咸温,补肺润肾,益气助阳,治渴通淋,定喘咯血,气虚咯血,气虚血竭者宜之。"蛤蚧除常见于中医药方中作为补肺平喘、补肾壮阳药物,用以治疗久喘不止、肺痨咯血之外,还可用鸡及肉等和蛤蚧一起蒸、炖食,作老年、体弱、大病初愈者保健强身之补品。以蛤蚧浸酒饮,对治疗肾虚体弱、腰酸背痛、神经衰弱也有很大的效用。把它制成蛤蚧干,以及以蛤蚧为原料,配以数种中药精制成"蛤蚧精"等,是高级营养滋补强身剂。

据记载,蛤蚧"其药力在尾,尾不全者无效"。无尾者不入药。由于蛤蚧是滋补珍品,市场上供不应求,常有以壁虎、蜡皮蜥等伪品冒充。所以,要想辨别真伪,必须掌握它们的特征。

蛤蚧头、尾、四足及体腔用竹片撑直呈扁平状。头及躯干部长 10~18 厘米,尾长 10~14 厘米,腹背部椭圆形,宽 7~11 厘米。头大而扁,略呈三角形,眼大凹陷成窟窿,口内二颚密生尖锐细齿,无大牙。体灰黑色,腹部银灰色,有圆形似珍珠状的小鳞片,显光泽。全体有红棕色稀疏散在的斑点,脊椎骨棱状突起,节清晰,肋骨可见。四足有吸盘。尾上粗下细,有数个黄棕色环斑,质结实,中部骨节稍突起。气腥,味微咸。以体大、尾全者为佳。

壁虎,形状似蛤蚧而体小,头及躯干约 7 厘米,宽约 4 厘米,尾长约 6 厘米。体灰褐色,腹部黄白色,鳞片极小,密布黑色微小的斑点,骨多外露于腹边两侧,口多闭合,有细齿。尾较细小,具数个灰棕色环斑,四足有吸盘。

蜡皮蜥,头及躯干部长 10~15 厘米,尾长约 13 厘米。头小略呈三角形,口内密生细齿,上下颚各有大牙一对。脊背部较窄,灰棕色,有灰黑色和红棕色相间的圆形花斑,腹部黄白色,无斑纹。尾灰黄色,上部粗大,中下部细长,有剪割痕迹。全体有细棱鳞。四足与鸟爪相似,爪尖细长,无吸盘。

根据它们各自的一系列特征,相信无论活的或者干的蛤蚧和壁虎、蜡皮蜥,都不难把它们区别开来。

蛤蚧已列为国家二级保护动物,应予以保护和进行人工饲养。

青蛙和蟾蜍

青蛙和蟾蜍虽然同属于两栖动物,但在形态上有很大的差异。不过,超过两栖动物共性 80% 的青蛙和蟾蜍,却有着许多不同的特征。

比较起来,由于青蛙的外表要比蟾蜍的外表好看,人们总是偏爱青蛙,而对外表丑陋的蟾蜍,人们有说不尽的厌恶。不过话又说回来了,我们千万不能"以貌取人"。青蛙只能跳跃,而蟾蜍除了跳跃之外,还会爬行,且相当灵活呢!在捕食方面,青蛙只有在保持蹲坐姿态的时候,飞行的昆虫才会引起它的注意,并做出一系列的机械动作:身体前倾、张大嘴、伸舌头等;可是蟾蜍却不是这样,它们的视力似乎比青蛙强得多,蟾蜍在爬行的时候也能捕食猎物,连一些不会动的小虫子都逃脱不掉它的火眼金睛。

在呼吸方面,它们之间的差异就更大了。青蛙有一对适于在陆上呼吸空气的肺。肺呈简单的囊状,壁薄,肺壁的内侧有增大呼吸面积的隔膜网,所以肺的内表面呈蜂窝状。肺上布满着毛细血管,气体交换就在这里进行。两栖类动物没有胸廓,所以肺的呼吸动作很特殊。首先,青蛙张开鼻孔并落下口底,这时,口腔的容积增大,气压减小,因此外部空气通过鼻孔进入口内。接着,鼻孔的瓣膜关闭,口底上升。这时,口腔的容积缩小,气压增大,口内的空气进入肺中,这就是青蛙的吸气。当鼻孔瓣膜开放(口底处在上升状态），由于肺有弹性，所以肺中空气被压排出。这是青蛙的呼气。

青蛙的表皮内有许多多细胞的腺体，下陷的真皮里能分泌大量黏液，所以表面很湿润。氧气先溶于湿润的表皮，然后渗入真皮中的毛细血管而进入血液。青蛙的皮肤不但在陆地上可辅助肺的呼吸，在水中也有适应作用。

蟾蜍居住在远离水边的潮湿陆地上，只有在生殖时才进入水中。它是居住在田间的典型的两栖类动物。蟾蜍的皮肤比青蛙粗糙，上面生有许多瘤突，能分泌毒液，在眼后的皮肤里，有一对凸出的毒腺，分泌毒液最多。毒液起到保护蟾蜍的作用。毒液进入肉食动物的血液中后可以使其中毒，像猫、狗这样大的动物也会因中毒死亡。肉食动物不捕食蟾蜍，就是这个道理。蟾蜍由于经常生活在潮湿的陆地上，所以皮肤比青蛙稍微干燥些，角质层也增厚，这样可以减少一些体内水分的蒸发，但也因此影响了皮肤的呼吸，而促进了肺的发育。蟾蜍的肺比青蛙大些，每个肺叶的后端常连有一条延长部分，肺的结构也比青蛙复杂，隔膜增多，有突起，增大了呼吸面积。

我们常见的除大型蟾蜍外，还有一种花背蟾蜍，又叫小蟾蜍或小癞蛤蟆。它的身体比蟾蜍小得多，生活在池塘或溪水的岸边，有时也会在墙角或草原上发现它们。

蟾蜍和花背蟾蜍都是有益的动物。它们能在黄昏或夜间消灭大量害虫（这时很多食虫鸟类正在休息）。蟾蜍还能捕杀其他鸟类不能捕杀的害虫。

青蛙和蟾蜍都长有一个无尾的蹲状躯体，一双强劲有力的后腿，而它们的前肢都比较短，还长有两个脚趾，眼睛也相同：同样大，同样凸出，一样能引起人们广泛的关注。它们大多居住在陆地或靠近陆地的地方，捕食移动迅速的动物，尤其以昆虫为主要食物。

在早些年间，生物学家为了研究并考验蟾蜍的生存能力，他们做了这样一个实验：给一只饥饿难耐的蟾蜍喂食各种各样的昆虫。由于十分饥饿，蟾蜍吞食食物的速度非常快，但是，当它把一只带毒的蜈蚣吞下去的时候，它马上开始剧烈地呕吐，不一会儿，就把蜈蚣吐了出来。

当生物学家再次把蜈蚣喂给它吃的时候，无论它有多么饥饿，也不会再吃了。其实，正是靠着这样一种学习和获取经验的能力，才使它们能在危机四伏的自然界游刃有余地生活，并世代繁衍下去。